安防工程概预算

都伊林 主编

华中科技大学出版社
http://www.hustp.com
中国·武汉

图书在版编目（CIP）数据

安防工程概预算 / 都伊林主编.—武汉：华中科技大学出版社，2021.4（2025.7重印）
ISBN 978-7-5680-7050-8

Ⅰ.①安… Ⅱ.①都… Ⅲ.①安全工程－概算定额－高等职业教育－教材 Ⅳ.①X93

中国版本图书馆CIP数据核字（2021）第067806号

安防工程概预算　　　　　　　　　　　　　　　　　都伊林　主编
Anfang Gongcheng Gai Yusuan

策划编辑：郭善珊
责任编辑：孙　倩
责任校对：熊　慧
封面设计：付瑞学
责任监印：朱　玢

出版发行：华中科技大学出版社（中国·武汉）　　电话：（027）81321913
　　　　　武汉市东湖新技术开发区华工科技园　　　邮编：430223
印　　刷：武汉邮科印务有限公司
开　　本：710mm×1000mm　　1/16
印　　张：30.5
字　　数：300千字
版　　次：2025年7月第1版第3次印刷
定　　价：83.00元

本书若有印装质量问题，请向出版社营销中心调换
全国免费服务热线：400-6679-118　竭诚为您服务
版权所有　侵权必究

内容简介

"安防工程概预算"是一门专业性和实践性均较强的专业基础课，是安防行业相关从业人员的必修课。本书以安防工程概预算编制的全过程为主线，以典型安防工程案例为落脚点，以"校企合编、产教融合"为核心，围绕"算量、算价"两个重点，突出"通俗性、实用性、先进性"三大特点；系统地阐述了安防工程概预算的基本概念、理论与方法，介绍了安防工程概预算的编制方法与计算规则，以及我国安防工程招投标所采用的工程量清单计价方法。内容包括：基本建设概论、定额与计价概述，安防工程费用预算编制，安防工程施工图预算，安防工程概预算审核与决算，工程量清单计价，安防工程清单计价编制实例，工程概预算软件应用等。

通过学习本书的内容，可较全面、系统地掌握安防工程概预算的基础知识与基本技能。本书内容丰富，选材实用，案例典型，适宜作为大中专院校安防工程等有关专业概预算课程的教材，亦可适用于安防技术、智能建筑和消防技术等专业教学用书，或相关行业协会培训班教学用书。

前　言

随着我国各地"天网工程""雪亮工程""智慧城市"项目建设的不断推进与完善，安防工程在城市智能化建设中应用越来越多，特别是近年来区块链、人工智能、大数据、云计算等新兴技术的应用推广，我国安防领域的新产品、新技术和新业态等大量涌现，如智能卡口、人脸布控、安防无人机和视频结构化描述等，伴随传统安防企业纷纷转型升级为智能安防企业，安防工程的概预算理论也应与时俱进；同时，安防工程担负着现代城市的安全重任，在社会治理能力现代化建设中发挥了不可替代的作用。

本教材是为了适应我国安防工程建设与管理的需要，结合政府现行编制规定、文件要求、专业定额等相关资料，以及培养安防行业专业人才的实际需求，组织编写的。编写基本原则：（1）围绕"算量、算价"两个结合点，一是工程量计算规则与计价规范相结合，二是施工图识别与施工规范相结合。（2）本教材属于"校企合编、产教融合"特色教材，突出"通俗性、实用性、先进性"三大特点，根据企业实际工程案例，结合现有相关政策和规定，通俗与准确地反映安防工程的最新概预算理论和编制方法，必要时结合相关软件进行计算与分析，使读者学习后能基本独立编制安防工程概预算相关文件。（3）按照"先易后难、循序渐进"的教学规律，组织编写相关教学内容和案例，由校企编写团队人员完成编写任务。

本教材由浙江警官职业学院（简称"浙警院"）都伊林担任主编，负责全书体例设计、章节规划、统稿和定稿工作。具体编写分工如下：浙警院都伊林编写第一章和第二章、前言与摘要；浙警院杨群清编写第三章；浙警院李特编写第四章；杭州青鸟电子有限公司段春立编写第五章；浙警院李超编写第六章；杭州青鸟电子有限公司刘伟编写第七章；杭州兴达电器工程有限公司林莹编写第八章、第九章。

由于编者水平有限，时间仓促，书中难免存在缺点或错误，敬请广大读者批评指正。

目 录

第1章 绪论　　1
1.1 基本建设概述　　1
1.1.1 基本建设的概念　　1
1.1.2 基本建设的内容　　1
1.1.3 基本建设项目分类　　2
1.1.4 建设项目的结构分解　　3
1.2 基本建设的程序　　7
1.2.1 基本建设程序的重要性　　8
1.2.2 基本建设程序的内容　　9
1.3 建筑产品及其生产、价格特点　　19
1.3.1 建筑产品的特点　　19
1.3.2 建筑产品的生产特点　　20
1.3.3 建筑产品的价格特点　　21
1.4 基本建设工程概预算　　23
1.4.1 基本概念　　23
1.4.2 概预算分类及作用　　25
1.5 工程造价概述　　29
1.5.1 工程造价　　29
1.5.2 工程造价与工程预算的区别　　31
1.6 注册造价工程师制度简介　　32
1.6.1 基本概念　　32
1.6.2 基本报考条件　　33

1.6.3　主要任务　　　　　　　　　　　　　　　　34
　　1.6.4　执业方向　　　　　　　　　　　　　　　　34
　　1.6.5　法律责任　　　　　　　　　　　　　　　　35
　思考题　　　　　　　　　　　　　　　　　　　　　35

第2章　定额与计价概述　　　　　　　　　　　　　36
2.1　定额概述　　　　　　　　　　　　　　　　　36
　　2.1.1　定额的含义　　　　　　　　　　　　　　　36
　　2.1.2　定额的产生与发展　　　　　　　　　　　　37
　　2.1.3　定额的特性　　　　　　　　　　　　　　　38
　　2.1.4　定额的作用　　　　　　　　　　　　　　　39
2.2　定额的分类　　　　　　　　　　　　　　　　40
　　2.2.1　按生产要素分类　　　　　　　　　　　　　41
　　2.2.2　按用途分类　　　　　　　　　　　　　　　41
　　2.2.3　按费用性质分类　　　　　　　　　　　　　42
　　2.2.4　按管理层次分类　　　　　　　　　　　　　42
　　2.2.5　按专业分类　　　　　　　　　　　　　　　43
2.3　定额的编制原则和方法　　　　　　　　　　　43
　　2.3.1　定额的编制原则　　　　　　　　　　　　　43
　　2.3.2　定额的编制方法　　　　　　　　　　　　　44
　　2.3.3　施工定额的编制　　　　　　　　　　　　　46
　　2.3.4　预算定额的编制　　　　　　　　　　　　　47
　　2.3.5　概算定额的编制　　　　　　　　　　　　　51
　　2.3.6　费用定额的编制　　　　　　　　　　　　　54
2.4　定额的组成和使用　　　　　　　　　　　　　57
　　2.4.1　定额的组成内容　　　　　　　　　　　　　57
　　2.4.2　定额的使用方法　　　　　　　　　　　　　59
　　2.4.3　使用定额的注意事项　　　　　　　　　　　61
2.5　安防工程费用预算编制方法　　　　　　　　　62
　　2.5.1　基本概念　　　　　　　　　　　　　　　　62
　　2.5.2　安防工程项目管理　　　　　　　　　　　　65
　　2.5.3　安防工程费用编制办法　　　　　　　　　　67

2.6 工程量清单计价概述 ... 73
2.6.1 定额计价 ... 73
2.6.2 工程量清单计价 ... 74
2.6.3 工料单价法与综合单价法的区别 ... 77
2.6.4 工程量清单计价与定额计价的区别与联系 ... 78
2.6.5 计算工程量时的注意事项 ... 79
思考题 ... 80

第3章 建设工程项目费用 ... 81
3.1 建设项目总投资费用项目组成 ... 81
3.1.1 建设项目总投资 ... 81
3.1.2 工程费用 ... 81
3.1.3 工程建设其他费用 ... 82
3.1.4 预备费 ... 85
3.2 安装工程费用（以浙江省为例） ... 85
3.2.1 直接费 ... 85
3.2.2 间接费 ... 88
3.2.3 利润 ... 91
3.2.4 材料补差 ... 92
3.2.5 税金 ... 92
3.2.6 浙江省建设工程计价规则 ... 94
3.3 设备及工、器具购置费 ... 97
3.3.1 设备购置费与运管费 ... 97
3.3.2 工、器具购置费与运管费 ... 101
3.4 独立费用 ... 101
3.4.1 建设管理费与监理费 ... 101
3.4.2 联合试运转费与生产准备费 ... 102
3.4.3 科研勘测设计费等 ... 104
3.5 预备费、建设期融资利息 ... 105
3.5.1 预备费 ... 105
3.5.2 建设期融资利息 ... 105

3.6 工程量清单计价 ... 106
  3.6.1 工程量清单计价概述 ... 106
  3.6.2 工程量清单计价费用组成 ... 111
  3.6.3 工程量清单计价规范 ... 113
  3.6.4 安防系统工程量清单计价案例（见表3-10所示） ... 114
  思考题 ... 115

第4章 设计概算 ... 116

4.1 设计概算概述 ... 116
  4.1.1 设计概算分类 ... 116
  4.1.2 编制设计概算程序 ... 116
  4.1.3 编制设计概算依据 ... 117
4.2 安防工程概算编制 ... 117
  4.2.1 根据概算定额进行编制 ... 117
  4.2.2 根据概算指标编制设计概算 ... 119
  4.2.3 用类似工程预算编制概算 ... 119
  4.2.4 安防工程概算表的编制 ... 120
4.3 建设项目总概算的编制 ... 136
  4.3.1 编制说明 ... 136
  4.3.2 总概算表 ... 137
  思考题 ... 143

第5章 安防工程施工图预算 ... 144

5.1 施工图预算概述 ... 144
  5.1.1 施工图预算的作用 ... 144
  5.1.2 编制施工图预算的依据 ... 146
  5.1.3 施工图预算的组成 ... 148
  5.1.4 施工图预算费用的组成 ... 151
5.2 施工图预算的编制程序 ... 153
  5.2.1 编制准备工作 ... 154
  5.2.2 熟悉预算定额 ... 156
  5.2.3 分清工程项目和计算工程量 ... 177

		5.2.4 套单价（计算定额基价费）	200
		5.2.5 计算主材费（未计价材料费）	202
		5.2.6 按费用定额取费	204
		5.2.7 编制安防工程造价	212
	5.3	施工图预算的计算程序	212
	5.4	工程量计算和预算调价差	214
		5.4.1 计算工程量的意义	214
		5.4.2 安防工程量的计算规则	214
		5.4.3 分部分项工程量计算	216
		5.4.4 安防工程施工图的预算调价差（信息价与定额价比对）	219
	5.5	安防工程施工图预算书的编制	219
		5.5.1 填写工程量计算表	219
		5.5.2 填写分部分项目工程材料分析表和汇总表	224
		5.5.3 填写分部分项工程造价表	227
		5.5.4 填写工程直接费汇总表	227
		5.5.5 填写工程预算费用计算程序表	231
		5.5.6 编制施工图预算说明书	232
	5.6	综合预算的编制	233
		5.6.1 建设项目总投资	233
		5.6.2 建设投资的组成和费用预算	234
	思考题		239

第6章 施工预算的编制 244

6.1	施工预算概述	244
	6.1.1 施工预算的作用与内容	244
	6.1.2 施工预算编制依据	246
	6.1.3 施工预算与施工图预算的区别	247
6.2	施工预算的编制	253
	6.2.1 划分工程项目	253
	6.2.2 填写与计算工程量	257
	6.2.3 套用施工定额	262
	6.2.4 人工、材料和机械消耗量分析	266

思考题 272

第7章 安防工程概预算审核与决算 273

7.1 设计概算的审核 273
7.1.1 审核设计概算的编制依据 273
7.1.2 审核设计概算的构成 274
7.1.3 审核设计概算的方法 275

7.2 施工图预算的审核 275
7.2.1 审核施工图预算的意义与方式 275
7.2.2 审核施工图预算的方法和内容 276
7.2.3 审核安防工程预算的工程量与计价 278

7.3 工程结算与竣工决算 280
7.3.1 施工单位工程结算 280
7.3.2 建设单位项目竣工决算 287
7.3.3 工程结算与竣工决算的对比 291

思考题 291

第8章 工程概预算软件应用 293

8.1 概预算软件的特点 293
8.1.1 概预算软件的优点 293
8.1.2 概预算软件的一般功能 297
8.1.3 定额库的建立思想 300
8.1.4 安防工程概预算软件开发的几种方案 303

8.2 概预算软件的应用 307
8.2.1 程序设计的基本思路 307
8.2.2 套用定额和工料分析 323
8.2.3 概预算软件的应用 327

思考题 354

第9章 安防工程清单计价编制实例 355

9.1 安防监控工程清单计价编制 355
9.1.1 安防监控工程设备组成 355

9.1.2　安防监控工程安装施工简要说明　357
　9.1.3　工程量清单编制实例（以某小学为例）　360
9.2　安防报警工程清单计价编制　380
　9.2.1　安防报警工程设备组成　380
　9.2.2　安防报警工程安装施工简要说明　381
　9.2.3　工程量清单编制实例（以某银行为例）　382
9.3　智能停车系统清单计价编制　390
　9.3.1　智能停车管理系统设备组成　390
　9.3.2　智能停车管理系统安装施工简要说明　391
　9.3.3　工程量清单编制实例（以某办公楼为例）　392
9.4　智能交通监控工程清单计价编制　402
　9.4.1　智能交通监控工程设备组成　402
　9.4.2　智能交通监控工程安装施工简要说明　408
　9.4.3　工程量清单编制实例（以某道路智能交通为例）　409
　思考题　428

附　录　429

　附录一　安防工程工程量计算规则　429
　附录二　实例中有关安防工程施工图纸与综合单价分析表等　435
　附录三　《建设工程工程量清单计价规范》（GB 50500-2013）　446
　附录四　《浙江省建设工程计价规则》（2018版）　447

参考文献　471

第1章 绪论

1.1 基本建设概述

1.1.1 基本建设的概念

基本建设是指国民经济各部门为发展生产而进行的固定资产的扩大再生产，即国民经济各部门为增加固定资产而进行的建筑、购置和安装工作的总称。如公路、铁路、桥梁和各类工业及民用建筑等工程的新建、扩建和恢复工程，以及机器设备、车辆船舶的购置安装及与之有关的工作，均称之为基本建设，或简称为"基建"。因此，基本建设的结果是形成固定资产，它是一种经济活动或固定资产投资活动。固定资产是指在社会再生产过程中，可供生产和生活较长时间使用（通常指使用一年以上），在使用过程中基本保持原有的实物形态，单位价值在规定数额以上的劳动资料和其他物质资料。

实施基本建设的意义：一为国民经济各部门提供大量新增的固定资产和生产能力，为社会主义扩大再生产提供物质技术基础；二为现有企业进行更新和改造，用先进的技术装备工农业及国民经济其他部门，加快实现国民经济现代化；三为适应知识经济与全球化发展，促进我国高新技术迅猛发展与投资布局合理化；四为提供更多、更好的物质、文化、健康福利设施和住宅，丰富和提高人民的物质文化生活及其水平。

因此，有计划地进行基本建设，对于加快社会主义现代化建设步伐，促进国民经济稳步、健康、持续地发展，增强我国的国防力量和推动社会治理能力现代化，实施可持续发展战略具有非常重要的战略意义。

1.1.2 基本建设的内容

基本建设的内容包括固定资产的建造、安置、设备购置及与之相关的工作。按国家现行制度规定，凡是利用预算内基建拨款、自筹资金、国内外基本建设贷款以及其他专项资金进行的，以扩大生产能力和新增工程效益为主要目的的新建、扩建、改建、恢复工程及有关工作，均属于基本建设的范围。以上所说的"相关工作"或"有关工作"，是指勘察设计、征购土地、拆迁原有建筑物、培训职工、科学试验及建设单位管理工作等。具体说来，可以包括以下几个方面：

（1）为经济、科技、社会发展和社会治理等而新建的项目；

（2）为扩大生产能力或新增效益增建的分厂、主要生产车间、矿井、铁路干支线（包括复线）、码头、舶位等扩建项目；

（3）为改变生产力布局而进行的全厂性总体迁建项目；

（4）因遭受自然灾害，需要重建的恢复性项目；

（5）行政、事业单位增建业务用房或职工宿舍项目。

上述项目从策划、筹建、设计、施工到竣工验收等一系列工作都属于基本建设工作的内容。

1.1.3　基本建设项目分类

基本建设工作是在各个建设项目中进行与完成的。建设项目一般是指具有计划任务书和总体设计，经济上实行独立核算，管理上具有独立组织的基本建设单位。一座工厂、一所学校、一所医院等，均为一个建设项目。基本建设项目是按照一个总体设计建设的工程，故又称为工程项目。基本建设项目有以下几种不同的分类方法。

（一）按建设性质分类

1.新建项目。是指根据国民经济和社会发展的近远期规划，按照规定的程序立项，从无到有、"平地起家"的建设项目。现有企业、事业和行政单位一般不应有新建项目。如果是单位原有基础薄弱需要再兴建的项目，其新增加的固定资产价值超过原有全部固定资产价值（原值）三倍以上时，才可算新建项目。

2.扩建项目。是指现有企业、事业单位在原有场地内或其他地点，为扩大产品的生产能力或增加经济效益而增建生产车间、独立的生产线或分厂的项目；事业和行政单位在原有业务系统的基础上扩充规模而进行的新增固定资产投资项目。

3.改建项目。是指为了提高生产效益，改进产品质量，或改变生产方向，对原有设备、工艺流程进行技术改造的项目，或为提高综合生产能力增加一些附属和辅助车间或非生产性工程的项目。

4.迁建项目。是指原有企业、事业单位，根据自身生产经营和事业发展的要求，按照国家调整生产力布局的经济发展战略的需要或出于环境保护等其他特殊要求，搬迁到异地而建设的项目。

5.恢复项目。是指原有企业、事业和行政单位，因原有固定资产在自然灾害或战争中全部或部分报废，需要进行投资重建来恢复生产能力和业务工作条件、生活福利设施等的建设项目。这类项目，不论是按原有规模恢复建设，还是在恢复过程中同时进行扩建，都属于恢复项目。

基本建设项目按其性质可分为上述五类，但一个基本建设项目只能有一种性质，在项目按总体设计全部建成之前，其建设性质是始终不变的。

（二）按建设规模分类

建设项目的建设规模，取决于其设计能力（非工业建设项目为效益）或投资额。工业建设项目分为大、中、小型三类；非工业项目一般分为大中型项目和小型项目。一个建设项目只属于其中的一类。分类的界限由国家颁发的《工业基本建设项目的大、中、小型划分标准》和《非工业建设项目大中型划分标准》确定。

（三）按隶属关系分类

1.部直属项目。是指国务院各部直属的建设项目，项目的计划由各部直接编制和下达。

2.地方项目。是指省（自治区、直辖市）、县（市）等所属的项目。

（四）按用途分类

1.生产性建设项目。是指直接用于物质生产或满足物质生产需要的建设项目，如工业、建筑业、农业、水利、运输、邮电、商业、物资供应、地质勘探等建设项目。

2.非生产性建设项目。是指用于满足人民物质生活、文化生活和社会治理需要的建设项目，如住宅、文教、卫生、科研、公用事业、机关和智慧城市等建设项目。

（五）按建设阶段分类

可分为预备项目、筹建项目、施工项目、建成投产项目、收尾项目和竣工项目等。

1.1.4 建设项目的结构分解

建设项目是一个庞大的体系，由单件至部分、部分至系统组成，是一项系统工程。建设项目由许多不同功能的部分组成，而每个部分又有着构造上的差异，导致施工工艺和造价计算都不可能简单化、归一化处理，必须有针对性地对待每一项具体内容，由局部至全局地实现生产和计算，由此提出了如何对建设项目进行具体结构分解的问题。

建设项目的分解过程，类似于物质由分子、离子、原子构成的，分子是原子通过共价键结合而形成的，离子是原子通过离子键结合而形成的，归根结底，物质是由原子构成的。

建设项目的结构分解，是指建设项目的"从左到右"的分解，即从大到小的分解，实际上是化整为零的做法，便于精细化计算；反之，"从右到左"的组合，即从小到大的组合，实际上为施工生产和计算的体现，便于计算的汇总。如图1-1所示。

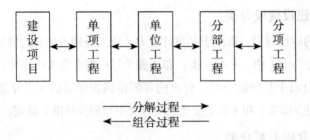

图1-1　建设项目的结构分解与组合示意图

建设项目的结构分解的意义：一是指以科学管理项目建设、合理确定项目造价为目的，根据构成项目的各工程要素之间的从属关系，对建设项目进行分解处理，包括单项工程、单位工程、分部工程和分项工程，其中分项工程是建设项目总体的最基本的、单位的工程构造要素。二是单位工程、分部工程、分项工程均在《建设工程工程量清单计价规范》GB50500-2013中有对应的项目编码，即单位工程对应十二位编码中的第1~2位，分部工程对应第3~4位，分项工程对应第7~9位。只有明确概念，才能正确计价。

建议项目结构分解示意图如图1-2。

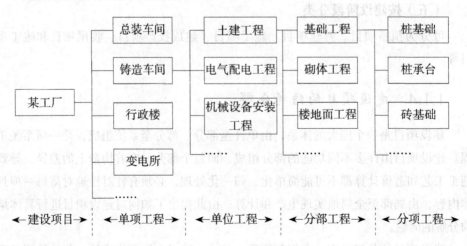

图1-2　建设项目结构分解示意图

（一）建设项目

建设项目又称基本建设项目。建设项目是以实物形态表示的具体项目，它以形成固定资产为目的。

基本建设项目一般指在一个总体设计或初步设计范围内，由一个或几个单位工程组成，在经济上进行统一核算，行政上有独立组织形式，实行统一管理的建设单位。凡属于一个总体设计范围内，分期分批进行建设的主体工程和附属配套工程、供水供电工程等，均应作为一个工程建设项目，不能将其按地区或施工承包单位划分为若干个工程建设项目。

每个建设项目都编有计划任务书和独立的总体设计，如一家工厂、一所学校、一个住宅小区等。

（二）单项工程

单项工程又称工程项目，是建设项目的组成部分。一个建设项目可以是一个单项工程，也可能包括几个单项工程。单项工程是具有独立的设计文件，建成后可以独立发挥生产能力或效益的一组配套齐全的工程项目，可称为"三独"工程，如一家工厂的铸造车间、行政楼和变电所等。还有非生产项目是指建设项目中能够发挥设计规定的主要效益的各个独立工程，因此，单项工程是具有独立存在意义的一个完整工程，由多个单位工程组成。

（三）单位工程

单位工程是单项工程的组成部分，是指具有独立的设计文件，可以独立组织施工和单项核算，但不能独立发挥生产能力和使用效益的工程项目，可称为"二独"工程。单位工程不具有独立存在的意义，它是单项工程的组成部分，如车间的厂房建筑是一个单位工程，车间的设备安装又是一个单位工程，此外还有电器照明工程、工业管道工程等。

在工业与民用建筑中，如一幢教学大楼或写字楼，总是可以划分建筑工程、装饰工程、电气工程、给排水工程等，它们分别是单项工程所包含的不同性质的单位工程。

1. 建筑工程中的单位工程

（1）一般土建工程；

（2）工业管道工程；

（3）电气配电工程；

（4）卫生工程；

（5）庭院工程等。

2.设备安装工程中的单位工程

（1）机械设备安装工程；

（2）通风设备安装工程；

（3）电气设备安装工程；

（4）电梯安装工程等。

（四）分部工程

分部工程是单位工程的组成部分，按结构部位、路段长度及施工特点或施工任务将单位工程划分为若干个项目单元，若按主要部位划分，如基础工程、墙体工程、楼地面工程、门窗工程、装饰工程和屋面工程等；设备安装工程由设备组别（分项工程）组成，按照工程的设备种类和型号、专业等划分为建筑采暖工程、煤气工程、建筑电气安装工程、通风与空调工程、智能建筑工程等。分部工程是不能独立发挥能力或效益，又不具备独立施工条件，但具有结算工程价款条件的工程。

随着智慧城市建设项目的推进，社会治理能力现代化水平不断提升，安防工程发展很快，安防系统十分庞大，涉及学科众多，因此，"智能建筑"这一分部工程较为复杂与庞大，此时可将安防工程列为子分部工程，其各子系统列为分项工程。

根据《建筑工程施工质量验收统一标准》GB50300-2013附录B，分部工程与子分部工程有明确的划分；共计10个分部工程，智能建筑为第8个分部工程，安全技术防范系统为其子分部工程。

（五）分项工程

分项工程是指分部工程的细分，又称工程子目，按不同施工方法、材料、工序及路段长度等将分部工程划分为若干个项目单元。分项工程是建设项目的基本组成单元，是建筑工程的基本构造要素，是由专业工种完成的中间产品，可通过较为简单的施工过程生产出来，通常称为"假定建筑产品"可以有适当的计量单位，是计算工料消耗的最基本构造因素，如基础工程按工程部分划分为桩基础、桩承台、墙基础等分项工程。

如果一个分项工程需要验评多次，那么每一次验评就叫一个检验批。行业规定：每个检验批的检验部位必须完全相同。检验批只做检验，不作评定。检验批是工程质量验收的基本单元。

（六）分部与分项的区别

分部工程是建筑物的一部分，是某一项专业的设备；分项工程是最小的，再也分不下去的。比如，混凝土工程是最小的，是分项工程，那么若干个分项工程合起来就形成一个分部工程；分部工程合起来就形成一个单位工程；单位工程合起来就形成一个单项工程；一个或几个单项工程合起来构成一个建设项目。

建筑物的形成要经过基础、主体、防水、外装饰、内装饰等过程，这些就叫分部工程。分项工程是施工图预算中最基本的计算单位，它又是概预算定额的基本计量单位，故也称为工程定额子目或工程细目，是将分部工程进一步划分，按照不同的施工方法、不同材料的不同规格等确定的。根据附录B，安防工程的分项有梯架、托盘和导管安装，线缆敷设，设备安装，系统调试，试运行等。

由此可见，建设项目可以是一个单项工程，也可以由若干个互有内在联系的单项工程组成。建设项目中各元素内在逻辑关系为：单位工程是单项工程的组成部分，分部工程是单位工程的组成部分，分项工程是分部工程的组成部分，分项工程是建设项目的最基本单元。

1.2 基本建设的程序

根据基本建设主管部门的规定，进行基本建设必须严格执行程序。遵循基本建设程序，先规划研究，后设计施工，有利于加强宏观经济计划管理，保持建设规模和国力相适应，还有利于保证项目决策正确，又快又好又省地完成建设任务，提高基本建设的投资效果。20世纪70年代末期以来，有关部门重申按基本建设程序办事的重要性，先后制定和颁布了有关按基本建设程序办事的一系列管理制度，把认真按照基本建设程序办事作为加强基本建设管理的一项重要内容。

在基本建设全过程中，按照客观规律进行建设，各项工作必须遵循的先后顺序叫基本建设程序，即基本建设程序是建设项目从筹划建设到建成投产必须遵循的工作环节及其先后顺序。基本建设自身的特点决定了它涉及面广，内外协作关系、环节多。在多层次、多环节、多种要求的时间空间中组织建设，必须完善各阶段、各环节的相互衔接关系，使之成为一个有机的整体，才能较好地完成建设任务。基本建设程序的主要内容见图1-3。

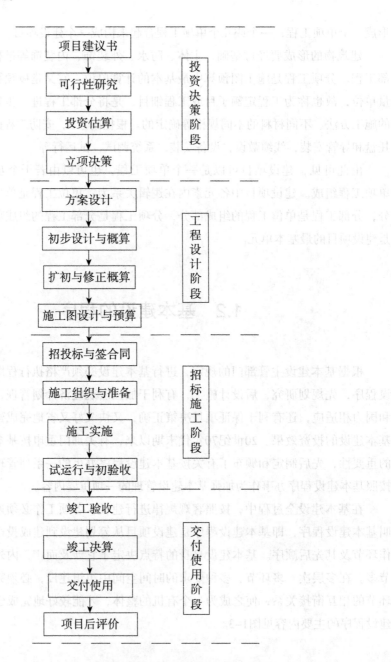

图1-3 建设项目基本程序与内容

1.2.1 基本建设程序的重要性

基本建设程序体现了基建项目从决策、准备到实施过程中，各阶段必须遵循的工作秩序，反映了基本建设活动全过程的内在客观规律。基本建设涉及面广，环节多，在实施过程中，包含着紧密联系的先后秩序和阶段，不同阶段有着不同的内容，既不能相互代替，也不能颠倒或跨越，必须按照一定的工作顺序，有计划、有步骤地进行，上一阶段的工作为下一阶段的工作提供条件，下一阶段的工作又验证上一阶段工作的构想与规划。所谓基本建设程序就是基本建设工作中必须遵循的时间、工序、关系和环节等先后工作顺序。

基本建设程序反映了客观社会经济规律。基本建设涉及水文地质、矿藏资源、气象、地理等自然条件，涉及原材料、能源、交通、劳动力资源、生产协作、市场供销等经济环境。在这个体系中，各方面要保持平衡，只有经过综合平衡后，才能列入年度计划付诸实施。

基本建设程序反映了技术经济规律的要求。例如，就生产性基本建设而言，由于它要消耗大量人力、物力、财力，如果决策稍有失误，就会造成重大经济损失，因此，在提出项目建议书后，首先要对工程项目进行可行性研究，从建设的必要性、客观的可能性、技术的先进性和可行性、经济的合理性、投产后正常生产条件、经济效果和社会效益等方面作出全面论证与研究。

由于基本建设项目具有地点的固定性，因此，必须先进行地质勘察、选址后，才能进行有关设计；根据建设项目的个体性差异，对于不同的项目需求，由于施工工艺、厂址、建材、气候和水文地质条件的不同，每项工程都要进行专门的定制设计，要采取不同的施工组织设计方法与施工措施方案。因此，正常建设项目程序必须是先设计后施工。

在国家基本建设工程中，因为某种原因，工程项目常采用边勘测、边设计、边施工的方式实施，这样的基本建设工程项目称为"三边"工程。"三边"工程是违背工程建设基本程序的，在施工过程中的不可预见性、随意性较大，工程质量和安全隐患比较突出，工期不能按计划保证，工程竣工后的运行管理成本较高。因此，我国反复强调按基本建设程序办事，走健康科学的发展道路。

随着社会主义市场经济的发展，新的课题不断出现，如非常时期能否套用基本建设程序等。2020年2月初，在严重的疫情期间，武汉"两山"医院的"中国速度"背后是"中国实力"，让世人惊呼的奇迹背后是工业化装配式建筑建造技术和综合国力；需要协调的人员数量上万，涵盖几十道工序，经历设计、交底、土建、设备安装、装修等阶段，多道工序必须齐头并进，才能创造"中国速度"。

1.2.2 基本建设程序的内容

我国工程基本建设程序主要有以下八个阶段：项目建议书阶段，可行性研究阶段，初步设计工作阶段，施工图设计阶段，施工建设准备阶段，建设实施阶段，竣工验收阶段，后评价阶段。这八个阶段中每一阶段都包含着许多环节。

（一）项目建议书（立项）阶段

项目建议书是项目建设筹建单位根据国民经济和社会发展的长远规划、行业规划、产业政策、生产力布局、市场、所在地的内外部条件等要求，经过调查、预测分析后，提出的某一具体项目的建议文件，是基本建设程序中最初阶段的工作，是对拟建项目的框架性设想，也是政府选择项目和可行研究的依据。

项目建议书是拟建项目单位提出拟建某一项目的建议文件，论述建设的必要性、重要性、条件的可行性和获得的可能性，供政府选择确定是否进行下一步工作。该阶段分为以下几个环节：

1.编制项目建议书

项目建议书的内容一般应包括以下几个方面：（1）建设项目提出的必要性和依据；（2）拟建规模、建设方案；（3）建设的主要内容；（4）建设地点的初步设想情况、资源情况、建设条件、协作关系等的初步分析；（5）投资估算和资金筹措及还贷方案；（6）项目进度安排；（7）经济效益和社会效益的估计；（8）环境影响的初步评价。

有些部门在提出项目建议书之前还增加了初步可行性研究工作，对拟进行建设的项目初步论证后，再行编制项目建议书。

项目建议书按要求编制完成后，按照建设总规模和限额的划分审批权限报批。属中央投资、中央和地方合资的大中型和限额以上项目的项目建议书需报送国家投资主管部门（发改委）审批；属省政府投资为主的建设项目需报省投资主管部门（发改委）审批；属地市政府投资为主的建设项目需报地市投资主管部门（发改委）审批；属区县政府投资为主的建设项目需报区县投资主管部门（发改局）审批。

2.办理项目选址规划意见书

项目建议书编制完成后，项目筹建单位应到规划部门办理建设项目选址规划意见书。

3.办理建设用地规划许可证和工程规划许可证

在规划部门办理。

4.办理土地使用审批手续

在国土部门办理。

5.办理环保审批手续

在环保部门办理。

在开展完成以上工作的同时，可以做好以下工作：进行拆迁摸底调查，并请有资质的评估单位评估论证；做好资金来源及筹措准备；准备好选址建设地点的测绘。

（二）可行性研究阶段

可行性研究是对项目在技术上是否可行和经济上是否合理进行科学的分析和论证。通过对建设项目在技术、工程和经济上的合理性进行全面分析论证和多种方案比较，提出评价意见。

1.编制可行性研究报告

由经过国家资格审定的适合本项目的等级和专业范围的规划、设计、工程咨询单位承担项目可行性研究任务，并形成报告。可行性研究报告一般具备以下基本内容。

（1）总论：①报告编制依据（项目建议书及其批复文件，国民经济和社会发展规划，行业发展规划，国家有关法律、法规、政策等）；②项目提出的背景和依据（项目名称、承办法人单位及法人、项目提出的理由与过程等）；③项目概况（拟建地点、建设规划与目标、主要条件、项目估算投资、主要技术经济指标）；④问题与建议。

（2）建设规模和建设方案：①建设规模；②建设内容；③建设方案；④建设规划与建设方案的比选。

（3）市场预测和确定的依据。

（4）建设标准、设备方案、工程技术方案：①建设标准选择；②主要设备方案选择；③工程方案选择。

（5）原材料、燃料供应、动力、运输、供水等协作配合条件。

（6）建设地点、占地面积、布置方案：①总图布置方案；②场外运输方案；③公用工程与辅助工程方案。

（7）项目设计方案。

（8）节能、节水措施：①节能、节水措施；②能耗、水耗指标分析。

（9）环境影响评价：①环境条件调查；②环境影响因素；③环境保护措施。

（10）劳动安全卫生与消防：①危险因素和危害程度分析；②安全防范措施；③卫生措施；④消防措施。

（11）组织机构与人力资源配置。

（12）项目实施进度：①建设工期；②实施进度安排。

（13）投资估算：①建设投资估算；②流动资金估算；③投资估算构成及表格。

（14）融资方案：①融资组织形式；②资本金筹措；③债务资金筹措；④融资方案分析。

（15）财务评价：①财务评价基础数据与参数选取；②收入与成本费用估算；③财务评价报表；④盈利能力分析；⑤偿债能力分析；⑥不确定性分析；⑦财务评价结论。

（16）经济效益评价：①影子价格及评价参数选取；②效益费用范围与数值调整；③经济评价报表；④经济评价指标；⑤经济评价结论。

（17）社会效益评价：①项目对社会影响分析；②项目与所在地互适性分析；③社会风险分析；④社会评价结论。

（18）风险分析：①项目主要风险识别；②风险程度分析；③风险防范对策。

（19）招标投标内容和核准招标投标事项。

（20）研究结论与建议：①推荐方案总体描述；②推荐方案优缺点描述；③主要对比方案；④结论与建议。

（21）附图、附表、附件。

2.可行性研究报告论证

报告编制完成后，项目建设筹建单位应委托有资质的单位进行评估、论证。

3.可行性研究报告报批

项目建设筹建单位提交书面报告附可行性研究报告文本、其他附件（如建设用地规划许可证、工程规划许可证、土地使用手续、环保审批手续、拆迁评估报告、可行性研究报告的评估论证报告、资金来源和筹措情况等）上报原项目审批部门审批。经过批准的可行性研究报告，是确定建设项目、编制设计文件的依据。

可行性研究报告经批准后，不得随意修改和变更。如果在建设规模、建设方案、建设地区或建设地点、主要协作关系等方面有变动以及突破投资控制数时，应经原批准机关同意重新审批。

批准可行性研究报告即代表国家、省、地市、区县同意该项目进行建设，何时列入年度计划，要根据前期工作的进展情况以及财力等因素进行综合平衡后决定。

4.办理土地使用证

到国土部门办理。

5.办理征地、青苗补偿、拆迁安置等手续

到政府征收管理部门办理。

6.地勘

根据可行性研究报告审批意见委托或通过招标或比选方式选择有资质的地勘单位进行地勘。

7.报审市政配套方案

报审供水、供气、供热、排水等市政配套方案。一般建设项目要在规划、建

设、土地、人防、消防、环保、文物、安全、劳动、卫生等方面，由主管部门提出审查意见，取得有关协议或批件。

对于一些各方面相对单一，技术工艺要求不高，前期工作成熟，教育、卫生等方面的项目，项目建议书和可行性研究报告也可以合并，仅编制项目可行性研究报告，也就是通常说的可行性研究报告代项目建议书。

（三）初步设计工作阶段

设计是对拟建工程的实施在技术上和经济上所进行的全面而详尽的安排，是基本建设计划的具体化，是把先进技术和科研成果引入建设的渠道，是整个工程的决定性环节，是组织施工的依据。它直接关系着工程质量和将来的使用效果。可行性研究报告经批准的建设项目应委托或通过招标投标选定设计单位，按照批准的可行性研究报告的内容和要求进行设计，编制设计文件。

根据建设项目的不同情况，设计过程一般划分为两个阶段，即初步设计和施工图设计。对于重大项目和技术复杂项目，可根据不同行业的特点和需要，增加技术设计阶段（扩初设计），即"三阶段"设计。

1. 初步设计

项目筹建单位应根据可行性研究报告审批意见委托或通过招标投标择优选择有相应资质的设计单位进行初步设计。

初步设计是根据批准的可行性研究报告和必要而准确的设计基础资料，对设计对象进行通盘研究，阐明在指定的地点、时间和投资控制数内，拟建工程在技术上的可能性和经济上的合理性，通过对设计对象作出的基本技术规定，编制项目的总概算。根据国家规定，如果初步设计提出的总概算超过可行性研究报告确定的总投资估算10%以上或其他主要指标需要变更时，要重新报批可行性研究报告。

初步设计主要内容包括：

（1）设计依据、原则、范围和设计的指导思想；

（2）自然条件和社会经济状况；

（3）工程建设的必要性；

（4）建设规模、建设内容、建设方案、原材料、燃料和动力等的用量及来源；

（5）技术方案及流程、主要设备选型和配置；

（6）主要建筑物、构筑物、公用辅助设施等的建设；

（7）占地面积和土地使用情况；

（8）总体运输；

（9）外部协作配合条件；

（10）综合利用、节能、节水、环境保护、劳动安全和抗震措施；

（11）生产组织、劳动定员和各项技术经济指标；

（12）工程投资及财务分析；

（13）资金筹措及实施计划；

（14）总概算表及其构成；

（15）附图、附表、附件。

承担项目设计的单位的设计水平应与项目大小和复杂程度相匹配。按现行规定，工程设计单位分为甲、乙、丙三级，低等级的设计单位不得越级承担工程项目的设计任务。设计必须有充分的基础资料，基础资料要准确；设计所采用的各种数据和技术条件要正确可靠；设计所采用的设备、材料和所要求的施工条件要切合实际；设计文件的深度要符合建设和生产的要求。

2.消防手续

到消防部门办理。

3.初步设计文本审查

初步设计文本完成后，应报规划管理部门审查，并报原可行性研究指导审批部门审查批准。

初步设计文件经批准后，总平面布置、主要工艺过程、主要设备、建筑面积、建筑结构、总概算等不得随意修改、变更。经过批准的初步设计，是设计部门进行施工图设计的重要依据。

（四）施工图设计阶段

1.施工图设计

通过招标、比选等方式择优选择设计单位进行施工图设计。施工图设计的主要内容是根据批准的初步设计，绘制出正确、完整和尽可能详尽的建筑安装图纸。其设计深度应满足设备材料的安排和非标设备的制作，以及建筑工程施工要求等。

2.施工图设计文件的审查备案

施工图文件完成后，应将施工图报有资质的设计审查机构审查，并报行业主管部门备案。

3.编制施工图预算

聘请有预算资质的单位编制施工图预算。

（五）施工建设准备阶段

1.编制项目投资计划书

按现行的建设项目审批权限进行报批。

2.建设工程项目报建备案

省重点建设项目、省批准立项的涉外建设项目及跨市、州的大中型建设项目，由建设单位向省人民政府建设行政主管部门报建；其他建设项目按隶属关系由建设单位向县以上人民政府建设行政主管部门报建。

3.建设工程项目招标

业主自行招标或通过比选等竞争性方式择优选择招标代理机构。

通过招标或比选等方式择优选定设计单位、勘察单位、施工单位、监理单位和设备供货单位，签订设计合同、勘察合同、施工合同、监理合同和设备供货合同。

（1）项目招标核准

发改部门根据项目情况和国家规定，对项目的招标范围、招标方式、招标组织形式、发包初步方案等进行核准。

（2）比选代理机构

发改部门核准的招标组织形式为委托招标方式的，按照《国家投资工程建设项目招标代理机构比选办法》的规定通过比选等竞争性方式确定招标代理机构，并按照规定将《委托招标代理合同》报招标管理部门备案。

（3）发布招标公告

公开招标的在指定媒介上发布招标公告；邀请招标的发送招标邀请函，并在发布前5日将招标公告向发改部门和招标行政管理部门备案。

（4）编制招标文件

在发售日前5个工作日报发改部门和招标行政管理部门备案。

（5）发售招标文件

发售招标文件和图纸时间不得少于5个工作日，从发售招标文件至投标截止日不少于20天，招标文件有补充澄清或修改的需在开标日15日前通知所有投标人。

（6）开标、评标、定标

按《中华人民共和国招标投标法》（以下简称《指标招标办》及《中华人民共和国招标投标法实施条例》（以下简称《招标投标法实施条例》）执行，并根据评标结果确定中标候选人。

（7）中标候选人公示

招标人将《评标报告》和中标候选人的公示文本送到发改部门和招标行政管理部门备案后公示；公示期为5个工作日。

（8）中标通知

公示期满后15个工作日或投标有效期满30个工作日内确定中标人，并发出中标通知书。

（9）签订合同

自中标通知书发出之日起30日内依照招标文件签订书面合同。

（10）中标备案

自发出中标通知书之日起15日内向发改部门和招标行政管理部门书面报告招投标情况。

（六）建设实施阶段

1.开工前准备

项目在开工建设之前要切实做好以下准备工作：

（1）征地、拆迁和场地平整；

（2）完成"三通一平"即通路、通电、通水，修建临时生产和生活设施；

（3）组织设备、材料订货，做好开工前准备，包括计划、组织、监督等管理工作的准备，以及材料、设备、运输等物质条件的准备。

（4）准备必要的施工图纸。新开工的项目必须至少有三个月以上（工作量）的工程施工图纸。

2.办理工程质量监督手续

持施工图设计文件审查报告和批准书，中标通知书和施工、监理合同，建设单位、施工单位和监理单位工程项目的负责人和机构组成，施工组织设计和监理规划（监理实施细则）等资料到工程质量监督机构办理工程质量监督手续。

3.办理施工许可证

到工程所在地的县级以上人民政府建设行政主管部门办理施工许可证。工程投资额在30万元以下或者建筑面积在300平方米以下的建筑工程，可以不申请办理施工许可证。

4.项目开工前审计

审计机关在项目开工前，对项目的资金来源是否正当、落实，项目开工前的各项支出是否符合国家的有关规定，资金是否按有关规定存入银行专户等进行审计。建设单位应向审计机关提供资金来源及存入专业银行的凭证、财务计划等有关资料。

5.报批开工

按规定进行了建设准备并具备了各项开工条件以后，建设单位可向主管部门提出开工申请。建设项目经批准新开工建设，即进入了建设实施阶段。

项目新开工时间，是指建设项目设计文件中规定的任何一项永久性工程（无论生产性或非生产性）第一次正式破土开槽开始施工的日期。不需要开槽的工程，以建筑物的正式打桩作为正式开工；公路、水库等需要进行大量土、石方工程的，以开始进行土、石方工程作为正式开工。

（七）竣工验收阶段

1. 竣工验收的范围和标准

根据国家现行规定，凡新建、扩建、改建的基本建设项目和技术改造项目，按批准的设计文件所规定的内容建成，符合验收标准的，必须及时组织验收，办理固定资产移交手续。

进行竣工验收必须符合以下要求：

（1）项目已按设计要求完成，能满足生产使用；

（2）主要工艺设备配套设施经联动负荷试车合格，形成生产能力，能够生产出设计文件所规定的产品；

（3）生产准备工作能适应投产需要；

（4）环保设施、劳动安全卫生设施、消防设施已按设计要求与主体工程同时建成使用。

2. 申报竣工验收的准备工作

竣工验收依据有批准的可行性研究报告、初步设计、施工图和设备技术说明书、现场施工技术验收规范以及主管部门有关审批、修改、调整文件等。

建设单位应认真做好竣工验收的准备工作：

（1）整理工程技术资料。各有关单位（包括设计、施工单位）将以下资料系统整理，由建设单位分类立卷，交生产单位或使用单位统一保管。

①工程技术资料主要包括土建方面、安装方面及各种有关的文件、合同和试生产情况报告等；

②其他资料主要包括项目筹建单位或项目法人单位对建设情况的总结报告、施工单位对施工情况的总结报告、设计单位对设计情况的总结报告、监理单位对监理情况的总结报告、质监部门对质监评定的报告、财务部门对工程财务决算的报告、审计部门对工程审计的报告等资料。

（2）绘制竣工图纸。与其他工程技术资料一样，竣工图纸是建设单位移交生产单位或使用单位的重要资料，是生产单位或使用单位必须长期保存的工程技术档案，也是国家的重要技术档案。竣工图必须准确、完整、符合归档要求，方能交付验收。

（3）编制竣工决算。建设单位必须及时清理所有财产、物资和未用完的资金或应收回的资金，编制工程竣工决算，分析预（概）算执行情况，考核投资效益，报主管部门审查。

（4）竣工审计。审计部门进行项目竣工审计并出具审计意见。

3.竣工验收程序

（1）根据建设项目的规模大小和复杂程度，整个项目的验收可分为初步验收和竣工验收两个阶段进行。规模较大、较为复杂的建设项目，应先进行初验，然后进行全部项目的竣工验收；规模较小、较简单的项目可以一次进行全部项目的竣工验收。

（2）建设项目在竣工验收之前，由建设单位组织施工、设计及使用等单位进行初验。初验前由施工单位按照国家规定，整理好文件、技术资料，向建设单位提出交工报告。建设单位接到报告后，应及时组织初验。

（3）建设项目全部完成，经过各单项工程的验收，符合设计要求，并具备竣工图表、竣工决算、工程总结等必要文件资料的，由项目主管部门或建设单位向负责验收的单位提出竣工验收申请报告。

4.竣工验收的组织

竣工验收一般由项目批准单位或委托项目主管部门组织。竣工验收由环保、劳动、统计、消防及其他有关部门组成，建设单位、施工单位、勘察设计单位参加验收工作。验收委员会或验收组负责审查工程建设的各个环节，听取各有关单位的工作报告，审阅工程档案资料并实地察验建筑工程和设备安装情况，并对工程设计、施工和设备质量等方面作出全面的评价。不合格的工程不予验收；对遗留问题提出具体解决意见，限期落实完成。

（八）后评价阶段

对于一些国家重大建设项目，在竣工验收若干年后，要进行后评价阶段。这主要是为了总结项目建设成功和失败的经验、教训，供以后项目决策借鉴。

项目后评价的基本内容有：

1.项目目标后评价。该项评价的任务是评定项目立项时各项预期目标的实现程度，并要对项目原定决策目标的正确性、合理性和实践性进行分析评价。

2.项目效益后评价。项目的效益后评价即财务评价和经济评价。

3.项目影响后评价。主要有经济影响后评价、环境影响后评价、社会影响后评价。

4.项目持续性后评价。项目的持续性是指在项目的资金投入全部完成之后，项目的既定目标是否还能继续，项目是否可以持续地发展下去，项目业主是否可能依靠自己的力量继续去实现既定目标，项目是否具有可重复性，即是否可在将来以同样的方式建设同类项目。

5.项目管理后评价。项目管理后评价是以项目目标和效益后评价为基础，结合其他相关资料，对项目整个生命周期中各阶段管理工作进行评价。

1.3　建筑产品及其生产、价格特点

建筑工程产品是指建设工程的勘察、设计成果以及施工、竣工验收的建筑物、构筑物及构配件和其他设施，可分为以下三类：一是房屋建筑，包括厂房、仓库、住宅、办公楼、医院、学校、商业用房等；二是构筑物，包括烟囱、窑炉、铁路、公路、桥梁、涵洞、机坪等；三是机械设备和管道的安装工程（不包括机械设备本身的价值）。

建筑通常被认为是艺术与工程技术相结合，营造出供人们进行生产、生活或者其他活动的环境、空间、房屋或者场所，一般情况下是指建筑物和构筑物。建筑物是指供人们生活居住、工作学习、娱乐和从事生产的建筑。构筑物是指人们不在其中生产、生活的建筑。

1.3.1　建筑产品的特点

建筑工程产品又简称为建筑产品，其指由建筑安装企业建造的，具有一定使用功能或满足某一特定要求的建筑物和构筑物，以及所完成的机械设备等安装工程。建筑产品的使用功能、平面与空间组合、结构与构造形式等特性，以及建筑产品所用材料的物理力学性能的特性，决定了建筑产品的特殊性，其有以下三大特点：

1. 建筑产品的固定性

建筑产品在空间上的固定性。一般的建筑产品均由自然地面以下的基础和自然地面以上的主体两部分组成（地下建筑全部在自然地面以下）。基础承受主体的全部荷载（包括基础的自重）并传给地基，同时将主体固定在地面上。任何建筑产品都是在选定的地点上建造和使用的，与选定地点的土地不可分割，从建造开始直至拆除均不能移动（现在可实现近距离移动）。因此，建筑产品的建造和使用地点在空间上是固定的。

2. 建筑产品的多样性

建筑产品不但要满足各种使用功能的要求，而且还要体现出地区的民族风格、物质文明和精神文明特点，同时也受到地区的自然条件诸因素的限制，这就使建筑产品在规模、结构、构造、形式、基础和装饰等方面变化纷繁，需要单独设计，单件施工，逐件计算价格，逐项评价评估。因此，建筑产品的类型是多样的。

3. 建筑产品的庞大性

建筑产品体形庞大，无论是复杂的建筑产品，还是简单的建筑产品，为了满足其使用功能的需要，并结合建筑材料的物理力学性能，都需要大量的物质资源，

占据广阔的平面与空间；此外建筑产品又是一个庞大的系统，涉及土建、水电、暖通、市政、通信、安防、设备安装等专业领域。因而，建筑产品的体形庞大。

1.3.2 建筑产品的生产特点

建筑产品地点的固定性、类型的多样性和体形庞大三大主要特点，决定了建筑产品生产与一般工业生产品生产相比具有自身的特殊性，其具体特点如下：

1.建筑产品生产的流动性

一般的工业产品都是在固定的工厂、车间内进行生产的，而建筑产品的生产是在不同的地区，或同一地区的不同现场，或同一现场的不同单位工程，或同一单位工程的不同部位组织工人、机械和原料，围绕着同一建筑产品进行加工生产的。因此，建筑产品的生产在地区之间、现场之间、单位工程之间和部位之间流动。

2.建筑产品生产的单件性

一般的工业产品是在一定的时期里，在统一的工艺流程中进行批量生产的，而具体的一个建筑产品应在国家或地区的统一规划内，根据其使用功能，在选定的地点上单独设计和单独施工。即使选用标准设计、通用构件或配件，建筑产品所在地区的自然、技术、经济条件的不同，也使建筑产品的结构功能和构造、建筑材料、施工组织和施工方法等需要因地制宜加以调整（即定制化）。因而，建筑产品的生产具有单件性。

3.建筑产品生产的地区性

建筑产品的固定性决定了同一使用功能的建筑产品因其建造地点的不同，必然受到建设地区的自然、技术、经济和社会条件的约束，其结构、构造、艺术形式、室内设施、材料、施工方案等各有差异。因此，建筑产品的生产具有地区性。

4.建筑产品生产的周期长

建筑产品体形庞大，使得建筑产品的最终建成必然耗费大量的人力、物力和财力；同时，建筑产品的生产全过程还要受到工艺流程和生产程序的制约，各专业、工种必须按照合理的施工顺序进行配合和衔接；加上建筑产品地点的固定性，使施工活动的空间具有局限性，从而导致建筑产品生产具有周期长、占用流动资金多的特点。

5.建筑产品生产露天作业多

建筑产品体形庞大，不可能在工厂、车间内直接进行加工或施工生产，即使建筑产品生产达到了高度的工业化，也只能在工厂内生产其部分的构件或配件，还是需要在施工现场进行总装配成型，才能形成最终的建筑产品。因此，建筑产品的生产具有露天作业多的特点。

6.建筑产品生产高空作业多

建筑产品体形庞大,决定了建筑产品生产具有高空作业多的特点。特别是随着城市现代化的发展,高层建筑物的施工任务和维保工作日益增多,建筑产品生产高空作业多的特点日益明显。

7.建筑产品生产综合协作多

建筑产品生产涉及面广,在建筑企业内部,涉及工程力学、建筑结构、地基基础、水暖电、机械设备、网络通信、建筑材料和施工技术等学科知识,生产中要在不同时期、不同地点和不同产品上组织多专业、多工种的综合作业;在建筑企业外部,涉及不同种类的专业施工企业,及城市规划、征用土地、勘察设计、消防、"七通一平"、公用事业、环境保护、质量监督、银行财政、物质材料、劳务等部门的复杂协作配合,生产的协作关系综合复杂。

1.3.3 建筑产品的价格特点

(一)建筑产品是商品

商品是人类社会生产力发展到一定历史阶段的产物,是用于交换的劳动产品。恩格斯对此进行了科学的总结:商品"首先是私人产品。但是,只有这些私人产品不是为自己消费,而是为他人的消费,即为社会的消费而生产时,它们才成为商品;它们通过交换进入社会的消费"。

商品的基本属性是价值和使用价值。使用价值是指商品能够满足人们某种需要的属性,价值是指凝结在商品中的无差别的人类劳动。价值是商品的本质属性,使用价值是商品的自然属性。建筑产品也是商品,建筑企业进行的生产是商品生产。

1.建筑产品的交换关系

由于建筑产品的固定性、多样性和庞大性,以及建筑产品的生产特点,建筑企业必须从使用者(投资者)手中取得生产任务,按投资者(发包方)的要求和国家技术规范进行设计与施工,项目建成后,经组织相关部门现场验收或第三方检测合格后,交付使用。实际上,这是一种"加工订做"的生产方式。因此,建筑产品是一种特殊的商品,存在着特殊的交换关系。

2.建筑产品的基本属性

建筑产品有使用价值和价值,使用价值表现为其能满足用户的需要,是构成社会物质财富的物质内容之一;价值是指其凝结了物化劳动和活劳动成果。因为建筑产品具有价值,才能实现交换过程,并在其中体现价值量,以货币形式表现为价格,这也就是建筑产品可以进行计价工作的理论基础之一。

（二）建筑产品的价格特点

建筑产品作为商品，其价格与所有商品一样，是价值的倾向表现，是由生产成本、利润和税金组成的。在我国，商品的价格有计划价格和浮动价格两种形式，前者是由国家有关物价部门依据经济规律和价格政策制定的，后者是由价值规律和供求关系决定的。建筑产品作为一种特殊商品，其价格必然有其自身的特点，这些特点主要表现为以下四个方面。

1.建筑产品计价的一次性

由于建筑产品的多样性和庞大性，其不能像工业产品那样有统一的价格，一般都需要根据建筑项目的特点，通过规定的编制依据和编制程序逐个编制工程预算文件进行估价。实行招标承包的工程项目，经过招标投标、决标和中标等流程，以签订合同的形式确定中标价格。因此，建筑产品的价格是一次性的。

2.建筑产品计价的地区差和时间差

由于建筑产品的固定性，建筑产品坐落的地区不同，材料价格、运输费用、水电资源费用、人工工资和施工取费标准等均有所不同，因此，建筑产品的价格具有综合性，也必然存在地区的差异性。

由于建筑产品的生产周期长，涉及人工费、材料费和机械费等涨价因素，在建筑产品的施工过程中会出现涨价现象，因此，建筑产品的计价存在时间差。

在实际操作中，编制概预算时必须根据市场价格进行合理调整，参考预算定额价格，对施工期内的价格变动幅度进行预测，作出正确合理的预估。

3.建筑产品计价的多次性

由于建设工程具有工期长、规模大、造价高等特点，因此，按照建设程序的规定，必须按其建设阶段的不同与划分进行工程造价的计算。

为了满足工程建设各方的需要和经济关系的建立，按照工程造价控制和原理的要求，一般是在建设项目的可行性阶段要编制投资估算，初步设计阶段要编制设计概算，技术设计阶段要编制修正概算，施工图设计阶段要编制施工图预算，招投标阶段要编制合同价，工程实施阶段要编制结算价，竣工验收阶段要编制实际造价。

整个计价过程贯穿基本建设的全过程，是一个由粗到细、由浅入深以计算和确定建设工程实际造价的过程。计价过程各阶段（环节）相互衔接，前者控制后者，后者补充前者，即建设程序与计价的内在逻辑关系。

4.建筑产品计价的组合性

由于工程造价是按照建设项目的划分分别计算组合而成的，因此，一个建设项目是一个工程综合体，可以划分为若干个有内在联系的独立和不能独立的工程，其计算按照分部分项工程单价、单位工程造价、单项工程造价、建设项目总造价的顺序进行。计价时要按照建设项目的划分要求，逐个进行计算，层层加以汇总，即建筑产品计价的组合性。

综上所述，因为建筑产品具有上述生产和计价特点，才会产生建设工程计价方法和工程造价理论等这些知识与技能；同时，通过这些技术经济手段，可以保证建设工程的资金的利用率和有效性，实现对工程造价的有效控制。具体关系为：投资估算控制设计概算，设计概算控制施工图预算，施工图预算控制竣工决算。从理论上讲，决算不超预算，预算不超概算，概算不超估算，即"三算、三超"概念。因此，通过工程概预算这一技术手段，寻求科学合理地使用人力、物力和财力等资源的方式，以期获得较好的建设项目投资效益。

1.4 基本建设工程概预算

1.4.1 基本概念

1.建设预算

基本建设工程概预算（简称建设预算）是基本建设工程设计文件的重要组成部分，它是根据不同设计阶段的具体内容，国家规定的定额、指标和各项费用取费标准，预先计算和确定每项新建、扩建、改建和重建工程项目，从筹建至竣工验收全过程所需投资额的经济文件。它是国家对基本建设进行科学管理和监督的重要手段之一。

建筑安装工程概预算（简称工程概预算）是建设预算的组成部分，它是根据不同设计阶段的具体内容，国家规定的定额、指标和各项费用取费标准，预先计算和确定基本建设中建筑安装工程部分所需的全部投资额的技术经济文件。

建设预算所确定的每一个建设项目、单项工程或其中单位工程的投资额，实质上就是相应工程的计划价格（或称预期价格）。在实际工作中，称之为概算价格或计划价格。在基本建设中，用编制基本建设工程预算的方法来确定建筑产品的预期价格，是由建筑产品的生产和计价特点，以及社会主义商品经济规律所决定的。

由设计单位或施工单位根据拟建工程项目的施工图纸，结合施工组织设计（或施工方案），建筑安装工程预算定额、取费标准等有关基础资料，计算出来的该项工程预算价格（预算造价）被称为工程预算。概算有可行性研究投资估算和初步设计概算两种，预算又有施工图设计预算和施工预算之分。基本建设工程预算是上述估算、概算和预算的总称。建设预算泛指概算和预算两大类。工程建设预算泛指概算和预算两大类,或者工程建设预算是概算与预算的总称,简称为"概预算"。

2. 工程概预算的作用

(1) 预算的作用。"凡事预则立,不预则废",做人做事要有预见,经费管理也应该有计划,有预算。所谓预算,是管理会计的重要内容,就定义而言,预算是以数量化方式表述的对某一主体或项目的一个未来时期的计划或预测,是设定目标、促进对后续业绩评价的活动。财务预算管理是单位为实现既定的经济目标,通过编制预算、内部控制、考核业绩所进行的一系列财务管理活动,它贯穿于单位财务预算编制和执行的全过程,预算管理质量的优劣直接关系到单位总体目标的实现。

(2) 工程概预算是投资的依据。编制基本建设计划时,投资额的多少,投资额和投资构成的安排,都要以工程概预算为依据。工程概预算的质量会直接影响基本建设计划的准确性,有时甚至会影响计划的贯彻执行。此外,基本建设有物资供应计划、劳动计划和建筑安装工程计划,也必须直接或间接地以工程预算为依据。

(3) 工程概预算是优化方案的标准。在工程建设的各个阶段,都要用到工程概预算,可以说,它是衡量设计优劣的重要标尺。工程概预算根据工程不同阶段进行编制,会直接反映项目的任何阶段要求;并且专业人士在进行工程概算的过程中,会对设计的经济费用及其效果进行科学的评价和分析,并加以比较,对于不合格的设计方案进行优化或放弃。为了减少建设资金的浪费,工程概预算会给出最合理的实际施工方案,这对于控制投资额和进行费用的优化节约具有重要的意义。

(4) 工程概预算是签订承包合同的依据。在推行招标投标的基础上,在建设工程中贯彻合同制,是基本建设管理体制改革的重要方面,通过承发包合同的签订,可以明确建设单位和施工单位的"责、权、利",进一步调动其经营管理的积极性。签订承发包合同要以工程概预算为重要依据和必备的附件,以确定建设单位发包给施工单位的全部工程造价或需要完成的那部分工程价值。工程概预算可以作为招标工程的标底,是考核标价,指导择优定标的依据,也是投标单位确定投标报价的基础。

(5) 工程概预算是加强施工管理的必备条件。施工企业在编制施工计划,进行施工准备,组织材料供应和施工力量时,都可以直接利用施工概算所提供的实物指标和货币指标,来加强施工管理。施工企业是独立进行经营核算的,贯彻经济核算是企业管理的一项根本原则。经审定的预算是建设单位控制建设投资和施工单位确定工程收入的依据,施工企业必须以它为尺度来考核自己的经营成果。

总之,工程概预算在工程实施过程中占有十分重要的地位。我国有很多建设工程,如果做好每一项工程的概预算工作,相信在不久的将来,我们的社会主义市场经济会迈上一个新的台阶。

1.4.2 概预算分类及作用

根据我国的设计及概预算文件编制和管理方法,结合建设工程项目建设阶段和概预算编制的顺序,可将工程概预算分为以下几类。

1. 投资估算

投资估算是指在项目建议书或可行性研究两个阶段,建设单位向国家或主管部门申请基本建设投资时,为了确定建设项目的投资总额而编制的经济文件。它是国家或主管部门审批或确定基本建设投资计划的重要文件。投资估算主要是根据估算指标、概算指标或类似工程预(决)算等资料进行编制的。

投资估算的主要作用有:

(1)项目建议书阶段的投资估算是项目主管部门审批项目建议书的依据之一,并对明确项目的规划和规模起参考作用。

(2)项目可行性研究阶段的投资估算是项目投资决策的重要依据,也是研究、分析和计算项目投资经济效果的重要条件。

(3)项目投资估算对工程设计概算起控制作用,设计概算不得突破有关部门批准的投资估算,并应控制在投资估算额以内。

(4)项目投资估算可作为项目资金筹措及制定建设贷款计划的依据,建设单位可根据批准的项目投资估算额,进行资金筹措和向银行申请贷款。

(5)项目投资估算是核算建设项目固定资产投资需要额和编制固定资产投资计划的重要依据。

(6)项目投资估算是进行工程设计招标、优选设计方案的依据之一。它也是工程限额设计的依据。

2. 设计概算

设计概算是指在初步设计或扩大初步设计阶段,由设计单位根据初步设计图纸、概算定额或概算指标、设备预算价格、各项费用的定额或取费标准、建设地区的自然、技术、经济条件等资料,预先计算建设项目全过程,即从筹建至竣工验收、交付使用的全部建设费用的技术经济文件。

设计概算的主要作用有:

(1)设计概算是国家确定和控制建设项目总投资的依据。未经规定的程序批准,不能突破总概算这一限额规定。

(2)设计概算是编制基本建设计划的依据。每个建设项目都必须"先批准、后计划",只有当初步设计和概算文件被批准后,才能列入基本建设计划。

(3)设计概算是进行设计概算、施工图预算和竣工决算"三算"对比的基础。

(4)设计概算是实行投资包干和招标承包制的依据,也是银行办理工程贷款和结算,以及实行财政监督的重要依据。

(5)设计概算是考核设计方案的经济合理性,选择最优设计方案的重要依据。利用概算对设计方案进行经济性比较,是提高设计质量的重要手段之一。

3. 修正概算

当采用"三阶段"设计时(即初步设计、技术设计和施工设计),在技术设计阶段,随着设计内容的具体化、建设规模、结构性质、设备类型和数量等可能会与初步设计方案有出入,为此,设计单位应对投资进行具体核算与调整,对初步设计的概算进行修正,如此形成的经济文件即修正概算。

修正概算的作用与设计概算基本相同。一般情况下,修正概算不应超过原批准的设计概算。

4. 施工图预算

施工图预算是指在施工图设计阶段,设计全部完成并经过会审,单位工程开工之前,设计咨询或施工单位根据施工图纸,施工组织设计,预算定额或计价规范,人、材、机单价和各项费用取费标准,建设地区的自然、技术、经济条件等资料,预先计算和确定单项工程和单位工程全部建设费用的经济文件。

施工图预算文件应包括预算编制说明、总预算书、单项工程综合预算书、单位工程预算书、主要材料表等。施工图预算由预算表格和文字说明组成。工程项目(如工厂、学校等)总预算包含若干个单项工程(如车间、教室楼等)综合预算;单项工程综合预算包含若干个单位工程(如土建工程、机械设备及安装工程)预算(见设计概算)。按费用构成分,施工图预算由七项费用构成:①人工费;②材料费;③施工机械使用费;④企业管理费;⑤利润;⑥规费;⑦税金。

施工图预算的主要作用有以下三点:

(1)对建设单位

①施工图预算是施工图设计阶段确定建设工程项目造价的依据,是设计文件的组成部分。

②施工图预算是建设单位在施工期间安排建设资金计划和使用建设资金的依据。

③施工图预算是招投标的重要基础,既是工程量清单的编制依据,又是招标控制价编制的依据。

④施工图预算是拨付进度款及办理结算的依据。

（2）对施工单位

①施工图预算是确定投标报价的依据。

②施工图预算是施工单位进行施工准备的依据，是施工单位在施工前组织材料、机具、设备及劳动力供应的重要参考，是施工单位编制进度计划、统计完成工作量、进行经济核算的参考依据。

③施工图预算是控制施工成本的依据。

（3）对其他单位

①对于工程咨询单位而言，尽可能客观、准确地为委托方做出施工图预算是其业务水平、素质和信誉的体现。

②对于工程造价管理部门而言，施工图预算是监督检查执行定额标准、合理确定工程造价、测算造价指数及审定招标工程标底的重要依据。

5.施工预算

施工预算是指施工阶段，在施工图预算的控制下，施工单位根据施工图计算的分项工程量、施工定额、单位工程施工组织设计等资料，通过工料分析，计算和确定拟建工程所需的人工、材料、机械台班消耗量及其相应费用的技术经济文件。

施工预算的主要作用有以下四点：

（1）施工企业根据此预算编制施工计划、材料需用计划、劳动力使用计划以及对外加工订货，实行定额管理和计划管理。

（2）根据此预算签发施工任务书，实行、限额领料班组经济核算以及奖励。

（3）根据此预算检查和考核施工图预算编制的正确程度，以便控制成本、开展经济活动分析，督促技术节约措施的贯彻执行。

（4）供施工企业开展经济活动分析，如作为进行"两算"（即施工图预算、施工预算）对比的依据。

6.工程结算

工程结算是指一个单项工程、单位工程、分部工程或分项工程完工，并经建设单位及有关部门的交工验收后，施工企业根据合同规定，按照施工时现场实际情况记录、设计变更通知书、现场签证、预算定额、工程量清单、人工材料机械单价和各项费用取费标准等资料，向建设单位申报结算工程价款并取得收入。工程结算是工程项目承包中的一项十分重要的工作，是施工企业按照承包合同和已完工程量向建设单位（业主）办理工程价清算的经济文件。

工程结算又分为工程定期结算、工程阶段结算、工程年终结算、工程竣工结算等方式，其作用有以下几点：

（1）施工企业取得货币收入，用以补偿资金耗费的依据。

(2)进行施工成本控制和分析的依据。

7.竣工决算

竣工结算是指在竣工阶段，当一个建设项目完工并经验收后，建设单位编制的从筹建到竣工验收、交付使用全过程实际支付的建设费用的经济文件，其内容由文字说明和决策报表两部分组成。竣工结算是建设单位（甲方）与施工单位（乙方）之间办理工程价款结算的一种方法，是指工程项目竣工以后甲乙双方对该工程发生的应付、应收款项作最后清理结算。竣工结算书是反映工程造价计价规定执行情况的最终文件，它作为工程竣工验收备案、交付使用的必备文件。

《建设工程工程量清单计价规范》（GB0500--2013）规定："同一工程竣工结算核对完成，发、承包双方签字确认后，禁止发包人又要求承包人与另一个或多个工程造价咨询人重复核对竣工结算。"这有效地解决了工程竣工结算中存在的"一审再审、以审代拖、久审不结"的问题。

竣工决算的主要作用有以下两点：

（1）国家或主管部门验收小组验收时的依据。

（2）通过竣工决算和概算、预算、合同价的对比，考核投资管理的工作成效，总结经验教训；竣工决算全面反映基本建设经济成果，核定新增固定资产和流动资产价值，是办理交付使用的依据。

综上所述，建设预算的各项技术经济文件均以价值形态贯穿基本建设的全过程之中，如图1-4所示。

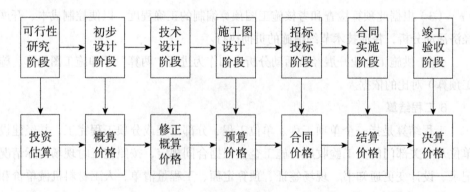

图1-4　建设工程实施与计价对应关系图

建筑工程计价是指计算和确定建筑工程的造价。从申请建设项目、确定和控制基本建设投资，到确定基建产品计划价格，即估算、概算、预算、结算和决算，简称"估概预结决"五算，体现了建筑产品计价的多次性，实现了从粗到细，从大到小的全面经济核算，最后，以决算的形式构成企事业单位的固定资产。总之，这些经济文件反映了基本建设中的主要经济活动，体现了基本建设过程在内的一条"资金链"，也作为工程项目建设的一个有机体。申请项目有估算，设计有概算，施工有预算，交工有结算，竣工有决算，并在其基础上进行投标报价，签订工程合同。

理论上，国家有相关规定与要求，即概算不超估算，预算不超概算，决算不超预算。

1.5 工程造价概述

建筑业是我国四大支柱行业之一，随着建筑行业的不断发展，工程造价行业人员队伍也在不断发展壮大。工程造价是一项技术性、专业性很强的工作，它贯穿于投资决策、项目设计、招标投标、建设施工和竣工结算各个阶段。造价行业的迅速发展离不开高水平、高技能的造价人才。

1.5.1 工程造价

（一）工程造价的含义

建设工程造价（简称"工程造价"）是指工程的建设价格。这里所说的工程的范围和内涵具有很大的不确定性，其含义有两种：

第一种含义是指进行某项工程建设花费的全部费用，即建设成本，就是该工程项目有计划地进行固定资产再生产、形成相应无形资产和铺底流动资金的一次性费用的总和。很明显，这一含义是从业主（投资者）的角度来定义的。投资者选定一个投资项目后，就要通过项目评估进行决策，然后进行设计招标、工程招标，直至竣工验收等一系列投资管理活动，在投资活动中所支付的全部费用形成了固定资产和无形资产，所有这些开支就构成了建设工程造价。从这个意义上说，工程造价就是建设项目固定资产投资。

第二种含义是指建筑产品价格，即工程价格，就是建成一项工程，预计或实际在土地市场、设备市场、技术劳务市场以及承包市场等交易活动中所形成的建筑安装工程的价格和建设工程总价格。显然，此含义是以社会主义商品经济和市场经济为前提的，它以工程这种特定的商品形式作为交换对象，通过招投标、承发包或其他交易形式，在进行多次性预估的基础上，最终由市场形成价格。工程造价的第二种含义通常被认定为工程承发包价格。

工程造价的两种含义以不同角度来把握同一事物的本质。对于投资者来说，工程造价就是项目投资，是"购买"项目付出的价格，同时也是投资者在作为市场供给主体时和"出售"项目时定价的基础。对于承包者来说，工程造价是他们作为市场供给主体出售商品和劳务的价格的总和，或是特指范围性的建设工程造价，如建筑安装工程造价。

通常工程造价做一个狭义的理解，即为工程承发包价格。它是建筑市场通过招标投标，由需求主体（投资者）和供给主体（建筑商）共同认可的价格。

工程造价的两种含义，即建设成本和工程价格，两者之间既有区别，又有联系。

1.主要区别

（1）范围不同。建设成本包含建设项目的费用，工程价格只包括建设项目的局部费用，如承发包工程部分的费用。在总数与内容上，建设成本要大于工程承发包价格，如投资者对项目的管理费、咨询费、贷款利息等不计入工程承发包价格内。

（2）利益不同。对于投资者来说，要以在保证建设要求、工程质量的基础上，寻求以较低的投入获得较高的产出，即利润最大化为目标，建设成本总是越低越好。反之，对于建筑商来说，为了项目的利润最大化，工程价格越高越好。因此，投资者与建筑商双方的利益是相互矛盾的。在具体工程中，双方通过市场竞争活动，寻求有利于自身的承发包价格，并保证价格的及时兑现和风险的补偿，因此，双方都需要对工程项目进行科学管理和合理控制。

（3）组成不同。建设成本不含投资者的利润和税金，它形成了投资者的固定资产；工程价格中含有承包方的利润和税金。

2.主要联系

（1）工程价格以"价格"形式进入建设成本，是建设成本的重要组成部分。

（2）建设成本（决算）反映实际发生的工程承发包价格（结算），预测的建设成本是反映市场行情下及社会必要劳动时间的工程价格。

（3）建设项目中承发包工程的建设成本等于承发包价格，即工程价格。如建筑安装工程中，建筑安装成本就等于建筑安装承发包价格。

（4）建设成本的管理要服从工程价格的市场管理，反之，工程价格的市场管理要适当顾及建设成本的承受能力。

无论是工程造价的哪种含义，强调的都是工程建设中所消耗资金的数量标准。

（二）工程造价的职能

1.评价职能。工程造价是评价总投资和分项投资合理性和投资效益的主要依据之一。在评价土地价格、建筑安装产品和设备价格的合理性时，就必须利用工程造价资料，在评价建设项目偿贷能力、获利能力和宏观效益时，也可依据工程造价。工程造价也是评价建筑安装企业管理水平和经营成果的重要依据。

2.调控职能。工程建设直接关系到经济增长,以及社会资源分配和资金流向,对国计民生有重要影响,因此,国家对建设规模、结构的宏观调控是在任何条件下都不可或缺的,对政府投资项目进行直接调控和管理也是必需的。这些都要用工程造价为经济杠杆,对工程建设中的物资消耗水平、建设规模、投资方向等进行调控和管理。

3.预测职能。由于建设工程造价的大额性,无论投资者还是建筑商(承包商)都要对拟建工程进行预先测算。投资者预先测算工程造价,不仅可以作为项目决策依据,同时也是筹集资金、控制造价的依据。承包商对工程造价的预算,既为投标决策提供依据,又为投标报价和成本管理提供依据。

4.控制职能。工程造价的控制职能表现在两个方面:一是它对投资的控制,即在项目投资的各个阶段,通过对工程造价的多次性预算和评估,实现了全过程多层次的价格控制;二是通过市场调节规律,对以承包商为代表的商品和劳务供应企业的成本控制。

值得注意的是,实现工程造价职能的条件,主要是市场竞争机制的形成,因此,工程造价的基本理论也反映了社会主义的市场规律。

1.5.2 工程造价与工程预算的区别

根据建设项目的基本程序内容分析,工程造价与工程预算两者所处的阶段不同。通俗地说,一个是实际发生的费用,一个是预计发生的费用。工程预算是工程造价的一部分,而工程造价的范围更广。

1.概念不同。工程造价即通过工程计价所得的建造价格,即工程价格。工程计价是指按照规定的程序、方法和依据,对工程造价及其构成内容进行估计或确定的行为。工程计价的三要素是数量、价格、费用。工程计价的主要任务是根据图纸、定额以及清单规范,计算出工程中所包含的直接费(人工、材料及设备、施工机具使用)、企业管理费、措施费、规费、利润及税金等。工程造价是指进行某项工程建设所花费的全部费用,其核心内容是投资估算、设计概算、施工图预算、工程结算、竣工决算等。

工程预算是对工程项目在未来一定时期内的收入和支出情况所做的计划。它可以通过货币形式来对工程项目的投入进行评价,并反映工程的经济效果。它是加强企业管理、实行经济核算、考核工程成本、编制施工计划的依据,也是工程招投标报价和确定工程造价的主要依据。

2.阶段不同。工程造价是建设单位对已完工项目进行总核算的过程,也是一个建设项目完工后结转固定资产的基础;而工程预算是按照预算定额、取费标准等因素进行预先计算，一般情况下，是施工单位在开工前做的。

3.用途不同。 工程造价是建设单位对已完工项目，将各种投资进行归集，或对多个项目进行分配处理，如由建安费、设备费、待摊费、转出费、应核销费用等组成；而工程预算是施工单位按上述资料计算结果进行投标报价或签订合同用的。

4.属性不同。 工程预算是工程造价的一部分，即工程造价的范围更广。工程造价包括投资估算、概算、预算、结算和决算等，因此，工程造价包括工程预算，工程预算属于工程造价。预算只是造价的一个步骤，它们是从属关系。

1.6 注册造价工程师制度简介

1.6.1 基本概念

注册造价工程师（简称"造价师"），是通过全国造价工程师执业资格统一考试或者资格认定、资格互认，取得中华人民共和国造价工程师执业资格（简称"执业资格"），并按照《注册造价工程师管理办法》注册，取得中华人民共和国造价工程师注册执业证书和执业印章，从事工程造价活动的专业人员。

1.分类。 造价师是由国家授予资格并准予注册后执业，专门接受某个部门或某个单位的指定、委托或聘请，负责并协助其进行工程造价的计价、定价及管理业务，以维护其合法权益的工程经济专业人员。国家在工程造价领域实施造价工程师执业资格制度，凡是从事工程建设活动的建设、设计、施工、工程造价咨询、工程造价管理等的单位和部门，必须在计价、评估、审查（核）、控制及管理等岗位配套有造价工程师执业资格的专业技术人员。

造价工程师考试分为一级造价工程师和二级造价工程师考试，原造价工程师考试等同于一级造价工程师考试；二级造价工程师应该是由造价员改变而来。

2.职业资格。 2017年9月12日，人力资源社会保障部公布《国家职业资格目录》，造价工程师进入《国家职业资格目录》36项准入类专业技术人员职业资格，由住房城乡建设部、交通运输部、水利部和人力资源社会保障部共同实施。准入类职业资格即根据国家相关法律法规的规定，由国务院劳动、人事行政部门或其他部门通过学历认定、资格考试、专家评定、职业技能鉴定等方式进行评价，对合格者授予国家职业资格证书，从而得到准入的资格。

准入类职业资格分为从业资格和执业资格两种。一是从业资格通过学历认定或考试取得，从业资格的确认及其证书的颁发工作由各省、自治区、直辖市人事（职改）部门会同当地业务主管部门组织实施，通过学历认证或考试取得。二是执业资格通过考试方法取得，参加执业资格考试的报名条件根据不同专业另行规定；执业资格考试由国家定期举行，考试实行全国统一大纲、统一命题、统一组织、统一时间，所取得的执业资格经注册后，在全国范围内有效。

1.6.2 基本报考条件

1.一级造价工程师

凡遵守中华人民共和国宪法、法律法规，具有良好的业务素质和道德品行，具备下列条件之一者，可以申请一级造价工程师职业资格考试：

（1）具有工程造价专业大学专科（或高等职业教育）学历，从事工程造价业务工作满5年；具有土木建筑、水利、装备制造、交通运输、电子信息、财经商贸大类大学专科（或高等职业教育）学历，从事工程造价业务工作满6年。

（2）具有通过工程教育专业评估（认证）的工程管理、工程造价专业大学本科学历或学位，从事工程造价业务工作满4年；具有工学、管理学、经济学门类大学本科学历或学位，从事工程造价业务工作满5年。

（3）具有工学、管理学、经济学门类硕士学位或者第二学士学位，从事工程造价业务工作满3年。

（4）具有工学、管理学、经济学门类博士学位，从事工程造价业务工作满1年。

（5）具有其他专业相应学历或者学位的人员，从事工程造价业务工作年限相应增加1年。

2.二级造价工程师

遵守中华人民共和国宪法、法律法规，具有良好的业务素质和道德品行，具备下列条件之一者，可以申请二级造价工程师职业资格考试：

（1）具有工程造价专业大学专科（或高等职业教育）学历，从事工程造价业务工作满2年；具有土木建筑、水利、装备制造、交通运输、电子信息、财经商贸大类大学专科（或高等职业教育）学历，从事工程造价业务工作满3年。

（2）具有工程管理、工程造价专业大学本科及以上学历或学位，从事工程造价业务工作满1年；具有工学、管理学、经济学门类大学本科及以上学历或学位，从事工程造价业务工作满2年。

（3）具有其他专业相应学历或学位的人员，从事工程造价业务工作年限相应增加1年。

1.6.3 主要任务

造价工程师的任务在建设部75号部令《造价工程师注册管理办法》总则第一章第一条有十分明确的规定，就是"提高建设工程造价管理水平，维护国家和社会公共利益"。具体应从两个方面去理解：一是造价工程师受国家、单位的委托，为委托方提供工程造价成果文件，在具体执行业务时，必须始终牢记的一个宗旨是，对工程造价进行合理确定和有效控制，通过合理确定和有效控制工程造价不断提高建设工程造价管理水平，这也是造价工程师执业中的具体任务；二是通过造价工程师在执业中提供的工程造价成果文件，维护国家和社会公共利益，这就是造价工程师执行具体任务的根本目的。

提高建设工程造价管理水平，维护国家、社会公共利益这一任务体现了两个方面的一致性。一是执行具体任务与执行任务的根本目的的一致性。造价工程师向单位或向委托方提供工程造价成果文件，应服从于造价工程师执行任务的根本目的，任何有损于工程造价的合理确定和有效控制的正确实施，有损于国家、社会公共利益的不正确计价行为，都是与造价工程师的任务不符合的。如果发生上述违反这一规定的行为，造价工程师要承担相应的法律责任。二是保证工程造价的合理确定和有效控制的正确实施与维护国家、社会公共利益的一致性。一方面，造价工程师不管接受来自哪方面的指令，在执行具体任务时都必须首先站在科学、公正的立场上，通过所提供的准确的工程造价成果文件，来维护国家、社会公共利益和当事人的合法权益，不能不讲职业道德、受利益驱动、片面迎合委托方的意愿，高估冒算或压价，甚至用不正当的手段谋求利益；另一方面，造价工程师必须通过维护国家、社会公共利益和当事人双方的合法权益，来维护工程造价成果文件的顺利实施，而不能盲目听从长官意志，使来自行政的干预或其他干预损害当事人的合法权益。

1.6.4 执业方向

1.建设项目投资估算、概算、预算、结算、决算及工程招标标底价、投标报价的编制或审核。

2.建设项目经济评价和后评价、设计方案技术经济论证和优化、施工方案优选和技术经济评价。

3.工程造价的监控。

4.工程经济纠纷的鉴定。

5.工程变更及合同价的调整和索赔费用的计算。

6.工程造价依据的编制和审查。

7.国务院建设行政主管部门规定的其他业务。

1.6.5 法律责任

建设部75号令的第二十三条~第二十八条对造价工程师的权利和义务以及法律责任都作出了比较明确的规定，具有很强的可操作性。

1.规定了造价工程师在执业中所享有的权利和义务，以及承担的相应法律责任，反映了造价工程师依法执业的地位，并起到规范造价工程师的执业行为的作用。这些规定是十分重要的，也是整个造价工程师执业制度中的一个核心部分。

2.按照制订法规所要求的原则，一是权利和义务相对应，二是要求必须做的而没有做到的要承担法律责任。按照法律对权利和义务的界定原则，制订相关条款，如所谓权利是指执业者可以行为的范围；所谓义务是指执业者必须行为的范围。

应当根据文件相关要求的原则，进行理解和执行，如第二十三条享有的权利中关于签署造价文件加盖执业印章，是造价工程师可以行为的范围，同时意味着如果在执业中发生不正当的计价行为和行政干预的事情，可以拒签；又如第二十四条履行义务规定不得允许他人以本人名义执业，这是每个造价工程师必须遵循的，如果谁违反这个规定，主管部门可以按第二十八条规定注销注册证。因此，每一个造价工程师应认真学习，领会文件中的这些精神和原则。

贯彻与落实造价工程师的权利和义务及法律责任，取决于我国整个社会的经济管理和政治基础，以及建设市场规范的程度，文件规定的造价工程师的权利和义务，都是一段时期内需要和可能做到的。另外，所规定的权利和义务能否实现或能实现多少，要取决于各方面的条件，尤其是建设市场法制的不断完善。权利和义务真正发挥作用，还要靠政府部门加强管理和全体专业人员的共同努力。

◎思考题

1.什么是基本建设？其内容是什么？

2.说明基本建设的主要程序。

3.举例说明建设项目的结构分解。

4.建筑产品的价格特点是什么？

5.工程概预算分为哪几类？其与建设程序有何关系？

6.说明工程造价与工程预算的区别。

7.什么是注册造价工程师？其执业方向有哪些？

第2章 定额与计价概述

2.1 定额概述

2.1.1 定额的含义

所谓定，就是规定；所谓额，就是额度和限度。从广义上讲，定额就是规定的额度及限度，即标准或尺度。定额的含义是指在生产过程中，为了完成某一单位合格产品，就要消耗一定的人工、材料、机具设备和资金。

在工程建设中，为了完成某一工程项目，需要消耗一定数量的人力、物力和财力资源，这些资源的消耗是随着施工对象、施工方法和施工条件的变化而变化的。从狭义上讲，工程建设定额（简称"工程定额"，或称"定额"）是指在正常的施工条件下，生产单位合格产品所消耗的人工、材料、施工机械及资金消耗的数量标准。

不同的产品有不同的质量要求，不能把定额看成单纯的数量关系，而应看成是质量和安全的统一体。只有考察总体生产过程中的各生产因素，归结出社会平均必须的数量标准，才能形成定额。根据每一个项目的工料用量，制定出每一个项目的工料合价，按照不同类别，汇总成册，就是定额。

定额反映了一定时期的社会生产力水平的高低，与操作人员的技术水平、机械化程度及新材料、新工艺、新技术的发展和应用有关，也与企业的组织管理水平和全体技术人员的劳动积极性有关。因此，定额是要随着生产力水平的提高而变化的，一定时期的定额水平必须坚持平均先进的原则。所谓平均先进水平，就是在一定的生产条件下，大多数企业、班级和个人经过努力可以达到或超过的标准。

随着建设项目管理的深入和发展，定额已被提到一个非常重要的位置。在建设项目的各个阶段采用科学的计价依据和先进的计价管理手段是合理确定工程造价和有效控制工程造价的重要保证。定额属于技术经济范畴，是实行科学管理的基础工作之一。

所谓正常的施工条件是指在生产过程中，按生产工艺和施工验收规范操作，施工条件完善,劳动组织合理,机械运转正常,材料储备充足,对由此完成一定计量单位的合格产品进行定员(定工日)、定质量、定数量,同时规定了各分项工程中的工作内容和安全要求等。这种规定反映了建筑工程中的某项合格产品与各种生产消耗量之间的特定数量关系。

例如,砌$1m^3$砖内墙规定消耗(摘自某地区预算定额)如下。

人工:1.45工日

材料:机砖510块

25号水泥砂浆:$0.26m^3$

机械:2~6t塔吊0.052台班

预算价值:$51.5元/m^3$

2.1.2 定额的产生与发展

新中国成立以来,为了适应我国经济建设发展的需要,党和政府对建立和加强各种定额的管理工作十分重视。就我国建筑行业的劳动定额是随着国家经济的恢复和发展而建立起来的,并结合我国工程建设的实际情况,在各个时期统一制定和实行。

1955年,劳动部和建筑工程部联合编制了《全国统一建筑安装工程劳动定额》,这是我国建筑行业首次编制的全国统一劳动定额。1962、1966年先后两次,建筑工程部修订并颁发了《全国建筑安装统一劳动定额》。此时期定额管理工作相对较为健全,实行统一领导,定额执行认真,开展技术测定,定额的深度和广度都有较好的发展,对组织工程施工、改善劳动组织、降低生产成本、提高劳动生产率等,起到了有力的促进作用。

十一届三中全会以来,随着全党工作重点的转移,工程定额在建筑业的作用逐步得到了恢复和发展,国家建工总局为恢复和加强定额工作,在1979年编制并颁发了《建筑安装工作统一劳动定额》,同时,各省、市、自治区相继设立了定额管理机构,配备了定额人员,并在此基础上编制了本地区的建筑工程施工定额,使定额管理工作进一步适应各地区生产发展的需要,调动了广大建筑工人的生产积极性,对提高劳动生产率起到了较为明显的促进作用。为适应建筑行业不断涌现的新工艺、新结构、新材料、新技术的需要,城乡建设环境保护部于1985年编制并颁发了《全国建筑安装工程统一劳动定额》。

随着工程预算制度的建立和发展,工程预算也相应产生并不断发展。1955年建筑工程部编制了《全国统一建筑工程预算定额》,1957年国家建委在此基础上进行了修订并颁发全国统一的建筑工程预算定额。以后的几年间,各省(自治区、直辖市)又根据编制权限下放的精神，组织编制了本地区的建筑安装工程预算定额。预算定额是预算制度的产物，它为各地区建筑产品价格的确定提供了重要依据。

定额是根据国家一定时期的管理体制和制度，针对不同的用途和适用范围，由国家规定的机构按照一定程序编制的，并按照规定的程序审批和颁发执行。在建筑行业中，实行定额管理是为了在施工中，尽可能减少人力、物力和财力的消耗量，生产出更多、更好的合格建筑产品，获得理想的经济效益，达到科学管理的目标。因此，定额水平是规定完成单位合格产品所需各种资源消耗的数量水平，它是一定时期社会生产力水平的反映，代表一定时期的施工、机械化程度及建筑技术发展的水平。

事实证明，只有按客观经济规律办事，正确发挥定额作用，才能提高劳动生产率和经济效益；反之，劳动生产率会下降，经济效益就差。因此，实行科学的定额管理，应认识定额在现代科学管理中的重要地位和作用，这也是社会主义生产发展观的基本要求。

我国经济体制改革的目标模式是建立社会主义市场经济体制，定额既不是计划经济的产物，又不是与市场经济相悖的体制改革对象。定额管理的自然性和社会性决定了它在市场经济中仍然具有重要的地位和作用。

2.1.3 定额的特性

定额的特性是由定额的性质决定的，定额的性质取决于生产关系的性质，我国建筑工程定额具有科学性、法令性、群众性、稳定性和时效性。

1.科学性

定额的科学性是指定额的编制是在认真研究客观规律的基础上，自觉遵循客观规律的要求，用科学方法确定各项消耗量标准，所确定的定额水平应是大多数企业和职工经过努力能够达到的平均先进水平。

2.法令性

定额的法令性是指定额由国家、地方主管部门或授权单位颁发，各地区及有关施工企业等单位，都必须严格遵守和执行，不得随意变更定额的内容和水平。定额的法令性保证了建筑工程统一的造价与核算尺度。

3.群众性

定额的拟定和执行要有广泛的群众基础。定额的拟定通常采取工人、技术人员和专职定额人员三者结合的方式，尽可能结合实际情况，反映当时当地的建筑安装工人的实际水平，并保持一定的技术先进性，使用定额容易为广大职工所掌握。定额的执行也要依靠广大群众的生产实践活动才能完成。

4.稳定性和时效性

任何一种工程定额，在一段时期内均表现出稳定的状态。根据具体情况的发展趋势，稳定时间各有差别，一般控制在5~10年之间。由于工程定额只能反映一定时期的生产力水平，当生产力不断向前发展时，定额就会变得陈旧与不适应，因此，定额具有稳定性的同时，也具有了时效性。当定额跟不上形势的发展，甚至滞后于社会经济发展时就要进行重新编制或修订。

2.1.4 定额的作用

在市场经济中，定额与市场经济的共融性是与生俱来的。每个商品生产者和商品经营者都被推向市场，他们为了在竞争中求生存、求发展，努力提高自己的竞争能力，这就必然要求利用手段加强管理，达到提高工作效率、降低生产和经营成本、提高市场竞争能力的目的。

定额不仅是市场供给主体提高竞争能力的手段，而且是体现国家加强宏观调控管理的手段。如果没有定额，就无法判断项目的经济可行性，也无法实施对建设过程造价的有效控制。可见，利用定额加强宏观调控和宏观管理是经济发展的客观要求，也是建立规范化的市场和有序竞争的客观要求。定额的作用有以下几点：

1. 定额有利于节约社会劳动和提高生产效率。一是企业以定额作为促进工人节约社会劳动（工作时间、原材料等）和提高劳动效率、加快工作速度的手段，以增加市场竞争能力，获取更多的利润；二是作为工程造价计算依据的各类定额又促进企业加强管理、把社会劳动的消耗控制在合理的限度内；三是作为项目决策依据的定额指标，又在更高的层次上促使项目投资者合理而有效地利用和分配社会劳动。

2. 定额有利于建筑市场公平竞争。定额所提供的准确的信息为市场需求主体和供给主体之间的竞争，以及供给主体和供给主体之间的公平竞争，提供了有利条件。

3. 定额有利于规范市场行为。定额既是投资决策的依据，又是价格决策的依据。对于投资者来说，他可以利用定额权衡自己的财务状况和支付能力、预测资金投入和预期回报，还可以充分利用有关定额的大量信息，有效地提高其项目决策的科学性，优化其投资行为。对于承包商来说，企业在投标报价时，只有考虑定额的构成，结合企业的市场竞争优势，才能作出正确的价格决策，获得更多的工程合同。

4. 定额有利于完善市场的信息系统。定额管理是对大量市场信息的加工，也是对市场大量信息的传递，同时也是市场信息的反馈。信息是市场体系中的不可或缺的要素，它的指导性、标准性和灵敏性是市场成熟和市场效率的标志。

5. 定额有利于推广先进生产方法。在先进合理的生产条件下，对生产过程的观察、实测、分析、研究、综合后制定的定额，可准确地反映生产技术和劳动组织的科学合理性。因此，用定额作为手段，对同一产品在同一操作条件下，应用不同生产方法进行观察、分析、对比与研究，总结出较为完善、合理的生产方法，可以在建筑行业内进行推广应用，从而提高企业的生产效率。

2.2　定额的分类

工程定额（简称"定额"）是工程建设中各类定额的总称，它包括多种类定额，可以按不同的原则和方法对它进行科学的分类。工程定额可分为以下五类，如图2-1所示。

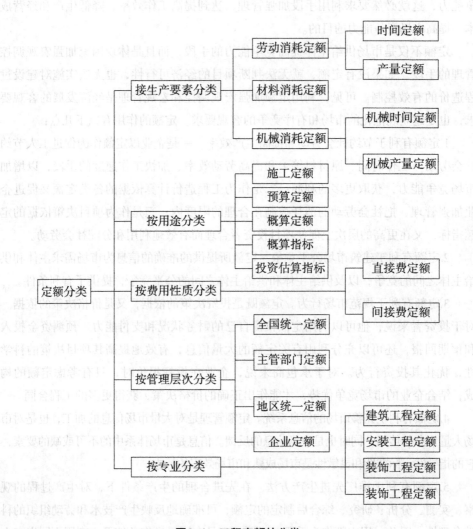

图2-1　工程定额的分类

2.2.1 按生产要素分类

1.劳动消耗定额（简称劳动定额，又称人工定额）。劳动消耗定额是完成一定的合格产品（工程实体或劳务）规定活劳动消耗的数量标准。为了便于综合和核算，劳动定额大多采用工作时间消耗量来计算劳动消耗的数量，因此，劳动定额主要表现形式是时间定额，但同时也表现为产量定额。

2.材料消耗定额（又称材料定额）。材料消耗定额是指完成一定合格产品所需消耗材料的数量标准。材料是工程建设中使用的原材料、成品、半成品、构配件、燃料以及水、电等资源的统称，一般分为主要材料和辅助材料两类。材料作为劳动对象构成工程的实体，需用数量很大，种类繁多。所以材料消耗量大小，消耗是否合理，不仅关系到资源的有效利用，影响市场供求状况，而且对建设工程的项目投资、建筑产品的成本控制都有决定性影响。

3.机械消耗定额。我国机械消耗定额是以一台机械一个工作班为计量单位，所以又称为机械台班定额。机械消耗定额是指为完成一定合格产品（工程实体或劳务）所规定的施工机械消耗的数量标准。机械消耗定额的主要表现形式是机械时间定额，但同时也以机械产量定额表现。

2.2.2 按用途分类

1.施工定额

施工定额是以同一性质的施工过程为测定对象，表示某一施工过程中的人工、主要材料和机械消耗量；它以工序定额为基础综合而成，在施工企业中，用来编制班组作业计划，签发工程任务单、限额领料卡以及结算计件工资或超额奖励、材料节约奖等。施工定额是企业内部经济核算的依据，也是编制预算定额的基础。

2.预算定额

预算定额是以工程中的分项工程，即在施工图纸上和工程实体上都可以区分开的产品为测定对象，其内容包括人工、材料和机械台班使用量三个部分。经过计价后，可编制单位估价表，它是编制施工图预算（设计预算）的依据，也是编制概算定额、概算指标的基础。预算定额在施工企业被广泛用于编制施工准备计划，编制工程材料预算，确定工程造价，考核企业内部各类经济指标等。因此，预算定额是用途最广泛的一种定额。

3.概算定额

概算定额是预算定额的合并与归纳，用于在初步设计深度条件下编制设计概算，控制设计项目总造价，评定投资效果和优化设计方案。

4.概算指标

概算指标是在概算定额的基础上进一步综合扩大，以100m²建筑面积为单位，构筑物以座为单位，规定所需人工、材料及机械台班消耗量及资金的定额指标。

5.投资估算指标

投资估算指标是在编制项目建议书可行性研究报告和编制设计任务书阶段进行投资估算、计算投资需要量时使用的一种定额。它具有较强的综合性、概括性，往往以独立的单项工程或完整的工程项目为计算对象，它的概略程度与可行性研究阶段相适应，其主要作用是为项目决策和投资控制提供依据，是一种扩大的技术经济指标。虽然投资估算指标往往根据历史的预、决算资料和价格变动等资料编制，但是其编制还是以预算定额和概算定额为基础。

2.2.3 按费用性质分类

1.直接费定额

直接费定额是指直接计入建筑安装工程成本的各项费用的定额，套定额产生的直接定额费是建筑安装工程费用定额的主要组成部分。直接定额费=人工费+材料费+机械台班费+其他直接费（如措施费等）。

2.间接费定额

间接费定额是指与建筑工程施工生产的个别产品无关，而为企业生产全部产品所必需，为维持施工企业的经营管理活动所必需发生的各项费用开支标准。由于间接费中许多费用的发生与施工任务的大小没有直接关系，因此，通过间接费定额管理，有效控制间接费的发生是十分必要的。

2.2.4 按管理层次分类

1.全国统一定额

全国统一定额是由国家主管部门统一组织编制，并在全国范围内执行的定额。如《全国统一建筑基础定额》《全国统一安装工程预算定额》等。全国统一定额使国家的计划、统计、工程造价、组织管理等工作有了统一的尺度与可比性，有利于工程造价水平的控制、劳动生产率的提高和原材料的节约等。

2.主管部门定额

行业主管部门定额是指按照国家定额分工管理的规定，由各行业部门根据本行业情况编制的、只在本行业和相同专业性质使用的定额。如交通部发布的《公路工程预算定额》等。

3. 地区统一定额

地区统一定额是根据统一领导，分级管理的原则，由各省、自治区、直辖市（或计划单列市）根据本地区生产的物质供应、资源条件、交通、气候及施工技术和管理水平等条件编制的，仅在本地区范围内执行的定额。

4. 企业定额

企业定额是当执行全国统一定额和地方定额时，由于定额缺项或某些项目的定额水平已不能满足本企业施工生产的需要，而由建筑安装企业或总包单位会同有关部门或单位，在遵照有关定额水平的前提下，参考国家和地方颁发的价格标准、材料消耗等资料，经共同研究编制的，在企业内部使用的定额。

2.2.5 按专业分类

按专业分类的定额，一般适用于编制不同的单位工程概预算。在我国，目前可以把定额按以下专业来划分：

①建筑工程定额，也就是土建工程定额。

②安装工程定额，包括电气仪表、给排水、采暖、通风、工艺管道、热力、筑炉、制冷、电讯广播等安装工程定额。

③装饰工程定额，指二次装修工程使用的专门定额。

④修缮工程定额。

⑤市政工程定额。

⑥铁路工程定额。

⑦公路工程定额。

⑧井巷工程定额。

⑨仿古建筑及园林工程定额。

2.3 定额的编制原则和方法

2.3.1 定额的编制原则

1. 平均性原则

定额水平应反映社会平均水平，体现社会必要劳动的消耗量，即在正常施工条件下，大多数工人和企业能够达到或超过的水平。既不采用少数先进生产者或先进企业的水平，又不以落后生产者或企业的水平为依据。

定额水平要与建设阶段相适应，前期阶段（如可行性研究、初步设计阶段）定额水平应反映平均水平，但还要留有适当的余地；而用于投标报价的定额水平宜含有竞争力，合理反映企业的技术、装备和经营管理水平等，如施工定额应按企业平均先进水平确定。

因此，定额水平应反映出先进合理的设计，成熟有效的施工工艺、施工管理，以及大多数企业在正常施工条件下可以达到的水平，即"社会平均水平"。

2.基准性原则

针对各类不同的工程实践情况，定额要概括、抽象出一般数量标准，因此，定额的"标准"是相对的。不能要求定额编制得与实际情况完全相符，只能要求其基本准确，或总体准确。定额项目（节目、子目）按影响定额的主要参数来划分，粗细适当，步距合理，且科学设置定额计量单位、调整系数及附注等。

3.简明性原则

在保证基本准确的前提下，定额项目不宜过细过繁，步距不宜过小过密；对于影响定额的次要参数，可采用调整系数等办法，简化定额项目；尽量做到粗而准确，细而不繁，便于操作使用。为了便于开展国内外工程项目的招投标工作，定额在表现形式、内容组成、子目设置等方面，要逐渐与国际工程惯例接轨。

4.共性与个性结合原则

共性是指由中央主管部门负责，根据国家的建设方针和经济发展要求，统一制定定额的编制原则和方法，具体组织和颁发全国统一定额，颁发有关规章和条例细则，在全国范围内统一定额的分项、名称、编号，统一人工、材料和机械台班消耗量的名称及计量尺度。

个性就是在共性的基础上，各部门和地区可在管辖范围内，结合自身特点，依据国家规定的编制原则，因地制宜编制各部门和地区性定额，颁发补充性的条例细则，并加强对定额的经常性调整与管理。

2.3.2 定额的编制方法

工程建设定额是以施工定额为基础，施工定额由劳动定额、材料消耗定额和机械使用定额三部分组成。在施工定额的基础上，编制预算定额和概算定额等。在编制预算定额时，考虑各种因素的影响，对人工工时和机械台班按施工定额分别乘1.10和1.07的幅度差系数。由于概算定额比预算定额有着更大的综合性，包含了更多的可变因素，因此以预算定额为基础综合扩大编制概算定额时，一般对人工工时和机械台班乘不大于1.05的扩大系数。

编制定额的基本方法有经验估算法、统计分析法、结构计算法、技术测定法和比较类推法，实用中经常将这几种方法综合起来应用。

1. 经验估算法

经验估算法又称调查研究法，它是定额编制专业人员根据工程技术人员和操作工人结合以前的实际操作经验，对完成建筑产品分部工程所需消耗的人力、物力（材料、机械等）的数量进行分析、估计，通过座谈交流、讨论分析和综合平衡，最终确定定额标准的方法。此方法简单实用，工作量小，便于操作，但精确性较差，缺少科学的计算依据，对影响定额消耗的各种因素，缺少具体分析，受人为因素的影响较大。

2. 统计分析法

统计分析法是根据实际施工中的人工、材料、机械台班消耗和产品完成数量的统计资料（如施工任务单、考勤表、日志、领料单等），经过科学的分析、整理，剔去不合理的部分，并结合当前的施工组织技术水平和生产条件，分析对比后编制成定额。此方法操作简便，只要能收集完整、准确的统计资料加以分析整理，即可推算出定额指标。

3. 结构计算法

结构计算法是根据现行设计规范和施工规范的要求，确定定额项目的施工方法和质量标准，选择典型图纸进行结构计算，用理论计算的方法，拟定完成单位工程量所需的人工、材料及施工机械台班消耗量的定额。此方法比较科学，但计算工作量较大，且有时人工、机械台班还要根据实际资料进行推算而定。

4. 技术测定法

技术测定法是在施工现场，应用计时观察法和材料消耗测定法制定定额的一种科学方法。具体如下：（1）对施工过程和工作时间进行科学分析，确定合理的施工工序；（2）在施工实践中，对各个工序进行实测与核定；（3）确定在合理的生产组织措施下的人工、材料和机械台班消耗定额。此方法有充分的技术依据，科学性和合理性较强，但工作量大，技术复杂，应用推广有一定难度；但对于关键性的定额项目必须采用这种方法。

5. 比较类推法

比较类推法是根据同类型项目或相似项目的定额，进行对比分析类推而制定的定额。此方法只有在用于比较的典型定额与相关定额之间呈比例关系时才适用，且常与其他方法结合使用，用于定额编制中某项数据的确定。

2.3.3 施工定额的编制

1. 施工定额的概念

施工定额是施工企业直接用于建筑安装工程施工管理的一种定额,属于非计价性定额,是编制施工预算、实行内部经济核算的依据,也是编制预算定额的基础。施工定额是以同一性质的施工过程或工序为测定对象,确定建筑安装工人在正常的施工条件下,为完成一定计量单位的某一施工过程或工序所需人工、材料和机械台班等消耗量的标准。

施工定额由劳动定额、材料消耗定额和机械消耗定额三个相对独立的部分组成。为了适应组织施工生产和管理的需要,施工定额的项目划分得很细,是建筑工程定额中分项最细、定额子目最多的一种定额,也是建筑工程定额中的基础性定额。

2. 施工定额的作用

施工定额是施工企业管理工作的基础,也是工程定额体系中的基础性定额,它在施工企业生产管理和内部经济核算工作中发挥着重要作用。认真执行施工定额,正确发挥施工定额在施工管理中的作用,对促进企业的发展有着重要的意义。其作用主要表现在以下几个方面:

(1)施工定额是施工单位编制施工组织设计和施工作业计划的依据;

(2)施工定额是组织和指挥施工生产的有效工具;

(3)施工定额是计算工人劳动报酬的根据,也是激励工人的条件;

(4)施工定额有利于推广先进技术;

(5)施工定额是编制施工预算,加强成本管理和经济核算的基础;

(6)施工定额是投标报价的基础。

3. 施工定额的编制

(1)编制原则

施工定额应为平均先进水平。定额水平是指规定消耗在单位建筑产品上人工、材料和机械台班数量的多少。若同一合格产品,所需消耗量越多,说明定额水平越低。所谓平均先进水平,就是在正常条件下略高于平均水平。定额水平既要反映成熟的并得到推广的先进技术和先进经验,又要从实际出发,认真分析各种有利和不利因素,尽可能做到合理应用。

施工定额的内容和形式要简明适用,便于行业应用与执行定额,既要满足组织施工生产和计算工人劳动报酬等应用的需要,又要简明便于操作工人所掌握,要做到定额项目设置齐全、项目划分合理、定额步距适当。所谓定额步距,是指同类一组定额相互之间的间隔，如砌砖墙的一组定额，其步距可以按砖墙厚度分1/4砖墙、1/2砖墙、3/4砖墙、1砖墙、2砖墙等，这样步距就保持在1/4～1/2墙厚之间。

一般定额编制的要求：①施工定额的文字说明、注释等，要简明扼要、通俗易懂，计算方法力求简化，名词术语、计量单位的选择应符合国家标准及通用的原则。②定额编制的主要阶段应包括计划立项，拟定编制工作大纲，测定与编制，征求意见，审查、报批。③定额名称和编码应按照《建设工程定额体系》的要求命名和编码。④定额子目的编号，在确定定额册编码后，定额子目编号用三段编码表示，格式为"××-××-×××"。第一段编码表示分册号，一般为1～2位阿拉伯数字，若无分册时，该编码可省略；第二段编码表示章号，一般为1～2位阿拉伯数字；第三段编码表示子目号，一般为1～3位阿拉伯数字。以上各编码可根据情况增加阿拉伯数字的位数。

（2）编制内容与依据

施工定额的编制内容有编制方案，总说明，工程量计算规则，定额划项，定额水平的制定（人工、材料、机械台班消耗水平和管理成本费的测算和制定），定额水平的测算（典型工程测算及与全国基础定额的对比测算），定额编制基础资料的整理、归类和编写。

施工定额的编制依据主要有：①国家的有关法律、法规，政府的价格政策，现行的建筑安装工程施工及验收规范，安全技术操作规程和现行劳动保护法律、法规，国家设计规范；②各种类型具有代表性的标准图集，施工图纸，企业技术与管理水平，工程施工组织方案，现场实际调查和测定的有关数据，工程具体结构和难易程度状况，以及采用新工艺、新技术、新材料、新方法的情况等；③现行的全国建筑安装工程统一劳动定额，建筑材料消耗定额，建设项目工程资料及定额测定资料，建筑安装工人技术等级资料等。

（3）编制方法

施工定额的编制方法目前尚无全国统一规定，都是各地区（企业）根据需要自己组织编制的。一般来说，施工定额有两种编制方法：一是实物法，即施工定额由劳动定额、材料定额、机械台班定额三部分消耗量组成；二是实物单价法，即由劳动定额、材料定额和机械台班定额的消耗量，分别乘相应单价并汇总得出单位总价，称为施工定额单价表。

2.3.4 预算定额的编制

1.预算定额的概念

预算定额是确定一定计算单位的分部分项工程或构件的人工、材料和机械台班消耗量的数量标准，它是编制施工图预算的依据。建设单位按预算定额的规定，为建设工程提供必要的人力、物力和资金等资源，施工单位则在预算定额范围内，通过施工劳动，保证按期完成施工任务，交付合格建筑产品。

预算定额是国家或各省（自治区、直辖市）主管部门或授权单位组织编制并颁发执行的，是基本建设预算制度中的一项重要技术经济法规。

2. 预算定额的编制原则

为保证预算定额的编制质量，充分发挥预算定额的作用，使之在实际应用中简便、合理、有效，在编制工作中应遵循以下原则：

（1）按社会平均水平的原则。在社会正常的生产条件下，按平均的劳动熟练程度和劳动强度下，生产某种产品所需要的劳动时间来确定定额水平。因此预算定额的定额水平，是在正常的施工条件、合理的施工组织和工艺条件、平均劳动熟练程度和劳动强度下完成单位分项工程基本构造要素所需的劳动时间，即社会平均水平。

预算定额的水平以施工定额水平为基础。预算定额中包含了更多的可变因素，需要保留合理的幅度差。预算定额是平均水平，施工定额是平均先进水平，所以两者相比预算定额水平要相对低一些。

（2）简明适用原则。编制预算定额贯彻简明适用原则，是对执行定额的可操作性和便于掌握而言的。

（3）统一性和差别性相结合原则。所谓统一性，就是从培育全国统一市场规范计价行为出发。所谓差别性，就是在统一性基础上，各部门和省、自治区、直辖市主管部门可以在自己的管辖范围内，根据本部门和地区的具体情况，制定部门和地区性定额、补充性制度和管理办法。

3. 预算定额的编制依据

（1）国家或各省（自治区、直辖市）现行的施工定额或劳动定额、材料定额和施工机械台班定额，以及现行的工程预算定额等有关定额资料；

（2）现行的设计规范、施工及验收规范、质量评定标准和安全操作规程等文件；

（3）通用设计标准图集、定型设计图纸和有代表性的设计图纸等有关设计文件；

（4）新技术、新结构、新工艺和新材料，以及科学实验、技术测定和经济分析等有关资料；

（5）现行的预算定额、材料预算价格、有关单位颁发的预算定额及其编制的基础资料；

（6）常用的施工方法和施工机具性能资料、现行的人工工资标准、材料预算价格和施工机械台班费用等价格资料。

4.预算定额的编制内容

（1）预算定额章、节、子目设置

①定额章、节应根据施工图设计及施工作业的常规分类方式、专业分工的特点设置；定额子目按照施工图设计深度，以分部分项工程的形体、结构构件和设备特征设置。

②定额子目粗细划分要适当，兼顾准确性和计算便利性，常用、占工程造价比重大的定额子目步距宜细，反之宜粗。

③各行业和地区必须按照国家定额编制定额章、节、子目目录，并按照国家定额的调整规定，结合本地区（行业）具体情况，因地制宜进行调整和更新。

（2）预算定额子目的计量单位

①预算定额的计量单位应采用法定计量单位，并根据分部分项工程的形体、结构构件和设备特征及其变化来确定，应便于准确统计和计算工程量。

②一般情况下，当结构的三个度量发生变化时，选用体积（m^3）或面积（m^2）为计量单位；当物体截面形状基本固定或无规律性变化时，采用长度（m、km）为计量单位；当工程量主要取决于重量时，采用质量（t、kg）作为计量单位；当工程量主要取决于数量时，采用"台""个""套"等计量单位。

③对于工程量大或单位价值低的定额子目，计量单位可适当扩大。

④同一类定额项目计量单位应统一，各行业和地区必须按照国家定额做法确定定额子目计量单位。

（3）预算定额工程量计算规则

①预算定额工程量计算规则应准确、清晰，方便计算，避免含糊不清。对国家定额中已明确的定额工程量计算规则，必须按照国家定额的规定执行；若属于行业和地区特有的，可补充制定相应规则。

②预算定额工程量计算规则宜与《建设工程工程量计算规范》统一。

（4）预算定额子目的工作内容

预算定额子目的工作内容以工序为主要描述对象，包括施工准备、场内搬运、施工操作到完工清理等全部工序。

《浙江省通用安装工程预算定额》（2018版）共分13册计14307个子目，其中第四册电气设备安装工程，共计1805个子目；第五册建筑智能化工程，共计843个子目等。该定额总说明指出，它是按目前浙江省大多数施工企业在安全条件下，采用的施工方法、机械化程度、合理的工期、施工工艺和劳动组织条件制定的，反映社会平均消耗量水平。根据设计施工的新规范、新标准，结合浙江省实际，补充了常用的、成熟的新技术、新工艺、新材料项目，以满足工程计价的需要。

5.预算定额的编制步骤

预算定额的编制一般可分为以下三个阶段进行。

（1）准备工作阶段

①根据国家或授权机关关于编制预算定额的指示，由工程建设定额管理部门主持，组织编制预算定额的领导机构和各专业小组。

②拟定编制预算定额的工作方案，提出编制预算定额的基本要求，确定预算定额的编制原则、适用范围，确定项目划分以及预算定额表格形式等。

③调查研究、收集各种编制依据和资料。

（2）编制初稿阶段

①对调查和收集的资料进行深入细致的分析研究。

②按编制方案中项目划分的规定和所选定的典型施工图纸计算出工程量，并根据取定的各项消耗指标和有关编制依据，计算分项定额中的人工、材料和机械台班消耗量，编制出预算定额项目表。

③测算预算定额水平。预算定额征求意见稿编出后，应将新编预算定额与原预算定额进行比较，测算新预算定额水平是提高还是降低，并分析预算定额水平提高或降低的原因。

（3）修改和审查计价定额阶段

组织基本建设有关部门讨论《预算定额征求意见稿》，将征求的意见交编制小组重新修改定稿，并写出预算定额编制说明和送审报告，连同预算定额送审稿报送主管机关审批。

6.预算定额与施工定额的区别

预算定额是以施工为基础进行编制的，但预算定额不能简单地套用施工定额，必须考虑到那些施工定额没有包含的可变因素，需要保留一个合理的幅度差，幅度差是预算定额与施工定额的重要区别。所谓幅度差，是指在正常施工条件下，定额未包括，而在施工过程中又可能发生而增加的附加额。此外，两种定额水平的确定原则也是不同的。两者有以下几点区别：

（1）测定对象不同。预算定额以分部分项工程为测定对象，施工定额以施工过程为测定对象，前者是在后者基础上编制的，在其测定对象上进行科学的综合扩大。预算定额的编制主要采用技术测定的方法。

（2）编制水平不同。预算定额按社会平均水平编制，施工定额按平均先进水平编制。因此，确定预算定额时，其水平要低一些，一般预算定额水平要低于施工定额5%~7%。

（3）应用功能不同。施工定额属于非计价定额，是施工企业内部管理应用的一种工具；而预算定额是一种广泛应用的计价定额，是确定建筑安装工程造价的依据。

（4）编制程序不同。预算定额是在施工定额的基础上编制而成的。

2.3.5 概算定额的编制

概算定额是在预算定额基础上，以主要工序为主综合相关工序的扩大定额。它是按主要分部分项工程规定的计量单位及综合相关工序的劳动、材料和机械台班的消耗标准。概算定额又称扩大结构定额，它规定了完成单位扩大分项工程或单位扩大结构构件所必须消耗的人工、材料和机械台班的数量标准。

1. 概算定额的作用

（1）是编制概算、修正概算的主要依据；

（2）是编制主要机械和材料需用计划的依据；

（3）是对设计方案进行技术经济分析和比较的基础资料之一；

（4）是编制概算指标的基础。

2. 概算定额的内容

概算定额一般由目录、总说明、工程量计算规则、分部工程说明或章节说明、有关附录或附表等组成。

在总说明中，主要阐明编制依据、使用范围、定额的作用及有关统一规定等。在分部工程说明中，主要阐明有关工程量计算规则及本分部工程的有关规定等。在概算定额表中，分节定额的表头部分，列有本节定额的工作内容及计量单位，表格中列有定额项目的人工、材料和机械台班消耗量的指标。

《浙江省通用安装工程概算定额》（2018版）是在《浙江省通用安装工程预算定额》（2018版）的基础上，结合相关文件精神进一步扩大综合编制而成的。此定额由机械设备安装工程、电气及智能化系统设备安装工程、通风空调安装工程、管道安装工程、消防工程、通用项目和措施项目工程共计六章内容组成，安全防范系统的主要内容位于第二章第六节中。

本定额总说明指出，它是以预算定额为基础编制的，考虑概算定额与预算定额的水平幅度差及图纸设计深度等因素，编制概算时应以"概算分部分项工程费+总价综合费用"为基数乘扩大系数，扩大系数为1%~3%。具体数值可根据工程的复杂程度和图纸的设计深度确定：其中较简单工程或图纸设计深度达到要求的取1%，一般工程取2%，较复杂工程或设计图纸深度不够要求的取3%。

3. 编制依据

概算定额的编制依据主要有以下几点：

（1）现行的设计标准规范、施工验收规范和建筑安装操作规程等；

（2）现行全国统一预算定额、地区预算定额及施工定额；

（3）标准设计图集和有代表性的设计图纸等；

（4）有关的工程概算、施工图预算、工程结算和工程决算等资料；

（5）现行地区人工工资标准、材料预算价格、机械台班费用等；

（6）过去颁发的概算定额。

4. 编制步骤

概算定额的编制步骤一般分为三个阶段，即准备阶段、初审阶段和定稿阶段。

（1）准备阶段

确定编制定额的机构和人员组成，进行调查研究，了解现行的概算定额执行情况以及存在的问题，明确编制目的。在此基础上，制定出编制方案和确定概算定额项目。

（2）初审阶段

根据所制定的编制方案和确定的定额项目，在收集资料和整理分析各种测算资料的基础上，根据选定的有代表性的工程图纸，计算出分项工程量，套用预算定额中的人工、材料和机械消耗量，再加权平均得出概算项目的人工、材料、机械的消耗指标，最后编制出定额初稿。

（3）定稿阶段

组织有关部门讨论定额初稿，在听取合理意见的基础上，针对存在的问题，进行修改与调整。最后，将修改稿报请上级主管部门审批。

5. 编制方法

概算定额的编制原则、编制方法与预算定额基本相似，由于在可行性研究阶段和初步设计阶段，设计资料尚不如施工图设计阶段详细和准确，设计深度也存在局限性，要求概算定额具有比预算定额更大的综合性，涉及更多的可变因素。因此，概算定额与预算定额之间允许有5%以内的幅度差。概算定额的编制方法有以下几种：

（1）概算定额法

概算定额法又叫扩大单价法或扩大结构定额法。它是采用概算定额编制建筑工程概算的方法，类似用预算定额编制建筑工程预算。它是根据初步设计图纸资料和概算定额的项目划分计算出工程量，然后套用概算定额单价（基价）计算汇总后，再计取有关费用，便可得出单位工程概算造价。

概算定额法要求初步设计达到一定深度，建筑结构比较明确，能按照初步设计的平面、立面、剖面图纸计算出楼地面、墙身、门窗和屋面等扩大分项工程（或扩大结构构件）项目的工程量时，才可采用。

（2）概算指标法

概算指标法是采用直接费指标。概算指标法是用拟建的厂房、住宅的建筑面积（或体积）乘技术条件相同或基本相同的概算指标得出直接费，然后按规定计算出其他直接费、现场经费、间接费、利润和税金等，编制出单位工程概算的方法。

概算指标法的适用范围是当初步设计深度不够，不能准确地计算出工程量，但工程设计采用技术比较成熟而又有类似工程概算指标可以利用时，可采用此法。

（3）类似工程预算法

类似工程预算法是利用技术条件与设计对象相类似的已完工程或在建工程的工程造价资料来编制拟建工程设计概算的方法。类似工程预算法适用于拟建工程初步设计与已完工程或在建工程的设计相类似又没有可用的概算指标的情况，但必须对建筑结构差异和价差进行调整。

6.概算定额与预算定额的区别

预算定额是在施工图设计阶段用来编制施工图预算的基础资料，概算定额是在初步设计阶段用来编制设计概算的基础资料。预算定额的工程项目划分得较细，每一项目所包括的工程内容较单一；概算定额的工程项目划分得较粗，每一项目所包括的工程内容较多，即把预算定额中的多项工程内容合并到一项之中了。

因此，概算定额中的工程项目较预算定额中的项目要少得多，两者的区别可以从以下几方面来理解：

（1）编制对象不同。预算定额是以定额计量单位的分项工程或结构构件为对象编制的，概算定额是以定额计量单位的扩大分项工程或扩大结构构件为对象编制的。

（2）综合程度不同。概算定额比预算定额综合性强。

（3）定额水平不同。预算定额的定额水平较高，概算定额的定额水平较低。在根据预算定额编制概算定额时，应该增加规定的定额水平幅度差系数。

（4）作用不同。预算定额用来编制施工图预算，概算定额用来编制设计概算。

综上所述，预算定额是在基础定额（劳动定额、材料定额、机械台班定额）的基础上，将项目综合后，按工程分部分项划分，以单一的工程项目为单位计算的定额。概算定额是在预算定额的基础上，将项目再进一步综合扩大后，按扩大后的工程项目为单位进行计算的定额。

2.3.6 费用定额的编制

1. 费用定额概念

建筑工程费用定额（简称"费用定额"）包括其他直接费定额和间接费定额，它是以预算定额为基础，确定预算定额以外的费用标准或费率，费用定额一般与预算定额配套使用。

所谓其他直接费定额（又称"措施费"）是指预算定额分项以外，而与施工生产直接有关的费用标准；它包括冬、雨季施工增加费、生产工具及用具使用费等，即分为技术措施费和组织措施费两种。直接费=直接工程费+措施费，直接工程费是指施工过程中耗费的构成工程实体的各项费用，包括人工费、材料费、施工机械使用费和构件增值税。

所谓间接费定额是指建筑企业为组织施工生产，以及经营管理所需费用开支额的标准，它由企业管理费、财务费用和其他费用构成。间接费=规费+企业管理费，规费是指政府和有关权力部门规定必须缴纳的费用，企业管理费是指建筑安装企业组织施工生产和经营管理所需费用。

此外，利润是指施工企业完成所承包工程获得的盈利；税金是指国家税法规定的应计入建筑安装工程造价内的营业税、城市维护建设税及教育费附加等。

因此，建筑安装工程费由直接费、间接费、利润和税金组成，即建筑安装工程费=直接费+间接费+利润+税金，也就是所谓的建筑工程造价。

2. 编制原则

（1）合理定额水平原则。建设安装工程费用定额的水平应按照社会必要劳动量确定，费用定额的编制工作是一项政策性很强的技术经济工作。

在确定费用定额时，一要及时准确地反映企业技术和施工管理水平，促进企业管理水平不断完善提高，这些因素会对建筑安装工程费用支出的减少产生积极的影响；二要考虑由于材料预算价格上涨，定额人工费的变化会使建筑安装工程费用定额有关费用支出发生变化的因素。各项费用开支标准应符合国务院、财政部、劳动和社会保障部以及各省、自治区、直辖市人民政府的有关规定，从实际出发，确定合理的定额水平。

（2）简明、适用性原则。在编制费用定额时，要尽可能地反映实际消耗水平，做到形式简明，方便适用。要结合工程建设的技术经济特点，在认真分析各项费用属性的基础上，理顺费用定额的项目划分，有关部门可以按照统一的费用项目划分，制定相应的费率，费率的划分应与不同类型的工程和不同企业等级承担工程的范围相适应。按工程类型划分费率，实行同一工程，同一费率，运用定额记取各项费用的方法，应力求简单易行。

（3）定性与定量分析相结合原则。在编制费用定额时，要充分考虑可能对工程造价造成影响的各种因素。在编制其他直接费定额时，要充分考虑现场的施工条件对某个具体工程的影响，要对各种因素进行定性、定量的分析研究后制定出合理的费用标准，在编制间接费定额和现场经费定额时，要贯彻勤俭节约的原则，在满足施工生产和经营管理需要的基础上，尽量压缩非生产人员的人数，以节约企业管理费中的有关费用支出。

3.定额编制内容

（1）费用定额项目设置

费用定额的费用项目是指建设投资的各项组成，其中建筑安装工程费有两种划分方式：

①按照费用构成要素划分，建筑安装工程费由人工费、材料费、施工机具使用费、企业管理费、利润、规费和税金组成。

②按照工程造价形成划分，建筑安装工程费由分部分项工程费、措施项目费、其他项目费、规费、税金组成。

（2）费用项目的计费基数

费用定额的计费基数可根据费用内容和性质的不同，分为"定额人工费""定额人工费+定额施工机具费""定额人工费+材料费+定额施工机具费"三种。

（3）人工、材料、施工机具费用

①人工费

$$人工费=\sum（工日消耗量 \times 日工资单价） \tag{1}$$

日工资单价=（生产工人平均月工资+平均月奖金、津贴补贴、特殊情况下支付的工资+平均月社会保险费、住房公积金）/年平均每月法定工作日

公式（1）是编制定额确定定额人工单价或发布人工成本信息的参考依据。

②材料费

材料费=$\sum$（材料消耗量×材料基价）

材料基价=［（供应价格+运杂费）×〔1+运输损耗率（%）〕］×［1+采购保管费率（%）］

③施工机具使用费

施工机械使用费=$\sum$（施工机械台班消耗量×施工机具台班单价）

施工机械台班单价=折旧费+检修费+维护费+安拆费及场外运费+人工费+燃料动力费+其他费。确定定额中的施工机械使用费时，应根据建筑施工机械台班费用定额结合市场调查编制施工机械台班单价。

仪器仪表使用费=Σ（仪器仪表台班消耗量×仪器仪表台班单价）

施工仪器仪表台班单价=台班折旧费+台班维护费+台班校验费+台班动力费。

4. 定额编制方法

（1）企业管理费编制方法

企业管理费应以定额人工费（或定额人工费+定额施工机具费）作为计算基数，其费率根据历年工程造价积累的资料，辅以调查数据确定。

一是以人工费为计算基础：

$$企业管理费费率（\%）=\frac{生产工人年平均管理费}{年有效施工天数 \times 人工单价} \times 100\% \qquad (2)$$

二是以人工费和施工机具费合计为计算基础：

企业管理费费率（%）=

$$\frac{生产工人年平均管理费}{年有效施工天数 \times （人工单价+每一工日机械使用费）} \times 100\% \qquad (3)$$

（2）利润的编制方法

利润应以定额人工费（或定额人工费+定额施工机具费）作为计算基数，其费率根据历年工程造价积累的资料，并结合建筑市场实际确定，以单位（单项）工程测算。

（3）规费的编制方法

工程排污费等其他应列入的规费项目应按工程所在地环境保护等部门规定的标准缴纳，按实计取列入。

（4）税金的编制方法

税金=税前工程造价×建筑业增值税税率，税前工程造价为人工费、材料费、施工机械使用费、措施费、规费、企业管理费和利润等费用之和，各费用项目均以不包含增值税可抵扣进项税额的价格计算。建筑业增值税税率为11%。

（5）措施项目费的编制方法

措施项目中国家计量规范规定应予计量的措施项目，其计算公式：措施项目费=Σ（措施项目工程量×综合单价）；国家计量规范规定不宜计量的措施项目可按照计费基数乘费率的方式计算。

①安全文明施工费：包括环境保护费、文明施工费、安全施工费和临时设施费四项内容。

②夜间施工增加费：指因夜间施工所发生的夜班补助费、夜间施工降效、夜间施工照明设备摊销及照明用电等费用。

③二次搬运费：指因施工场地条件限制而发生的材料、构配件、半成品等一次运输不能到达堆放地点，必须进行二次或多次搬运所发生的费用。

二次搬运费=计算基数×二次搬运费费率（%） （4）

计费基数应为定额人工费（或定额人工费+定额施工机具费），其费率由工程造价管理机构根据各专业工程特点和调查资料综合分析后确定。

④冬雨季施工增加费：指在冬季或雨季施工需增加的临时设施、防滑、排除雨雪、人工及施工机械效率降低等费用。

冬雨季施工增加费=计算基数×冬雨季施工增加费费率（%） （5）

计费基数应为定额人工费（或定额人工费+定额施工机具费），其费率由工程造价管理机构根据各专业工程特点和调查资料综合分析后确定。

⑤已完工程及设备保护费：指竣工验收前，对已完工程及设备采取的必要保护措施所发生的费用。

已完工程及设备保护费=计算基数×已完工程及设备保护费费率（%） （6）

计费基数应为定额人工费（或定额人工费+定额施工机具费），其费率由工程造价管理机构根据各专业工程特点和调查资料综合分析后确定。

2.4 定额的组成和使用

2.4.1 定额的组成内容

预算定额是编制施工图预算、确定建筑安装工程造价的基础，也是编制施工组织设计的依据，因此，我们主要介绍工程预算定额的组成内容。建筑安装工程预算定额一般由总说明、章节说明、工程量计算规则、分项工程说明、定额表和附录等组成，其中定额表是各种定额的主要组成部分。

预算定额是一种计价性的定额。在工程委托承包时，它是确定工程造价的评分依据；在招标承包时，它是计算标底和确定报价的主要依据。因此，预算定额在工程建设定额中占有很重要的地位，也是学习的重要内容之一。

1.预算定额总说明

（1）预算定额的适用范围、指导思想及目的、作用；

（2）预算定额的编制原则、主要依据及上级下达的有关定额修编文件；

（3）使用本定额必须遵守的规则及适用范围；

（4）定额所采用的材料规格、材质标准，允许换算的原则；

（5）定额在编制过程中，已经包括及未包括的内容；

（6）各分部工程定额的共性问题的有关统一规定及使用方法。

2.工程量计算规则

工程量是核算工程造价的基础，是分析建筑工程技术经济指标的重要数据，是编制计划和统计工作的指标依据，必须根据国家有关规定，对工程量的计算规则做出统一的规定。

3.分部工程说明

（1）分部工程所包括的定额项目内容；

（2）分部工程各定额项目工程量的计算方法；

（3）分部工程定额内，综合的内容及允许换算和不换算的界限及其他规定；

（4）使用本分部工程允许增减系数范围的界定。

4.分项工程定额表头说明

（1）在定额项目表的表头上方说明分项工程的工作内容；

（2）本分项工程包括的主要工序及操作方法。

5.定额项目表

（1）分项工程定额编号（子目号）。

（2）分项工程定额名称。

（3）预算价值（基价），其中包括人工费、材料费、机械费。

（4）人工表现形式，包括工日数量、工日单价。

（5）材料（含构配件）表现形式。材料栏内一系列主要材料和周转使用材料名称及消耗数量，次要材料一般都以其他材料形式以金额"元"或占主要材料的比例表示。

（6）施工机械表现形式。机械栏内列主要机械名称规格和数量，次要机械以其他机械费形式以金额"元"或占主要机械的比例表示。

（7）预算定额的基价。人工工日单价、材料价格、机械台班单价均以预算价格为准。

（8）说明和附注。在定额表下，说明应调整、换算的内容和方法。

例如，《浙江省通用安装工程预算定额》（2018版）第五册建筑智能化工程P119，第六章安全防范系统工程，摄像设备安装项目，涉及工作内容：开箱检验、设备组装、检查基础、安装设备、找正调整、调试设备、试运行；计量单位：台；定额编号：5-6-82至5-6-86；项目为5种摄像机；基价=人工费+材料费+机械费，消耗量=人工工日+材料消耗量+机械消耗量。

2.4.2 定额的使用方法

1.定额直接套用法

当施工图的设计要求与预算定额的项目内容一致时,可直接套用预算定额。在编制单位工程施工图预算的过程中,大多数项目可以直接套用预算定额。套用定额时应注意以下几点。

(1)根据施工图、设计说明和做法说明,选择定额项目。

(2)要从工程内容、技术特征和施工方法上仔细核对,才能准确地确定与施工图相对应的预算定额项目。

(3)施工图中分项工程的名称、内容和计量单位要与预算定额项目相对应一致。

例1:试确定广州市M5水泥石灰砂浆砖基础的定额费用(即定额基价),并求出50m^3砖基础的定额分项费用。

分析:查定额A3-1看定额项目内容,刚好是水泥砂浆,与题目相符合,直接套用;因此,定额基价就是1491.65元/10m^3。然后,计算50m^3的定额分项费用:
50×1491.65÷10=7458.25元。

例2:压预制管桩Φ300,桩长20m(广州市区),求定额项目基价。

分析:查定额A2-20看定额项目内容,刚好与题目相符合,直接套用。因此定额基价就是9890.75元/100m。

(4)直接套用还包括定额规定不允许调整的分项工程,虽然设计图纸与定额内容不同,且定额不允许调整,但仍可直接套用定额。

例3:屋面工程中的卷材屋面的接缝、收头、找平层嵌缝、冷底子油等人工材料已计入子目内,不另计算。

2.定额换算法

基本思路是根据选定的预算定额基价,按规定换入增加的费用,换出扣除的费用。这一思路用表达式表述为:

换算后的定额基价=原定额基价+换入的费用-换出的费用。

当施工图中的分项工程项目不能直接套用预算定额时,就产生了定额的换算。

(1)换算原则

为了保持定额的水平,在预算定额的说明中规定了有关换算原则,一般包括:

一是定额的砂浆、混凝土强度等级,如设计与定额不同时,允许按定额附录的砂浆、混凝土配合比表换算,但配合比中的各种材料用量不得调整。

二是定额中抹灰项目已考虑了常用厚度,各层砂浆的厚度一般不作调整。如果设计有特殊要求时,定额中工、料可以按厚度比例换算。

三是必须按预算定额中的各项规定换算定额。

（2）预算定额的换算类型

预算定额的换算类型有以下四种：

一是砂浆换算：即砌筑砂浆换强度等级、抹灰砂浆换配合比及砂浆用量。

二是混凝土换算：即构件混凝土、楼地面混凝土的强度等级、混凝土类型的换算。

三是系数换算：按规定对定额中的人工费、材料费、机械费乘各种系数的换算。

四是其他换算：除上述三种情况以外的定额换算。

例如，当设计图纸要求的砌筑砂浆强度等级在预算定额中缺项时，就需要调整砂浆强度等级，求出新的定额基价。

由于砂浆用量不变，所以人工、机械费不变，因而只换算砂浆强度等级和调整砂浆材料费，换算公式如下：

换算后定额基价=原定额基价+定额砂浆用量×（换入砂浆基价-换出砂浆基价）。

3.补充预算定额

当分项工程的设计要求与定额条件完全不相符，或由于设计采用了新结构、新材料、新技术、新工艺等，预算定额没有这类项目也属于定额缺项，这就需要补充定额。因此，在编制工程预算时，遇到缺项定额，必须进行一次性定额的补充工作。编制补充定额的方法有以下几种：

（1）定额代用法

定额代法是利用性质相似，材料大致相同，施工方法接近的定额项目，估算出合适的系数进行操作。这种方法一定要在施工实践中进行观察和测定，以便调整系数，保证定额的精确性，为以后新编定额、补充定额项目作准备。

（2）定额组合法

定额组合法是尽量利用现行预算定额进行组合，因为一个新定额项目所含的工艺与消耗，往往是现有定额项目的变形与演变。新老定额之间有很多的联系，要从中发现这些联系，在补充制定新定额项目时，直接利用现有定额的内容的一部分或全部，可以达到事半功倍的效果。

（3）计算补充法

计算补充法就是按照预算定额编制的方法进行计算补充，是最精确补充定额的方法。材料用量按照图纸的构造作法及相应的计算公式计算，并加入规定的损耗率。人工及机械台班使用量，可按劳动定额、机械台班定额及类别定额计算，并经有关技术、定额人员和工人讨论确定,然后乘日工资标准、材料预算价格及机械台班费,即得补充定额。

2.4.3 使用定额的注意事项

1.要认真阅读定额的总说明和章节说明。对说明中指出的编制原理、依据、使用范围、使用方法,考虑到和没考虑的因素,以及有关问题的说明等,都要加以熟悉和了解。

2.要了解定额项目的工作内容。根据工作部位、施工方法、施工机械和其他施工条件,正确地选用定额项目,做到不错项、不漏项、不重项。

3.学会使用定额的各种附录。例如,对建筑工程,要掌握土壤与岩石分级、砂浆与混凝土配合比用量确定等;对于设备安装工程,要掌握设备安装费与系统调试费,以及各类设备的品牌、型号和规格,软硬件的性能等,各种装置性材料用量的确定等。

4.要注意定额调整的各种换算关系。当施工条件和定额项目条件不符时,应按定额说明与定额表附注中的有关规定进行换算调整。例如,各种运输定额的运距换算等,除特殊说明外,一般系数换算均按连乘计算;使用时系数调整时,还区分为全面调整系数和部分调整系数两类。

5.要注意定额单位与定额中数字的使用范围。工程项目单价的计算单位和定额项目的计算单位应一致。定额中,凡是数字后面用"以上"或"以外"表示的都不包括数字本身;凡是数字后面用"以下"或"以内"表示的都包括数字本身。

6.安装工程预算定额,应根据安装设备种类、规格,对照相应的定额项目表中子目,确定完成该设备安装所需人工、材料与施工机械台班消耗量,供编制设备安装工程单价使用。

7.正确分列分部分项工程实体项目和措施性项目。分部分项工程实体项目一般指组成工程实体的定额项目,由于安装工程的专业特点,也包含部分非工程实体的项目,如高层建筑增加费、超高增加费、安装生产同时施工增加费、有害身体健康环境施工增加费、采暖、通风空调系统调整费等项目。

措施性项目,是指有关安装工程费用项目构成及计算规则的文件的措施项目(也称定额措施项目)中的技术措施项目,是指在特定施工条件下、经常采用的且列有项目或规定的施工措施项目。

8.注意定额中各种系数的区别。安装定额中系数繁多,有换算系数、子目系数和综合系数,共780多项。只有正确选套项目系数才能合理确定工程消耗量,这是工程造价专业人员业务水平的重要体现。

换算系数大部分是由于安装工作物的材质、几何尺寸或施工方法与定额子目规定不一致，需进行调整的换算系数。子目系数一般是对特殊的施工条件、工程结构等因素影响进行调整的系数。综合系数是针对专业工程特殊需要、施工环境等进行调整的系数。

有关各系数的计算，一般按照先计算换算系数、再计算子目系数，最后计算综合系数的顺序逐级计算，且前项计算结果作为后项的计算基础。子目系数、综合系数可多项计取，一般不可在同级系数间连乘。各系数的计算，要根据具体情况，严格按定额的规定计取，切记不可重复或漏计。

2.5 安防工程费用预算编制方法

2.5.1 基本概念

安全防范是指在建筑物或建筑群内（包括周边地域）或特定的场所、区域，通过采用人力防范、技术防范和物理防范等方式，综合实现对人员、设备、建筑或区域的安全防范。

通常所说的安全防范主要是指技术防范，是指通过采用安全技术防范产品和防护设施实现安全防范的目的。

1. 安防工程的含义

安全防范系统在国内标准中定义为以维护社会公共安全为目的，运用安全防范产品和其他相关产品构成的入侵报警系统、视频安防监控系统、出入口控制系统、LED拼接墙系统、门禁消防系统、防爆安全检查系统等，或由这些子系统组合或集成的电子系统或网络。

在国外则更多称其为损失预防与犯罪预防。损失预防是安防产业的任务，犯罪预防是警察执法部门的职责。安全防范系统的全称为公共安全防范系统，以保护人身财产安全、信息与通讯安全，达到损失预防与犯罪预防目的。

在工程技术领域，以研究系统为对象的工程技术称为系统工程学。由于安全技术防范产品与系统的性能和安全质量是通过具体的工程来实现其功能和效果的，因此，安全技术防范工程（简称"安防工程"）是人、设备、技术、管理的综合产物。

2. 安防工程的基本要素

根据国家标准《安全防范工程技术标准》GB50348-2018的要求，进行安全技术防范系统工程的设计、施工和验收等，还要综合考虑系统防护的纵深性、均衡性和抗易损性三个基本要素。

（1）防护的纵深性

所谓防护的纵深性，即为层层设防。是根据被保护对象所处的风险等级和所确定的防护级别，对整个防范区域实施分区域的分层次设防。如一个完整的防区，应包括周界、监视区、防护区和禁区四种不同性质的防区，对它们应实施不同的防护措施。

防护的纵深性通常分为整体纵深防护和局部纵深防护两种类型。整体纵深防护是对这个防区实施纵深防护；局部纵深防护是对防区的某个局部区域，按照纵深防护的设计思想进行分层次防护。纵深防护的四种分区界定，一般由用户与设计方共同商定，用户有最终决定权。四种分防区的设置也不是绝对的，要视被保护对象所处的地理环境、被保护对象内部的具体配置而定。

被保护对象的风险等级和安全技术防范系统的防护等级的划分是相对的，防护等级主要由管理工作的需要而定。一般来说，风险等级与防护的划分有一定的对应关系（风险等级有最高、高和一般三级，防护级别也有最高、高和一般三级），针对高风险的对象应采取高级别的防护措施，才能获得高水平的安全防护效果。

（2）防护的均衡性

所谓防护的均衡性，有两层含义：一是指这个防范系统（或体系）在整体布局上（如各分区之间的设置是否合理、各子系统的组合或集成是否有效等），不能存在明显的设计缺陷和防范误区；二是指防区内同层防护（或系统）的防护水平应保持基本一致，不能存在薄弱环节或防护盲区。

在系统工程领域，系统的有效性遵循"水桶效应"原则，即一个安全技术防范系统，其总体防护水平的高低不由高防护部位决定，往往由系统的最薄弱环节来决定。如一个周界防护系统，若周界防护的某个局部存在盲区，则可能成为入侵者入侵的方便之门，其余部分防范得再好，也无防护意义。

（3）防护的抗易损性

这个问题主要是指系统的可靠性和耐久性。系统的可靠性越高，抗易损性就越强；当然，这也与系统的维修性、保障性以及组织管理工作有密切联系。

综上所述，安全防范系统防护的纵深性、均衡性和抗易损性要求是安全防范的三个基本防范要素，三者既有区别又有联系。抗易损性主要是对设备、器材和软件等的性能要求，均衡性主要是对各层防护或系统的协同要求，纵深性则是对整个系统的总体防护要求，只有统筹考虑，全面规划，才能实现系统的高防护水平。此外，要求系统具有防范的纵深性、均衡性和抗易损性，也是为了保证探测、延迟和反应的有效性；只有构造这样的系统工程，才能防范相应的风险，实现保护对象安全的目的。

3.安防系统的基本构成

安防系统的结构模式经历了一个由简单到复杂、由分散到组合，再到集成和融合的发展变化过程。从早期单一分散的电子防盗报警系统，到后来的报警联网系统、报警—监控系统，发展到防盗报警—视频监控—出入口控制综合防范系统。

近年来，在智能建筑、智慧城市和智慧社区安防中，特别是"天网工程、雪亮工程"建设以来，形成了融防盗报警、视频监控、出入口控制、访客查询、保安巡更、汽车库（场）管理、系统综合监控与管理于一身的集成式智能化安防系统。

（1）安防系统的三种结构模式

一是分散式安全技术防范系统：各子系统分别单独设置，各自独立运行或实行简单的联动。

二是组合式安全技术防范综合管理系统：各子系统分别单独设置，通过专用的通信接口与专用的软件将各子系统联网，实现全系统的集中管理和集中控制。

三是集成式安全技术防范综合管理系统：各子系统分别单独设置，通过统一的通信平台和管理软件将各子系统联网，实现全系统的自动化管理和监控。

上述三种模式中，前两者是传统安防模式，后者是现代安防模式，一体化集成模式也是正在发展中的一种高标准集成模式；特别是大数据、云计算和人工智能等新兴信息技术的应用，出现了"跨界"发展趋势，安防系统集成的深度和广度也将不断提高。

（2）安防系统的主要子系统

安防系统的子系统主要有入侵报警系统，视频监控系统，出入口控制系统，电子巡查系统，访客查询系统（包括楼宇对讲系统），车辆和移动目标防盗防劫报警系统，报警通信指挥系统，其他子系统。

对具有特殊使用功能要求的建筑物、构筑物或其内的特殊部分、特殊部位，需要设计具有特殊功能的安全技术防范系统，如专用的高安全实体防护系统、防爆和安全检查系统、停车场（库）管理系统和安全信息广播系统等。

（3）主要子系统的基本配置

一般来说，各子系统的基本配置包括前端、传输、信息处理/控制/显示/通信三大单元。不同的子系统，其三大单元的具体内容有所不同，现就三个主要子系统的基本配置说明如下。

入侵报警系统的构成：入侵报警系统的构成一般由周界防护、建筑物内（外）区域/空间防护和实物目标防护等部分单独或组合构成。系统的前端设备为各种类型的入侵探测器（传感器）。传输方式可以采用有线传输或无线传输，有线传输又可采用专线传输、电话线传输等方式；系统的终端显示、控制、设备通讯可采用报警控制器，也可设置报警中心控制台。系统设计时，入侵探测器的配置应使其探测范围有足够的覆盖面，应考虑使用各种不同探测原理的探测器。

视频监控系统的构成：视频监控系统的前端设备是各种类型的摄像机（或视频报警器）及其附属设备，传输方式可采用网线传输或光纤传输；系统的终端设备是显示、记录、控制、通信设备（包括多媒体技术设备），一般采用独立的视频中心控制台或监控—报警中心控制台。应用视频结构化描述技术、人工智能、大数据分析和云计算等，协同多种技术手段，实现"智能安防"应用系统。

出入口控制系统的构成：出入口控制系统一般由出入口对象（人、物）识别装置（如人脸识别闸机），出入口信息处理、控制、通信装置和出入口控制执行机构三部分组成。出入口控制系统应有防止一卡进多人或一卡出多人的防范措施，应有防止同类设备非法复制有效证件卡的密码系统，密码系统应能授权修改。

2.5.2 安防工程项目管理

市场是项目管理的环境和条件，企业是市场的主体，又是市场的基本经济细胞，安防工程施工类企业的主体又是由众多的工程项目单元组成的，工程项目是企业管理水平的体现和来源，直接维系和制约着企业的发展。企业只有把管理的基础放在项目管理上，通过加强项目管理实现项目合同的目标，进行项目成本控制，提高效益，才能达到最终提高企业经济效益的目的，拓展企业自身生存发展的空间。

1. 安防工程项目管理的内容

安防电子工程项目管理的内容是以高效益地实现项目目标为目的，以项目经理负责为基础，对项目进行有效地计划、组织、协调和控制，利用现代化的管理技术和手段，使生产要素优化组合、合理配置，以实现项目目标和使企业获得良好的综合效益。项目管理的主要内容是进度控制、质量控制、费用控制、合同管理、信息管理和组织协调。

安防工程项目的生产要素有劳动力、材料、仪器设备、技术和资金，这些要素具有集合性、关联性、目的性和环境适应性，是一种相互结合立体多维的关系，这说明安防工程项目管理具有建设工程项目管理的特点。

对工程项目生产要素进行管理主要体现在以下方面：一是对生产要素进行优化配置，即适时适量适宜地配备或投入生产要素以满足工程施工的需要；生产要素进行优化组合，即在工程施工过程中对生产要素进行适当搭配以协调发挥作用。二是对生产要素进行动态管理，动态管理是优化配置和优化组合的手段和保证。三是合理高效地利用资源，从而实现提高项目管理综合效益，促进整体优化的目的。

2.安防工程的成本控制原则

工程项目的成本控制就是在项目成本形成过程中，对工程中所消耗的各种资源和费用开支进行指导、监督、调节和限制，及时纠正可能发生的偏差，把各项费用的实际发生额控制在计划成本的范围之内，以实现降低成本的目标。其目的是合理使用人力、物力、财力，降低成本，增加收入，提高对工程项目成本的管理水平，创造较高的经济效益。主要原则有：

（1）全面控制原则。全面控制包括全员和全过程控制。工程项目成本是考核工程项目经济效益的综合性指标，包括企业各部门各单位的责任网络和班组经济核算等，每个职工都要肩负成本责任，把成本目标落实到各部门和每个人，真正树立起全员控制的观念。项目成本的全过程控制要求成本控制工作随着项目施工进展的各个阶段连续进行，不能疏忽，更不可时紧时松，应将工程成本自始至终于有效控制之下。

（2）动态控制原则。成本控制应强调项目的中间控制，即动态控制，成本控制的目的是提高经济效益，这就需要在成本形成过程中，定期进行成本核算和分析，以便及时发现出现的问题，同时加强合同管理，及时办理合同外价款的结算，以提高项目成本的管理水平。

（3）目标管理原则。目标管理是进行任何一项管理工作的基本方法和手段，成本控制也应遵循这一原则，即目标的设定、分解、责任到位和执行，执行结果检查、评价和修正，从而形成目标管理的计划、实施、检查、处理循环。

（4）责、权、利相结合原则。在项目进行过程中，项目经理及各专业管理人员在肩负成本控制责任的同时，享有成本控制的权利，同时，企业要对项目经理，项目经理要对各部门在成本控制中的业绩进行定期的检查和考评，有奖有罚。只有真正做好责、权、利相结合的成本控制，才能收到预期的效果。

（5）成本节约原则。节约人力、物力、财力是提高经济效益的核心，也是成本控制的一项最基本的原则，应做好以下工作：一是严格执行成本开支范围、费用开支标准和有关财务制度，对各项成本的支出进行限制和监督；二是提高工程项目的管理水平，优化施工方案，提高生产效率；三是采取预防成本失控的技术组织措施，制止可能发生的浪费。

3.安防工程的成本控制措施

降低工程项目成本的基本途径，应该是既开源又节流，也就是从增收和节支两方面入手，主要措施有以下几方面：

（1）控制工程的直接成本。工程的直接成本主要是指在工程项目的形成过程中直接构成工程实体和有助于工程形成的人工费、器材费、仪器仪表使用费和其他直接费用。

器材费控制，主要是正确选配设备型号，改进设备和材料的采购、运输、收发、保管等方面的工作，减少各个环节的损耗，节约采购费用；合理堆置现场器材，避免和减少二次搬运；严格设备材料进场验收和限额领料制度；制定并贯彻节约材料的技术措施，合理使用材料，综合利用一切资源。

人工费用控制，主要是改善劳动组织、减少窝工浪费；实行合理的奖惩制度；加强技术教育和培训工作；加强劳动纪律，压缩非生产用工和辅助用工，严格控制非生产人员比例。

仪器仪表使用费控制，主要是合理利用仪器仪表，做好仪器仪表的保养修理，提高仪器仪表的完好率、利用率和使用效率，从而加快工程进度，降低费用。

（2）精简工程项目机构。努力降低间接成本，推行项目经理负责制，选择一专多能的复合型人才担任工程项目经理。项目经理担任整个项目的成本管理工作，掌握和分析盈亏状况，并采取有效措施。其他管理机构的设置要根据工程规模大小和工程难易程度等因素，按照组织设计原则，因事设职，因职选人，各尽其责，降低管理费用。

（3）采用先进技术。提高工程质量，制订先进的、经济合理的施工方案，以达到缩短工期、提高质量、降低成本的目的。工程方案的实施包括四大内容：技术方案的确定、设备选型、工程进度安排和工程组织管理。正确选择方案是降低成本的关键所在。电子技术日新月异，紧跟时代步伐，选择新工艺、新技术、新器材也是降低成本的有效途径。同时在工程的组织实施过程中，加强质量管理，提高工程质量，杜绝返工现象，也是降低成本的有力保证。

因此，安防工程的项目管理和成本控制是相辅相成的，只有加强项目管理才能控制项目成本，也只有达到项目成本控制的目的，加强项目管理才有意义。

2.5.3 安防工程费用编制办法

编制好安防工程成本预算书在整个安防工程的成本控制中非常重要，预算书是安防工程商和建设单位（总包单位）签订合同的重要依据，是审价审计的重要依据，是工程造价的重要技术性文件，是支付和取得工程进度款以及工程竣工结算的重要依据，也是考核工程设计是否经济合理和施工单位管理水平的重要依据。

1.编制依据

编制工程费用预算的依据可根据工程的实际情况来确定，一般包含以下几项内容：

（1）已签订的安防工程合同；

（2）劳务分包合同（估价书）；

（3）设备采购清单与报价书；

（4）结构件外加工合同书（估价书）、合同报价书、施工预算书和施工图预算书；

（5）人工、材料、施工机械的市场价格、企业内部的指导价格，以及双方协商的相关价格的协议书；

（6）有关财务成本核算制度和财务历史资料；

（7）经审定的施工设计图及其说明，系统设计方案和调试方案；

（8）经审定的施工组织设计和施工技术方案以及安全施工措施；

（9）经审定的其他与成本相关的技术经济文件；

（10）安防工程成本预算的执行标准及编制办法。

安防工程费用的预算一般是按照定额来编制的。定额有多种类型，按照主编单位和管理权限来划分，有全国统一定额，可在全国范围内执行；行业统一定额，一般只在本行业和相同专业性质范围内使用；地区统一定额，仅在本地区范围内使用，其他地区可供参考；企业定额是在本企业内部使用的定额；补充定额，只在特定范围内使用。

以上五种定额都被安防行业采用，到底使用哪种定额由项目的招投标管理部门来决定。一般情况下，根据项目所在地区而确定。企业定额一般仅在本企业范围内使用，它是由施工企业根据本企业的具体情况，参照国家、部门、行业或地区定额而编制的；其水平只有高于国家现行定额，才能增强企业在市场上的竞争力，降低企业的支出，减少施工成本，体现施工企业的成本管理能力，促使企业进一步发展。

因此，安防企业要在竞争激烈的市场中赢得项目，必须要花大力气，科学地制定好自己的企业定额，这是降低工程成本的一个重要办法。企业定额一般是不便公开的。

2.相关定额

（1）全国统一定额

·《全国统一安装工程预算定额》第七册消防及安全防范设备安装工程（GYD-207-2000）；

·《全国统一安装工程预算工程量计算规则》中华人民共和国建设部建标【2000】60号文；

·《全国统一安装工程预算定额》第十三册《建筑智能化系统设备安装工程》

（GYD—213—2003），中华人民共和国建设部第120号文；

《通用安装工程工程量计算规范》国家标准50856-2013附录建筑智能化工程E.7安全防范系统工程。

（2）行业及地区定额

・《通用安装工程工程量计算规范》GB50856-2013；

・《浙江省通用安装工程概算定额》第二章第六节智能化系统设备安装，浙江省政府第378号令；

・《浙江省建设工程计价规则》（2018版），浙江省建设工程造价管理总站浙建建【2018】61号；

・《浙江省通用安装工程预算定额》第五册第六章安全防范系统工程，浙江省建设工程造价管理总站浙建建【2018】61号；

・《电子工程建设概（预）算编制办法及计价依据》和《电子建设工程预算定额（第一册）》安全防范系统工程，工信厅规【2015】77号。

（3）其他地区的定额

以上定额及编制办法任取一种都可以用来编制安防项目成本的预算。

3.编制办法

现时安防工程费用预算的编制一般采用公安部行业标准，或作为主要参考。如《安全防范工程费用预算编制办法》GA/T70-2004中华人民共和国公安部。

安防安装工程施工费用由直接费、综合费、施工措施费、其他费用、税金五部分内容组成，即为安装工程在施工实施阶段的工程造价。其计算的一般规则如下：

（1）直接费

是指工程施工过程中用于构成工程实体直接耗费的各项费用，包括人工费、材料费和施工机械费。

①人工费

人工费=Σ（定额工日消耗×人工工日单价）

定额工日消耗：在正常施工条件下，安装工人完成单位产品所必须消耗的用工数量，包括基本工、辅助工等，以8小时工作制计算。

人工工日单价：直接从事施工的施工工人在单位工作日内发生的各项开支。按现行规定，人工单价一般包括工资（总额）、职工福利费、劳动保护费、工会经费、职工教育经费、社会保险费、危险作业意外伤害保险费、住房公积金、其他方面的费用。

人工单价的确定：一般由承发包合同双方以人工单价包括的内容为基础，根据工程特点，结合市场实际情况，参照工程造价管理机构发布的人工市场价格信息，以合同形式来确定。

②材料费

是指施工过程中耗用于构成工程实体的主要材料、辅助材料、周转性材料、其他材料等。

材料费＝∑（定额材料消耗量×材料单价）

定额材料消耗量：指在正常施工条件下，完成单位合格产品所必须消耗的材料数量。材料单价：指单位材料价格和从供货单位运至工地耗费的所有费用之和。一般包括：材料原价（供应价），指材料供应单位在上海市内的销售价；其他费用，包括材料运杂费、运输损耗费以及为组织采购、供应和保管材料过程中所需的各项费用。

材料单价的确定：可由承发包双方根据材料价格包含的内容、工程特点，结合市场实际情况，参照工程造价管理机构发布的材料市场价格信息，以合同形式确定。

③机械费

是指工程施工时使用机械作业所产生的使用费，以及机械安、拆费和场外运费。

机械费＝∑（定额机械台班消耗量×机械台班单价）

定额机械台班消耗量：指在正常施工条件下，完成单位合格产品使用的施工机械台班消耗量，每台班按8小时工作计算。

机械台班单价：指施工过程中，使用每台班施工机械正常工作一个台班所发生的各项支出和摊销费用，一般包括折旧费、大修理费、经常修理费、安拆费、场外运费、燃料动力费、人工费（机械设备操作员）、养路费和车船使用税、特大型机械进出场费等。

机械台班单价的确定：一般由承发包双方按机械台班单价或者租赁设备包括的内容为基础，根据建设工程特点，结合市场实际情况，参照工程造价管理机构发布的机械台班摊销单价及租赁市场价格信息，以合同形式确定。

安防行业是新兴行业，系统所涉及的可归于直接费用计算的其他费用有时会产生，这些费用也由承发包双方根据市场实际情况和安装特点，参照有关部门规定或工程造价结构发布的市场信息，以合同形式确定。

（2）综合费

综合费用由施工管理费和利润组成。施工管理费是施工企业为组织和管理生产经营（工程项目）活动产生的所有费用。利润是施工企业根据市场实际情况，计入工程费用中的期望获利。

①施工管理费

一般包括以下内容：管理人员和服务人员的工资总额、职工福利、劳动保护费、工会经费、职工教育经费、社会保险基金、住房公积金、行政管理办公费、差旅费、业务活动费、非生产性固定资产使用费、低值易耗品推销费、检验试验费、财产保险费、临时设施费、场地清理费、其他费（指除上述费用以外，必须发生的可计入施工管理费中的费用，包括排污费、绿化费、法律顾问费、公证费、审计费、咨询费、技术转让费、技术开发费等）、税金（是指按规定交纳的房产税、车辆使用税、所得税、土地使用税、印花税等）。

②利润

施工企业期望在完成所承包的工程项目时获得的利润。企业可根据工程的难易程度、技术含量、市场竞争情况、自身的经营管理水平，先行确定合理的利润。

③综合费用的计算和确定

安装工程综合费用的计算是以人工费为计费基础计取的，可由承发包双方根据工程项目特点，结合市场实际情况，参照工程造价机构发布的市场综合费用信息，在合同中确定。

（3）施工措施费

是为完成工程项目的施工，而发生于该工程项目在施工前和施工过程中的所有措施费用。

①施工措施费

一般包括以下内容：现场安全、文明施工措施费，环境保护费，临时设施费，工程监测费，特别条件下施工措施费，工程保险费与建设单位另行专业分包的配合、协调、服务费，以及其他可归属于施工措施费的一切费用。

②施工措施费的计算和确定

因施工措施费是根据工程的特性决定的，有相关的取费要求和费率，故可由承发包双方按照相关文件，经批准的施工组织设计和政府各有关部门的规定，根据安装工程特点，结合市场实际情况，通过合同形式或现场鉴证后确定。

③安全防护、文明施工措施费用

安全防护、文明施工措施费是以国家标准《建设工程工程量清单计价规范》的分部分项工程量清单价合计（综合单价）为基数乘相应的费率（如：3.8%）来计算费用。

（4）其他费用

其他费用是按照国家和有关部门规定，可在安装施工费中计取的费用。例如定额编制管理费、工程质量监督费等规费。

（5）税金及其内容和计算方法

税金是指国家税法规定的营业税、城市维护建设税及教育费附加等。税金是以直接费、综合费用、施工措施费、其他费用之和为计算基数。税率是以施工企业税务申报登记所在地的税率计算，如市区3.41%、县镇3.35%、其他3.22%。

（6）设备器材报价清单

设备购置费的概算：设备购置费＝∑（设备原价+设备运杂费）

①设备原价的确定

国内标准设备按现行出厂价计算，国外进口设备按中国进出口公司规定的价格计算，也可按与国外制造厂商的订货价格计算，即由到岸价及关税、增值税、商检税、银行财务费、外贸公司手续费、海关监管费和国内运杂费等组成。

②设备运杂费的确定

设备运杂费包括设备从出厂地点到达本地仓库所产生的一切费用（包装费、手续费、运输费、采购费及保管费等）。

由于其因供应渠道、运输方式、生产厂和距离等因素复杂不易计算，故运杂费由各地有关部门或咨询单位提供，一般以占设备原价的百分比来计算。

设备运杂费＝设备原价×运杂费率

按地区规定，国内设备运杂费率为8%以上。根据物价涨幅因素或其他因素，也可取得更高，也可由承发包双方结合当地安防行业的市场实际情况，以合同形式进行确认。

③设备器材报价清单，见表2-1。

表2-1 （工程名称）设备器材报价清单

序号	设备器材名称	设备器材型号	生产厂家	单位	数量	单价	合计
设备器材总价：							

④设备安装工程费用计算程序表，表见2-2。

表2-2 设备安装工程费用计算程序表

工程名称：

序号	费用项目	计算公式	金额
一	直接费	1+2+3	
1	定额直接费	人工费+材料费+机械费+仪器仪表使用费+器材设备费	

续表

序号	费用项目	计算公式	金额
1.1	其中人工费		
2	高层建筑超高费	定额人工费×费率	
2.1	其中人工费	定额人工费×费率	
3	脚手架使用费	定额人工费×费率	
3.1	其中人工费	定额人工费×费率	
4	其中人工费合计	1.1+2.1+3.1	
二	现场管理费	5+6	
5	临时设施费	4×%	
6	现场经费	4×%	
三	企业管理费	4×%	
四	利润	（一+二+三）×%	
五	税金	（一+二+三+四）×%	
六	工程费用	一+二+三+四+五－器材设备费	

注：此表执行北京市建设工程费用定额。

2.6 工程量清单计价概述

2.6.1 定额计价

1.概述

定额计价法是我们使用了几十年的一种计价模式，其基本特征就是价格=定额+费用+文件规定，并作为法定性的依据强制执行，不论是工程招标编制标底还是投标报价均以此为唯一的依据，承发包双方共用一本定额和费用标准确定标底价和投标报价，一旦定额价与市场价脱节就会影响计价的准确性。

定额计价是建立在以政府定价为主导的计划经济管理基础上的价格管理模式，它所体现的是政府对工程价格的直接管理和调控。定额计价是我国传统的计价方式，在招投标时，不论是作为招标标底还是投标报价，其招标人和投标人都需要按国家规定的统一工程量计算规则计算工程数量，然后按建设行政主管部门颁布的预算定额计算工、料、机的费用，再按有关费用标准计取其他费用，汇总后得到工程造价。

在整个定额计价过程中，计价依据是固定的，即权威性的"定额"。定额计价分为单价法和实物法。

2.含义

所谓定额计价是指根据招标文件，按照各国家建设行政主管部门发布的建设工程预算定额的"工程量计算规则"，同时参照省级建设行政主管部门发布的人工工日单价、机械台班单价、材料以及设备价格信息及同期市场价格，直接计算出直接工程费，再按规定的计算方法计算间接费、利润、税金，汇总确定建筑安装工程造价。

3.基本程序

编制建设工程造价最基本的过程有两个，一是工程计量，二是工程计价。首先，工程量在一个地区的计算均按照统一的项目划分和计算规则；当工程量确定后，就可以按照一定的方法确定出工程的成本及盈利；最终可以确定出工程预算造价（或投标报价）。定额计价方法的特点就是量与价的结合，经过不同层次的计算形成量与价的最优结合。

4.基本方法

（1）每一计量单位建筑产品的基本构造要素（假定建筑产品）的定额直接费=人工费+材料费+施工机械使用费；

（2）单位直接工程费=（1）+其他直接费+现场经费；

（3）单位工程概预算造价=（2）+间接费+利润+税金；

（4）单项工程概预算造价=（3）+设备、工器具购置费；

（5）建设项目全部工程预算造价=（4）+有关的其他费用+预备费。

2.6.2 工程量清单计价

1.含义

工程量清单计价是指在建设工程过程中，招标人或委托具有资质的中介机构编制工程量清单，并作为招标文件的一部分提供给投标人，由投标人依据工程量清单进行自主报价，经评审合理低价中标的一种计价方式。

实际上，工程量清单计价法是在建设工程招投标中，招标人或委托具有工程造价咨询资质的中介机构，按照工程量清单计价办法和招标文件的有关规定，根据施工设计图纸及施工现场实际情况编制反映工程实体消耗和措施性消耗的工程量清单，并作为招标文件的一部分提供给投标人，由投标人依据工程量清单自主报价的计价方式。在工程招投标中采用工程量清单计价是国际上较为通行的做法。

实际上，定额计价与工程量计价都是工程造价的计价方法，而工程量清单计价模式更加接近市场确定价格，较定额计价是一种历史的进步。

2.工程量清单

所谓工程量清单是表现拟建工程的分部分项工程项目、措施项目、其他项目名称和相应数量的明细清单，是将拟建招标工程的全部项目和内容按照招标和施工设计图纸要求，依据统一的工程量计算规则、统一的工程量清单项目编制规则要求，计算拟建招标工程的分部分项实物工程量，按工程部位性质分解为分部分项或某一构件列在清单上作为招标文件的组成部分，供投标单位逐项填单价。经过比较投标单位所填单价与合价，合理选择最佳投标人。

一个拟建项目的全部工程量清单包括分部分项工程量清单、措施项目清单和其他项目清单三部分。分部分项工程量清单是表明拟建工程的全部分项实体工程名称和相应数量的清单；措施项目清单是为完成分项实体工程而必须采取的一些措施性的清单；其他项目清单是招标人提出的一些与拟建工程有关的特殊要求的项目清单。在三部分清单项目中，分部分项工程量清单是主要的。

工程量清单应由具有编制招标文件能力的招标人，或受其委托具有相应资质的中介机构进行编制。招标人在编制招标文件的同时，编制出拟建工程项目的工程量清单，随招标文件发送给投标人，投标人根据招标人提供的清单项目进行报价。就编制人来讲，必须是经过国家注册的造价工程师才有资格进行编制，因为根据工程量清单格式的要求，清单封面上必须要有注册造价工程师签字并盖执业专用章方为有效。

3.工程量清单的编制

根据国家标准《建设工程工程量清单计价规范》（GB50500-2013）（简称《清单规范》）的要求，分部分项工程量清单的编制，首先要实行四统一的原则，即统一项目名称、统一项目编码、统一计量单位、统一工程量计算规则。在四统一的前提下编制清单项目。

分部分项工程量清单应包括项目编码、项目名称、项目特征、计量单位和工程数量五个部分。项目编码采用十二位阿拉伯数字表示，一至九位为统一编码，其中，一、二位为工程分类顺序码（又称附录顺序码），三、四位为专业工程顺序码，五、六位为分部工程顺序码，七、八、九位为分项工程项目名称顺序码，十至十二位（或十一位）为清单项目名称顺序码。其中前九位是《清单规范》给定的全国统一编码，根据规范附录A、附录B、附录C、附录D、附录E的规定设置，后三位清单项目名称顺序码由编制人根据图纸的设计要求设置。例如，010302001表示附录A建筑工程的第三章砌筑工程第二节砖砌体分部的实心砖墙。

工程量清单编制人确定分部分项工程项目清单项目名称和描述项目特征时应

符合《工程量计算规范》的要求，具体、准确、完整，把影响工程造价的因素描述清楚。

（1）分部分项工程项目清单一般应根据不同单位工程分专业编制。当费用计算程序或规费费率不同时，分部分项工程项目清单必须根据不同专业工程分别编制；当费用计算程序和规费费率都相同时，单位工程内的不同专业工程可以纳入同一份分部分项工程项目清单。

（2）措施项目清单是表明为完成工程项目施工，发生于该工程施工准备和施工过程中非工程实体项目的清单。措施项目清单应根据拟建工程的具体情况，并结合常规的施工组织设计，参照现行工程量计算规范中的措施项目表和省级现行计价依据内容规定列项。

（3）其他项目清单是招标人提出的一些与拟建工程有关的特殊要求的项目清单，根据《清单规范》的规定，其他项目清单宜按照以下内容列项：①暂列金额；②暂估价：包括材料暂估单价、专业工程暂估价；③计日工；④总承包服务费。

具体工程量清单的编制程序详见图2-2。

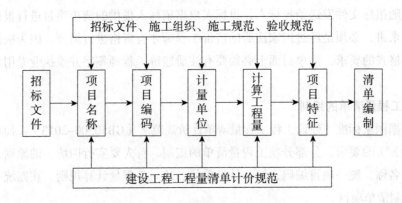

图2-2 工程量清单的编制程序

4. 工程量清单计价的编制程序

所谓工程量清单计价是指按照招标文件规定，完成工程量清单所列项目的全部费用，包括分部分项工程费、措施项目费、其他项目费、规费和税金五大部分。分部分项工程量清单应采用综合单价计价，工程计价方法包括工料单价法和综合单价法两种，综合单价包括除规费和税金以外的全部费用。工程量清单计价的编制程序如下：

（1）熟悉招标文件、设计文件、施工规范和验收规范等；

（2）核对清单工程量并计算有关工程量；

（3）参加图纸答疑和查看现场；

（4）询价，确定人工、材料和机械台班单价；

（5）分部分项工程量清单项目综合单价组价；

（6）分部分项清单计价、措施项目清单和其他项目清单计价；

（7）计算单位工程造价、汇总单项工程造价、工程项目总造价；

（8）填写总价、封面，装订、盖章。

2.6.3 工料单价法与综合单价法的区别

1.工料单价法，是以分部分项工程量乘单价后合计为直接工程费，直接工程费以人工、材料、机械的消耗量及相应价格确定（只是人、材、机）。直接工程费汇总后，另加间接费、利润、税金生成建筑安装工程造价。见表2-3。

2.综合单价法，是指分部分项单价为全费用单价，全费用单价经综合计算后生成，其内容包括直接工程费、间接费、利润和风险因素。各分项工程量乘综合单价合计后，再加计规费和税金生成建筑安装工程造价。

3.简单的区分办法：从取费的先后次序去理解掌握。综合单价法是分部分项工程单价为全费用单价，全费用单价经综合计算后生成，其内容包括直接工程费、间接费、利润和税金（措施费也可按此方法生成全费用价格）。工料单价法的分部分项工程单价只包括直接工程费。工料单价法属于定额计价法，而综合单价法属于工程量清单计价法。

4.在国标综合单价法中，分部分项工程的单价不仅包括工、料、机的单价，还包括为完成此种分部分项工程所消耗的间接费、利润、风险费等。现在国内工民建行业所使用的分部分项工程的综合单价是不包含措施费的，这样的分部分项工程的单价我们称之为"综合单价"或者"完全单价"。

5.工料单价是基于定额基础上的报价方法，包括分部分项工程项目所耗人工、材料、机械等，汇总成为定额基价。在此基础上，乘相应的费率汇总得出直接工程费，再加上间接费、管理费、利润、税金得到工程造价。工料单价计价程序如表2-3所示。

6.综合单价法是改革开放之后顺应市场需求而产生的，包含分部分项工程的人、材、机，管理费、措施费等，包含了这一分部分项工程的所有费用。

7.两者的根本区别：一是在成本和造价控制方面，综合单价法能够方便控制；二是在结算方面，综合单价法所含的各细目不能重复计量。

表2-3 以直接费为计算基础的工料单价计价程序

序号	费用项目	计算方法
1	直接工程费	按预算表
2	措施费	按规定标准计算
3	小计（直接费）	1+2
4	间接费	3×相应费率
5	利润	（3+4）×相应利润率
6	合计	3+4+5
7	含税造价	6×（1+相应税率）

2.6.4 工程量清单计价与定额计价的区别与联系

1.工程量清单计价与定额计价的区别

（1）计价模式不同

工程量清单计价是实行量价分离的原则，依据统一的工程量计算规则，按照施工设计图纸、施工现场和招标文件的规定，由企业自行编制的。而定额计价不论企业大小，一律按国家统一的预算定额计算工程量，按规定的费率套价，其所报的工程造价实际上是社会平均价，难以形成企业间的竞争。

（2）单价方式不同

工程量清单计价采用综合单价法，是指完成规定计量单位项目所需的人工费、材料费、机械使用费、管理费、利润，并考虑风险因素，是除规费和税金以外的全费用单价。

定额计价采用工料单价法，是指以分部分项工程量的单价为直接费，直接费以人工、材料、机械的消耗量及其相应的价格确定；间接费、利润和税金按照有关规定另行计算。

（3）项目划分不同

工程量清单计价的项目划分以实体列项，实体和措施项目相分离，施工方法、手段不列项，不设人工、材料、机械消耗量，加大了企业的竞争力度，鼓励企业采用合理的技术措施，提高技术水平和生产效率。

定额计价的项目划分以施工工序列项、实体和措施项目相结合，施工方法、手段单独列项，定额中规定了人工、材料、机械消耗量，无法发挥市场竞争的作用。

（4）工程量计算规则不同

工程量清单计价，工程量是按实体的净值计算，这是当前国际上比较通行的做法。

定额计价，工程量是按实物加上人为规定的预留量或操作富余度等因素进行计算的。

（5）计量单位不同

工程量清单计价的清单项目按基本单位计量，以计价规范为准。

定额计价的计量单位可以不采用基本单位。

（6）反映成本价不同

工程量清单计价反映的是个别成本，投标人根据市场的人工、材料、机械价格行情，结合企业自身技术实力和管理水平进行报价，价格有高有低，具有竞争性。

定额计价反映的是社会平均成本，投标人根据相同的预算定额进行投标报价，价格基本相同，不能反映中标单位的真正实力。

2.工程量清单计价与定额计价的联系

（1）《计价规范》中清单项目的设置参考了全国统一定额的项目划分，使清单计价项目设置与定额计价项目设置相衔接，工程量清单的工程量计算规则与定额工程量计算规则相衔接，便于招标人和投标人的具体操作。

（2）《计价规范》附录中的"项目特征"的内容基本上取自原定额的项目（或子目）设置的内容，如规格、材质、重量等。

（3）《计价规范》附录中的"工程内容"与定额子目相关联，它是综合单价的组价内容。

（4）工程量清单计价，需要企业根据自身实际消耗成本，结合市场行情进行报价。目前，多数企业是没有企业定额的，现行全国统一定额可作为消耗量定额的重要参考依据。

综上所述，工程量清单的编制与计价，与定额计价既有区别又有着紧密的联系。但是，随着"计价规范"的推进与实施，对定额的结构形式、项目划分、人工、材料和机械消耗水平等要作出相应的调整与修改，以适应企业自主报价的需要。

2.6.5 计算工程量时的注意事项

实践表明，同一套施工图纸的同一个单位工程，不同人员编出的预算价值不同，甚至同一个人在不同时间计算的结果也是不一致的。为提高工程造价的准确性，在进行工程量计算时应注意以下几点：

1.注意计算依据的时效性与针对性。采用不同计价模式有不同的工程量计算规则，如采用工程量清单计价，必须采用工程量清单计价规范中的工程量计算规则；若采用定额计价，要根据地区不同，选用相应定额中的工程量计算规则。因为规范和定额不是一成不变的，在计算工程量时，应注意它的时效性。

2.注意加强对施工图纸及相关说明的识读。工程量是设计图纸的量的反映,如果看错图纸,量的准确性就不能保证。

3.注意对有关定额及计价办法的学习理解。定额、计价规范、计价办法规定的分部分项项目的划分、工程量计算规则、单价的多少都非常重要,对其深入理解和掌握才能正确计量。

4.注意按一定的计算顺序计算工程量。常用的工程量计算顺序有按图纸顺序(编号、轴线、层段、上下、左右、内外、总详等)、按施工顺序(基础、结构、装修、安装)、按系统顺序(管线、干支、进出、编号、型号、规格等)和按定额顺序等多种。

对安装工程管线部分,一定要看懂系统图和原理图,根据由进至出、从干到支、从低到高、先外后内的顺序,按不同敷设方式,分规格逐段计算其长度。管线计算应按定额规定加入预留尺度或余量。

5.注意工程量计算单位的选用。计量单位有"m""m^2""m^3""kg""t""套""台""个""组""系统""块"等,在计算工程时应正确选用。

◎思考题

1.什么是定额?如何分类?
2.定额的特性和作用是什么?
3.什么是施工定额?其作用是什么?
4.说明概算定额与预算定额的区别与联系。
5.定额的使用原则有哪些?
6.什么是工程量清单计价?
7.什么是综合单价法?
8.说明工程量清单计价与定额计价的区别。

第3章 建设工程项目费用

3.1 建设项目总投资费用项目组成

3.1.1 建设项目总投资

建设项目总投资是指为完成工程项目建设并达到使用要求或生产条件，在建设期内预计或实际投入的总费用，包括工程造价、增值税、资金筹措费和流动资金四部分。

建设项目总投资=工程造价+增值税+资金筹措费+流动资金

1. 工程造价是指工程项目在建设期预计或实际支出的建设费用，包括工程费用、工程建设其他费用和预备费。

工程造价=工程费用+工程建设其他费用+预备费

2. 增值税是指应计入建设项目总投资内的增值税额。

3. 资金筹措费是指在建设期内应计的利息和在建设期内为筹集项目资金发生的费用，包括各类借款利息、债券利息、贷款评估费、国外借款手续费及承诺费、汇兑损益、债券发行费用及其他债务利息支出或融资费用。

4. 流动资金是指运营期内长期占用并周转使用的营运资金，不包括运营中需要的临时性营运资金。

3.1.2 工程费用

工程费用是指建设期内直接用于工程建造、设备购置及其安装的费用，包括建筑工程费、设备购置费和安装工程费。

工程费用=建筑工程费+设备购置费+安装工程费

1. 建筑工程费是指建筑物、构筑物及与其配套的线路、管道等的建造、装饰费用。安装工程费是指设备、工艺设施及其附属物的组合、装配、调试等费用。建筑工程费和安装工程费包括直接费、间接费和利润。

建筑安装工程费=直接费+间接费+利润

2.直接费是指施工过程中耗费的构成工程实体或独立计价措施项目的费用,以及按综合计费形式表现的措施费用。直接费包括人工费、材料费、施工机具使用费和其他直接费。

3.人工费是指直接从事建筑安装工程施工作业的生产工人的薪酬,包括工资性收入、社会保险费、住房公积金、职工福利费、工会经费、职工教育经费及特殊情况下的工资等。

4.材料费是指工程施工过程中耗费的各种原材料、半成品、构配件的费用,以及周转材料等的摊销、租赁费用。

5.施工机具使用费是指施工作业所发生的施工机械、仪器仪表使用费或其租赁费,包括施工机械使用费和施工仪器仪表使用费。

6.其他直接费是指为完成建设工程施工,发生于该工程施工前和施工过程中的按综合计费形式表现的措施费用。内容包括冬雨季施工增加费、夜间施工增加费、二次搬运费、检验试验费、工程定位复测费、工程点交费、场地清理费、特殊地区施工增加费、文明(绿色)施工费、施工现场环境保护费、临时设施费、工地转移费、已完工程及设备保护费、安全生产费等。

7.间接费是指施工企业为完成承包工程而组织施工生产和经营管理所发生的费用,内容包括管理人员薪酬、办公费、差旅交通费、施工单位进退场费、非生产性固定资产使用费、工具用具使用费、劳动保护费、财务费、税金,以及其他管理性的费用。

8.利润是指企业完成承包工程所获得的盈利。

9.设备购置费是指购置或自制的达到固定资产标准的设备、工器具及生产家具等所需的费用,分为外购设备费和自制设备费。

(1)外购设备是指设备生产厂制造的符合规定标准的设备。

(2)自制设备是指按订货要求,并根据具体的设计图纸自行制造的设备。

3.1.3 工程建设其他费用

工程建设其他费用是指建设期发生的与土地使用权取得、整个工程项目建设以及未来生产经营有关的,除工程费用、预备费、增值税、资金筹措费、流动资金以外的费用,主要包括土地使用费和其他补偿费、建设管理费、可行性研究费、专项评价费、研究试验费、勘察设计费、场地准备费和临时设施费、引进技术和进口设备材料其他费、特殊设备安全监督检验费、市政公用配套设施费、工程保险费、联合试运转费、专利及专有技术使用费、生产准备费、其他费用等。

按国家、行业或项目所在地相关规定计算,有合同或协议的按合同或协议计列。

（一）土地使用费和其他补偿费

1.土地使用费是指建设项目使用土地应支付的费用，包括建设用地费和临时土地使用费，以及由于使用土地发生的其他有关费用，如水土保持补偿费等。

（1）建设用地费是指为获得工程项目建设用地的使用权而在建设期内发生的费用。取得土地使用权的方式有出让、划拨和转让三种方式。

（2）临时土地使用费是指临时使用土地发生的相关费用，包括地上附着物和青苗补偿费、土地恢复费以及其他税费等。

2.其他补偿费是指项目涉及的对房屋、市政、铁路、公路、管道、通信、电力、河道、水利、厂区、林区、保护区、矿区等不附属于建设用地的相关建构筑物或设施的补偿费用。

（二）建设管理费

建设管理费是指为组织完成工程项目建设，在建设期内产生的各类管理性质费用，包括建设单位管理费、代建管理费、工程监理费、监造费、招标投标费、设计评审费、特殊项目定额研究及测定费、其他咨询费、印花税等。

（三）可行性研究费

可行性研究费是指在工程项目投资决策阶段，对有关建设方案、技术方案或生产经营方案进行的技术经济论证，以及编制、评审可行性研究报告等所需的费用。

（四）专项评价费

专项评价费是指建设单位按照国家规定委托有资质的单位开展专项评价及有关验收工作产生的费用，包括环境影响评价及验收费、安全预评价及验收费、职业病危害预评价及控制效果评价费、地震安全性评价费、地质灾害危险性评价费、水土保持评价及验收费、压覆矿产资源评价费、节能评估费、危险与可操作性分析及安全完整性评价费，以及其他专项评价及验收费。

（五）研究试验费

研究试验费是指为建设项目提供和验证设计参数、数据、资料等进行必要的研究和试验，以及设计规定在施工中必须进行试验、验证所需要的费用，包括自行或委托其他部门的专题研究、试验所需人工费、材料费、试验设备及仪器使用费等。

（六）勘察设计费

1.勘察费是指勘察人根据发包人的委托，收集已有资料、现场踏勘、制定勘察纲要，进行勘察作业，以及编制工程勘察文件和岩土工程设计文件等收取的费用。

2.设计费是指设计人根据发包人的委托,提供编制建设项目初步设计文件、施工图设计文件、非标准设备设计文件、竣工图文件等服务所收取的费用。

(七) 场地准备费和临时设施费

1.场地准备费是指为使工程项目的建设场地达到开工条件,由建设单位组织进行的场地平整等准备工作而产生的费用。

2.临时设施费是指建设单位为满足施工建设需要而提供的未列入工程费用的临时水、电、路、讯、气等工程和临时仓库等建(构)筑物的建设、维修、拆除、摊销费用或租赁费用,以及铁路、码头租赁等费用。

(八) 引进技术和进口设备材料其他费

引进技术和进口设备材料其他费是指引进技术和设备产生的但未计入引进技术费和设备材料购置费的费用,包括图纸资料翻译复制费、备品备件测绘费、出国人员费用、来华人员费用、银行担保及承诺费、进口设备材料国内检验费等。

(九) 特殊设备安全监督检验费

特殊设备安全监督检验费是指对在施工现场安装的列入国家特种设备范围内的设备(设施)检验检测和监督检查所产生的应列入项目开支的费用。

(十) 市政公用配套设施费

市政公用配套设施费是指使用市政公用设施的工程项目,按照项目所在地政府有关规定建设或缴纳的市政公用设施建设配套费用。

(十一) 联合试运转费

联合试运转费是指新建或新增生产能力的工程项目,在交付生产前按照批准的设计文件规定的工程质量标准和技术要求,对整个生产线或装置进行负荷联合试运转所发生的费用净支出,包括试运转所需材料、燃料及动力消耗,低值易耗品,其他物料消耗,机械使用费,联合试运转人员工资,施工单位参加试运转人工费,专家指导费,以及必要的工业炉烘炉费。

(十二) 工程保险费

工程保险费是指在建设期内对建筑工程、安装工程、机械设备和人身安全进行投保而产生的费用,包括建筑安装工程一切险、工程质量保险、进口设备财产保险和人身意外伤害险等的费用。

(十三) 专利及专有技术使用费

专利及专有技术使用费是指在建设期内取得专利、专有技术、商标、商誉和特许经营的所有权或使用权发生的费用,包括工艺包费,设计及技术资料费,有效专利、专有技术使用费、技术保密费和技术服务费，商标权、商誉和特许经营权费、软件费等。

（十四）生产准备费

生产准备费是指在建设期内，建设单位为保证项目正常生产而发生的人员培训、提前进厂费，以及投产使用必备的办公、生活家具用具及工器具等的购置费用。

（十五）其他费用

其他费用指以上费用之外，根据工程建设需要产生的其他费用。

3.1.4 预备费

预备费是指在建设期内因各种不可预见因素的变化而预留的可能增加的费用，包括基本预备费和价差预备费。

基本预备费=（工程费用+工程建设其他费用）×基本预备费费率

3.2 安装工程费用（以浙江省为例）

3.2.1 直接费

直接费由基本直接费（即直接工程费）和其他直接费（即措施费）组成。

（一）基本直接费（直接工程费）

是指施工过程中耗费的构成工程实体的各项费用，包括人工费、材料费、施工机械使用费。

1.人工费

人工费是指直接从事建筑安装工程的施工工人（包括现场的水平、垂直运输等辅助工人）和附属辅助生产单位（非独立经济单位）工人的基本工资、附加工资（未冲减部分）和工资性质的津贴（包括副食补贴、煤粮差价补偿等）。

2.材料费

材料费是指建筑安装材料，包括零配件、附件、成品、半成品以及周转材料的摊销量等，按相应的预算价格计算的费用。

3.施工机械使用费

施工机械使用费是指按施工机械台班费用定额计算的建筑安装工程施工机械费、其他机械使用费和施工机械进出场费。

《浙江省建设工程计价规则》指出：

规定计量单位项目人工费=∑（人工消耗量×价格）

规定计量单位项目材料费=∑（材料消耗量×价格）

规定计量单位项目施工机械使用费=∑（施工机械台班消耗量×价格）

人工、材料、施工机械台班的消耗量，可按照承包人的企业定额或"计价依据"，并结合工程情况分析确定。（《浙江省安装工程预算定额》，本省工程造价管理机构发布的人工、材料、施工机械台班市场价格信息，工程造价指数等是本省安装工程计价活动的基础性依据，简称"计价依据"）。

人工、材料、施工机械台班价格可依据承包人自行采集的市场价格或省、市工程造价管理机构发布的市场价格信息，并结合工程情况分析确定。

（二）其他直接费（措施费）

其他直接费（措施费）是指为完成工程项目施工，发生于该工程施工前和施工过程中非工程实体项目的费用，由施工技术措施费和施工组织措施费组成。即定额分项中和间接费定额规定以外的直接费性质的费用。

1.其他直接费（措施费）包括的内容

（1）生产工具用具使用费：指施工、生产所需不属于固定资产的生产工具、检验试验用具等的购置、摊销和维修费，以及支付给工人自备工具的补贴费。

（2）检验试验费：指对建筑材料、构件和建筑安装物进行一般鉴定、检查所发生的费用，包括自设试验室进行试验所耗用的材料和化学药品费用等，以及技术革新和研究试验费；不包括新结构、新材料的试验费和建设单位要求对具有出厂合格证明的材料进行检验，对构件进行破坏性试验及其他特殊要求检验试验的费用。

（3）工程点交费：指工程交工验收所产生的费用。

（4）工程定位复测费：指工程定位复测所产生的费用。

（5）场地清理费：指建筑物2m以内的垃圾和2m以外因施工造成之障碍物的清理，但不包括建筑垃圾的场外运输。

（6）生产工人上下班交通费：指生产工人的住地远离施工生产现场，按规定发放上下班乘坐交通车、个人身备交通工具的补贴，以及单位派出的上下班通勤车费用。

（7）生产工人辅助工资：指建筑安装工人（包括现场水平、垂直运输等辅助工人）、附属生产单位（非独立经济核算单位）工人和驾驶施工机械、运输工具的司机的辅助工资，内容包括开会和执行必要的社会义务时间的工资，职工学习、培训期间的工资，调动工作期间的工资和探亲假期的工资，因气候影响停工的工资，女工哺乳期间的工资，由行政直接支付的病（6个月以内）、产、婚、丧假期的工资等。

（8）生产工人工资附加费：指按国家规定计算的生产工人的职工福利基金和工会经费。

（9）生产工人劳动保护费：指按国家有关部门规定标准发放的劳动保护用品的购置费、修理费、保健费、取暖费、防暑降温费，以及职工在工地洗澡、饮水和使用燃料的费用等。

（10）冬雨季施工增加费：指在冬雨季施工中需增加的临时设施（如防雨、防寒棚等）、劳保用品、防滑、排除雨雪的人工及劳动效率降低等费用（不包括冬雨季施工的蒸汽养护费）。

（11）夜间施工增加费：指为了确保工期和工程质量，需要在夜间连续施工而产生的照明设施、夜餐补助、劳动效率降低及支付噪声干扰等费用。

（12）交叉作业施工增加费：指建筑与安装工程及生产与建筑在同一建筑物同时施工，互相妨碍，影响工效及需要采取的各项防护措施费用。

（13）流动施工津贴：指施工企业离开公司、固定性工程处基地15km以外施工需要增加的费用，按文件规定，集体施工企业不收取流动施工津贴。

（14）材料二次搬运费：因场地狭小等特殊情况而发生的材料、成品、半成品一次运输不能到达堆放地点，构件不能达到起吊点，必须进行二次或多次搬运的费用。

2.其他直接费（措施费）的计取

其他直接费=直接费（或人工费、人工费）×其他直接费率

安装工程其他直接费（措施费）的计取不分现场大小，综合计取，见表3-1。

表3-1 浙江省安装工程施工组织措施费费率

定额编号	项目名称		计算基数	费率（%）		
				中值	上限	下限
B1	施工组织措施费					
B1-1	安全文明施工费					
B1-11	其中	非市区工程	人工费+机械费	10.98	12.21	13.43
B1-12		市区一般工程		12.94	14.37	15.81
B1-13		市区临街工程		14.88	16.52	18.17
B1-2	夜间施工增加费		人工费+机械费	0.02	0.04	0.08
B1-3	提前竣工增加费					

续表

定额编号	项目名称		计算基数	费率（%）		
				中值	上限	下限
B1-31	其中	缩短工期10%以内	人工费+机械费	0.01	1.53	3.05
B1-32		缩短工期20%以内		3.05	3.78	4.48
B1-33		缩短工期30%以内		4.50	5.46	6.41
B1-4	二次搬运费			0.16	0.48	0.80
B1-5	已完工程及设备保护费		人工费+机械费	0.02	0.13	0.24
B1-6	工程定位复测费			0.03	0.04	0.05
B1-7	冬雨季施工增加费			0.12	0.24	0.36
B1-8	优质工程增加费			9.00	12.00	15.00

3.2.2 间接费

间接费是不直接由施工的工艺过程所引起，却与工程的总体条件有关，是施工企业组织施工和经营管理，以及间接为施工生产服务所产生的各项费用。

间接费是间接用于工程的费用，由施工管理费（企业管理费）和其他间接费组成。

（一）施工管理费（企业管理费）

施工管理费是施工企业为组织和管理建筑安装工程施工所发生的各项经营管理费用。由于它不易直接计入分项工程的直接费中去，或者说是为工程施工间接服务所发生的费用，所以属于间接费。

1.施工管理费（企业管理费）包括的内容

（1）工作人员的工资：指施工企业的政治、行政、经济、技术、试验、警卫、消防、炊事和勤杂人员以及行政管理部门汽车司机等工作人员的基本工资、附加工资（未冲减部分）、辅助工资和工资性质的津贴（包括副食品补贴、粮食差价补贴、上下班交通补贴等），不包括材料采购保管费、职工福利基金、工会经费、营业外开支的人员工资。

（2）工作人员工资附加费：指按国家规定计算的工作人员的职工福利基金和工会经费。

（3）工作人员劳动保护费：指按国家有关部门规定标准发放的工作人员的劳动保护用品的购置费、修理费和保健费、防暑降温费、取暖费等。

（4）职工教育经费：指按财政部有关规定在工资总额1.5%的范围内掌握开支的在职职工教育经费。

（5）办公费：指行政管理办公室用的文具、纸张、账表、印刷、邮电、书报、会议、水电、烧水用煤等费用。

（6）差旅交通费：指职工因公出差、调动工作（包括家属）的差旅费、住勤补助费、市内交通费和误餐补助费，职工探亲路费，劳动力招募费，职工离退休、退职一次性路费，工伤人员就医路费，25km以内工地转移费以及行政管理部门使用的交通工具的油料、燃料、养路费、车船使用税、机动车辆第三人责任法定保险费。

（7）固定资产使用费：指行政管理部门和试验部门使用的属于固定资产的房屋、设备、仪器等的折旧基金和大修理基金，维修、租赁费以及房产税、土地使用税等。

（8）行政工具用具使用费：指行政管理使用的工具、器具、家具、交通工具和检验、试验、测验、消防用具等的购置、摊销和维修费。

（9）利息：指施工企业按照规定支付给银行的计划内流动资金贷款利息。

（10）其他费用：指上述项目以外的其他必要费用支出，包括预算定额测定和劳动定额测定费（不包括应上交各级定额站的概预算定额测定、研究、编制和管理费）、现场照明，民兵训练，支付合同工、临时工劳动力管理费，印花税，企业应交的粮食补贴基金以及经有权部门批准应由企业负担的企业性上级管理费，简易竣工图纸绘制费用（即原施工设计图纸上的修改）及其他费用等。

2.施工管理费率的计取

《浙江省建设工程计价规则》指出企业管理费、利润等费率可依据承包人的企业定额或"计价依据"，并结合工程情况分析确定。

《浙江省建设工程施工费用定额（2010版）》中指出的安装工程企业管理费费率为表3-2所示：

表3-2　安装工程企业管理费费率

定额编号	项目名称	计算基数	费率（%）		
			一类	二类	三类
B2	企业管理费				
B2-1	设备及工艺金属结构安装工程	人工费+机械费	30~38	26~34	23~29
B2-2	水、电、暖、通风及自控安装工程		35~47	29~39	23~33
B2-3	单独消防安装工程		34~44	27~36	21~29
B2-4	单独智能化安装工程		39~52	34~44	27~36

注：1.设备及工艺金属结构安装工程包括其他非单独承包的专业工程。
　　2.单独消防及单独智能化仅适用于单独承包的安装工程。

（二）其他间接费

其他间接费有临时设施费、劳动保险基金、远地施工增加费和施工队伍迁移费。

1. 临时设施费

临时设施费是指施工企业为进行建筑安装工程施工所必需的生活和生产用的临时性、半永久性的建筑物、构筑物和其他临时设施的搭设、维修、拆除和摊销费用。

临时设施包括临时宿舍、文化福利及公用事业房屋与构筑物、仓库（不包括设备仓库）、办公室、加工厂、食堂、厨房、理发室、浴室、诊疗所、俱乐部、托儿所、搅拌站、临时围墙、临时简易水塔、水池、场内人行便道、架车道路（不包括汽车道路及吊车道路）；施工现场范围内，每幢建筑物（构筑物）沿外边起30m以内的水管、电线及其他动力管线（不包括锅炉、变电器设备）；施工组织设计不便考虑的不固定水管、电线及其他小型临时设施等。

临时设施应遵循因地制宜、因陋就简、勤俭节约的原则，尽量利用建筑场地原有建筑设施，或者提前修建一部分生活用房及构筑物供施工企业使用。凡是由建设单位提供施工企业使用的原有房屋设施（不包括新建未交工的），施工企业应按使用面积付给租金，标准为每月每平方米0.07元。

2. 劳动保险基金

劳动保险基金是指施工企业支付的福利基金支出以外的、按劳保条例规定的离退休职工的费用和六个月以上的病假工资及按照上述职工工资总额提取的职工福利基金；根据国家用工制度的改革，还包括劳动合同制工人退休养老基金、职工（包括合同制工、临时工）退职费。

根据国家有关部门规定，劳动保险基金全年实际支出大于收入时，在施工企业税前利润中支付，如有盈余部分作营业外收入。

3. 远地施工增加费

远地施工增加费是指施工单位离开公司和固定性工程处（工区）基地（办公地点）25km以外承担工程任务时，可增收远地施工增加费。

远地施工增加费包括需增加的职工差旅费、探亲费、电报电话费，生活用车和中小型机械设备、周转材料、工具用具的运输费等。25km以外工程的临时设施，确实不能包干的，现场临时设施可按实计算，施工单位的后方临时设施，建筑工程按定额直接费和其他直接费之和的0.3%、安装工程定额人工费的3.3%收取。

4. 施工队伍迁移费

施工队伍迁移费是指施工队伍（公司、工程处或工区、施工队以及专业性公司独立承担工程任务的临时性队伍）根据建设任务的需要，由主管部门安排或建设单位邀请，由原驻地迁移到另一地区所发生的一次性搬迁费用（不包括应由施工企业自行负担的在25km以内调动施工力量及内部平衡施工力量所发生的迁移费用），包括职工及随同家属的差旅费，调迁期间的工资，施工机械、设备、工具用具和周转材料的搬运杂费等。但不包括由于违反基建程序，盲目调迁队伍所发生的迁移费；因中标而引起施工机构迁移所发生的迁移费。

3.2.3 利润

利润是施工企业完成所承包工程获得的盈利。

计划利润指按原国家计委、财政部、中国人民建设银行计施（1987）1806号文和计施（1988）474号文件规定的施工企业的计划利润，包括原来的法定利润和技术装备费。

建筑产品生产是社会物质生产的一部分，它在生产过程中创造新的价值，因此必须有产品的价值。虽然建筑产品生产与其他商品生产有许多不同的地方，计费方法也与其他商品不相同，但也是一种商品。国家为了保护施工企业的合法收益，决定从1980年起，凡是实行独立核算的国营施工企业，按预算成本的2.5%向建设单位计取法定利润，作为施工企业收入的一部分。

技术装备费又叫施工技术装备费，是施工企业购置施工机械、设备等技术装备的费用。原来的规定是按工程预算成本的3%计取。

为适应招标投标竞争的需要，促进施工企业改善经营管理，从1988年1月1日开始，施工企业实行计划利润，利润率暂按工程直接费与间接费之和的7%计算。安装工程的计划利润率，以人工费为计算基础，计划利润暂定为工程直接费中人工工资的85%。计划利润在编制工程概预算及工程招标标底时计入工程造价，但材料实际价格与预算价格的价差，不应作为计划利润的基础。实行计划利润后，不再计取法定利润和技术装备费。

施工企业主管部门领导的实行独立核算、自负盈亏，具有法人资格和承担纳税人义务的构件厂、木材加工厂、机修厂和运输队等企业，其产品或劳务价格执行国家颁发的预算定额和取费标准的，可计取计划利润，但不应超过直接费和间接费之和的4%。施工企业内部不实行独立核算、不按预算定额结算的构件厂、木材加工厂、机修厂和运输队等企业的产品和劳务价格中，不应计取计划利润。

县级以上集体施工企业的计划利润，不得超过工程直接费和间接费之和的2.5%，县级以下城镇集体企业和农村建筑队及由农村建筑队联合组成的集体建筑公司不计取计划利润。

实行计划利润后，施工企业扩大生产能力，增添机械设备需要的资金，主要依靠生产发展基金。对某些工程建设中必需的大型专用机械设备，一般向大型机械施工企业或其他企业租赁。情况特殊的，经投资主管部门批准，由建设单位在项目概算中列支购买，租给施工企业使用。

《浙江省建设工程计价规则》指出企业管理费、利润等费率可依据承包人的企业定额或"计价依据"，并结合工程情况分析确定。

《浙江省建设工程施工费用定额》（2010版）中指出的安装工程利润费率如表3-3所示。

表3-3 浙江省安装工程利润费率

定额编号	项目名称	计算基数	费率（%）
B3	利润		
B3-1	设备及工艺金属结构安装工程	人工费+机械费	6~10
B3-2	水、电、暖、通风及自控安装工程		8~12
B3-3	单独消防安装工程		9~13
B3-4	单独智能化安装工程		10~15

注：1.设备及工艺金属结构安装工程包括其他非单独承包的专业工程。
  2.单独消防及单独智能化仅适用于单独承包的安装工程。

3.2.4 材料补差

1.材料价差

建筑工程：除单调材料（含进口材料）以外的其他材料在现行综合系数调整后的预算价与实际价的价差。

安装工程：1990年《全国统一安装工程预算定额四川省估价表》中的计价材料的价格，以及由省定额站颁发的计价材料综合调整系数后的预算价与实际价的差价。

2.材料代用

不包括建筑工程中的钢材及安装工程中的未计价材料的代用。

3.材料的理论重量和实际重量的量差

材料的理论重量为计算所得，实际重量为过磅所得。

3.2.5 税金

建筑安装工程应缴纳的税金有营业税、教育费附加、城市建设维护税。另外，按有关规定缴纳的建筑税、增值税等，税金应计入工程造价之内。

1.营业税

营业税是对凡在我国境内从事商业、物资供销、交通运输、建筑安装、金融保险、加工修理业等和其他各种服务业或从事上述经营业务的一切单位和个人按其营业收入征收的一种税。

建筑安装的营业收入额是指承包建筑安装工程和修缮业务的全部收入，营业税率为3%。

2.教育费附加税

为了贯彻落实中共中央关于教育体制改革的决定，加快发展地方教育事业，扩大地方教育经费的资金来源，按国务院发布《征收教育费附加的暂行规定》的通知「即国发（1986）50号文」，教育费附加以各单位和个人实际缴纳的产品税、增值税、营业税的税额为计征基数，教育附加率为2%。

3.城市建设维护税

为了加强城市维护建设，扩大和稳定城市维护建设资金的来源，根据国发（1985）19号文件的规定缴纳此种税，以纳税人实际交纳的产品税、增值税、营业税税额为计税基础。纳税人所在地在市区的，税率为7%；纳税人所在地在县城、镇的，税率为5%；不在市区、县城或镇的为1%。

在原来的规定中，专用基金不纳税。根据1994年1月1日起执行的《中华人民共和国营业税暂行条例》（即1993年12月13日国务院令第136号）规定，纳税人的营业额为"纳税人提供劳务、转让无形资产或销售不动产向对方收取的全部价款和价外费用"的精神，将现行建设工程税金的计算基数改为建筑安装工程全部费用，不再剔除临时设施费、劳保基金和施工队伍迁移费。

《浙江省建设工程计价规则》指出规费标准和税金根据"计价依据"的统一标准和方法计算。

《浙江省建设工程施工费用定额》（2010版）中指出的安装工程税金、规费费率如表3-4和表3-5所示。

表3-4　浙江省安装工程税金费率

定额编号	项目名称	计算基数	费率（%）		
			市区	城（镇）	其他
B5	税金	直接费+管理费+利润+规费	3.577	3.513	3.384
B5-1	税费		3.477	3.413	3.284
B5-2	水利建设资金		0.100	0.100	0.100

注：税费包括营业税、城市建设维护税及教育费附加。

表3-5 安装工程规费费率

定额编号	项目名称	计算基数	费率（%）
B4	规费	人工费+机械费	11.96

注：民工工伤保险及意外伤害保险按各市的规定计算。

3.2.6 浙江省建设工程计价规则

本规则适用于浙江省行政区域范围内从事房屋建筑工程和市政基础设施工程的计价活动，其他专业工程可参照执行。

建设工程施工发承包推行工程量清单计价，全部使用国有资金投资或国有资金投资为主的大中型建设工程必须实行工程量清单计价。

《浙江省安装工程预算定额》以及浙江省工程造价管理机构发布的人工、材料、施工机械台班市场价格信息、工程造价指数等，是浙江省安装工程计价活动的基础性依据（简称"计价依据"）。

工程计价方法包括综合单价法和工料单价法。

1.综合单价法。综合单价法是指项目单价采用全费用单价（规费、税金按规定程序另行计算）的一种计价方法。综合单价包括完成一个规定计量单位项目所需的人工费、材料费、施工机械使用费、企业管理费、利润以及风险费用。

综合单价=规定计量单位的人工费、材料费、施工机械使用费+取费基数 ×（企业管理费率+利润率）+风险费用

项目合价=综合单价 × 工程数量

施工技术措施项目、其他项目应按照综合单价法计算，施工组织措施项目可参照《浙江省建设工程施工取费定额》计算。

工程造价=∑项目合价+规费+税金

2.工料单价法。工料单价法是指项目单价由人工费、材料费、施工机械使用费组成，施工组织措施费、企业管理费、利润、规费、税金、风险费用等按规定程序另行计算的一种计价方法。

项目合价=工料单价 × 工程数量

工程造价=∑项目合价+取费基数 ×（施工组织措施费率+企业管理费率+利润率）+规费+税金+风险费用

《浙江省建设工程施工费用定额（2010版）》指出的单位工程概算和建设工程施工费用计算程序，单位工程概算计算程序如表3-1所示，建设工程施工费用计算程序如表3-6、表3-7、表3-8所示。

表3-6 单位工程概算计算程序

序号	费用项目		计算方法
一	概算定额分部分项工程费		
	其中	1.人工费+机械费	∑（定额人工费+定额机械费）
二	人工、机械台班价差		
三	综合费用		1×综合费率
四	税金		（一+二+三）×费率
五	其他费用		（一+二+三+四）×扩大系数
六	单位工程概算		（一+二+三+四+五）

表3-7 综合单价法计算程序表

序号	费用项目		计算方法
一	工程量清单分部分项工程费		∑（分部分项工程量×综合单价）
	其中	1.人工费+机械费	∑分部分项（人工费+机械费）
二	措施项目费		
		（一）施工技术措施项目费	按综合单价
	其中	2.人工费+机械费	∑［（技措项目（人工费+机械费］
		（二）施工组织措施项目费	按项计算
	其中	3.安全文明施工费	（1+2）×费率
		4.工程定位复测费	
		5.冬雨季施工增加费	
		6.夜间施工增加费	
		7.已完工程及设备保护费	
		8.二次搬运费	
		9.行车、行人干扰增加费	
		10.提前竣工增加费	
		11.特殊地区施工增加费	按实际发生计算
		12.其他施工组织措施费	按相关规定计算
三	其他项目费		按工程量清单计价要求计算
四	规费		13+14
		13.排污费、社保费、公积金	（1+2）×费率
		14.民工工伤保险费	按各市有关规定计算
五	危险作业意外伤害保险费		按各市有关规定计算
六	税金		（一+二+三+四+五）×费率
七	建设工程造价		一+二+三+四+五+六

表3-8 工料单价法计价计算程序表

序号	费用项目		计算方法
一	预算定额分部分项工程费		
	其中	1.人工费+机械费	Σ（定额人工费+定额机械费）
二	施工组织措施费		
	其中	2.安全文明施工费	1×费率
		3.工程定位复测费	
		4.冬雨季施工增加费	
		5.夜间施工增加费	
		6.已完工程及设备保护费	
		7.二次搬运费	
		8.行车、行人干扰增加费	
		9.提前竣工增加费	
		10.特殊地区施工增加费	按实际发生计算
		11.其他施工组织措施费	按相关规定计算
三	企业管理费		1×费率
四	利润		
五	规费		12+13
	12.排污费、社保费、公积金		1×费率
	13.民工工伤保险费		按各市有关规定计算
六	危险作业意外伤害保险费		按各市有关规定计算
七	总承包服务费		（14+16）或（15+16）
	14.总承包管理和协调费		分包项目工程造价×费率
	15.总承包管理、协调和服务费		
	16.甲供材料、设备管理服务费		（甲供材料费、设备费）×费率
八	风险费		（一+二+三+四+五+六+七）×费率
九	暂列金额		（一+二+三+四+五+六+七+八）×费率
十	税金		（一+二+三+四+五+六+七+八+九）×费率
十一	建设工程造价		一+二+三+四+五+六+七+八+九+十

综合费用费率见表3-9所示：

表3-9 安装工程综合费用费率

定额编号	项目名称	计算基数	费率（%）		
			一类	二类	三类
FB	安装工程				
FB-1	设备及工艺金属结构安装工程	人工费+机械费	63.32	59.78	56.24
FB-2	水、电、暖、通风及自控安装工程		72.17	65.68	60.37

注：综合量用费率包括安全文明施工费、工程定位复测费、已完工程及设备保护费、企业管理费、利润及规费。

3.3 设备及工、器具购置费

3.3.1 设备购置费与运杂费

设备购置费是指为建设项目购置或自制的达到固定资产标准的各种国产或进口设备、工具、器具的购置费用。

国内设备、器材、材料、软件购置费由设备、器材、材料、软件的原价和运杂费等费用组成。

引进设备、器材、材料、软件购置费由到岸价及关税、增值税、商检费、银行财务费、外贸公司手续费、海关监管费和国内运杂费等费用组成。

设备购置费的计算方法：设备购置费=设备原价+设备运杂费

（一）国产设备原价

1.国产标准设备原价

国产标准设备是指按照主管部门颁布的标准图纸和技术要求，由我国设备生产厂批量生产，符合国家质量检测标准的设备。

国产设备原价一般指的是设备制造厂的交货价，或订货合同价。

2.国产非标准设备原价

是指国家尚无定型标准，各设备生产厂不可能在工艺过程中批量生产，只能按一次订货，并根据具体的设计图纸制造的设备。

计算方法：成本计算估价法、系列设备插入估价法、分部组合估价法和定额估价法等。

国产非标准设备成本计算估价法：

（1）材料费

材料费=材料净重×（1+加工损耗系数）×每吨材料综合价

（2）加工费：包括生产工人工资和工资附加费、燃料动力费、设备折旧费、车间经费等，其计算公式如下：

加工费=设备总重量（吨）×设备每吨加工费

（3）辅助材料费（简称"辅材费"）：包括焊条、焊丝、氧气、氩气、氮气、油漆、电石等费用，其计算公式如下：

辅助材料费=设备总重量×辅助材料费指标

（4）专用工具费：

按（1）~（3）项之和乘一定百分比计算。

（5）废品损失费：

按（1）~（4）项之和乘一定百分比计算。

（6）外购配套件费：

按设备设计图纸所列的外购配套件的名称、型号、规格、数量、重量，根据相应的价格加运杂费计算。

（7）包装费：

按以上（1）~（6）项之和乘一定百分比计算。

（8）利润：

可按（1）~（5）项加第（7）项之和乘一定利润率计算。

（9）税金：

主要指增值税，税率为17%，计算公式为：

增值税=当期销项税额—进项税额

当期销项税额=销售额×适用增值税率

[销售额为（1）~（8）项之和]

（10）非标准设备设计费：

按国家规定的设计费收费标准计算。

单台非标准设备原价 ={[（材料费+加工费+辅助材料费）×（1+专用工具费率）×（1+废品损失费率）+外购配套件费]×（1+包装费率）−外购配套件费}×（1+利润率）+销项税金+非标准设备设计费+外购配套件费

（二）进口设备原价

1.含义

进口设备的原价是指进口设备的抵岸价，即抵达买方边境港口或边境车站，且交完关税等税费为止形成的价格。

2.进口设备的交货类别：

（1）内陆交货类

即卖方在出口国内陆的某个地点完成交货。在交货地点，卖方及时提交合同规定的货物和有关凭证，负担交货前的一切费用并承担风险；买方按时接受货物，交付货款，负担接货后的一切费用并承担风险，并自行办理出口手续和装运出口。

（2）目的地交货类

即卖方在进口国的港口或内地交货。包括目的港船上交货价、目的港船边交货价和目的港码头交货价（关税已付）及完税后交货价（进口国目的地的指定地点）。

它们的特点是买卖双方承担的责任、费用和风险以目的地约定交货点为分界线,只有当卖方在交货点将货物置于买方控制下才算交货,才能向买方收取货款。

(3)装运港交货类

即卖方在出口国装运港完成交货任务,主要有装运港船上交货价(FOB)、运费在内价(CFR)和运费、保险费在内价(CIF)。

它们的特点主要是卖方按照约定的时间在装运港交货,只要卖方把合同规定的货物装船后提供货运单据便完成交货任务,并可凭单据收回货款。

3.进口设备抵岸价的构成及计算

进口设备抵岸价＝ＦＯＢ价+国际运费+运费保险费+银行财务费+外贸手续费+关税+增值税+消费税+海关监管手续费+车辆购置附加费

(1)FOB价

一般指装运港船上交货价(FOB),亦称离岸价格。

(2)国际运费

即从装运港到达我国抵达港的运费。

国际运费(海、陆、空)=原币货价(FOB价)×运费率(或=运量×单位运价)

(3)运输保险费

对外贸易货物运输保险是由保险人(保险公司)与被保险人(出口人或进口人)订立保险契约,在被保险人交付议定的保险费后,保险人根据保险契约的规定对货物在运输过程中发生的承保责任范围内的损失给予经济上的补偿,属于财产保险。

$$运输保险费=\frac{(原币货价+国际运费)×保险费率}{1-保险费率} \quad (4)$$

(4)银行财务费

一般指中国银行手续费,可按下式简化计算:

银行财务费=FOB×银行财务费率

银行财务费率一般为0.4%~0.5%。

(5)外贸手续费

是指按对外经济贸易部规定的外贸手续费率收取的费用。

外贸手续费=到岸价格(CIF)×外贸手续费率(一般取1.5%)

CIF=FOB+国际运费+运输保险费

(6)关税

由海关对进出国境或关境的货物和物品征收的一种税

关税=到岸价(CIF)×进口关税税率

(7)增值税

是对从事进口贸易的单位和个人在进口商品报关进口后征收的税种。

进口产品增值税额＝组成计税价格×增值税税率

组成计税价格＝关税完税价格+关税+消费税

目前，进口设备适用税率为17%。

（8）消费税

对部分进口设备征收。

$$应纳消费税额 = \frac{到岸价+关税}{1-消费税税率} \times 消费税税率$$

（9）海关监管手续费

指海关对进口减税、免税、保税货物实施监督、管理、提供服务的手续费，对于全额征收进口关税的货物不计费。

海关监管手续费＝到岸价×海关监管手续费率（一般为0.3%）

（10）车辆购置附加费

进口车辆购置附加费＝（到岸价+关税+消费税+增值税）×进口车辆购置附加费率

（三）设备运杂费

设备运杂费=设备原价×设备运杂费率

1.运费和装卸费

国产设备：由设备制造厂交货地点起至工地仓库（或施工组织设计指定的需要安装设备的堆放地点）止所发生的运费和装卸费。

进口设备：由我国到岸港口或边境车站起至工地仓库（或施工组织设计指定的需安装设备的堆放地点）止所发生的运费和装卸费。

2.包装费

在设备原价中没有包含的，为运输而进行的包装支出的各种费用。

3.设备供销部门的手续费

按有关部门规定的统一费率计算。

4.采购与仓库保管费

指采购、验收、保管和收发设备所发生的各种费用，包括设备采购、保管和管理人员工资，工资附加费，办公费，差旅交通费，设备供应部门办公和仓库所占固定资产使用费，工具用具使用费，劳动保护费，检验试验费等。这些费用可按主管部门规定的采购保管费率计算。

3.3.2 工、器具购置费与运杂费

工、器具购置费是指新建或扩建项目初步设计规定的，保证初期正常生产必须购置的没有达到固定资产标准的设备、仪器、工卡模具、生产家具和备品备件的购置费用。

工、器具购置费＝设备购置费×定额费率

运杂费是指工程所需设备、器材、材料、软件等由供货地点运至施工地点应收取的费用，包括：

——国内设备器材、材料从制造厂交货地点（引进设备器材、材料从国内口岸）至安装地仓库或施工现场堆放点所发生的运输、装卸和保管费用。

——承建单位为采购、保管设备、材料的人员支付的工资、差旅费及其他有关费用。

——供应部门的手续费、服务费、配套费或成套费。

——软件运杂费按实际发生计取。

3.4 独立费用

独立费用又称其他基本建设支出，是指在生产准备和施工过程中与工程建设直接有关联，而又难以直接摊入某个单位工程的其他工程和费用，其内容包括建设管理费、工程建设监理费、联合试运转费、生产准备费、科研勘测设计费和其他六项。

3.4.1 建设管理费与监理费

（一）建设管理费

建设管理费指建设单位在工程项目筹建和建设期进行管理工作所需的费用，包括建设单位开办费、建设单位人员费、项目管理费三项。

建设单位开办费指新组建的工程建设单位为开展工作所必须购置的办公设施、交通工具等以及其他用于开办工作的费用。

建设单位人员费指建设单位从批准组建之日起至完成该工程建设管理任务之日止，需开支的建设单位人员费用，主要包括工作人员的基本工资、辅助工资、职工福利费、劳动保护费、养老保险费、失业保险费、医疗保险费、工伤保险费、生育保险费、住房公积金等。

项目管理费指建设单位从筹建到竣工期间所发生的各种管理费用，包括以下几类：

（1）建设过程中用于资金筹措、召开董事（股东）会议、视察工程建设所发生的会议和差旅等费用；

（2）工程宣传费；

（3）土地使用税、房产税、印花税、合同公证费；

（4）审计费；

（5）施工期所需的水情、水文、泥沙、气象监测费和报汛费；

（6）工程验收费；

（7）建设单位人员的教育经费、办公费、差旅交通费、会议费、交通车辆使用费、技术图书资料费、固定资产折旧费、零星固定资产购置费、低值易耗品摊销费、工具用具使用费、修理费、水电费、采暖费等；

（8）招标业务费；

（9）经济技术咨询费。包括勘测设计成果咨询、评审费，工程安全鉴定、验收技术鉴定、安全评价相关费用，建设期造价咨询，及其他专项咨询等发生的费用；

（10）派驻工地的公安、消防部门的补贴费及其他工程管理费用。

（二）工程建设监理费

工程建设监理费指建设单位在工程建设过程中委托监理单位，对工程建设的质量、进度、安全和投资进行监理所发生的全部费用，包括监理单位为保证监理工作正常开展而必须购置的交通工具、办公及生活设备、检验试验设备，以及监理人员的基本工资、辅助工资、工资附加费、劳动保护费、教育经费、办公费、差旅交通费、会议费、交通车辆使用费、技术图书资料费、固定资产折旧费、零星固定资产购置费、低值易耗品摊销费、工具用具使用费、修理费、水电费、采暖费等。

工程建设监理费按照国家发展改革委发改价格〔2007〕670号文颁发的《建设工程监理与相关服务收费管理规定》及其他相关规定计算。

3.4.2 联合试运转费与生产准备费

（一）联合试运转费

指新建企业或新增加生产工艺过程的扩建企业，在竣工验收前，按照设计规定的工程质量标准，进行整个车间的负荷或无负荷联合试运转所发生的费用支出大于试运转收入的亏损部分，必要的工业炉烘炉费，不包括应由设备安装费用开支的试车费用。

不发生试运转费的工程或者试运转收入和支出可相抵销的工程不列此费用项目。

费用内容包括试运转所需的原料、燃料、油料和动力的消耗费用，机械使用费用，低值易耗品及其他物品的费用和施工单位参加联合试运转人员的工资等。

试运转收入包括试运转生产商品销售和其他收入。

编制方法：以"单项工程费用"总和为基础，按照工程项目的不同规模分别规定的试运转费率计算或以试运转费的总金额包干使用。

（二）生产准备费

生产准备费指建设项目的生产、管理单位为准备正常的生产运行或管理发生的费用，包括生产及管理单位提前进场费、生产职工培训费、管理用具购置费、备品备件购置费和工器具及生产家具购置费。

1. 生产及管理单位提前进场费

生产及管理单位提前进场费指在工程完工之前，生产和管理单位有一部分工人、技术人员和管理人员提前进场进行生产筹备工作所需的各项费用。内容包括提前进场人员的基本工资、辅助工资、职工福利费、劳动保护费、养老保险、失业保险费、医疗保险费、工伤保险费、生育保险费、住房公积金、教育经费、办公费、差旅交通费、会议费、技术图书资料费、零星固定资产购置费、低值易耗品购置费、工具用具使用费、修理费、水电费、采暖费等，以及其他属于生产筹建期间应开支的费用。

2. 生产职工培训费

生产职工培训费指工程在竣工验收之前，生产及管理单位为保证生产及管理工作能顺利进行，需要对工人、技术人员和管理人员进行培训所发生的费用，内容包括基本工资、辅助工资、职工福利费、劳动保护费、养老保险费、失业保险费、医疗保险费、工伤保险费、生育保险费、住房公积金、教育经费、差旅交通费、实习费以及其他属于职工培训应开支的费用。

3. 管理用具购置费

管理用具购置费指为保证新建项目的正常生产和管理所必须购置的办公和生活用具等费用，内容包括办公室、会议室、资料档案室、阅览室、文娱室、医务室等公用设施需要配置的家具和器具等的费用。

4. 备品备件购置费

备品备件购置费指在投产运行初期，由于易损件损耗和可能发生的事故，而必须准备的备品备件和专用材料的购置费，但不包括随设备配备且含在设备价格中的备品备件。

5.工器具及生产家具购置费

工器具及生产家具购置费是按设计规定，为保证初期正常生产运行所必须购置的不属于固定资产标准的生产工具、器具、仪表、生产家具等的购置费，但不包括设备价格中已包括的专用工具。

3.4.3 科研勘测设计费等

（一）科研勘测设计费

科研勘测设计费指工程建设所需要的规划、科研、勘测和设计等费用，包括工程科学研究试验费和工程勘测设计费两项。

1.工程科学研究试验费

工程科学研究试验费是为保障工程质量，解决工程建设技术问题而进行必要的科学研究试验所需的费用。

2.工程勘测设计费

工程勘测设计费是工程从项目建议书开始至以后各设计阶段发生的勘测费、设计费，其中包含为勘测设计服务的常规科研试验费用，不包括工程建设征地移民设计、环境保护设计、水土保持设计各设计阶段发生的勘测设计费。

项目建议书、可行性研究阶段的勘测设计费及报告编制费执行原国家计委计价格〔1999〕1283号文颁布的《建设项目前期工作咨询收费暂行规定》。

初步设计、招标设计及施工图设计阶段的勘测设计费执行国家计委、建设部计价格〔2002〕10号文颁发的《工程勘察设计收费管理规定》。

应根据所完成的相应勘测设计工作阶段确定工程勘测设计费，未发生的工作阶段不计相应阶段勘测设计费。

（二）其他

1.工程保险费

工程保险费指在工程建设期间，为使工程能在遭受水灾、火灾等自然灾害和意外事故造成损失后得到经济补偿，而对建筑安装工程进行投保所发生的保险费用。

2.其他税费

其他税费指按国家规定应缴纳的与工程建设有关的税费。

3.5 预备费、建设期融资利息

3.5.1 预备费

预备费包括基本预备费和价差预备费。

1. 基本预备费

基本预备费主要是为解决在工程施工过程中，为经上级批准的设计变更和国家政策性变动增加的投资及为解决意外事故而采取的措施增加的工程项目和费用。

计算方法：根据工程规模、施工年限和地质条件等不同情况，按工程第一至第五部分投资合计（依据分年度投资表）的百分率计算。

取费标准：按水利部现行规定，初步设计阶段概算取5.0%~8.0%。技术复杂、建设难度大的工程项目取大值，其他工程取中小值。

2. 价差预备费

价差预备费主要是为解决在工程项目建设过程中，因人工工资、材料和设备价格上涨以及费用标准调整而增加的投资。

计算方法：根据施工年限，以资金流量表的静态投资为计算基数。

取费标准：按照国家有关部门适时发布的年物价指数计算。

计算公式：

$$E = \sum_{n=1}^{N} F_n \left[(1+p)^n - 1 \right]$$

式中 E——价差预备费

N——合理建设工期

N——施工年限

F_n——建设期间资金流量表内第 n 年的投资

p——年物价指数

3.5.2 建设期融资利息

建设期融资利息是指根据国家财政金融政策规定，工程在建设期内需偿还并应计入工程总投资的融资利息。

计算公式：

$$S = \sum_{n=1}^{N} \left[\left(\sum_{m=1}^{n} F_m b_m - \frac{1}{2} F_n b_n \right) + \sum_{m=0}^{n-1} S_m \right] i$$

式中 S——建设期融资利息

N——合理建设工期

n——施工年限

m——还息年度

F_n、F_m——在建设期资金流量表内第 n、m 年的投资

b_n、b_m——各施工年份融资额占当年投资比例

i——建设期融资利率

S_m——第 m 年的付息额度

3.6 工程量清单计价

3.6.1 工程量清单计价概述

为了全面推行工程量清单计价政策，2003年2月17日，建设部以第119号公告批准发布了GB50500—2003《建设工程工程量清单计价规范》（以下简称"03规范"），自2003年7月1日起实施。"03规范"的实施，使我国工程造价从传统的以预算定额为主的计价方式向国际上通行的工程量清单计价模式转变，是我国工程造价管理政策的一项重大措施，在工程建设领域受到了广泛的关注与积极的响应。"03规范"实施以来，在各地和有关部门的工程建设中得到了有效推行，积累了宝贵的经验，取得了丰硕的成果。但在执行中，也反映出一些不足之处。因此，为了完善工程量清单计价工作，原建设部标准定额司从2006年开始，组织有关单位和专家对"03规范"的正文部分进行修订。

2008年7月9日，住房和城乡建设部以第63号公告，发布了GB50500—2008《建设工程工程量清单计价规范》（以下简称"08规范"），从2008年12月1日起实施。"08规范"的出台，对巩固工程量清单计价改革的成果，进一步规范工程量清单计价行为具有十分重要的意义。

工程量清单计价法是国际上通用的计价方法，它为企业之间的公平竞争提供了有利条件。"08规范"的发布施行，将提高工程量清单计价改革的整体效力，更加有利于工程量清单计价的全面推行，更加有利于规范工程建设参与各方的计价行

为，对建立公开、公平、公正的市场竞争秩序，推进和完善市场形成工程造价机制的建设必将发挥重要作用，进一步推动我国工程造价改革迈上新的台阶。

2013年发布的《建设工程工程量清单计价规范》从法律性质上讲属于技术性法规，该规范在计量计价方法、招标采购操作、工程合同契合、甲乙方风险分担、措施费计算的细化、工程价款调整、全过程价款支付、结算与工程款清欠、争议纠纷与造价鉴定、工程造价档案管理等十大方面做出了规定。

（一）工程量清单计价的概念

工程量清单计价是承包人依据发包人按统一项目（计价项目）设置，统一计量规则和计量单位按规定格式提供的项目实物工程量清单，结合工程实际、市场实际和企业实际，充分考虑各种风险后，提出的包括成本、管理费和利润在内的综合单价，由此形成工程价格。这种计价方式和计价过程体现了企业对工程价格的自主性，有利于市场竞争机制的形成，符合社会主义市场经济条件下工程价格由市场形成的原则。

（二）实行工程量清单计价的目的和意义

1. 推行工程量清单计价是深化工程造价管理改革，推进建设市场市场化的重要途径

长期以来，工程预算定额是我国承发包计价、定价的主要依据。现预算定额中规定的消耗量和有关施工措施性费用是按照社会平均水平编制的，以此为依据形成的工程造价基本上也属于社会平均价格，以这种价格作为市场竞争的参考价格，不能反映企业的实际水平，一定程度上限制了企业的公平竞争。

20世纪90年代，有人提出了量价分离的构想，将工程预算定额中的人工、材料、机械消耗量和价格分离，国家控制量以保证质量，价格由企业根据市场自行报价，这一措施走出了传统工程预算定额改革的第一步。但是，这种做法难以改变工程预算定额中国家指令性内容较多的状况，难以满足企业投标报价和评标中合理低价中标的要求。改变以往的工程计价模式，适应招投标工作的需要，推行工程量清单计价，即在建设工程招投标中，按照国家规定的统一的工程量清单计价规范由招标人计算出工程数量，投标人自主报价，经专家评审，让合理低价中标。

2. 在建设工程招投标中实行工程量清单计价是规范建筑市场秩序的根本措施

工程造价是工程建设的核心，也是市场运行的核心内容。建筑市场存在着许多不规范行为，多数与工程造价有直接的关系。为规范社会主义市场经济的发展，国家颁发了相应的法律法规，如建设部2001年第107号令《建设工程施工发包与承包计价管理办法》规定，施工图预算、招标标底和投标报价由成本、利润和税金构成，投标报价应依据企业定额和市场信息，并按国务院和省、自治区、直辖市人民政府建设行政主管部门发布的工程造价计价办法编制。过去预算定额在调节承发包双方利益和反映市场需求方面有其不足之处，在招投标活动中，标底的作用始终显得至关重要。而采用工程量清单报价方式招标，标底只作为招标人对投标的上限控制线，评标时不作为评分的基准值，其作用也不再突出。

通过资格预审选择信誉好、质量优、管理水平高的施工单位参加投标。无特殊技术要求的工程项目如果其技术标经专家评审合格，经济标的评审原则上选取报价最低（不低于成本）的单位为中标单位。一切操作均公开、透明，无人为操作的环节和余地，彻底杜绝了暗箱操作。推行工程量清单报价有利于发挥企业自主报价的能力，同时也有利于规范业主在工程招投标中的计价行为，真正体现公开、公平和公正的原则。

3.推行工程量清单计价是与国际接轨的需要

工程量清单计价是目前国际上通行的做法，随着我国加入世界贸易组织，国内建筑业面临着来自国内和国际的双重压力，竞争日趋激烈，国外建筑企业要进入我国建筑市场开展竞争，必然要以国际惯例、规范和做法计算工程造价；同时，国内建筑企业也会到国外参与市场竞争，也要按照国际惯例、规范和做法计算工程造价。因此，采用工程量清单计价符合我国建筑企业适应国际惯例推动建筑市场发展的需要。

4.实行工程量清单计价是促进建筑市场有序竞争和企业健康发展的需要

工程量清单是招标文件的重要组成部分，由招标单位或有资质的工程造价咨询单位编制，工程量清单编制的准确、详尽、完整，有利于提高招标单位的管理水平，减少索赔事件的发生。投标单位通过对单位工程成本、利润进行分析，结合企业自身状况统筹考虑精心选择施工方案，合理进行自主报价，改变了过去依赖建设行政主管部门发布的定额和取费标准及调价指数计价的模式，有利于企业技术进步，提高投资效益。另外，由于工程量清单是公开的，有利于防止公开招标中弄虚作假、暗箱操作等不规范行为。

5.工程量清单计价有利于政府管理职能的转变

由过去政府控制的指令性定额计价方式转变为适应市场经济规律需要的工程量清单计价，能有效增强政府对工程造价的宏观控制能力，变过去行政直接干预为对工程造价依法监督管理，逐步建立"政府宏观调控、企业自主报价、市场形成价格、社会全面监督"的工程造价管理新思路。

（三）实行工程量清单计价的合理性和可行性

1.工程量清单计价采用综合单价，综合单价包含了工程直接费、间接费、利润和一定范围内的风险费用，不像以往定额计价中先计算定额直接费，再计算价差，最后再计取各项费用，才能知道工程费用。相比之下，工程量清单计价显得简单明了，更适合工程的造价管理。

2.采用统一工程量清单，施工企业可将经济、技术、质量和进度等因素经过科学测算，细化到综合单价的确定中，并对工程造价中自变和波动较大的因素，如建筑材料价格及具体工程的施工措施费和管理费，实行自主报价。这就充分引入了市场竞争机制，并通过竞争确定招标、投标双方均能接受的工程承包价，符合市场经济运行规律。

3.采用工程量清单，有利于投标者集中力量评估、分析、测算自身各项费用单价高低的情况，合理选择具有竞争性的施工组织和措施方案，从而促进企业抓管理、练内功、降成本、提效益，有效地避免了个别投标单位因预算人员的编制水平、素质的差异而造成的工程量计算偏差，从而使评标、定标工作在量的方面有一个共同的竞争基础。在招标过程中把施工图纸发给各投标单位，以各自计算的工程量为准的方式，虽说对招标单位来说，能减少许多工程量，但对投标单位来说，不仅要在非常短的时间内要计算工程量，还要考虑确定投标单价和施工组织设计加上要承担工程量计算偏差的风险，实际上有失公平。工程量计算的偏差，对于工程总造价影响很大，利用定额编制预算进行招投标，实际上主要是考核各投标单位预算员的编制水平，未能真正体现施工企业整体的综合实力。

4.采用工程量清单招标可以节省投标单位的时间、精力和投标费用，因为投标过程往往是多家单位参与一个标段的投标，而中标单位仅是一家，未中标单位各项支出亦无法得到补偿，造成社会劳动资源的浪费。采用工程量清单招标不仅能够缩短投标报价时间，而且有利于招投标工作的公开、公平、科学合理。

5.采用工程量清单招投标有利于实现风险的合理分担。建筑工程一般都比较复杂，周期长，工程变更多，风险大。采用工程量清单报价，投标单位只对自己所报的成本、单价等负责，而不对设计变更和工程量的计算错误负责任，这部分风险由业主承担。这样符合风险分担，责、权、利关系对等原则。

6.实现工程量清单计价是深化工程造价管理改革，促进建筑市场化的重要途径。过去的工程造价以定额为依据，1992年，为了适应建筑市场改革，将定额中的人、材、机消耗量和相应的单价分离，这样国家控制量使工程质量得到保证，价格也逐步走向市场化，这是定额改革的第一步。此后在1998年8月印发的《建设部关于进一步加强工程招标投标管理的规定》中明确指出在"具备条件的地区和工程项目上，可以按照建设行政主管部门发布的统一工程量计算规则和工程项目划分的规定，进行工程量清单招标、合理低价中标等试点"，最终实现在国家宏观调控下由市场确定工程价格"。所以，实行工程量清单计价是完全可行的。

（四）编制《建设工程工程量清单计价规范》（以下简称《计价规范》）的原则

1.企业自主报价、市场竞争形成价格的原则。为规范发包方与承包方的计价行为，《计价规范》要确定工程量清单计价的原则、方法和必须遵守的规则，包括统一编码、项目名称、计量单位、工程量计算规则等。工程价格最终由工程项目的招标人和投标人按照国家法律、法规和工程建设的各项规章制度以及工程计价的有关规定，通过市场竞争形成。

2.与现行预算定额既有联系又有所区别的原则。《计价规范》的编制过程中，参照我国现行的全国统一工程预算定额，尽可能地做到与全国统一工程预算定额的衔接，主要是考虑工程预算定额在我国经过多年的实践总结，具有一定的科学性和实用性，为广大工程造价计价人员所熟悉，有利于推行工程量清单计价。与工程预算定额的区别主要表现在：定额项目是规定以工序作为划分项目的标准，施工工艺、施工方法是根据大多数企业的施工方法综合取定的，工、料、机消耗量根据"社会平均水平"综合测定，取费标准按照不同地区平均测算出来。

3.既考虑我国工程造价管理的实际，又尽可能与国际惯例接轨的原则。编制《计价规范》，要根据我国当前工程建设市场发展的形势，逐步解决预算定额计价中与当前工程建设市场不相适应的因素，适应我国社会主义市场经济发展的需要，特别是适应我国加入世界贸易组织后工程造价计价与国际接轨的需要，积极稳妥地推行工程量清单计价。《计价规范》的编制，既借鉴了世界银行、菲迪克（FIDC）、英联邦国家、我国香港地区等的一些做法，同时也结合了我国工程造价管理的实际情况。工程量清单在项目划分、计量单位、工程量计算规则等方面尽可能多地与全国统一定额相衔接，费用项目的划分借鉴了国外的做法，名称叫法上尽量采用国内的习惯。

（五）工程量清单计价与现行定额的关系

《建筑工程施工发包与承包计价管理办法》第三条规定："建筑工程施工发包承包价在政府宏观调控下，由市场竞争形成。"从制度上彻底否定了以定额作为法定计价依据的管理模式。

实行工程量计价模式改革地区的结果表明，企业自主报价使中标价比定额计价降低了大约10%~15%。继续保持定额的法定性作用就是继续保持其对建筑产品的价格控制作用，而定额一旦失去了对建筑产品定价的法定性，建筑产品价格就可能会随着市场的变化而发生变动。从本质上讲，工程量清单计价模式是一种与市场经济相适应的，允许施工单位自主报价的，通过市场竞争确定价格的，与国际惯例接轨的计价模式。

必须认识到，否定定额的法定性并不是否定现行定额，工程量清单计价模式与定额都是工程造价的依据，在未来相当长时间内还有必要并行使用。定额作为工程造价的计价基础之一，目前在我国有其不可代替的地位和作用。现行全国统一基础定额是生产要素的量的消耗标准，是提供工程计价的参考依据，所以不可能彻底否定或抛弃。相反，应进一步认识和理解定额的性质和作用，尤其是消耗量定额，它是工程造价改革的平台。因为就目前建筑企业的发展状况来看，大部分企业还不具备建立和拥有企业定额的条件，消耗量定额仍是企业投标报价的计算基础，也是编制工程量清单进行项目划分和组合的基础。

总之，定额计价与工程量清单计价都是工程造价的计价方法，而工程量清单计价模式更加接近市场确定价格的规律，较定额计价是一种历史的进步。

3.6.2 工程量清单计价费用组成

（一）工程量清单计价费用组成

工程量清单计价应包括按招标文件规定，完成工程量清单所列项目的全部费用，包括分部分项工程费、措施项目费、其他项目费、规费和税金。

1.分部工程是单项或单位工程的组成部分，是按结构部位、路段长度及施工特点或施工任务将单项或单位工程划分为若干分部的工程；分项工程是分部工程的组成部分，是按不同施工方法、材料、工序及路段长度等将分部工程划分为若干个分项或项目的工程。

分部分项工程费是指为完成分部分项工程量所需的实体项目费用。

分部分项工程量清单应采用综合单价计价。采用综合单价法进行工程量清单计价时，综合单价包括除规费和税金以外的全部费用。

2.措施项目费是指分部分项工程费以外，为完成该工程项目施工，发生于该工程施工前和施工过程中，在技术、生活、安全等方面的非工程实体项目所需的费用。措施项目清单应根据拟建工程的实际情况列项。

3.其他项目费是指分部分项工程费和措施项目费以外，该工程项目施工中可能发生的其他费用，规范给出了暂列金额、暂估价、计日工和总包服务费，其不足部分，可根据工程的具体情况进行补充。

其他项目清单应按照下列内容列项：

（1）暂列金额

招标人在工程量清单中暂定并包括在合同价款中的一笔款项，用于工程合同签订时尚未确定或者不可预见的所需材料、工程设备、服务的采购,施工中可能发生的工程变更、合同约定调整因素出现时的合同价款调整以及发生的索赔、现场签证确认等情形。

(2)暂估价

招标人在工程量清单中提供的用于支付必然发生但暂时不能确定价格的材料、工程设备的单价以及专业工程的金额。

暂估价包括材料暂估单价、工程设备暂估单价、专业工程暂估价;

(3)计日工

在施工过程中,承包人完成发包人提出的工程合同范围以外的零星项目或工作,按合同中约定的单价计价的一种方式。

(4)总承包服务费

总承包人为配合协调发包人进行的专业工程发包,对发包人自行采购的材料、工程设备等进行保管以及施工现场管理、竣工资料汇总整理等服务所需的费用。

未列的项目,应根据工程实际情况补充。

4.规费是指根据国家法律、法规规定,由省级政府或省级有关权力部门规定施工企业必须缴纳的,应计入建筑安装工程造价的费用。

规费项目清单应按照下列内容列项:

(1)社会保险费:包括养老保险费、失业保险费、医疗保险费、工伤保险费、生育保险费;

(2)住房公积金;

(3)工程排污费。

未列的项目,应根据省级政府或省级有关部门的规定列项。

5.税金是指国家税法规定的应计入建筑安装工程造价内的营业税、城市维护建设税、教育费附加和地方教育附加。税金项目清单应包括下列内容:

(1)营业税;

(2)城市维护建设税;

(3)教育费附加;

(4)地方教育附加。

未列的项目,应根据税务部门的规定列项。

(二)工程量清单的编制

1.编制招标工程量清单依据

(1)本规范和相关工程的国家计量规范;

(2)国家或省级、行业建设主管部门颁发的计价定额和办法;

（3）建设工程设计文件及相关资料；

（4）与建设工程有关的标准、规范、技术资料；

（5）拟定的招标文件；

（6）施工现场情况、地勘水文资料、工程特点及常规施工方案；

（7）其他相关资料。

2.分部分项工程项目清单必须载明项目编码、项目名称、项目特征、计量单位和工程量

分部分项工程项目清单必须根据相关工程现行国家计量规范规定的项目编码、项目名称、项目特征、计量单位和工程量计算规则进行编制。

措施项目清单必须根据相关工程现行国家计量规范的规定编制。

措施项目清单应根据拟建工程的实际情况列项。

其他项目中，暂列金额应根据工程特点按有关计价规定估算。暂估价中的材料、工程设备暂估单价应根据工程造价信息或参照市场价格估算，列出明细表；专业工程暂估价应分不同专业，按有关计价规定估算，列出明细表。计日工应列出项目名称、计量单位和暂估数量。总承包服务费应列出服务项目及其内容等。

3.6.3 工程量清单计价规范

GB50500-2013《建设工程工程量清单计价规范》是2013年7月1日中华人民共和国住房和城乡建设部编写颁发的文件，内容根据《中华人民共和国建筑法》《中华人民共和国合同法》《中华人民共和国招投标法》等法律以及最高人民法院《关于审理建设工程施工合同纠纷案件适用法律问题的解释》（法释〔2004〕14号），按照我国工程造价管理改革的总体目标，本着国家宏观调控、市场竞争形成价格的原则制定的。

该规范总结了《建设工程工程量清单计价规范》GB 50500—2008实施以来的经验，针对执行中存在的问题，特别是清理拖欠工程款工作中普遍反映的，在工程实施阶段中有关工程价款调整、支付、结算等方面缺乏依据的问题，主要修订了原规范正文中不尽合理、可操作性不强的条款及表格格式，特别增加了采用工程量清单计价如何编制工程量清单和招标控制价、投标报价、合同价款约定以及工程计量与价款支付、工程价款调整、索赔、竣工结算、工程计价争议处理等内容，并增加了条文说明。

3.6.4 安防系统工程量清单计价案例（见表3-10所示）

表3-10 安防系统工程量清单与计价表

工程名称：

序号	项目编号	项目名称	项目特征描述	品牌	计量单位	工程数量	金额（元） 综合单价	金额（元） 合价	备注
安防系统工程									
数字监控系统（A区）									
1	031208008001	数字枪式摄像机	1080P高清红外网络摄像机（双灯）	大华	台	14	435.00	6090.00	
2	031208008002	摄像机安装支架	吊装支架	国产	个	2	20.00	40.00	
3	031208008003	摄像机安装支架	壁装支架	国产	个	1	20.00	20.00	
4	031208008004	室外立杆	3.5m高（含电源箱）	恒华定制	根	10	680.00	6800.00	
5	031208008005	立杆地笼	250mm×250mm×400mm	恒华定制	套	10	80.00	800.00	
6	031208008006	摄像机专用电源	12V 2A 室外防水电源	国产	个	14	30.00	420.00	
7	031208008007	室外电源安装箱	防水安装箱	国产	个	3	35.00	105.00	
8	031208008008	光端机	一光4电（100M单模单纤）	派森	台	2	480.00	960.00	
……									
25	031208008025	辅材	监控系统安装所需配件	/	批	1	500.00	500.00	
26	031208008026	路面开挖回填	水泥路开挖回填	/	米	60	46.00	2760.00	
27	031208008027	摄像机调试费	按照监控点位核算	/	个	14	300.00	4200.00	
		小计						22695.00	

◎思考题
1. 建设项目总投资有哪些主要费用？
2. 工程费用中，人工费包含哪些方面的费用？
3. 工程费用中，措施费包括哪些方面的费用？
4. 比较综合单价法和工料单价法的特点。
5. 比较清单计价法与定额计价法的区别。

第4章 设计概算

4.1 设计概算概述

4.1.1 设计概算分类

设计概算分为三级，即单位工程概算、单项工程综合概算、建设项目总概算。

1. 单位工程概算书，是确定某个生产车间、独立建筑物或构筑物中的一般土建工程、给水与排水工程、采暖工程、通风工程、煤气工程、工业管道工程、特殊构筑物工程电气照明工程、机械设备反安装工程、电气设备及安装工程等各单位工程建设费用的文件。单位工程概算或预算是根据设计图纸和核算指标、概算定额、预算定额、间接费定额、其他直接费定额、计划利润率、税率和国家有关规定等资料编制的。

2. 单项工程综合概（预）算书，是确定单项工程建设费用的综合性经济文件，是由建设项目的各单位工程概预算汇编而成的。单项工程综合概预算分为整个项目由一个单项工程构成和由若干个单项工程构成两种情况。

3. 安防工程项目总概算书，是确定一个安防工程项目从筹建到竣工验收全过程的全部建筑费用的文件。它由该安防工程项目的各生产车间、特种安防设备、安防工程设施等单项工程的综合概算书及其他工程和费用概算综合汇总而成。

4.1.2 编制设计概算程序

安防工程设计概算编制的一般程序为：

1. 编制准备工作。收集并整理工程设计图纸、初步设计报告、工程枢纽布置、工程地质、水文地质、水文气象等资料；掌握施工组织设计内容，如视频监控布设方法，主要安防工程设备施工方案、施工机械、对外交通、场内交通条件等；向上级主管部门或工程所在地有关部门收集税务、交通运输、基建、建筑材料等各项资料；熟悉现行安防工程概预算定额和有关安防工程设计概预算费用构成及计算标准；收集有关合同、协议、决议、指令、工具书等。

2.进行工程项目划分,详细列出各级项目内容。
3.根据有关规定和施工组织设计,编制基础单价和工程单价。
4.按分项工程计算工程量。
5.根据分项工程的工程量、工程单价,计算并编制各分项概算表及总概算表。
6.编制分年度投资表、资金流量表。
7.进行复核,编写概算编制说明,整理成果,打印装订。

4.1.3 编制设计概算依据

安防工程设计概算编制依据有:
1.国家及主管部门的有关法律和规章,批准的建设项目可行性研究报告。
2.设计单位提供的初步设计或扩大初步设计图纸文件、说明及主要设备材料表。
3.国家现行的安防工程和专业安装工程概算定额、概算指标及各省、市、地区经地方政府或授权单位颁发的地区单位估价表和地区材料、构件、配件价格、费用定额及建设项目设计概算编制方法。
4.现行的有关人工和材料价格、设备原价及运杂费率。
5.现行的有关其他费用定额、指标和价格。
6.建设场地的自然条件和施工条件,有关合同、协议等。
7.其他有关资料。

4.2 安防工程概算编制

4.2.1 根据概算定额进行编制

定额是指在社会化施工生产中,在正常的施工条件,先进合理的施工工艺和施工组织的条件下,采用科学的方法制定每完成一定计量单位的质量合格产品所必须消耗的人工、材料、机械设备及其价值的数量标准。

定额除了规定各种资源和资金的消耗量外,还规定了应完成的工作内容以及需要达到的质量标准和安全要求。定额是种加强企业经营管理、优化组织施工和资源分配的有力工具,其主要作用表现为,它是建设系统计划管理、宏观调控、确定工程造价、对设计方案进行技术经济评价、贯彻按劳分配原则、实行经济核算的依据;是衡量劳动生产率的尺度;是总结、分析和改进施工方法的重要手段。

定额的特性表现为定额的科学性、定额的法定性、定额的先进性与群众性、定额的时间性。

1. 定额的科学性

定额是在认真研究基本经济规律、价值规律的基础上，经长期严密的观察、测定，广泛搜集和总结生产实践经验及有关的资料，应用科学的方法对工时分析、作业研究、现场布置、机械设备改革以及施工技术与组织的合理配合等方面进行综合分析、研究后制定的。因此，它具有一定的科学性。

2. 定额的法定性

定额是由国家各级主管部门按照一定的科学程序，组织编制和颁发的，它是一种具有法定性的指标。在规定范围内，任何单位都必须严格遵守执行，不得任意改变，而且定额管理部门还应对其使用情况进行监督。

3. 定额的先进性、群众性

定额是在广泛的测定，大量的数据分析、统计、研究和总结工人生产经验的前提下，按正常施工条件，多数企业或个人经过努力可达到或超过的平均先进水平制定的，不是按少数企业或个人的先进水平制定的。

4. 定额的时间性（可变性与相对稳定性）

定额不是固定不变的。一定时期的定额，反映一定时期的构件工厂化、施工机械化和预制装配化程度以及工艺、材料等建筑技术发展水平。随着建筑生产技术和生产力的发展，各种资源的消耗量下降，而劳动生产率会有所提高，定额的水平也会提高。

概算定额法（又叫扩大单价法或扩大结构定额法）是采用概算定额编制安防工程概算的方法。根据初步设计图纸资料和概算定额的项目划分计算出工程量，然后套用概算定额单价（基价），计算汇总后，再计取有关费用，便可得出单位工程概算造价。

概算定额法要求初步设计达到一定深度，安防工程结构比较明确，在能按照初步设计的平面、立面、剖面图纸计算出楼地面、墙身、门窗和屋面等分部工程（或扩大结构件）项目的工程量时，才可采用。

概算定额法计算步骤：

（1）列出单位工程中分项工程或扩大分项工程的项目名称，并计算其工程量；

（2）确定各分部分项工程项目的概算定额单价；

（3）计算分部分项工程的直接工程费，合计得到单位工程直接工程费总和；

（4）按照有关固定标准计算措施费，合计得到单位工程直接费，按照一定的取费标准计算间接费和利税；

（5）计算单位工程概算造价。

4.2.2 根据概算指标编制设计概算

概算指标法是用拟建的安防工程系统的覆盖面积（或体积）乘技术条件相同或基本相同工程的概算指标，得出直接工程费，然后按规定计算出措施费、间接费、利润和税金等，编制出单位工程概算的方法。

概算指标法的适用范围是当初步设计深度不够，不能准确地计算出工程量，但工程设计技术比较成熟而又有类似工程概算指标可以利用时，可采用此法。

当拟建安防工程设施和布设结构特征与概算指标相同时，可直接用概算指标编制概算。

当拟建安防工程设施和布设结构特征与概算指标有局部差异时的调整，可用修正概算指标编制概算。可采用如下方法：

（1）调整概算指标中每平方米造价

结构变化修正概算指标（元/m²）= $J+Q_1P_1-Q_2P_2$

J——原概算指标

Q_1——换入新结构的数量

Q_2——换出旧结构的数量

P_1——换入新结构的单价

P_2——换出旧结构的单价

（2）调整概算指标中的工、料、机数量

结构变化修正概算指标的工、料、机数量=原概算指标的工、料、机数量+换入结构件工程量×相应定额工、料、机消耗量−换出结构件工程量×相应定额工、料、机消耗量

4.2.3 用类似工程预算编制概算

类似工程预算法是利用技术条件与设计对象相类似的已完工程或在建工程的工程造价资料来编制拟建工程设计概算的方法。类似工程预算法适用于拟建工程初步设计与已完工程或在建工程的设计相类似而又没有可用的概算指标的情形，但必须对建筑结构差异和价差进行调整。建筑结构差异的调整方法与概算指标法的调整方法相同。

对类似工程造价价差调整的两种常用的方法：

1.类似工程造价资料有具体的人工、材料、机械台班的用量时，可按类似工程预

算造价资料中的主要材料用量、工日数量、机械台班用量乘拟建工程所在地的主要材料预算价格、人工单价、机械台班单价，计算出直接工程费，再行取费，即可得出所需的造价指标。

2.类似工程造价资料只有人工、材料、机械台班费用和措施费、间接费时，可按下面公式调整：

拟建工程概算指标=类似工程单方造价×综合差异系数

综合差异系数=a%×k_1+b%×k_2+c%×k_3+d%×k_4+e%×k_5+f%×k_6

式中a%、b%、c%、d%、e%、f%分别为类似工程预算人工费、材料费、机械费、其他直接费、现场经费、间接费占单位工程造价比例；k_1、k_2、k_3、k_4、k_5、k_6分别为拟建工程地区与类似工程地区在人工费、材料费、机械费、其他直接费、现场经费和间接费等方面的差异系数。

4.2.4 安防工程概算表的编制

《中华人民共和国公共安全行业标准安全防范工程费用概预算编制办法》规定了安全防范工程费用的构成和计算方法，是编制安全防范工程概算、预算和决算的依据，对实行招标、投标的工程可以作为设计标底的基础。

（一）工程费用术语

1.概算定额（概算指标）

在预算定额基础上综合扩大而成，即根据工程施工顺序相衔接和关联性较大的原则来划分定额项目，按单位安装施工量来确定单位工程造价的综合定额指标。

2.可行性研究费

是指可行性研究阶段发生的各种直接费用，包括调研、收集资料、落实条件、编制可行性报告、代编设计任务书等项工作费用。

3.初步设计费

在初步设计阶段，提出系统方案、工程方案及工程概算编制等工作费用。

4.技术及施工图设计费

技术设计、施工图设计及工程预算编制等工作费用。

5.安装工程费

由直接费、间接费、计划利润和税金四个部分组成。

6.建设单位管理费

建设单位在工程筹建、在建及验收过程中所发生的管理费用和与设计、施工单位配合工作产生的管理费用。

7. 不可预见费

在初步设计和概算中未包含又难以预料的工程备用费用。

8. 电气工程建筑安装费

用于机房配电室动力、照明控制设备、配管配线、架空线路、电缆敷设等的费用。

（二）安全防范工程费用构成

1. 设计费用包括可行性研究费、初步设计费和技术设计及施工图设计费。
2. 安装费用构成见表4-1。

表4-1 安装工程费用构成表

安装调试工程费用构成	直接费	人工费 材料费 机械费 仪器仪表费 其他直接费	安装工程预算总造价	安装工程预算总造价
	间接费	施工管理费 远地施工增加费		
		临时设施费 劳保支出 施工队伍调遣费	专用基金	
	计划利润			
	税金			

3. 电气工程建筑安装费用包括线路工程费、管线敷设费、机房装修费。
4. 其他费用包括建设单位管理费和不可预见费。

（三）费用计算

1. 可行性研究费用可采取直接生产人员的工日计算收费办法，统一折算在北京地区四级工，每日按八小时计算。

2. 设计费用

工程设计费系指初步设计（方案设计）概算编制、技术设计（原理说明和计算）、施工图设计、按合同规定配合施工、进行设计技术交底、形成各种技术文件和参加竣工验收等工作费用。

监控视频、安全检查、通信工程的设计收费定额按表4-2费率规定记取。

表4-2 监控视频、安全检查、通信工程的设计费定额

安装工程投资额	最高费率（%）	一阶段设计	二阶段设计		三阶段设计		
		施工图设计	扩大初步设计	施工图设计	初步设计	技术设计	施工图设计
10万以内	5.0	5.0					
50万以内	4.5		2.5	2.0			
100万以内	4.0		2.2	1.8			
200万以内	3.5				2.0	0.5	1.0
500万以内	3.0				1.5	0.5	1.0

防盗报警工程设计收费定额按表4-3规定费率记取。

表4-3 报警工程设计费用定额

安装工程投资额	最高费率（%）	一阶段设计	二阶段设计		三阶段设计		
		施工图设计	扩大初步设计	施工图设计	初步设计	技术设计	施工图设计
10万以内	5.5	5.5					
50万以内	5.0		3.0	2.0			
100万以内	4.5		2.5	2.0			
200万以内	4.0				2.0	0.5	1.0
500万以内	3.0				1.8	0.5	1.2

设计费按设计进度分期拨付。设计合同生效后，建设单位应向设计单位预付设计费的20%作为定金，初步设计完成后付30%，施工图完成后付50%，设计合同履行后，定金抵作设计费。设计费付清后，设计单位对所承担的设计任务的建设项目配合施工、工程竣工验收等工作后，不再另收费用。

3.安装调试工程费

（1）人工费定额

人工包括基本用工、其他用工和人工幅度差，电子工程人工幅度差为13%[（基本用工+辅助用工）×13%]，不分工种和级别均以北京地区综合工作日表示，每个综合工日定额按当时当地规定执行。

直接参加调试和安装的工程技术人员工资按技术职称的平均等级工资标准，并按地区技术人员与安装工人四级工资标准折算系数进入定额。

技术人员与安装调试工日按《电子建设工程概（预算编制办法及计价依据》和《电子建设工程预算定额（HYD41-2005）》中有关设备类别的规定计算定额人工费。

设备安装前，对敷设电缆安装人员进行的指导费用，应按安装整套设备所需人

工费的20%计取。

改建或扩建工程时，其人工费应按相应定额人工费乘1.50系数计取。

（2）设备材料购置

构成安装工程实体结构所需的材料、设备按名称、规格、数量列入定额器材设备清单。

设备原价：按购入时的市场价格。

包装费：一般已计入设备原价内，因特殊情况需要另外包装才能运输时，可根据具体情况，另行计算包装费。

供销部门手续费：按两级中转，取定为设备原价的6.5%。

运杂费：按设备原价乘以不同运输距离运杂费率计算。设备运杂费率见表4-4。

表4-4

序号	运输里程（千米以内）	取费基础	费率（%）	序号	运输里程（千米以内）	取费基础	费率（%）
1	100	设备原价	1	7	1000	设备原价	1.9
2	200	设备原价	1.1	8	1250	设备原价	2.2
3	300	设备原价	1.2	9	1500	设备原价	2.4
4	400	设备原价	1.3	10	1750	设备原价	2.6
5	500	设备原价	1.4	11	2000	设备原价	2.8
6	750	设备原价	1.7	12	2000以上	设备原价	0.2[①]

注：① 0.2指的是2000km以上每增加250km费率为0.2%。

运输保险费：按设备原价的0.4%计算。

采购及保管费：采购及保管费率为0.5‰

（3）辅助材料费

不构成安装工程实体结构，在设备安装、调试施工中又必须使用的材料为辅助材，按《全国统一工程建设（电子设备、电子工业专用设备安装工程）预算定额》中有关设备类别的规定计取辅材费。

（4）机械费

在安装调试中，必须使用的机械费用按机械名称、规格、型号、单位、台班单价列入定额内，一个台班按八小时计算。机械费包括主要机械和其他机械摊销费，按《全国统一工程建筑（电子设备、电子工业专用设备安装工程）预算定额》中有关设备类别的规定计取机械费用。

（5）仪器仪表费

设备安装调试工程中所需用的仪器仪表，按国家规定属于固定资产的以名称、台班单价、台班消耗量列入定额，并计入仪器仪表费。台班用料少，台班单位低的零星仪器仪表费,均合并为"其他仪器仪表费",以"元"表示计入仪器仪表费内。

按《全国统一工程建设(电子设备、电子工业专用设备安装工程)预算定额》中有关设备类别的规定计取仪器仪表费用。

（6）其他直接费

此项费用是指安装工程预算定额和间接费用定额以外按照国家规定构成工程成本的费用。

冬雨季施工增加费：冬雨季施工增加费采取常年计算和平均分摊的办法计取。因此，不论工程是否在冬雨季施工，一律按费率计取费用，并由施工单位包干使用。

冬雨季地区划分标准和冬雨季施工增加费，根据施工的工程预算定额子目项的定额人工费计取费用，见表4-5、表4-6中规定。

表4-5　冬雨季地区划分标准

地区类别	地区包括省、市
一类地区	黑龙江、吉林、辽宁、内蒙古、青海、西藏、甘肃、宁夏、新疆
二类地区	北京、天津、河北、河南、山西、山东、陕西
三类地区	上述地区以外的其他地区

表4-6　冬雨季施工增加费定额

工程所在地区类别	工程名称	取费基础	费率（%）
一类地区	电子设备、电子工业专用设备	定额人工费	13.8
二类地区	电子设备、电子工业专用设备	定额人工费	10.1
三类地区	电子设备、电子工业专用设备	定额人工费	6.5

注：上表费用中人工费占12%。

夜间施工增加费：凡按合同规定，需要增加夜间施工工程的计划安排，由施工单位提出夜间施工费用预算，经建设单位同意后，以人为单位，统一按施工人数（包括生产工人和管理人员）按表4-7规定计取费用。

表4-7　夜间施工增加费定额

定额册号	工程名称	取费基础	费用标准
1-12	电子设备、电子工业专用设备	每人每夜	按当时当地规定执行

注：上表费用中人工费占9%。

流动施工津贴：是指由于施工企业流动性大，施工地点分散，劳动条件差，经常远离基地施工，职工同家属两地生活费用增大，需要适当补助的费用，如表4-8。

表4–8 流动施工津贴地区划分标准

一类地区	北京、天津、辽宁、河北、河南、上海、江苏、山西、山东、陕西、四川、湖南、湖北、安徽、浙江、云南、贵州
二类地区	黑龙江、吉林、内蒙、青海、西藏、甘肃、宁夏、新疆
三类地区	广东、海南、广西、福建、江西

费用计算：根据施工的工程预算项目的总用工量按表4–9规定计取费用。

注：施工的工程预算定额项目的总用工量等于预算定额子目项的综合（工日）用工量乘工种等级和辅助生产工人系数 1.05 等于生产工人用工量，生产工人用工量乘管理人员系数 1.10 等于总用工量。

设：综合（工日）用工量为 X，其总用工量计算如下：

总用工量=（1+5%）（1+10%）X= 1.155X

表4–9 流动施工津贴定额

工程所在地区类别	工程名称	计费单位	费率（%）
一类地区	电子设备、电子工业专用设备	每人每天	按当时当地规定执行
二类地区	电子设备、电子工业专用设备	每人每天	
三类地区	电子设备、电子工业专用设备	每人每天	

工地器材二次搬运费：是指电子设备、电子工业专用设备安装工程预算定额的施工现场水平运距范围内，遇有障物施工现场场地狭小，施工机具、材料（不包括工业设备）不能按施工组织设计规定一次或直接运到施工地点所发生的绕道运输和二次装卸搬运等增加的费用。

工地器材二次搬运费是按照电子设备、电子工业专用设备安装工程的不同工程类型的器材用量（重量），经分析测算综合取定的。

费用计算：根据施工的工程预算定额子目项的定额人工费，按表 4–10 规定计取费用，并由施工单位包干使用。

表4–10 工地器材二次搬运费定额

定额册号	工程名称	运距（米以内）	取费基础	费率（%）
1–6	电子设备	500	定额人工费	2.4
7–12	电子工业专用设备	500	定额人工费	3.0

注：运距超出 500m 时，每超 100m，在原费率基础上增加 0.3 个百分点，上表费率中人工费占 44%。

生产工具用具使用费：是指电子设备、电子工业专用设备安装工程中所需的不属于固定资产的生产工具，检验试验用具的购置、推销和维修以及支付给工人自备工具的补贴费。

费用计算：根据施工的工程预算定额子目项的定额人工费，按表4-11规定计取费用。

表4-11 生产工具用具使用定额

定额册号	工程名称	取费基础	费率（%）
1-6	电子设备	定额人工费	12
7-12	电子工业专用设备	定额人工费	11

工程定位复测、工程点交、场地清理费：是指电子设备、电子工业专用设备安装工程施工前、施工中和完工后需要的工程定位复测、工程点交、场地清理等费用。

费用计算：根据施工的工程预算定额子目项的定额人工费，按表4-12规定计取费用。

表4-12 工程定位复测、工程点交、场地清理费定额

定额册号	工程名称	取费基础	费率（%）
1-6	电子设备	定额人工费	3
7-12	电子工业专用设备	定额人工费	2

仪器仪表进出场费：是指电子设备、电子工业专用设备安装工程预算定额各子目项使用仪器仪表进出场的各种费用。

费用内容包括由施工单位至施工现场返回到施工单位的仪器仪表的箱体制作费、装箱拆箱费、装卸费、短途运费、途中台班摊销费、保险费、监运人员工资及差旅费等费用。费用是以电子设备和电子工业专用设备安装工程中不同工程类型使用的不同规格型号的仪表台班单价划分档距，并按不同运输方式和运距，分析预算综合取定的。使用本定额时，不论实际施工时使用的仪器仪表的品种、规格、台班消耗量定额是否一致或者运输仪器仪表时采用何种运输方式（如飞机、轮船、火车、汽车等），一律不得换算和调整。

费用计算：根据施工的工程预算定额子目项中使用的构成台班单价的仪器仪表，按表4-13规定计取往返费用，并由施工单位包干使用，但计算费用时必须注意以下三点：

第一，凡进入一个施工单位现场的仪器仪表，服务于多项工程（包括定额中各子目项工程）时，其仪器仪表进出场费用只能按进入现场的仪器仪表名称计算一次往返进出场费用。

第二，凡预算定额中，只反映"仪器仪表费"，而未列入仪器仪表名称和台班单价的，可按实际施工现场使用的仪器仪表品种、数量和台班单价套用相应进出场仪器仪表往返取费标准。

第三，凡预算定额中只反映"其他仪器仪表费"时，一律不得计取进出场费用。

表4-13 仪器仪表进出场费定额

仪器仪表台班单价（元）	单程运距（千米以内）										
	200	300	400	500	600	700	800	900	1000	1100	1200
	往返取费标准（元）										
1	120	129	138	147	155	163	170	178	186	193	200
10	205	217	229	241	251	260	270	279	289	298	307
25	302	316	329	343	358	372	387	401	416	428	440
45	430	454	477	501	518	534	551	567	584	600	616
70	568	600	632	664	686	707	729	750	772	793	814
100	727	769	811	853	881	908	936	936	991	1018	1045
130	884	936	988	1040	1074	1107	1141	1174	1208	1241	1274
160	1042	1104	1166	1288	1268	1307	1347	1386	1426	1465	1504
190	1199	1271	1343	1460	1460	1505	1551	1596	1641	1687	1732
220	1357	1439	1521	1603	1655	1706	1758	1809	1861	1912	1963
250	1514	1606	1698	1790	1848	1906	1963	2021	2079	2135	2192
280	1672	1744	1876	1987	2042	2105	2169	2232	2296	2359	2422
310	1829	1941	2053	2165	2235	2305	2374	2444	2514	2582	2651
340	1987	2109	2231	2353	2492	2504	2580	2655	2731	2806	2881
370	2144	2276	2408	2540	2622	2704	2705	2867	2949	3029	3110
400	2302	2444	2586	2728	2816	2903	2991	3078	3166	3253	3340

注：1.仪器仪表台班单价超出定额标准400元时，每超出30元以上50元以下者，在原400元取费基础上另加收超标准单价150元。

2.仪器仪表运输距离超出标准1200千米时，每超出50千米以上100千米以下者，在原1200千米取费基础上另加收超运距费50元。

3.另外的超单价费用和超运距费用之和加上原取费标准后，是仪器仪表进出场费用的总和。

4.表中取费标准按当时当地规定调整。

特殊工程技术培训费：是指因电子设备、电子工业专用设备安装工程结构新颖、技术先进、安装和调试难度大，施工前必须对施工的生产人员进行技术培训所需的各项费用。

特殊工程培训费只限于"电子设备、电子工业专用设备安装预算工程定额"1—

2册中一类工程使用，其他类别工程一律不得计取此项费用。

费用内容包括培训期间的工资、差旅交通费、学习资料费、实习材料费、代培费用等。

费用计算：根据施工的工程预算定额子目项人工费，按表4-14规定计取费用，并由施工单位包干使用。

表4-14 特殊工程技术培训费定额

定额册号	工程名称	取费基础	费率（%）
1-6	电子设备	定额人工费	3.3
7-12	电子工业专用设备	定额人工费	2.8

注：上表费率中人工费占10%。

特殊地区和特殊环境施工增加费：

a.高原地区施工增加费，指在青海、新疆、西藏等地海拔高度在2000m以上的地区进行电子设备、电子工业专用设备安装工程施工，由于劳动力、机械设备、仪器仪表受气候和气压的影响而增加的费用。海拔高度的划分可按各省、自治区、直辖市规定执行，各省、自治区、直辖市无规定时，可按国家有关部门规定执行。

费用计算：根据施工的工程预算定额子目项的定额人工费加机械费、加仪器仪表费之和，按表4-15规定计取费用。

表4-15 高原地区施工增加费定额

海拔高度（米以上）	2000	2500	3000	3500	4000	4500	5000
费率（%）	6.2	9.3	12.4	15.5	18.6	21.7	24.8

注：上表费率中人工费占20%。

b.安装与生产同时进行施工，其降效增加费按施工工程的定额人工费、机械费、仪器仪表费之和乘系数6.2%计取费用。

c.沙漠及风沙地区施工增加费：电子设备安装工程在内蒙古和西北地区沙漠地带及非固定沙漠地带其风力（每年3~5月）经常在四级以上的风沙季节进行室外安装工程施工，由于受沙漠和风沙影响而增加的设备及仪器防护费，施工机械、设备、仪器及人工费降效等费用。

费用计算：按施工的工程预算定额直接乘系数1.138，其中人工费占16%。

超高施工增加费：此项费用系指在单层、多层建筑楼层内或在室外（含野外工作）进行设备安装工程超高施工所增加的费用。其中包括人工降效、设备垂直运输和施工机械降效费，台班差价、脚手架加工及摊销费，通讯联络设施费，用水、用汽加压费用等。

费用计算：根据施工的工程预算子目项的定额人工费、机械费和仪器仪表费之和，按表4-16规定计取费用。

表4-16　超高施工增加费定额

定额册号	工程名称	设备底座标高（正负米以上）							
		5	10	15	20	25	30	35	40
		增加费用（％）							
1—6	电子设备	6.9	11.0	15.2	19.3	23.5	27.6	31.7	35.9
7—12	电子工业专用设备	—	12.1	17.6	23.1	28.6	34.1	39.6	45.1

注：上表费率中人工费、电子设备占16％；电子工业专用设备占24％。

多层建筑施工增加费：是指电子设备和部分电子工业专用设备安装工程，在多层建筑楼层内施工所发生的工艺性设备（指安装的设备本体）、材料、机具以及调整测试用的仪器仪表等增加费，包括人工降效、设备、材料、机具垂直运输和装卸等费用。

根据电子工程安装施工特点，多层建筑施工运输增加费是按人力运输、利用建设单位电梯运输和利用建设单位上料系统（提升设备）运输三种不同方式分别计算和综合取定的。使用本定额时，可根据建设单位现场实际情况，选定其中一种运输方式的费用标准进行取费。

费用计算：根据施工的工程预算定额子目项的定额人工费，分别按表4-17、表4-18规定计取费用。

表4-17　用人工运输增加费定额

定额册号	工程基础	取费基础	楼层层数										
			2	4	6	8	10	12	14	16	18	20	22	24
			楼层层高（米以内）										
			7	14	21	28	35	42	49	56	63	70	77	84
			费率（％）										
1—6	电子设备	定额人工费	6.9	10.4	13.8	17.3	20.7	24.2	27.6	31.1	34.5	38	41.4	44.9
7—12	电子工业专业设备		5.6	11.4	15.2	19.0	22.8	26.6	30.4	34.2	38.0	41.7	45.5	49.3

注：1.上表费率中全部为人工费。
2.楼层层数或高度满足其中之一均可套用本定额。

表4-18 用电梯运输增加费定额

定额册号	工程名称	取费基础	楼层层数											
			2	4	6	8	10	12	14	16	18	20	22	24
			楼层层高（米以内）											
			7	14	21	28	35	42	49	56	63	70	77	84
			费率（%）											
1—6	电子设备	定额人工费	2.8	4.1	5.5	6.9	8.3	9.7	11.0	12.4	13.8	15.2	16.6	17.9
7—12	电子工业专业设备		3.0	4.6	6.1	7.6	9.1	10.6	12.1	13.7	15.2	16.7	18.2	19.7

注：1.上表费率中全部为人工费。
2.费用标准未包括建设单位电梯使用费。
3.楼层层数或高度满足其中之一均可套用本定额。

脚手架搭拆及摊销费：是指电子设备和电子工业专用设备安装工程超过规定施工高度，需要高空进行分段分片组装、对接、连接、安装、配管、配线、绝热、保温、刷油、金属构件焊接、调整、测试等工序施工所增加的脚手架费用。

脚手架是根据安装工程特点，按木质单排和双排计算摊销费和其他材料费。

费用内容包括脚手架搭拆人工费、机械费、主要材料摊销费和其他材料费。费用计算：根据实际搭设面积，以平方米为单位，按表4-19规定计取费用。

表4-19 木质脚手架搭拆及摊销费定额

项目	单位	高度（米以下）				
		6	10	20	30	40
基价	元	1.54	1.69	1.97	2.44	3.23
其中人工费占基价	%	14.9	15.4	16.2	17.6	19.2

间接费

施工管理费：施工管理费包括工作人员工资、工资附加费、劳动保护费、职工教育费、办公费、差旅交通费、固定资产使用费、行政工具用具费以及按规定负担的上级管理费、印花税等。

费用计算：根据施工的工程预算定额子目项的定额人工费，按表4-20规定计取费用。

其他间接费定额：

a.临时设施费：是指施工单位为进行建筑安装工程施工所必需的生活和生产用的临时建筑物、构筑物和其他临时设施费用等。

临时设施费若由建设单位提供时，按照有偿使用的原则，可由施工单位和建设单位协商结算有关的费用。

费用计算：根据施工的工程预算定额子目项的定额人工费，按表 4-20 规定计取费用。

表4-20　施工管理费定额

施工距离 （千米以内）	取费 基础	定额册号及工程名称					
		第 1—6 册电子设备			第 7—12 册电子工业专业设备		
		工程类别及费率（%）					
		一类工程	二类工程	三类工程	一类工程	二类工程	三类工程
1～25	定额 人工费	138	124	110	136	122	108
26～800	定额 人工费	161	145	129	158	142	126
801～1600	定额 人工费	164	147	130	160	144	128
1601～2400	定额 人工费	166	149	132	163	146	129
2401～3200	定额 人工费	168	151	134	165	148	131
3201～4000	定额 人工费	170	153	136	167	150	133

注：1.施工管理费定额中，未包括施工企业按照规定支付银行计划内流动资金贷款利息关于流动资金贷款利息的计取依据和方法，可按本定额有关问题说明中的有关规定执行。

2.施工管理费内容和定额中也未包括上缴"上级管理费"，发生时可按本定额有关问题说明中的有关规定执行。

表4-21　临时设施费定额

定额册号	工程名称	取费基础	费率%
1—12	电子设备、电子工业专用设备	定额人工费	27.5

b.劳动保险基金：是指国营施工企业由福利基金支出以外的按劳保条例规定的离退休职工的费用和六个月以上的病假工资，以及按照上述职工工资总额提取的职工福利基金。

劳动保险基金按专用基金核算管理，并由施工单位包干使用。

费用计算：根据施工的工程预算定额子目项的定额人工费，按表 4-22 规定计取费用。

表4-22 劳动保险基金定额

定额册号	工程名称	取费基础	费率（%）
1—12	电子设备、电子工业专用设备	定额人工费	19.0

c.施工队伍调遣内容及定额：是指因建设任务的需要，根据合同规定支付给施工单位离开基地到25km以外的建设单位施工的调遣费用。

调遣费用内容包括调遣职工的差旅交通费，调遣期间的职工工资，一般小型施工机械、机具、用具和周转性材料运杂费等，不包括大型施工机械和调整测试用的仪器仪表。

根据电子工业安装工程的特点和建设任务的急缓程度，调遣费分"乘火车为主的调遣费定额"和"乘飞机为主的调遣费定额"。乘火车为主的调遣费定额，一般适用于非重点工程的建设单位。乘飞机为主的调遣费定额，主要用于任务紧急的军事工程、国防科工委的系统工程和国家重点工程。在非重点工程中，若建设单位为了加快建设速度要求施工单位乘飞机时，可按乘飞机定额执行。重点工程建设单位不要求乘飞机时，也可按乘火车规定执行。

总之，不论是重点工程还是非重点工程，签订施工合同必须明确调遣方式，以便按照不同定额结算费用。施工队伍调遣费按专用基金核算管理，并由施工单位包干使用。

费用计算：根据工程规模、施工周期和计划安排，由施工单位提出调遣人数（包括管理人员、主要生产工人和辅助生产工人），经建设单位审查同意后，按表4-23规定标准计取往返或单程费用。

表4-23 施工队伍调遣费定额

调遣里程 （单程千米以内）	计算基础	单程调遣费用标准（元）	
		乘火车	乘飞机
26~200	单人单程	67.99	119.10
201~400	单人单程	85.54	175.27
401~600	单人单程	127.27	241.08
601~800	单人单程	148.23	295.43
801~1000	单人单程	188.03	372.03
1001~1200	单人单程	210.73	420.97
1201~1400	单人单程	246.08	488.97
1401~1600	单人单程	268.49	539.69

续表

调遣里程 （单程千米以内）	计算基础	单程调遣费用标准（元）	
		乘火车	乘飞机
1601~1800	单人单程	303.62	602.86
1801~2000	单人单程	325.01	651.83
2001~2200	单人单程	352.50	721；39
2201~2400	单人单程	376.53	773.95
2401~2600	单人单程	413.36	838.24
2601~2800	单人单程	438.67	888.98
2801~3000	单人单程	464.31	948.82
3001km以上每增加200km 每人单程增加费用	单人单程	25.64	59.84

注：上表定额按当时当地情况调整。

计划利润

按照国家计委、财政部、中国人民建设银行计施（1987）1806号文及计施（1988）474号文件的规定，施工企业实行计划利润，不再计取法定利润和技术装备费。准许列入投资估算的计划利润应为竞争性利润率，在编制设计任务书投资估算、初步设计概算、设计预算及招标工程标底时，可按规定的设计利润率计入工程造价。施工企业投标报价时，可依据本企业经营管理素质和市场供求情况，在规定的计划利润率范围内，自行确定其利润水平。

电子设备、电子工业专用设备安装工程，结合电子行业施工企业的经营管理状况，设计利润率定为59%，并作为竞争性指标。因此施工企业可在59%的范围内自行确立利润率。

计划利润率计取基础和方法按表4-24规定执行。

表4-24 计划利润

工程名称	计取基础	设计利润率（%）
电子设备、电子工业专用设备	定额人工费	≤59

税金

按照国务院和财政部的有关规定，工程造价中应列入营业税、城市建设维护税及教育费附加。营业税、城市建设维护税和教育附加的综合税率、计征基础和方法，可按表4-25规定执行。

表4-25 综合税率表

纳税人所在地	税种			计征基础	综合税率（%）
	营业税（税率%）	城市建设维护税（税率%）	教育费附加（税率%）		
城市	3	7	1	工程收入	3.34
县城	3	5	1	工程收入	3.28
乡镇	3	1	1	工程收入	3.15

注：1.工程收入是指施工单位收取的全部工程价款中，扣除属于专用基金后作为计征营业税的基础。

2.工程结算时，可用"综合税率"直接计取税金并列入工程预算。

4.电气安装工程费

采用工程所在地区的统一定额。间接定额与直接定额一般应配套使用。此项费用可同安装工程预算造价一起计算，也可做单项工程单独编制预算。

5.其他有关费用

建设单位管理费：是指建设单位为进行建设项目筹建、建设、联合运转、验收总结等工作所发生的管理费用。

建设单位管理费以单项费用总和为基础，按表4-26规定的费率计算，由建设单位包干使用。

表4-26 建设单位管理费费率表

概算总额	50万元以下	100万元以下	300万元以下	500万元以下
费率（%）	1.5	1.4	1.3	1.1

不可预见费：是指在初步设计和概算中未能预料到的工程费用。根据工程不同类别，其取费率按总概算的4%～6%计取，由建设单位和施工单位协商使用，工程结束后，所余款额应退给建设单位。

6.费用支付办法

如果设计施工单位包工包料，则施工图设计完成后，即将按设计器材清单进行订货，建设单位应付器材设备费的30%作为器材购置预付费。

随着订货的进展，建设单位应随时拨款。具体拨款情况由建设和设计施工单位协商，并在签订合同时注明。

器材设备全部运到施工现场后，建设单位与设计单位结清器材设备费。

安装调试费用结算由建设单位和施工单位以合同形式约定。

（四）安装工程费用计算程序（见表4-27）

表4-27 安装工程费用计算程序

序号	项目	计算依据	人工费部分
一	直接费 A 人工费 B 材料费 C 机械费 D 仪器仪表费 E 其他直接费 1. 冬雨季施工增加费 2. 夜间施工增加费 3. 流动施工津贴 4. 工地器材二次搬运费 5. 生产工具用具使用费 6. 工程现场清理费 7. 仪器仪表进出场费 8. 特殊工程技术培训费 9. 特殊地区、环境施工增加费 （1）高原地区施工增加费 （2）安装与生产同时进行增加费 （3）风沙地区施工增加费 10. 多层建设施工增加费 11. 脚手架搭拆及摊销费	A×不同地区费率 夜间施工人数×取费标准 总用工量×地区每人每天取费标准 A×不同工程类别费率 A×不同工程类别费率 A×不同工程类别费率 仪器仪表台班单价×不同工程类别费率 A×不同工程类别费率 （A+C+D）×不同工程类别和不同高度取费系数 （A+C+D）×6.2% （A+C+D）×不同工程类别和不同高度取费系数 A×不同运输方式和不同层高取费系数 A×不同搭拆面积×基价	占费率12% 占费率9% 占费率44% 占费率16%或 占费率24% 占费率100%
二	间接费 A.施工管理 B.其他间接费 1.临时设施费 2.劳动保险基金 3.施工队伍调遣费	[A+E（人工费部分）]×不同土施工类别和不同施工距离费率 [A+E（人工费部分）]×27.5% [A+B（人工费部分）]×19% 调遣人数×每人不F同里程取费标准	
三	计划利润	[A+E（人工费部分）]×利率	
四	税金	（一+二十三）×综合利率	
五	安装工程费用	一+二+三+四	

4.3 建设项目总概算的编制

4.3.1 编制说明

（一）概算编制依据

1.概算编制依据涉及面很广，一般指编制项目概算所需的一切基础资料。不同项目的概算编制依据不尽相同。设计概算文件编制人员必须深入现场进行调研，收集编制概算所需的定额、价格、费用标准，以及国家或行业、当地主管部门的规定、办法等资料。投资方（项目业主）应当主动配合，并向设计单位提供有关资料。

2.概算文件中所列的编制依据有以下几个方面的要求：

（1）定额和标准的时效性：使用概算文件编制期正在执行使用的定额和标准，对于已经作废或还没有正式颁布执行的定额和标准禁止使用。

（2）具有针对性：要针对项目特点，使用相关的编制依据，并在编制说明中加以体现，使概算对项目造价（投资）有一个正确的认识。

（3）合理性：概算文件中所使用的编制依据对项目的造价（投资）水平的确定应当是合理的，也就是说，按照该编制依据编制的项目造价（投资）能够反映项目实施的真实造价（投资）水平。

（4）对影响造价或投资水平的主要因素或关键工程的必要说明：概算文件编制依据中应对影响造价或投资水平的主要因素作较为详尽的说明，以及应对关键工程造价（投资）水平的确定作较为详尽的说明。

（二）概算编制说明应包括以下主要内容：

1.项目概况：简述建设项目的建设地点、设计规模、建设性质（新建、扩建或改建）、工程类别、建设期（年限）、主要工程内容、主要工程量、主要工艺设备及数量等。

2.主要技术经济指标：项目概算总投资（有引进的给出所需外汇额度）及主要分项投资、主要技术经济指标（主要单位投资指标）等。

3.资金来源：按资金来源不同渠道分别说明，发生资产租赁的说明租赁方式及租金。

4.编制依据：见"（一）概算编制依据"。

5.其他需要说明的问题。

6.总说明包括：

（1）建筑、安装工程工程费用计算程序表。

（2）引进设备材料清单及从属费用计算表。

（3）具体建设项目概算要求的其他附表及附件。

（三）编制说明样式

编制说明

1.工程概况。

2.主要技术经济指标。

3.编制依据。

4.工程费用计算表：

（1）建筑工程工程费用计算表；

（2）工艺安装工程工程费用计算表；

（3）配套工程工程费用计算表；

（4）其它工程工程费用计算表。

5.引进设备材料有关费率取定及依据：国外运输费、国内外运输保险费、海关税费、增值税、国内运杂费、其他有关税费。

6.其他有关说明的问题。

7.引进设备材料从属费用计算表。

4.3.2 总概算表

（一）总概算表结构组成和内容

建设项目总概算表包括单项工程综合概算、预备费投资方向调节税、工程建设其他费用概算，其中单项工程综合概算包括各单位工程概算和各单位工程设备及安装工程概算。

概算总投资由工程费用、其他费用、预备费及应列入项目概算总投资中的几项费用组成：

1.工程费用

按单项工程综合概算组成编制，采用二级编制的按单位工程概算组成编制。

市政民用建设项目一般排列顺序：主体建（构）筑物、辅助建（构）筑物、配套系统。

工业建设项目一般排列顺序：主要工艺生产装置、辅助工艺生产装置、公用工程、总图运输、生产管理服务性工程、生活福利工程、厂外工程。

2.其他费用

一般按其他费用概算顺序列项。

3.预备费

包括基本预备费和价差预备费。

4.应列入项目概算总投资中的几项费用：

（1）建设期利息；

（2）固定资产投资方向调节税（暂停征收）；

（3）铺底流动资金。

（二）安防工程案例

XX县综治中心网格化管理平台、视频会议系统及雪亮工程清单编制说明

1.项目基本情况

（1）建设单位：XX市XX县委政法委

（2）设计单位：XX省XX公司

（3）编制单位：XX省XX公司

（4）建设地点：XX县

2.工程概况

XX县综治中心网格化管理平台、视频会议系统及雪亮工程位于XX县，主要涉及1个县级综治中心、1个乡镇级综治中心、4个村（社区）级综治中心，共计6个综治中心的建设。

工程内容包括装修、大屏监控系统、视频会议系统（综治视联网）、专业扩声系统、综合布线等。

3.编制范围及说明

XX县综治中心网格化管理平台、视频会议系统及雪亮工程计施工图范围内的全部内容，主要包括：装修、大屏监控系统、视频会议系统（综治视联网）、专业扩声系统、综合布线等。

4.编制依据

（1）委托方与我公司签订的建设工程造价咨询合同书；

（2）委托方提供的设计图纸；

（3）XX县财评评审办法；

（4）《XX省XX年工程量清单计算规则》及XX年《XX省建筑装饰装修工程消耗量标准》；

（5）XX年第X期XX工程造价文件，如表4-28～表4-34所示，为某单项工程项目清单计价各类表格；

（6）委托方提供的工程预算书。

5. 其他说明

（1）本工程计价采用湘建价［XX］XX号文，一般计税法；

（2）本工程计社会保险费；

（3）本工程不可预见费取分部分项费的5%；

（4）本清单项目特征请结合施工图纸、招标文件及相关技术规范共同理解。

6. 其他未尽事宜：详见设计施工图及招标相关文件。

XX公司
XX年XX月XX日

表4-28 招标控制价评审汇总表

工程名称：XX县综治中心网格化管理平台、视频会议系统及雪亮工程

序号	单位工程名称	送审金额（元）	审核金额（元）	审减金额（元）	备注
1	装修工程	207350.26	173705.55	33644.71	
2	线缆工程	88716.44	75033.26	13683.18	
3	设备工程	1751023.43	1252348.66	498674.77	
	合计	2047090.13	1501087.47	546002.66	

表4-29 单项工程招标控制价汇总表

工程名称：XX县综治中心网格化管理平台、视频会议系统及雪亮工程　　　第1页 共1页

序号	单位工程名称	金额（元）	其中（元）			
			暂估价	安全文明施工费	规费	其中：社会保险费
1.1	装饰装修工程	173705.55	83305.31	1599.96	6087.98	3589.01
1.1.1	装修工程	173705.55	83305.31	1599.96	6087.98	3589.01
1.2	安装工程	1327381.92	1056284.51	2037.57	43208.25	34561.79
1.2.1	线缆工程	75033.26	56718.60	258.95	2583.07	1949.50
1.2.2	设备工程	1252348.66	999565.91	1778.62	40625.18	32612.29
	合计	1501087.47	1139589.82	3637.53	49296.23	38150.80

注：本表适用于单项工程招标控制价或投标报价的汇总。暂估价包括分部分项工程中的暂估价和专业工程暂估价。

表4-30 单位工程费用计算表（投标报价）（一般计税法）

工程名称：XX县综治中心网格化管理平台、视频会议系统及雪亮工程　　第1页　共1页

标段：单位工程名称：装修工程

序号	工程内容	计费基础说明	费率（%）	金额（元）	备注
1	直接费用	1.1+1.2+1.3		138299.53	
1.1	人工费			19108.61	
1.1.1	其中：取费人工费			11160.25	
1.2	材料费			119002.74	
1.3	机械费			188.18	
2	费用和利润	2.1+2.2+2.3+2.4		14055.55	
2.1	管理费	1.1.1	26.48	2960.18	
2.2	利润	1.1.1	28.88	3227.98	
2.3	总价措施项目费			1779.41	
2.3.1	其中：安全文明施工费		14.27	1599.96	
2.4	规费	2.4.1+2.4.2+2.4.3+2.4.4+2.4.5		6087.98	
2.4.1	工程排污费	1+2.1+2.2+2.3	0.40	455.74	
2.4.2	职工教育经费和工会经费	1.1	3.50	668.81	
2.4.3	住房公积金	1.1	6.00	1146.53	
2.4.4	安全生产责任险	1+2.1+2.2+2.3	0.20	227.89	
2.4.5	社会保险费	1+2.1+2.2+2.3	3.15	3589.01	
3	建安费用	1+2		152355.08	
4	销项税额	3×税率	10.00	12002.52	
5	附加税费	（3+4）×费率	0.30	396.08	
6	其他项目费			8951.87	
7	优惠				
	建安工程造价	3+4+5+6-7		173705.55	

注：1.采用一般计税法时，材料、机械台班单价均执行除税单价。

2.建安费用=直接费用+费用和利润。

3.材料（工程设备）暂估价进入直接费用与综合单价，此处不重复汇总。

4.社会保险费包括养老保险费、失业保险费、医疗保险费、生育保险费和工伤保险费。

表4-31 单位工程工程量清单与造价表（一般计税法）

工程名称：设备工程　　　　　　标段：　　　　　用途：　　第20页　共39页

序号	项目编码	项目名称	项目特征描述	计量单位	工程量	综合单价	合价	建安费用	销项税额	附加税费
							金额（元）		其中	
27	030501013002	控制电脑	1.23寸显示器 2.1T硬盘 3.8G内存 4.I5处理器	台	4.00					
28	030502001005	简易机柜	1.规格：600mm×600mm×1200mm	台	4.00					
29	030502005007	网线	1.规格：超五类 2.敷设方式：综合考虑	m	160.00					
30	030502007001	12芯单模光缆	1.规格：12芯 2.敷设方式：综合考虑	m	120.00					
31	030501007001	光纤收发器	1.类别：千兆单模	对	4.00					
32	030502001006	操作台	1.规格：单联	台	4.00					
33	030506007008	光缆辅材	1、含熔接、终端盒、跳线、尾纤	批	4.00					
34	030501012002	交换机	1.功能：8口千兆交换机	台	4.00					
			本页合计							

表4-32 总价措施项目清单计费表

工程名称：装修工程　　　　　　标段：　　　　　　　第1页　共1页

序号	项目编码	项目名称	计算基础	费率（%）	金额（元）	备注
1		安全文明施工费		14.27		
2		冬雨季施工增加费		0.16		

编制人（造价人员）：　　　　　　复核人（造价工程师）：

注：按施工方案计算的措施费，若无"计算基础"和"费率"的数值，也可只填"金额"数值，但应在备注栏说明施工方案的出处或计算方法。

表4-33 其他项目清单与计价汇总表（一般计税法）

工程名称：装修工程　　　　　标段：　　　　　　　　　　　　第1页 共1页

序号	项目名称	金额（元）	结算金额（元）	备注
1	暂列金额	8113.72		明细详见F.3
2	暂估价			
2.1	材料（工程设备）暂估价	83305.31		明细详见F.4
2.2	专业工程暂估价			明细详见F.5
3	计日工			明细详见F.6
4	总承包服务费			明细详见F.7
5	索赔与现场签证			明细详见F.8
6	1+2.2+3+4+5项合计	8113.72		1+2.2+3+4+5项合计
7	销项税额	811.37		（6项）×10%
8	附加税费	26.78		（6+7项）×费率
9	合计	8951.87		（6+7+8）项合计

注：材料（工程设备）暂估单价及调价表在表 5-34 填报时按除税价填报；材料（工程设备）暂估单价计入直接费与清单项目综合单价，此处不汇总。

表4-34 材料（工程设备）暂估单价及调整表（一般计税法）

工程名称：装修工程　　　　　标段：　　　　　　　　　　　　第1页 共1页

序号	材料（工程设备）名称、规格、型号	计量单位	数量		暂估（元）		确认（元）		差额±（元）		备注
			暂估	确认	单价	合价	单价	合价	单价	合价	
1	80mm宽钛金条	m			34.50						
2	实木装饰门扇（成品）	扇			1552.66						
3	铝质防静电地板 600×600mm（含支架）	m^2			310.53						
4	9cm石膏板（微孔板）	m^2			30.19						
5	甲级钢质防火门（成品）	m^2			690.07						
6	配电柜	台			5175.54						
7	射灯和筒灯	套			21.56						
8	大吸顶灯	套			241.53						
9	防雷接地	项			9488.48						

续表

序号	材料（工程设备）名称、规格、型号	计量单位	数量		暂估（元）		确认（元）		差额±（元）		备注
			暂估	确认	单价	合价	单价	合价	单价	合价	
10	办公桌	张			1854.57						
11	4P空调	台			7038.73						
12	办公工位椅子	张			396.79						
13	电路改造	m²			70.00						
14	户型指挥桌	张			8496.51						
15	椅子	张			759.08						
16	1.5P空调	台			2808.59						
17	两联操作台	套			2027.09						
18	门口踏步	项			1293.88						
	合计										

注：1.此表由招标人填写"暂估单价"，并在备注栏说明暂估价的材料、工程设备拟用在哪些清单项目上，投标人应将上述材料、工程设备暂估单价计入工程量清单综合单价报价中。

2.采用一般计税法时按除税价填报；采用简易计税法时按含税价填报。

3.材料（工程设备）暂估单价计入直接费与清单项目综合单价，此处汇总后不再重复相加。

◎ 思考题

1.试述设计概算的定义。

2.试述利用概算定额编制设计概算的具体步骤。

3.简述安防工程建设项目总概算编制的主要内容。

4.什么叫不可预见费？

5.简述项目概算的编制依据。

第5章 安防工程施工图预算

5.1 施工图预算概述

施工图预算是指根据已审定的工程项目施工图设计图纸,结合已确定的施工方案或施工组织设计,按照一定标准的预算定额、费用定额和取费文件编制的工程预算造价文件。

施工图预算可以按照国家、部门或地区统一规定的预算单价、取费标准和计价程序编制,也可以根据施工企业自身的施工定额和取费标准进行编制。前者一般用于建设单位进行工程项目造价预算、施工单位招标以及工程施工费结算,后者则用于施工企业进行工程承建投标、施工费用控制等。

在工程项目设计阶段,施工图预算是控制工程造价的主要指标,应由有资格的设计、工程(造价)咨询单位负责编制。在工程项目招标和投标阶段,施工图预算是建设单位确定工程项目招标控制价的依据;而对于参与工程项目施工投标的单位,施工图预算是企业投标报价的依据。在工程项目实施阶段,施工图预算是工程建设单位与施工企业签订工程项目施工承包合同、编制资金使用计划、拨付工程款和办理工程结算的依据;对于工程施工单位又是控制施工成本、实行经济核算和考核经营成果的依据。

施工图预算是关系到建设单位和工程施工企业经济利益的技术经济文件。

5.1.1 施工图预算的作用

(一)施工图预算对工程建设单位的作用

1.施工图预算是设计阶段确定建设工程项目造价的依据,是施工图设计不突破设计概算的重要措施。

安防工程项目的项目规划设计前期工作一般包括项目立项、初步设计和施工图设计等。

在项目立项阶段,建设单位组织专家编制项目建议书,提出安全防范的实际需求和项目建设规划。项目建议书获得批准后,编制可行性研究报告,对技术可行性与技术合理性进行分析、论证和综合评价，为安全防范工程建设提供投资决策依据。可行性研究报告中的工程造价估算是安防工程项目的建设投资规划。

在项目初步设计阶段，建设单位根据获得批准的可行性研究报告编制设计任务书，明确工程建设目的及内容、保护对象和防范对象、安全需求、安全防范工程需要防范的风险、安全防范系统工程功能性能要求等。设计单位根据设计任务书、设计合同和现场勘查报告进行初步设计，提出实现项目建设目标、满足安全防范管理要求的具体实施方案。初步设计文件中的工程概算书是安防工程项目的建设项目投资控制依据。

在项目施工图设计阶段，设计单位根据评审通过的初步设计方案及评审意见进行施工图设计。根据施工图设计文件编制的施工图预算是控制安防工程项目的工程造价的依据。

2.施工图预算是工程招投标的重要基础，是招标控制价的编制依据。

在安防工程项目招投标过程中，招标控制价是建设单位控制工程造价的主要方式。招标控制价的编制是以施工图预算为基础，结合工程施工技术方案、工程质量要求、目标工期、招标工程范围、自然条件等因素进行的。

3.施工图预算是工程建设单位在施工期间安排建设资金计划和使用建设资金的依据。

在安防工程实施阶段，建设单位按照工程监理单位审核批准的施工组织设计、工程施工工期计划和施工顺序，依据施工图预算中各个部分预算造价合理安排工程建设资金计划和使用，在保证工程建设顺利进行的同时高效使用建设项目资金。

4.施工图预算是工程建设单位拨付进度款及办理结算的依据。

（二）施工图预算对工程施工单位的作用

1.施工图预算是施工单位进行工程项目投标报价的依据。

施工单位在安防工程投标过程中，应依据企业自身的实力、施工经验和技术能力编制施工图预算，并结合其在投标中的竞争策略，确定其投标报价。

2.施工图预算是施工单位进行施工准备的依据。

施工单位在进行安防工程的施工准备时，施工材料、机具、设备及劳动力投入计划的编制应参考施工图预算中的人工、材料和机具消耗量。施工图预算是施工单位编制进度计划、统计施工工作量，以及进行经济核算的重要参考依据。

3.施工图预算是控制施工成本的依据。

施工单位在安防工程实施过程中的成本控制主要体现在人工、材料和机具等施工要素方面。在保证实现施工工期目标的前提下，合理、适时、适量地投入对于施工成本的控制至关重要。以施工图预算为依据，采取技术措施、经济措施和组织措施降低成本，将成本控制在施工图预算以内，有助于最终实现工程施工成本的最优控制。

（三）施工图预算对其他方面的作用

1.对于施工图预算编制单位（工程咨询单位）来说，施工图预算为其业务成果。客观、准确的施工图预算文件是其业务水平、素质和信誉的体现，也是提高其业务竞争力的业绩案例。

用于安防工程项目招标控制价的施工图预算一般由建设单位或者招标代理机构委托具有资质的造价编制单位（工程咨询单位）进行。编制单位在进行施工图预算的编制时，应熟悉安防工程中的各种新技术、新材料、新工艺和新设备现状，准确理解施工图设计图纸资料，并结合各个安防工程的项目特点，依据国家、部门或地区统一规定的预算单价、取费标准和计价程序进行编制。因此施工图预算文件的质量可以衡量编制单位业务水平、综合素质和企业信誉，对于编制单位的发展非常重要。

2.对于工程实施过程中的项目管理、监督等中介服务单位，施工图预算是为建设单位提供投资控制的依据。

3.对于工程造价管理部门，施工图预算是监督、检查执行定额标准，合理确定工程造价，测算造价指数及审定招标工程标底的重要依据。

工程造价管理部门是国务院有关部门、县级以上人民政府建设行政主管部门或其委托的工程造价管理机构，包括省级、市级造价站或定额站等。

4.如果在履行工程合同的过程中发生经济纠纷，施工图预算是有关仲裁、管理、司法机关按照法律程序处理、解决问题的依据。

5.1.2 编制施工图预算的依据

编制施工图预算的依据主要分为以下几类：

1.经建设单位或（和）国家相关主管部门审批的施工图设计技术文件，包括施工图图纸、设计说明以及引用的技术标准和图集等。

2.国家、行业和地方有关部门颁布的与施工图预算编制相关的规定文件，包括工程预算定额，取费定额，工程所在地的人工、材料、设备、施工机具预算价格。

3.工程实施相关资料，包括施工方案或施工组织设计以及现场勘查资料等。

4.经建设单位或（和）国家相关主管部门审批的方案设计概算文件。

（一）经建设单位或（和）国家相关主管部门审批的施工图设计技术文件

安防工程是为建立安全防范系统而实施的建设项目，主要用于维护社会公共安全和预防、制止重大治安事故，其建设必须符合国家有关法律、法规的规定。因此，安防工程的施工图应按照国家、行业和项目所在地区的相关工程程序要求进行审批。

施工图预算应以经建设单位或（和）国家相关主管部门审批的施工图设计资料为编制依据，一般包括施工图设计图纸、施工图设计说明以及施工图设计所采用的通用设计图（标准图集）等。

（二）国家、行业和地方有关部门颁布的与施工图预算编制相关的规定文件

国家、行业或地方有关部门颁发的现行安装工程预算定额、施工取费定额、工程量计算规则以及有关费用文件、材料预算价格等是施工图预算的依据。施工企业编制施工图预算的依据还包括企业内部施工定额。

国家住房和城乡建设部、国家质量监督检验检疫总局颁发的《建设工程工程量清单计价规范》（GB 50500-2013）规定了工程量清单计价作为我国现行的工程造价计价方法，是工程合同价款约定、合同价款调整、合同价款支付与结算，以及合同价款争议处理的方法。详见附录三介绍。

国家住房和城乡建设部颁发的《通用安装工程工程量计算规范》（GB 50856-2013）是用于规范通用安装工程造价计量行为，统一通用安装工程工程量计算规则、工程量清单的编制方法。详见附录一中《通用安装工程工程量计算规范》介绍。

对于安防工程，国家行业主管部门公安部颁发了《安全防范工程建设与维护保养费用预算编制办法》，该办法规定了安防工程建设费用组成和计算方法等。

各省市地方工程造价管理部门根据上述国家标准，结合当地的实际编制本地区的安装工程预算定额和计价规则，以及施工取费定额。同时，各省市地方工程造价管理部门结合当地的实际情况发布人工、材料等工程造价的动态调价信息，作为工程预算编制的指导，如浙江省住房和城乡建设厅、浙江省发展和改革委员会、浙江省财政厅颁布的《浙江省通用安装工程预算定额》（2018版）和《浙江省建设工程计价规则》（2018版）等。

以浙江省为例，安防工程施工图预算编制的政策性规定主要有：

（1）《建设工程工程量清单计价规范》

（2）《通用安装工程工程量计算规范》

（3）《市政工程工程量计算规范》

（4）《浙江省建设工程计价规则》
（5）《浙江省通用安装工程预算定额》
（6）《浙江省市政工程预算定额》
（7）《浙江省建设工程施工机械台班费用定额》
（8）《浙江省建设工程施工取费定额》
（9）《浙江省建设工程造价管理办法》
（10）增值税税率调整文件等。

（三）工程实施的相关资料

工程实施的相关资料主要包括经批准的施工方案或施工组织设计资料、现场勘查资料等。

在安防工程施工中，为完成工程项目施工会发生一些非工程实体项目的费用，一般称为措施项目费。措施项目费由施工技术措施费和施工组织措施费组成。施工技术措施费包括大型机械设备进出场及安拆费、脚手架费，以及其他施工技术措施费等；施工组织措施费包括环境保护费、文明施工费、安全施工费、临时设施费、夜间施工费、缩短工期增加费、二次搬运费、已完工程及设备保护费和其他施工组织措施费等。

施工组织措施费应按照国家、行业和地方主管部门颁发的取费标准执行。施工技术措施费应当按照该安防工程的施工方案或施工组织设计资料、现场勘查资料等中的各分部分项工程的施工方法、进度计划、施工机械选用、施工平面布置以及主要技术措施的设计要求进行费用核算。

（四）设计概算资料

安防工程的施工图预算必须依据经有关部门批准的方案设计概算，是工程造价管理和控制的重要环节。

5.1.3 施工图预算的组成

根据《安全防范工程建设与维护保养费用预算编制办法》，安防工程施工图预算文件可以按照定额计价方式或工程量计价清单方式编制。

（一）定额计价方式的施工图预算文件组成

按照定额计价方式编制的安防工程施工图预算文件由以下几部分组成。

1.施工图预算书封面

预算书封面应包括工程名称、工程造价、建设单位、编制单位、编制者和审核者、编制时间和审核时间。

2. 编制说明

编制说明主要是提供补充说明，主要包括以下内容：

（1）工程概况，主要是工程项目基本介绍，如工程项目建设地点、内容、地理环境及施工条件等。

（2）编制依据，包括施工图纸和设计单位说明，预算所依据的法规、文件，预算定额，取费定额，相应的价差调整和施工方案主要内容。

（3）工程范围，即预算包含的施工范围。

（4）工程质量、材料、施工等特殊要求。

（5）图纸变更情况，包括施工图纸变更情况、图纸会审或施工现场所需说明的问题。

（6）执行定额的有关问题，包括：预算中按定额要求已考虑或未考虑的问题；因定额缺项，预算中做的补充或借用定额情况说明等。

3. 总预算表

4. 设备器材购置费用计算表

包括设备器材报价清单、运杂费、采保费和运保费等。应标明设备器材名称、单位、数量、单价、运杂费费率、采购及保管费费率、运输保险费费率及合计金额等。

5. 安装工程直接工程费计算表

包括人工费、材料费、机械费、仪器仪表费等费用，应标明各项费用名称、计算基数及计算公式、金额等。还应标明工程名称，定额编号，人工费、材料费、机械费（仪器仪表费）的单位、数量单价、合价等。

6. 安装工程费用计算表

包括直接费、间接费、利润、未完税前安装工程费、税金和安装工程费合计等。

7. 措施费计算表

包括直接措施费和其他措施费应标明费用名称、计算基数、费率及金额等。

8. 建设工程其他费用汇总表

包括建设单位管理费、可行性研究费、招标代理服务费、勘察费、设计费、建设工程监理费、工程保险费、工程（系统）检测验收费等。应标明费用名称、计算基数、费率及金额等。

（二）工程量计价清单方式的施工图预算文件组成

根据国家相关规定，建设工程预算应按照工程量清单计价方式编制。

工程量清单计价方式的预算文件由以下几部分组成：

1.施工图预算书封面

预算书封面应包括工程名称、工程造价、建设单位、编制单位、编制者和审核者、编制时间和审核时间。

2.编制说明

编制说明主要是提供补充说明，主要包括以下内容：

（1）工程概况，主要是工程项目基本介绍，如工程项目建设地点、内容、地理环境及施工条件等。

（2）编制依据，包括施工图纸和设计单位说明，预算所依据的法规、文件，预算定额，取费定额，相应的价差调整和施工方案主要内容。

（3）图纸变更情况，包括施工图纸变更情况、图纸会审或施工现场所需说明的问题。

（4）执行定额的有关问题，包括：预算中按定额要求已考虑或未考虑的问题；因定额缺项，预算中做的补充或借用定额情况说明等。

3.单项工程汇总表

单项工程汇总表应标明单位工程名称、金额，以及其暂估价、安全文明措施工费、规费的金额及合计。

4.单位工程汇总表

单位工程汇总表应标明分部分项工程、措施项目、其他项目规费、税金的金额及单位工程合计。

5.分部分项工程量清单与计价表

分部分项工程量清单与计价表应标明分部分项工程的项目编码、项目名称、项目特征描述、计量单位、工程量、综合单价、合价、暂估价。

6.工程量清单综合单价分析表

工程量清单综合单价分析表应标明各分部分项工程的项目编码、项目名称、计量单位、清单综合单价组成明细，包括定额编号、定额名称、定额单位、数量、人工费、材料费、机械费、管理费和利润的单价及合价、清单项目综合单价，以及主要材料名称、规格型号、单位、数量、单价、合价、暂估价。

7.措施项目清单与计价表

措施项目清单与计价表应标明措施项目名称、计算基础、费率、金额。

8.其他项目清单与计价汇总表

其他项目包括暂列金额、暂估价、计日工、总承包服务费等。应标明项目名称、计量单位、金额。

9.规费、税金项目清单与计价表

规费、税金项目清单与计价表应标明项目、计算基础、费率、金额。

5.1.4 施工图预算费用的组成

（一）按照费用构成要素划分的施工图预算费用组成

根据《浙江省建设工程计价规则》（2018版）要求，施工图预算费用按照构成要素划分，如表5-1所示。

表5-1　施工图预算费用按构成要素划分表

费用名称		费用（构成）明细	
建筑安装工程费	人工费	1.计时工资或计件工资 3.津贴、补贴 5.特殊情况下支付的工资 7.劳动保护费	2.奖金 4.加班加点工资 6.职工福利费
	材料费	1.材料原价 3.采购及保管费	2.运杂费
	机械费	1.施工机械使用费	（1）折旧费　（2）检修费 （3）维护费　（4）安拆费及场外运费 （5）人工费　（6）燃料动力费 （7）其他费用
		2.仪器仪表使用费	
	企业管理费	1.管理人员工资 3.差旅交通费 5.工具用具使用费 7.检验试验费 9.已完工程及设备保护费 11.工会经费 13.财产保险费 15.税费	2.办公费 4.固定资产使用费 6.劳动保险费 8.夜间施工增加费 10.工程定位复测费 12.职工教育经费 14.财务费 16.其他
	利润		
	规费	1.社会保险费	（1）养老保险费　（2）失业保险费 （3）医疗保险费　（4）生育保险费 （5）工伤保险费
		2.住房公积金	
	税金	增值税	（1）城市维护建设税　（2）教育费附加 （3）地方教育附加

（二）按照造价形式划分的施工图预算费用组成

根据《浙江省建设工程计价规则》（2018版）的规定，施工图预算费用按照造价形式划分，如表5-2所示。

表5-2 施工图预算费用按造价形成划分表

费用名称			费用明细
建筑安装工程费	分部分项工程费	1.房屋建筑与装饰工程	（1）土石方工程 （2）地基处理与边坡支护工程 （3）桩基础工程 ……
		2.通用安装工程	
		3.市政工程	
		4.城市轨道交通工程	
		5.园林绿化及仿古建筑工程	
		……	
	措施项目费	1.施工技术措施费	（1）通用施工技术措施费 ①大型机械设备进出场及安拆费 ②脚手架工程费 （2）专业工程施工技术措施费 （3）其他施工技术措施费
		2.施工组织措施费	（1）安全文明施工费 ①环境保护费 ②文明施工费 ③安全施工费 ④临时设施费 （2）提前竣工增加费 （3）二次搬运费 （4）冬雨季施工增加费 （5）行车、行人干扰增加费 （6）其他施工组织措施费
	其他项目费	1.暂列金额　　　　　2.暂估价 3.计日工　　　　　　4.施工总承包服务费 5.专业工程结算价　　6.索赔与现场签证费 7.优质工程增加费	
	规费	1.社会保险费	（1）养老保险费 （2）失业保险费 （3）医疗保险费 （4）生育保险费 （5）工伤保险费
		2.住房公积金	
	税金		增值税

5.2 施工图预算的编制程序

施工图预算编制方法有定额计价法、工程量清单计价法和实物量法。本章将以工程量清单计价法为例说明施工图预算的编制程序和编制方法。

施工图预算的编制应按照下列程序和要求进行：

（1）认真熟悉施工图纸和设计说明书，积极参加技术部门组织的设计交底和图纸会审，全面了解设计意图、系统技术要求、系统技术架构以及新技术和新设备应用。针对设计中采用的新技术、新材料、新工艺的应用，查询相关资料。

（2）了解工程技术方案或施工组织设计的内容和要求，结合施工现场勘查情况，了解工程中新工艺和新材料的应用要求。

（3）学习、掌握工程预算定额，包括定额的分项，工作内容、要求及有关规定，工程量的计算要求等，为正确计算工程量打下基础。

（4）根据国家、行业和地方的相关规定，对工程安装实体项目和技术措施项目进行分部分项工程量清单列项。

（5）工程量计算。工程量计算是编制施工图预算的重要环节，工程量计算准确与否，将直接影响预算质量。为了提高计算效率，防止遗漏，一般以设备间管理区域为单位，先干线后支线，分层分段分系统进行计算，然后逐步逐项汇总。计算时要注明部位或轴线，以便复查核对。

（6）对工程材料和设备的价格进行取费。有信息价的项目应按照工程所在地的工程造价管理部门的规定执行，没有信息价的应引用行业定价。

（7）对于工程其他取费项目，包括企业管理费、企业利润、施工组织措施费、其他项目费、规费和税金等，根据国家、行业和地方的相关固定的费率标准和计算方法取费。

（8）汇总编制各项预算文件。

（9）编写施工图预算编制说明。

根据施工图预算编制的过程，可以将上述各个工作分为以下几个阶段：

（1）编制准备工作；

（2）熟悉预算定额；

（3）分清工程项目和计算工程量；

（4）套单价（计算定额基价费）；

（5）计算主材费（未计价材料费）；

（6）按费用定额取费；

（7）编制安防工程造价。

5.2.1 编制准备工作

为了能够准确、客观地做好工程施工图预算，必须对设计单位出具的与工程技术和工程施工相关的信息进行深入细致的了解，包括工程设计技术层面信息和工程实施的施工层面信息。同时还应了解该工程项目适用的预算编制规定。因此，在编制工程施工图预算前应进行充分的准备工作。

在准备工作中，首先需要了解和掌握安防工程项目的技术方案和施工方案要求，对于其中涉及的新技术、新材料、新工艺和新设备的应用应查询相关信息，搜集相关资料；其次需要根据项目特点整理准备符合要求的预算编制中使用的定额、取费和计算工具资料，以及工程项目所在地区的材料预算价格资料，为后续工作做好准备。

在准备工作阶段，在对施工图设计图纸和施工方案进行充分理解的基础上，全面分析工程中各个分部分项工程，充分了解施工组织设计和施工方案，特别需要对影响费用的关键因素进行分析。

（一）对工程技术方案的理解

对工程技术方案的理解主要来自认真阅读施工图设计图纸和设计说明书，并积极参加设计交底和图纸会审，全面了解安防工程总体技术要求和设计意图，熟悉各个子系统的技术要求和技术架构，理解各子系统点位设置原则以及设备选型目的，明确各子系统之间的联动要求。

为做好上述工作，首先应掌握施工图设计图纸中各个子系统所涉及的国家、行业和地方主管部门颁布的设计和施工现行技术标准，对于设计图纸中引用的建设单位的技术要求应认真研读和理解。

安防工程涉及的国家、行业和地方主管部门颁布的设计和施工现行技术标准包括但不限于以下文件：

（1）《安全防范工程技术标准》；

（2）《视频安防监控系统工程设计规范》；

（3）《民用闭路监视电视系统工程技术规范》；

（4）《视频安防监控系统技术要求》；

（5）《入侵报警系统工程设计规范》；

（6）《入侵和紧急报警系统技术要求》；

（7）《报警传输系统的要求》；

(8)《出入口控制系统工程设计规范》;

(9)《出入口控制系统技术要求》;

(10)《停车(场)库安全管理系统技术要求》;

(11)《城市监控报警联网系统管理标准》;

(12)《综合布线系统工程设计规范》;

(13)《数据中心设计规范》;

(14)《建筑物电子信息系统防雷技术规范》;

(15)《安全防范系统雷电浪涌防护技术要求》;

(16)《智能建筑工程质量验收规范》;

(17)《安全防范系统验收规则》;

(18)《综合布线系统工程验收规范》;

(19)《银行安全防范报警监控联网系统技术要求》;

(20)《银行营业场所安全防范要求》;

(21)《博物馆和文物保护单位安全防范系统要求》;

(22)《住宅小区安全防范系统通用技术要求》;

(23)《中小学、幼儿园安全技术防范系统要求》;

(24)《普通高等学校安全技术防范系统要求》;

(25)《医院安全技术防范系统要求》;

(26)《体育场馆公共安全通用要求》;

(27)《枪支(弹药)库室风险等级划分与安全防范要求》;

(28)《电力设施治安风险等级和安全防范要求》;

(29)《石油天然气管道系统治安风险等级和安全防范要求》。

同时,对于设计图纸中涉及的新技术和新设备的应用,应有针对性地查询相关资料,理解其在工程应用背景下的使用要求,对其在工程应用中的安装、调试要求进行分析理解,充分考虑对施工费用预算的影响。

(二)对工程实施方案的理解

对工程实施方案的理解主要来自认真阅读工程实施方案或施工组织设计文件,并认真进行工程现场勘查,准确了解工程实施中的各项要求,包括现场施工作业条件、工期进度要求、质量标准要求、安全文明施工要求和环境保护要求等。

对以上情况的了解有助于在施工图预算编制中准确地进行工程实施的措施项目费用的预算,包括安全文明施工费、夜间施工增加费、二次搬运费、冬雨季施工增加费、已完工程及设备保护费、工程定位复测费、特殊地区施工增加费、大型机械进出场及安拆费、脚手架工程费等。

在对工程实施方案的理解中，还应注重了解工程实施中新材料、新工艺应用对施工图预算的影响。

（三）施工图预算编制的相关政策文件资料准备

施工图预算的编制必须遵循现行国家、行业和地方的有关规定。在进行预算编制工作前，应根据工程项目的行业、区域特点，查找和整理工程项目适用的预算编制政策文件，包括适用的预算安装预算定额、施工取费定额和造价信息资料等。

以浙江省安防工程为例，施工图预算编制应遵循的现行政策性文件包括但不限于：

（1）《浙江省通用安装工程预算定额》（2018版）；

（2）《建设工程工程量清单计价规范》（GB 50500-2013）；

（3）《安全防范工程建设与维护保养费用预算编制办法》（GA/T 70-2014）；

（4）《浙江省建设工程计价规则》（2018版）；

（5）《通用安装工程工程量计算规范》（GB 50856-2013）。

5.2.2 熟悉预算定额

安防工程的设备安装大部分属于通用设备安装，在编制施工图预算时要依据工程所在地工程造价管理部门颁布的相应安装预算定额。对于浙江省安防工程，设备安装预算定额应套用《浙江省通用安装工程预算定额》（2018版）。

（一）《浙江省通用安装工程预算定额》（2018版）介绍

《浙江省通用安装工程预算定额》现行版本为2018版本，是在国家《通用安装工程消耗量定额》（TY02-31-2015）、《通用安装工程工程量清单计算规范》（GB 50856-2103）、《浙江省安装工程预算定额》（2010版）的基础上，依据国家、省有关现行产品标准、设计规范、施工验收规范、技术操作规程、质量评定标准和安全操作规程，同时参考行业、地方标准，以及有代表性的工程设计、施工资料和其他相关资料，结合浙江省实际情况编制的。

《浙江省通用安装工程预算定额》是完成规定计量单位分部分项工程所需的人工、材料、施工机械台班的消耗量标准，反映了浙江省区域的社会平均消耗量水平，是统一全省建筑工程预算工程量计算规则、项目划分、计量单位的依据，是编制施工图预算、招标控制价的依据，是确定合同价和结算价、调解工程价款争议、工程造价鉴定，以及编制浙江省建设工程概算定额、估算指标与技术经济指标的基础，也是企业投标报价或编制企业定额的参考依据。

《浙江省通用安装工程预算定额》适用于浙江省行政区域范围内新建、扩建、改建项目中的安装工程。

《浙江省通用安装工程预算定额》共分13册,分别为:

第一册　机械设备安装工程

第二册　热力设备安装工程

第三册　静置设备与工艺金属结构制作、安装工程

第四册　电气设备安装工程

第五册　建筑智能化工程

第六册　自动化控制仪表安装工程

第七册　通风空调工程

第八册　工业管道工程

第九册　消防工程

第十册　给排水、采暖、燃气工程

第十一册　通信设备及线路工程

第十二册　刷油、防腐蚀、绝热工程

第十三册　通用项目和措施项目工程

(二)《浙江省通用安装工程预算定额》关于定额中的人工、材料、机械费说明

《浙江省通用安装工程预算定额》中人工工日消耗量及单价不分列工种和技术等级,一律以综合工日表示,内容包括基本用工、超运距用工、辅助用工和人工幅度差。综合工日的单价按二类日工资单价135元/工日计。

《浙江省通用安装工程预算定额》中材料消耗量包括直接消耗在安装工作内容中的主要材料、辅助材料和零星材料等,并计入相应损耗,其内容和范围包括:从工地仓库、现场集中堆放地点或现场加工地点到操作或安装地点的运输损耗、施工操作损耗、施工现场堆放损耗。《浙江省通用安装工程预算定额》中定额基价不包括主材价格,主材价格应根据"( )"内所列的消耗量,按实际价格结算。将用量很少、影响基价很小的零星材料合并为其他材料费,计入材料费内。施工措施性消耗材料、周转性材料按不同施工方法、不同材质分别列出一次使用量和一次摊销量。除另有说明外,施工用水、电(包括试验、空载、试车用水和用电)已全部计入基价,建设单位在施工中应装表计量,由施工单位自行支付水、电费。

《浙江省通用安装工程预算定额》中施工机械台班消耗量是按正常合理的机械配备和大多数企业的机械化装备程度综合取定的。施工机械台班单价按《浙江省施工机械台班费用定额》编制。施工仪器仪表消耗量是按正常施工工效综合取定的。

（三）编制安防工程施工预算中定额使用说明

安防工程施工图预算编制中涉及安防设备（入侵报警、出入口控制、巡更、视频安防监控、安全检查、停车场管理设备）安装、调试以及系统调试和试运行等分部分项工程的部分，应参照《浙江省通用安装工程预算定额》（2018版）第五册《建筑智能化工程》中第六章安全防范系统工程的相关规定执行。

安防工程施工图预算编制中涉及安防系统显示装置安装、调试等分部分项工程的部分，应参照《浙江省通用安装工程预算定额》（2018版）第五册《建筑智能化工程》中第五章音频视频系统工程的相关规定执行。

安防工程施工图预算编制中涉及安防系统服务器、网络设备、工作站、软件、存储等设备的安装、调试等分部分项工程的部分，应参照《浙江省通用安装工程预算定额》（2018版）第五册《建筑智能化工程》中第一章计算机网络系统工程的相关规定执行。

安防工程施工图预算编制中涉及安防系统场地电气设备安装、调试等分部分项工程的部分，应参照《浙江省通用安装工程预算定额》（2018版）第四册《电气设备安装工程》的相关规定执行。

安防工程施工图预算编制中涉及有线接入方式与设备管理中心网络相连的接入网工程设备安装分部分项工程的部分，应参照《浙江省通用安装工程预算定额》（2018版）第十一册《通信设备及线路工程》的相关规定执行。

安防工程施工图预算编制中涉及人工挖、填室外沟槽土方施工等分部分项工程的部分，应参照《浙江省通用安装工程预算定额》（2018版）第十三册《通用项目和措施项目工程》中第一章通用项目工程的室外附属工程相关规定执行。

安防工程施工图预算编制中涉及铁构件制作安装等分部分项工程的部分，应参照《浙江省通用安装工程预算定额》（2018版）第十三册《通用项目和措施项目工程》中第一章通用项目工程的支架制作安装的相关规定执行。

安防工程施工图预算编制中涉及混凝土楼板钻孔、混凝土墙体钻孔、混凝土刨沟槽等分部分项工程的部分，应参照《浙江省通用安装工程预算定额》（2018版）第十三册《通用项目和措施项目工程》中第一章通用项目工程的零星项目的相关规定执行。

安防工程施工图预算编制中涉及脚手架搭拆等分部分项工程的部分，应参照《浙江省通用安装工程预算定额》（2018版）第十三册《通用项目和措施项目工程》中第一章通用项目工程的脚手架搭拆费相关规定执行。

安防工程施工图预算编制中涉及建筑物超高增加费的部分，应参照《浙江省通用安装工程预算定额》（2018版）第十三册《通用项目和措施项目工程》中第一章通用项目工程的建筑物超高增加费相关规定执行。

安防工程施工图预算编制中涉及操作高度增加费的部分，应参照《浙江省通用安装工程预算定额》（2018版）第十三册《通用项目和措施项目工程》中第一章通用项目工程的操作高度增加费规定执行。

（四）编制安防工程施工预算常用的设备安装预算定额介绍

根据《浙江省通用安装工程预算定额》（2018版）有关规定，结合安防系统各子系统设备类别，安防工程设备安装的分部分项工程预算定额主要包括以下几类：

（1）安全防范系统工程，包括入侵和紧急报警系统设备、电子巡更设备、视频监控设备、出入口控制设备、安全检查设备、停车场管理设备的安装和调试，以及各分系统调试和试运行。

（2）计算机网络系统工程，包括输入和输出设备、控制设备、存储设备、路由器设备、防火墙设备、网络交换设备、服务器及相关设备的安装和调试，以及各分系统调试和试运行。

（3）综合布线系统工程，包括机柜和机架、双绞线缆、光缆、跳线、配线架、跳线架、信息插座、光纤连接、光缆终端盒、布放尾纤、线管理器、同轴电缆等敷设和安装以及链路测试、系统调试和试运行。

（4）电气设备安装工程，如电源线、控制电缆、电线槽、桥架、电线管、接线盒、电缆保护管等敷设安装，UPS电源及附属设施、配电箱、防雷接地系统设备安装等。

（5）通信设备及线路工程，如室外工程中的通信电（光）缆敷设等。

（6）通用项目和措施项目工程，如基础辅助工程、铁构件制作安装等。

1.部分安防系统设备安装调试定额

根据《浙江省通用安装工程预算定额》（2018版）规定，针对本系统设备安装定额说明如下：

第一，本系统工程中的显示装置等项目执行《浙江省通用安装工程预算定额》（2018版）中"音频视频系统工程"相关定额。

第二，本系统工程中的服务器、网络设备、工作站、软件、存储设备等项目执行《浙江省通用安装工程预算定额》（2018版）中"计算机及网络系统工程"相关定额。机柜（机箱）、跳线制作、安装等项目执行《浙江省通用安装工程预算定额》（2018版）中"综合布线系统工程"相关定额。

第三，本系统有关场地电气安装工程项目执行《浙江省通用安装工程预算定额》（2018版）中"电气设备安装工程"相关定额。

《浙江省通用安装工程预算定额》（2018版）中安防设备安装、调试定额包括：

（1）入侵探测设备安装、调试定额，包括入侵探测器、入侵报警控制器、入侵报警中心显示设备和入侵报警信号传输设备等。定额编号：5-6-1~5-6-60。入侵探测器、多线制报警控制器如表5-3、表5-4所示：

表5-3 入侵探测器

计量单位：个
工作内容：开箱检查、设备组装、检查基础、划线、定位、接线、本体安装调试

定额编号			5-6-1	5-6-2	5-6-3	5-6-4
项目			门磁、窗磁开关		紧急脚踏开关	
			有线	无线	有线	无线
基价（元）			12.52	12.21	12.52	12.21
其中	人工费（元）		11.21	11.21	11.21	11.21
	材料费（元）		1.00	1.00	1.00	1.00
	机械费（元）		0.31		0.31	
名称		单位	单价（元）	消耗量		
人工	二类人工	工日	135.00	0.083	0.083	0.083	0.083
材料	入侵报警相关设备	套	—	(1.000)	(1.000)	(1.000)	(1.000)
	其他材料费	元	1.00	1.00	1.00	1.00	1.00
机械	工业用真有效值万用表	台班	6.16	0.050	—	0.050	

表5-4 多线制报警控制器

计量单位：套
工作内容：开箱检查、接线、本体安装调试

定额编号			5-6-31	5-6-32	5-6-33	5-6-34
项目			多线制报警控制器（路）			
			≤8	≤16	≤32	≤64
基价（元）			121.45	139.44	168.12	216.55
其中	人工费（元）		111.65	126.50	148.91	186.03
	材料费（元）		6.72	9.24	14.28	24.36
	机械费（元）		3.08	3.70	4.93	6.16
名称		单位	单价（元）	消耗量		
人工	二类人工	工日	135.00	0.827	0.827	0.827	0.827
材料	入侵报警相关设备	套	—	(1.000)		(1.000)	(1.000)
	其他材料费	元	1.00	6.72		14.28	24.36

续表

	定额编号		5-6-31	5-6-32	5-6-33	5-6-34
机械	工业用真有效值万用表	台班	6.16	0.500	0.800	1.000

（2）出入口设备安装、调试定额，包括出入口目标识别设备、出入口控制设备和出入口执行机构设备等。定额编号：5-6-61~5-6-78。出入口目标识别装备、出入口执行机构设备如表5-5、表5-6所示。

表5-5 出入口目标识别设备

计量单位：台
工作内容：开箱检查、设备组装、接线、本体安装调试

	定额编号			5-6-61	5-6-62	5-6-63	5-6-64
	项目			读卡器	发卡器	人体生物特征识别系统	出入门按钮
	基价（元）			11.07	22.28	49.82	7.43
其中	人工费（元）			11.07	22.28	49.82	7.43
	材料费（元）			—	—	—	—
	机械费（元）			—	—	—	—
名称		单位	单价（元）		消耗量		
人工	二类人工	工日	135.00	0.082	0.165	0.369	0.055
材料	出入口相关设备	台	—	（1.000）	（1.000）	（1.000）	（1.000）

表5-6 出入口控制设备

计量单位：台
工作内容：开箱检查、设备组装、接线、本体安装调试

	定额编号			5-6-65	5-6-66	5-6-67	5-6-68	5-6-69
	项目			门禁控制器				
				单门	双门	四门	八门	十六门
	基价（元）			17.47	18.47	26.90	37.07	83.62
其中	人工费（元）			14.85	14.85	22.28	29.84	74.39
	材料费（元）			2.00	3.00	4.00	6.00	8.00
	机械费（元）			0.62	0.62	0.62	1.23	1.23
名称		单位	单价（元）		消耗量			

续表

定额编号				5-6-65	5-6-66	5-6-67	5-6-68	5-6-69
人工	二类人工	工日	135.00	0.110	0.110	0.165	0.221	0.551
材料	出入口相关设备	台	—	（1.000）	（1.000）	（1.000）	（1.000）	（1.000）
	其他材料费	元	1.00	2.00	3.00	4.00	6.00	8.00
机械	工业用真有效值万用表	台班	6.16	0.100	0.100	0.100	0.2000	0.2000

（3）巡更设备安装、调试定额。定额编号：5-6-79~5-6-81。巡更设备安装、调试如表5-7所示。

表5-7 巡更设备安装、调试

计量单位：套
工作内容：开箱检查、本体安装调试

定额编号				5-6-79	5-6-80	5-6-81
项目				电子巡更系统		巡更单元
				信息钮	通信钮	
基价（元）				4.46	11.88	11.88
其中	人工费（元）			4.46	11.88	11.88
	材料费（元）					
	机械费（元）					
名称		单位	单价（元）	消耗量		
人工	二类人工	工日	135.00	0.033	0.088	0.088
材料	出入口相关设备	台	—	（1.000）	（1.000）	（1.000）

（4）监控视频摄像设备安装、调试定额，包括摄像设备、视频控制设备、音频视频及脉冲分配器、视频补偿器、视频传输设备和视频管理设备等。定额编号：5-6-82~5-6-120。具体如表5-8、表5-9、表5-10所示。

表5-8 摄像设备安装

计量单位：台
工作内容：开箱检查、设备组装、检查基础、安装设备、找正调整、调试设备、试运行

定额编号			5-6-82	5-6-83	5-6-84	5-6-85	5-6-86
项目			摄像机				
			黑白带定焦镜头	黑白带电动变焦镜头	彩色带定焦镜头	彩色带电动变焦镜头	带红外光源
基价（元）			51.22	58.64	54.86	62.29	62.24
其中	人工费（元）		44.69	52.11	48.33	55.76	55.76
	材料费（元）		6.06	6.06	6.06	6.06	5.78
	机械费（元）		0.47	0.47	0.47	0.47	0.70
	名称	单位	单价（元）	消耗量			
人工	二类人工	工日	135.00	0.331	0.386	0.358	0.413	0.413
材料	监控视频设备	台	—	(1.000)	(1.000)	(1.000)	(1.000)	(1.000)
	脱脂棉	kg	38.79	0.020	0.020	0.020	0.020	0.020
	工业用酒精99.5%	kg	7.07	0.040	0.040	0.040	0.040	—
	其他材料费	元	1.00	5.00	5.00	5.00	5.00	5.00
机械	彩色监视器	台班	4.93	0.042	0.042	0.042	0.042	0.033
	对讲机（一对）	台班	4.61	0.042	0.042	0.042	0.042	0.042
	数字万用表	台班	4.16	0.017	0.017	0.017	0.017	0.083

表5-9 摄像设备安装

计量单位：台
工作内容：开箱检查、清点、检测、现场划线、定位、安装

定额编号		5-6-90	5-6-91	5-6-92	5-6-93	5-6-94
项目		摄像机防护罩	摄像机支架	摄像机云台	摄像机立杆	照明灯（含红外灯）
基价（元）		9.56	13.70	56.92	130.30	16.59
其中	人工费（元）	6.62	11.07	55.08	110.30	14.85
	材料费（元）	2.94	2.63	1.84	20.00	1.28
	机械费（元）	—	—	—	—	0.46

续表

定额编号			5-6-90	5-6-91	5-6-92	5-6-93	5-6-94
名称		单位	单价（元）	消耗量			
人工	二类人工	工日	135.00	0.049	0.082	0.408	0.817	0.110
材料	监控视频设备	台	-	(1.000)	(1.000)	(1.000)	(1.000)	(1.000)
	摄像机立杆	台	-	-	-	-	(1.000)	-
	脱脂棉	kg	38.79	-	-	-	-	0.020
	其他材料费	元	1.00	2.94	2.63	1.84	20.00	0.50
	对讲机（一对）	台班	4.61	-	-	-	-	0.100

表5-10 视频管理设备

计量单位：台
工作内容：开箱检查、接线、本体安装调试

定额编号			5-6-119	5-6-120
项目			视频综合管理平台包含软硬件	智能键盘
基价（元）			1135.98	59.54
其中	人工费（元）		1102.41	59.54
	材料费（元）		2.34	-
	机械费（元）		31.23	-
名称		单位	单价（元）	消耗量	
人工	二类人工	工日	135.00	8.166	0.441
材料	视频系统相关设备	台	-	(1.000)	(1.000)
	其他材料费	元	1.00	2.34	-
机械	笔记本电脑	台班	10.41	3.000	-

（5）安全检查设备安装、调试定额。定额编号：5-6-121~5-6-130。具体如表5-11所示。

表5-11 安全检查设备

计量单位：台/系统
工作内容：开箱检查、安装接线、本体安装调试

定额编号			5-6-121	5-6-122	5-6-123	5-6-124
项目			X射线安全检查设备		金属武器探测门	X射线安检设备数据管理系统
			单通道	双通道		通道数≤10
基价（元）			137.32	176.00	204.68	347.29
其中	人工费（元）		119.07	148.91	186.03	297.68
	材料费（元）		13.44	21.88	13.44	44.40
	机械费（元）		5.21	5.21	5.21	5.21
名称		单位	单价（元）	消耗量		
人工	二类人工	工日	135.00	0.331	0.386	0.358	0.413
材料	安全检查相关设备	台	–	(1.000)	(1.000)	(1.000)	(1.000)
	RJ45水晶头	个	0.86	4.000	8.000	4.000	40.000
	其他材料费	元	1.00	10.00	15.00	10.00	10.00
机械	笔记本电脑	台班	10.41	0.500	0.500	0.500	0.500

（6）停车场管理设备安装、调试定额。定额编号：5-6-131~5-6-144。具体如表5-12所示。

表5-12 停车场管理设备安装、调试

计量单位：台
工作内容：开箱检查、定位、安装、接线、电气调试、指标测试

定额编号				5-6-142	5-6-143	5-6-144
项目				车辆牌照识别装置	车辆识别装置	挡车器
基价（元）				49.06	63.91	47.83
其中	人工费（元）			44.69	59.54	37.26
	材料费（元）			4.37	4.37	10.57
	机械费（元）			–	–	–
名称		单位	单价（元）	消耗量		
人工	二类人工	工日	135.00	0.331	0.441	0.276
材料	停车场管理相关设备	台	–	(1.000)	(1.000)	(1.000)
	其他材料费	元	1.00	4.37	4.37	10.57

（7）安全防范分系统调试定额。定额编号：5-6-145~5-6-154。具体如表5-13、表5-14、表5-15所示。

表5-13 入侵报警系统和监控视频系统调试

计量单位：系统

工作内容：系统测试、参数（指标）设置、完成自检报告

定额编号			5-6-145	5-6-146	5-6-147	5-6-148
项目			入侵报警系统（点）		监视视频系统（台）	
			≤30	>30，每增加5	≤50	>50，每增加10
基价（元）			301.14	1.49	376.67	1.49
其中	人工费（元）		297.68	1.49	372.06	1.49
	材料费（元）		–	–	–	–
	机械费（元）		3.46	–	4.61	–
	名称	单位	单价（元）	消耗量		
人工	二类人工	工日	135.00	2.205	0.011	2.756	0.011
机械	对讲机（一对）	台班	4.61	0.750	–	1.000	–

表5-14 出入口控制系统和电子巡更系统调试

计量单位：系统

工作内容：系统测试、参数（指标）设置、完成自检报告

定额编号			5-6-149	5-6-150	5-6-151	5-6-152
项目			出入口控制系统（门）		电子巡更系统（个点）	
			≤50	>50，每增加5	≤50	>50，每增加5
基价（元）			312.70	14.85	153.52	14.95
其中	人工费（元）		297.68	–	148.91	–
	材料费（元）		–	–	–	–
	机械费（元）		15.02	–	4.61	–
	名称	单位	单价（元）	消耗量		
人工	二类人工	工日	135.00	2.205	0.110	1.103	0.110
机械	对讲机（一对）	台班	4.61	1.000	–	1.000	–
	笔记本电脑	台班	10.41	1.000	–	–	–

表5-15 停车场管理系统调试

计量单位：系统

工作内容：系统测试、参数（指标）设置、完成自检报告

定额编号			5-6-153	5-6-154
项目			停车场管理控制系统	
			≤2进2出	增加1进1出
基价（元）			156.42	61.04
其中	人工费（元）		148.91	59.54
	材料费（元）		–	–
	机械费（元）		7.51	1.50
名称		单位	单价（元）	消耗量
人工	二类人工	工日	135.00	1.103	0.441
机械	对讲机（一对）	台班	4.61	0.500	0.100
	笔记本电脑	台班	10.41	0.500	0.100

（8）安全防范系统联合调试定额。定额编号：5-6-155~5-6-160。具体如表5-16所示。

表5-16 安防系统联合调试

计量单位：系统

工作内容：安防系统联合调试、联动现场测量、记录、对比、调整

定额编号			5-6-155	5-6-156	5-6-157	5-6-158	5-6-159	5-6-160
项目			安防系统联合调试（点）					
			≤200	≤400	≤600	≤800	≤1000	>1000，每增加100
基价（元）			184.88	252.46	319.01	622.55	767.35	138.04
其中	人工费（元）		148.91	186.03	223.29	446.58	223.29	119.07
	材料费（元）		19.00	38.00	57.00	76.00	95.00	9.50
	机械费（元）		16.97	28.43	38.72	99.97	126.54	9.47
名称		单位	单价（元）	消耗量				
人工	二类人工	工日	135.00	1.103	1.378	1.654	1.654	1.654	0.882
材料	打印纸132-1	箱	190.00	0.100	0.200	0.300	0.400	0.500	0.050

续表

定额编号			5-6-155	5-6-156	5-6-157	5-6-158	5-6-159	5-6-160
机械	宽行打印机	台班	5.86	0.800	1.250	1.500	2.900	3.500	0.200
	彩色监视器	台班	4.93	0.500	1.000	1.500	2.000	2.500	0.200
	对讲机（一对）	台班	4.61	1.000	1.250	1.500	6.000	8.000	0.600
	笔记本电脑	台班	10.41	0.500	1.000	1.500	2.000	2.500	0.200
	工业用真有效值万用表	台班	6.16	–	–	–	4.00	5.00	0.400

（9）安全防范系统工程试运行定额。定额编号：5-6-161~5-6-162。如表5-17所示。

表5-17 安全防范系统试运行

计量单位：系统

工作内容：系统试运行、完成试运行报告

定额编号				5-6-161	5-6-162
项目				试运行（点）	
				≤200	>200，每增加200
基价（元）				328.38	154.83
其中	人工费（元）			297.68	154.83
	材料费（元）			9.5	3.8
	机械费（元）			21.20	2.12
	名称		单位	单价（元）	消耗量
人工	二类人工		工日	135.00	2.205	1.103
机械	打印纸132-1		箱	190.00	0.050	0.020
	笔记本电脑		台班	10.41	1.000	0.100
	宽行打印机		台班	5.86	1.000	0.100
	彩色监视器		台班	4.93	1.000	0.100

2.部分计算机及网络系统工程设备安装调试定额

根据《浙江省通用安装工程预算定额》（2018版）规定，针对本系统设备安装定额说明如下：

第一，机柜、机架、阮震底座安装执行《浙江省通用安装工程预算定额》（2018版）中"综合布线系统工程"相关定额。

第二，定额不包括以下工作内容：

计算机系统及网络系统互联及调试不包括设备本身的功能性故障排除，不包括与计算机系统以外的外系统联试、校验或统调工作。

计算软件安装、调试不包括排除由于软件本身缺陷造成的故障，不包括排除软件不配套或不兼容造成的运转失灵，不包括排除硬件系统的故障引起的失灵、操作系统发生故障中断、诊断程序运行失控等故障，不包括在特殊环境条件下的软件安装、防护，不包括与计算机系统以外的外系统联试、校验或统调。

计算机及网络系统工程设备安装、调试定额包括：

（1）输入、输出设备安装、调试定额，包括打印机、其他输入输出设备等。定额编号：5-1-1~5-1-2。

（2）控制设备安装、调试定额，包括通信控制器、光电转换和功能模块和KVM切换器等。定额编号：5-1-3~5-1-11。

（3）存储设备安装、调试定额，包括数字硬盘录像机、磁盘阵列机、光盘库、磁带机和磁带库等。定额编号：5-1-12~5-1-18。如表5-18、表5-19所示。

表5-18 存储设备安装调试（一）

计量单位：台
工作内容：开箱检查、接线、接地、本体安装调试、网络调试

定额编号				5-1-12	5-1-13
项目				录像设备	
				8路硬盘录像机	16路硬盘录像机
基价（元）				110.80	166.88
其中	人工费（元）			110.30	165.38
	材料费（元）			1.50	1.50
	机械费（元）			—	—
	名称	单位	单价（元）	消耗量	
人工	二类人工	工日	135.00	0.817	1.225
材料	监控视频设备	台	—	(1.000)	(1.000)
	其他材料费	元	1.00	1.50	1.50

表5-19 存储设备安装调试（二）

计量单位：台
工作内容：开箱检查、设备组装、接线、接地、本体安装调试、网络调试

定额编号	5-1-14	5-1-15	5-1-16
项目	NAS网络存储设备	SAN磁盘阵列设备	光盘库
基价（元）	207.70	381.44	214.51

续表

定额编号			5-1-14	5-1-15	5-1-16
其中	人工费（元）		165.38	330.75	165.38
	材料费（元）		1.00	1.00	1.00
	机械费（元）		41.32	49.69	48.13
	名称	单位	单价（元）	消耗量	
人工	二类人工	工日	135.00	1.225	2.450	1.225
材料	监控视频设备	台	—	(1.000)	(1.000)	(1.000)
	其他材料费	元	1.00	1.00	1.00	1.00
机械	工程车小型	台班	94.55	0.415	0.498	0.498
	笔记本电脑	台班	10.41	0.200	0.250	0.100

（4）互联电缆制作、安装定额，包括圆导体带状电缆、外设接口电缆、外设电缆和中继连接线缆（带连接器）等。定额编号：5-1-19~5-1-31。

（5）路由器设备安装、调试定额。定额编号：5-1-32~5-1-33。

（6）防火墙设备安装、调试定额。定额编号：5-1-34~5-1-37。

（7）网络交换机设备安装、调试定额。定额编号：5-1-38~5-1-44。如表5-20、表5-21所示。

表5-20 网络交换设备安装调试（一）

计量单位：台
工作内容：技术准备、开箱检查、互联、接口检查、加电调试、本体安装、网络调试

定额编号			5-1-38	5-1-39	5-1-40
项目			交换机（端口）		
			≤12	24	48
基价（元）			100.17	177.58	221.69
其中	人工费（元）		55.08	88.29	110.30
	材料费（元）		1.00	1.00	1.00
	机械费（元）		44.09	88.29	110.39
	名称	单位	单价（元）	消耗量	
人工	二类人工	工日	135.00	0.408	0.654	0.817
材料	网络设备	台	—	(1.000)	(1.000)	(1.000)
	其他材料费	元	1.00	1.00	1.00	1.00
机械	笔记本电脑	台班	10.41	0.010	0.030	0.040
	网络分析仪 全频段	台班	265.00	0.166	0.332	0.415

表5-21 网络交换设备安装调试（二）

计量单位：台
工作内容：技术准备、开箱检查、互联、接口检查、加电调试、本体安装、网络调试

定额编号			5-1-41	5-1-42	5-1-43	5-1-44
项目			交换机（槽位）			
			6以下	10以下	15以下	15以上
基价（元）			268.04	424.05	557.21	667.50
其中	人工费（元）		220.46	330.75	441.05	551.34
	材料费（元）		1.00	1.00	1.00	1.00
	机械费（元）		46.58	92.30	115.16	115.16
名称		单位	单价（元）	消耗量		
人工	二类人工	工日	135.00	1.633	2.450	3.267	4.084
材料	网络设备	台	—	(1.000)	(1.000)	(1.000)	(1.000)
	其他材料费	元	1.00	1.00	1.00	1.00	1.00
机械	笔记本电脑	台班	10.41	0.249	0.415	0.498	0.498
	网络分析仪 全频段	台班	265.00	0.166	0.332	0.415	0.415

（8）服务器及相关设备安装、调试定额。定额编号：5-1-45~5-1-53。

（9）无线设备安装、调试定额。定额编号：5-1-54~5-1-58。

（10）计算机网络系统联调定额。定额编号：5-1-59~5-1-61。

（11）计算机及网络系统试运行定额。定额编号：5-1-62~5-1-64。

（12）网络系统软件安装、调试定额。定额编号：5-1-65~5-1-68。

3.部分综合布线系统工程设备安装调试定额

根据《浙江省通用安装工程预算定额》（2018版）规定，针对本系统设备安装定额说明如下：

第一，双绞线缆的敷设及模块、配线架、跳线架等的安装、打接等定额，是按超五类非屏蔽布线系统编制，高于超五类的布线所用的定额子目人工乘系数1.1，屏蔽布线所有的定额子目人工乘系数1.2。

第二，跳线为成品时，定额基价乘系数0.5，跳线主材另计。

第三，在已建天棚内敷设线缆时，所用定额子目人工乘系数1.2。

综合布线系统工程设备安装、调试定额包括：

（1）机柜、机架设备安装定额。定额编号：5-2-1~5-2-4。如表5-22所示。

表5-22 机柜、机架设备安装

计量单位：台
工作内容：开箱检查、划线、定位、设备组装、接线、接地、本体安装

定额编号			5-2-1	5-2-2	5-2-3	5-2-4
项目			标准桌面机箱 19″	标准墙装机箱 19″	标准落地机柜	安装抗震底座
基价（元）			62.69	120.91	235.07	54.68
其中	人工费（元）		55.08	110.30	220.46	22.01
	材料费（元）		7.61	10.61	14.61	32.67
	机械费（元）		-	-	-	-
名称	单位	单价（元）		消耗量		
人工	二类人工	工日	135.00	0.408	0.817	1.633	0.163
材料	机柜（机架）	个	-	（1.000）	（1.000）	（1.000）	-
	抗震底座	个	-	-	-	-	（1.000）
机械	金属膨胀螺栓M12	套	0.64	4.08	4.08	4.08	4.08
	其他材料费	元	1.00	5.00	8.00	12.00	30.06

（2）大对数线缆安装定额。定额编号：5-2-5~5-2-12。

（3）双绞线安装定额。定额编号：5-2-13~5-2-15。如表5-23所示。

表5-23 双绞线缆

计量单位：100m
工作内容：检查、抽测电缆、清理管道/线槽/桥架、布放、捆扎电缆、封堵出口

定额编号			5-2-13	5-2-14	5-2-15
项目			管内穿放	管内穿放电话线	线槽（桥架）内布放
			对		
			≤4	2	≤4
基价（元）			88.12	88.60	85.15
其中	人工费（元）		81.81	74.39	78.84
	材料费（元）		4.00	11.90	4.00
	机械费（元）		2.31	2.31	2.31
名称	单位	单价（元）		消耗量	
人工	二类人工	工日	135.00	0.606	0.551	0.584

续表

材料	定额编号		5-2-13	5-2-14	5-2-15
材料	双绞线缆	m	—	(105.000)	—	(105.000)
材料	电话线缆	m	—	—	(105.000)	—
材料	镀锌铁丝	kg	6.55	—	0.900	—
材料	其他材料费	元	1.00	4.00	6.00	4.00
机械	对讲机（一对）	台班	4.61	0.500	0.500	0.500

（4）光缆安装定额。定额编号：5-2-16~5-23。如表5-24所示。

表5-24 光缆

计量单位：100m

工作内容：检查光缆、清理管道、制作穿线端头（钩）、穿放引线、穿放光缆、出口衬垫、封堵出口

	定额编号			5-2-16	5-2-17	5-2-18
				管内穿放（芯）		
				≤12	≤36	≤72
	基价（元）			94.08	138.63	168.47
其中	人工费（元）			89.37	133.92	163.76
其中	材料费（元）			2.40	2.40	2.40
其中	机械费（元）			2.31	2.31	2.31
	名称	单位	单价（元）	消耗量		
人工	二类人工	工日	135.00	0.662	0.992	1.213
材料	光缆	m	—	(102.000)	(102.000)	(102.000)
材料	镀锌铁丝	kg	6.55	—	0.900	—
材料	其他材料费	元	1.00	2.40	2.40	2.40
机械	对讲机（一对）	台班	4.61	0.500	0.500	0.500

（5）跳线安装定额。定额编号：5-2-24~5-2-28。

（6）配线架安装定额。定额编号：5-2-29~5-2-32。

（7）跳线架安装定额。定额编号：5-2-33~5-2-34。

（8）信息插座安装定额。定额编号：5-2-35~5-2-39。

（9）光纤连接定额。定额编号：5-2-40~5-2-45。

（10）光缆终端盒安装定额。定额编号：5-2-46~5-2-52。

（11）布放尾纤定额。定额编号：5-2-53~5-2-55。

（12）线管理器安装定额。定额编号：5-2-56。

（13）测试定额。定额编号：5-2-57~5-2-59。

（14）视频同轴电缆安装定额。定额编号：5-2-60~5-2-63。

（15）系统调试、试运行定额。定额编号：5-2-64~5-2-66。

4.部分电气设备安装调试定额

根据《浙江省通用安装工程预算定额》（2018版）规定，安防工程中涉及的电气设备安装定额主要包括以下几类：

《浙江省通用安装工程预算定额》（2018版）中"电气设备安装工程"的"控制设备及低压电气安装工程"相关定额。

《浙江省通用安装工程预算定额》（2018版）中"电气设备安装工程"的"蓄电池安装工程"相关定额。

《浙江省通用安装工程预算定额》（2018版）中"电气设备安装工程"的"电缆敷设工程"相关定额。

《浙江省通用安装工程预算定额》（2018版）中"电气设备安装工程"的"防雷与接地装置安装工程"相关定额。

《浙江省通用安装工程预算定额》（2018版）中"电气设备安装工程"的"配管工程"相关定额。

《浙江省通用安装工程预算定额》（2018版）中"电气设备安装工程"的"配线工程"相关定额。

根据《浙江省通用安装工程预算定额》（2018版）规定，与安防工程有关的电气设备安装定额说明、工程量计算规则以及常用定额套用如下定额〔具体定额基价详见《浙江省通用设备安装预算定额》（2018版）〕：

（1）控制设备及低压电气安装工程定额

屏、柜、台、箱设备安装定额包括设备本体及其辅助设备安装，不包括支架制作与安装、焊（压）接线端子、端子板外部（二次）接线、基础槽（角）钢制作与安装、设备上开孔等。

嵌入式成套配电箱执行相应悬挂式安装定额，基价乘系数1.2；插座箱的安装执行相应的成套配电箱安装定额，基价乘系数0.5。

配电箱安装定额套用《浙江省通用设备安装工程预算定额》（2018版）中"低压成套配电柜、箱安装"定额（定额编号：4-4-13~4-4-18）；接线端子安装定额套用《浙江省通用设备安装工程预算定额》（2018版）中"接线端子"定额（定额编号：4-4-26~4-4-49）；基础槽钢、角钢制作与安装定额套用《浙江省通用设备安装工程预算定额》（2018版）中"金属构件制作与安装"定额（定额编号：4-4-68~4-

4-70）。

（2）蓄电池安装工程定额

蓄电池安装定额不包括蓄电池抽头连接用电缆及电缆保护管的安装，工程实际发生时，执行相应定额。

碱性蓄电池安装需要补充的电解液，按照厂家设备供货情况编制。

密封式铅酸蓄电池安装定额包括电解液材料消耗，执行时不作调整。

UPS不间断电源安装定额分单相（单相输入/单相输出）、三相（三相输入/三相输出），三相输入/单相输出设备安装执行三相定额。

（3）电缆敷设工程定额

根据部分人工或机械铺设的工程量以及管子铺设深度等因素分别计算。电缆保护管公称直径小于或等于25mm时，参照DN50的相应定额，计价乘系数0.7。多孔梅花管安装以梅花管外径参照相应的塑料管定额，基价乘系数1.2。入室后需要敷设电缆保护管时，执行"配管工程"相关定额。

桥架安装定额包括组对、焊接、桥架开孔、隔板与盖板安装、接地、附件安装、修理等，不包括桥架支架安装。钢制桥架主结构设计厚度大于3mm时，执行相应安装定额的人工、机械乘系数1.2。不锈钢桥架安装执行相应的钢制桥架定额乘系数1.1。

防火桥架执行钢制槽式桥架相应定额，耐火桥架执行钢制槽式桥架相应定额人工和机械乘系数2.0。电缆桥架支撑架安装定额适用于桥架成套供货的成品支撑架安装。

电缆在一般山地地区敷设时，其定额人工和机械乘系数1.6。在丘陵地区敷设时，其定额人工和机械乘系数1.15。电缆敷设综合了除排管内敷设以外的各种不同敷设方式，包括土沟内、穿管、支架、沿墙卡设、钢索、沿支架卡设等。实际工作中，不论采用上述何种方式，一律不做换算和调整。

电缆桥架、线槽穿越楼板、墙做防火封堵时，堵洞面积在0.25m^2以内的套用防火封堵（盘柜下）定额，主材按实计算。

电缆敷设定额中不包括支架的制作与安装，工程应用时，执行《浙江省通用设备安装工程预算定额》（2018版）"通用项目和措施项目工程"中相应定额。

（4）防雷与接地装置安装定额

接地安装与接地母线敷设定额不包括采用爆破法施工、接地电阻率高的土质换土、接地电阻测定工作。

利用建筑结构钢筋作为接地引线安装定额是按照每根柱子内焊接两根主筋编制，当焊接主筋超过两根时，可按比例调整安装定额。

防雷均压环如采用单独扁钢或圆钢明敷设时，可执行户内接地母线敷设相应定额。

利用铜绞线作为接地引下线时，其配管、穿铜绞线执行配管、配线的相应定额，但不得再重复套用避雷引下线敷设的相应定额。

接地母线埋地敷设定额是按照室外整平标高和一般土质综合编制，包括地沟挖填土和夯实，执行定额时不再计算土方工程量。

等电位箱箱体安装，箱体半周长在200mm以内参照接线盒定额，其他按箱体大小参照应接线箱定额。

（5）配管工程

配管定额不包括支架的制作与安装。支架的制作与安装执行《通用项目和措施项目工程》相应定额。

镀锌电线管安装执行镀锌钢管安装定额。

扣压式薄壁钢导管（KBG）执行套接紧定式镀锌钢导管（JDG）定额。

金属软管敷设定额适用于顶板内接线盒至吊顶上安装的灯具等之间的保护管，电机与配管之间的金属软管已经包含在电机检查接线定额内。

凡在吊平顶安装前采用支架、管卡、螺栓固定管子方式的配管，执行"砖、混凝土结构明配"相应定额。其他方式（如在上层楼板内预埋，吊平顶内用铁丝捆扎、电焊固定管子等）的配管执行"砖、混凝土结构暗配"相应定额。

沟槽恢复定额仅适用于二次精装修工程。

配管刷油漆、防火漆或防火涂料、管外壁防腐保护执行"刷油、防腐蚀、绝热工程性"相应定额。

（6）配线工程

管内穿线定额包括扫管、穿引线、穿线、焊接包头，绝缘子配线定额包括埋螺钉、钉木楞、埋穿墙管、安装绝缘子、配线、焊接包头，线槽配线定额包括清扫线槽、布线、焊接包头，塑料护套线明敷定额包括埋穿墙管、上卡子、配线、焊接包头。

多芯软导线线槽配线按芯数不同套用"管内穿多芯软导线"相应定额乘系数1.2。

5.部分通信设备及线路工程安装调试定额

根据《浙江省通用安装工程预算定额》（2018版）规定，安防工程中涉及的通信设备及线路安装定额主要包括以下几类：

（1）线路工程施工定额使用说明

塑料管道基础部分是按塑料管道外径110mm标准取定的，当塑料管道外径为其他尺寸或者是栅格管组群时，按基础实际宽度参照定额数据进行相应调整。

砌筑人（手）孔的子目是按照标准图集给定的标准人（手）孔设置的，当实际的人（手）孔结构与标准不同时，应按照最接近原则套用相应定额数据，不作调整。

（2）安装分光、分线、配线设备定额使用说明

光缆交接箱含室外落地式和壁挂式光缆交接箱。壁挂式交接箱的安装不包括引上管的安装，引上管执行"光（点）缆接续与测试"相关子目。

配线箱、接线箱的安装均不包括基础及支撑物安装内容，基础及支撑物的安装另外子目，可根据工程需要进行选用。

光分路器与光纤线路插接适用于光分路器的上、下行端口与已有活动链接器的光纤线路的插接。

5.2.3 分清工程项目和计算工程量

（一）工程项目的概念

所谓工程项目是指工程中的各分部分项工程的列项。对于安防工程，分部分项工程包括：

报警探测器安装和调试、报警主机安装和调试、报警分系统调试；

摄像机安装和调试、视频存储设备安装和调试、视频显示设备安装和调试、视频监控分系统调试；

门禁读卡器安装和调试、磁力锁安装、出门按钮安装、门禁控制器安装和调试、出入口控制分系统调试；

光纤敷设、线缆敷设、链路测试；

交换机设备安装和调试；

服务器安装和调试；

软件安装和调试；

设备箱安装；

管路安装、桥架安装；

安防系统联调、安防系统试运行等。

安防工程中的工程项目必须根据《通用安装工程工程量计算规范》（GB 50856-2013）的规定进行分类和列项。

（二）《通用安装工程工程量计算规范》（GB 50856-2103）介绍

1.概述

《通用安装工程工程量计算规范》（GB 50856-2103）规范了安装工程造价计量

行为，统一了"通用安装工程"的工程量清单的编制、项目设置和计量规则。

《通用安装工程工程量计算规范》（GB 50856-2103）适用于"通用安装工程"施工发承包计价活动中的工程量清单编制和工程量计算。

《通用安装工程工程量计算规范》（GB 50856-2103）中的安装工程是指各种设备、装置的安装工程，包括工业、民用电器，电气、智能化控制设备，自动化控制仪表，通风空调，工业管道，消防管道及给排水燃气管道以及通信设备安装等。

2.主要内容

（1）基本术语的定义

分部分项工程：分部分项工程是单位工程的组成部分，按通用安装工程专业实施特点或施工任务将单位工程划分为若干分部工程；分项工程是分部工程的组成部分，是按不同施工方法、材料、工序将分部工程划分为若干个分项或项目的工程。

措施项目：为完成工程项目施工，发生于该工程施工准备和施工过程中的技术、生活、安全、环境保护等方面的项目。

项目编码：分部分项工程和措施项目工程量清单项目名称的数字标识。

项目特征：构成分部分项工程量清单项目、措施项目自身价值的本质特征。

（2）主要内容

①分部分项工程

分部分项工程量清单应包括项目编码、项目名称、项目特征、计量单位和工程量。应根据《通用安装工程工程量计算规范》（GB 50856-2013）规定进行编制。其中，项目编码应采用十二位阿拉伯数字表示，一至九位按照《通用安装工程工程量计算规范》（GB 50856-2013）的规定设置，十至十二位根据拟建工程的工程量清单项目名称设置，同一工程的项目编码不得有重复。

项目名称应按照《通用安装工程工程量计算规范》（GB 50856-2103）规定的项目名称结合拟建工程的实际确定。

项目特征应按照《通用安装工程工程量计算规范》（GB 50856-2103）的规定结合拟建工程的实际予以描述。

工程量应按照《通用安装工程工程量计算规范》（GB 50856-2103）规定的工程量计算规则计算。

计量单位应按照《通用安装工程工程量计算规范》（GB 50856-2103）的规定确定。

补充项目的编码应按照《通用安装工程工程量计算规范》（GB 50856-2103）的规定从03B001起顺序编制。

②措施项目

措施项目中列出了项目编码、项目名称、项目特征、计量单位、工程量计算规则的，编制工程量清单项目时，需按照分部分项工程计算规定执行；措施项目仅列出项目编码、项目名称，未列出项目特征、计量单位和工程量计算规则的项目的，编制工程量清单时应按照《通用安装工程工程量计算规范》（GB 50856-2103）规定的项目编码、项目名称确定；措施项目应根据拟建工程的实际情况列项，若出现本规范未列的项目，可根据工程实际情况补充，编码规则按照分部分项工程补充项目的规定执行。

《通用安装工程工程量计算规范》（GB 50856-2103）中工程分类如下：

机械设备安装工程分类详见表5-25。

表5-25　机械设备安装工程分类表

一级分类	二级分类	项目编码
机械设备安装工程	切削设备安装	030101******
	锻压设备安装	030102******
	铸造设备安装	030103******
	起重设备安装	030104******
	起重机轨道安装	030105******
	输送设备安装	030106******
	电梯安装	030107******
	风机安装	030108******
	泵安装	030109******
	压缩机安装	030110******
	工业炉安装	030111******
	煤气发生设备安装	030112******
	其他机械安装	030113******

热力设备安装工程分类详见表5-26。

表5-26 热力设备安装工程分类表

一级分类	二级分类	项目编码
热力设备安装工程	中压锅炉本体设备安装	030201******
	中压锅炉分布试验及试运	030202******
	中压锅炉风机安装	030203******
	中压锅炉除尘装置安装	030204******
	中压锅炉制粉系统安装	030205******
	中压锅炉烟、风、煤管道安装	030206******
	中压锅炉其他辅助设备安装	030207******
	中压锅炉炉墙砌筑	030208******
	汽轮发电机本体安装	030209******
	汽轮发电机辅助设备安装	030210******
	汽轮发电机附属设备安装	030211******
	卸煤设备安装	030212******
	煤场机械设备安装	030213******
	碎煤设备安装	030214******
	上煤设备安装	030215******
	水力冲渣、冲灰设备安装	030216******
	气力除灰设备安装	030217******
	化学水预处理系统设备安装	030218******
	锅炉补给水除盐系统设备安装	030219******
	凝结水处理系统设备安装	030220******
	循环水处理系统设备安装	030221******
	给水、炉水校正处理系统设备安装	030222******
	脱硫设备安装	030223******
	低压锅炉本体设备安装	030224******
	低压锅炉附属及辅助设备安装	030225******

静置设备与工艺金属结构制作安装工程分类详见表5-27。

表5-27 静置设备与工艺金属结构制作安装工程分类表

一级分类	二级分类	项目编码
静置设备安装工程	静置设备制作	030301******
	静置设备安装	030302******
	工业炉安装	030303******
	金属油罐制作安装	030304******
	球型罐组对安装	030305******
	气柜制作安装	030306******
	工艺金属结构制作安装	030307******
	铝制、铸铁、非金属设备安装	030308******
	撬块安装	030309******
	无损检验	030310******

电气设备安装工程分类详见表5-28。

表5-28 电气设备安装工程分类表

一级分类	二级分类	项目编码
电气设备安装工程	变压器安装	030401******
	配电装置安装	030402******
	母线安装	030403******
	控制设备及低压电器安装	030404******
	蓄电池安装	030405******
	电机检查接线及调试	030406******
	滑触线装置安装	030407******
	电缆安装	030408******
	防雷及接地装置安装	030409******
	10KV以下架空配电线路	030410******
	配管、配线	030411******
	照明器具安装	030412******
	附属工程	030413******
	电气调整试验	030414******

建筑智能化工程分类详见表5-29。

表5-29 建筑智能化工程分类表

一级分类	二级分类	项目编码
智能化设备工程	计算机应用、网络系统工程	030501******
	综合布线系统工程	030502******
	建筑设备自动化系统工程	030503******
	建筑信息综合管理系统工程	030504******
	有线电视、卫星接收系统工程	030505******
	音频、视频系统工程	030506******
	安全防范系统工程	030507******

自动化控制仪表安装工程分类详见表5-30。

表5-30 自动化控制仪表安装工程分类表

一级分类	二级分类	项目编码
自动化控制仪表安装工程	过程检测仪表	030601******
	显示及调节控制仪表	030602******
	执行仪表	030603******
	机械量仪表	030604******
	过程分析和物性检测仪表	030605******
	仪表回路模拟试验	030606******
	安全监测及报警装置	030607******
	工业计算机安装与调试	030608******
	仪表管路敷设	030609******
	仪表盘、箱、柜及附件安装	030610******
	仪表附件安装	030611******

通风空调工程分类详见表5-31。

表5-31 通风空调工程分类表

一级分类	二级分类	项目编码
通风空调工程	通风及空调设备及部件制作安装	030701******
	通风管道制作安装	030702******
	通风管道部件制作安装	030703******
	通风工程检测、调试	030704******

工业管道工程分类详见表5-32。

表5-32 工业管道工程分类表

一级分类	二级分类	项目编码
工业管道工程	低压管道	030801******
	中压管道	030802******
	高压管道	030803******
	低压管件	030804******
	中压管件	030805******
	高压管件	030806******
	低压阀门	030807******
	中压阀门	030808******
	高压阀门	030809******
	低压法兰	030810******
	中压法兰	030811******
	高压法兰	030812******
	板卷管制作	030813******
	管件制作	030814******
	管架制作安装	030815******
	无损探伤与热处理	030816******
	其他项目制作安装	030817******

消防工程分类详见表5-33。

表5-33 消防工程分类表

一级分类	二级分类	项目编码
消防工程	水灭火系统	030901******
	气体灭火系统	030902******
	泡沫灭火系统	030903******
	火灾自动报警系统	030904******
	消防系统调试	030905******

给排水、采暖、燃气工程分类详见表5-34。

表5-34 给排水、采暖、燃气工程分类表

一级分类	二级分类	项目编码
给排水、采暖、燃气工程	给排水、采暖、燃气管道	031001******
	支架及其他	031002******
	管道附件	031003******
	卫生器具	031004******
	供暖器具	031005******
	采暖、给排水设备	031006******
	燃气器具及其他	031007******
	医疗气体设备及附件	031008******
	采暖、空调水工程系统调试	031009******

通信设备及线路工程分类详见表5-35。

表5-35 通信设备及线路工程分类表

一级分类	二级分类	项目编码
通信设备及线路工程	通信设备	031101******
	移动通信设备工程	031102******
	通信线路工程	031103******

刷油、防腐蚀、绝热工程分类详见表5-36。

表5-36 刷油、防腐蚀、绝热工程分类表

一级分类	二级分类	项目编码
刷油、防腐蚀、绝热工程	刷油工程	031201******
	防腐蚀涂料工程	031202******
	手工糊衬玻璃钢工程	031203******
	橡胶板及塑料板衬里工程	031204******
	衬铅及搪铅工程	031205******
	喷镀（涂）工程	031206******
	耐酸砖、板衬里工程	031207******
	绝热工程	031208******
	管道补口补伤工程	031209******
	阴极保护及牺牲阳极	031210******

措施项目分类详见表5-37。

表5-37 措施项目分类表

一级分类	二级分类		项目编码
措施项目	专业措施项目	吊装加固	031301001***
		金属抱杆安装、拆除、移位	031301002***
		平台铺设、拆除	031301003***
		顶升、提升装置	031301004***
		大型设备专用机具安装、拆除	031301005***
		焊接工艺评定	031301006***
		胎(模)具制作、安装、拆除	031301007***
		防护棚制作、安装、拆除	031301008***
		特殊地区施工增加	031301009***
		安装与生产同时进行施工增加	031301010***
		在有害身体健康环境中施工增加	031301011***
		工程系统检测、检验	031301012***
		设备、管道施工的安全、放冻和焊接保护	031301013***
		焦炉烘炉、热态工程	031301014***
		管道安拆后充气保护	031301015***
		隧道内施工的通风、供水、供气、供电、照明及通信设施	031301016***
		脚手架搭拆	031301017***
		其他措施	031301018***
	安全文明施工及其他措施项目	安全文明施工	031302001***
		夜间施工增加	031302001***
		非夜间施工增加	031302001***
		二次搬运	031302001***
		冬雨季施工增加	031302001***
		已完工程及设备保护	031302001***
		高层施工增加	031302001***

(三)安防工程常用的工程项目列项

按照《安全防范工程技术标准》(GB50348-2018)规定,安防工程通常由入侵和紧急报警、视频监控、出入口控制、停车库(场)安全管理、防爆安全检查、电子巡更、楼宇对讲等子系统组成。

根据《建筑工程施工质量验收统一标准》(GB50300)中分部分项工程划分规定,建筑项目中的安防工程一般包括安全防范系统、计算机网络系统、综合布线系统、计算机机房工程等子分部工程。根据《智能建筑工程质量验收规范》（GB50339）中分部分项工程划分规定，建筑项目中的安防工程一般包括安全技术防范系统、信息网络系统、综合布线系统、机房工程和应急响应等子分部工程。

信息网络系统子分部工程包括计算机网络设备安装、计算机网络软件安装、网络安全设备安装、网络安全软件安装、系统调试、试运行等分项工程。

综合布线系统子分部工程包括梯架、托盘、槽盒和导管安装，线缆敷设，机柜、机架、配线架的安装，信息插座安装，链路或信道测试，软件安装，系统调试，试运行等分项工程。

安全技术防范系统子分部工程包括梯架、托盘、槽盒和导管安装，线缆敷设，设备安装，软件安装，系统调试，试运行等分项工程。

应急响应系统子分部工程包括设备安装、软件安装、系统调试、试运行等分项工程。

机房工程子分部工程包括供配电系统、防雷与接地系统、空气调节系统、给水排水系统、综合布线系统、监控与安全防范系统、消防系统、室内装饰装修、电磁屏蔽、系统调试、试运行等分项工程。

安防工程分部分项工程按照《通用安装工程工程量计算规范》（GB 50856-2103）中以下项目列项：

1.安防工程各子系统设备安装、调试项目类别，详见表5-38。

表5-38 安防工程安装调试项目分类表

项目编码	项目名称	项目特征	计量单位	工程量计算规则	工作内容
030507001***	入侵探测设备	1.名称 2.类别 3.探测范围 4.安装方式	套	按设计图示数量计算	1.本体安装 2.单体调试
030507002***	入侵报警控制器	1.名称 2.类别 3.探测范围 4.安装方式	套	按设计图示数量计算	1.本体安装 2.单体调试
030507003***	入侵报警中心显示设备	1.名称 2.类别 3.安装方式	套	按设计图示数量计算	1.本体安装 2.单体调试

续表

项目编码	项目名称	项目特征	计量单位	工程量计算规则	工作内容
030507004***	入侵报警信号传输设备	1.名称 2.类别 3.功率 4.安装方式	套	按设计图示数量计算	1.本体安装 2.单体调试
030507005***	出入口目标识别设备	1.名称 2.规格	台	按设计图示数量计算	1.本体安装 2.单体调试
030507006***	出入口控制设备	1.名称 2.规格	台	按设计图示数量计算	1.本体安装 2.单体调试
030507007***	出入口执行机构设备	1.名称 2.类别 3.规格	台	按设计图示数量计算	1.本体安装 2.单体调试
030507008***	监控摄像设备	1.名称 2.类别 3.安装方式	台	按设计图示数量计算	1.本体安装 2.单体调试
030507009***	视频控制设备	1.名称 2.类别 3.路数 4.安装方式	台（套）	按设计图示数量计算	1.本体安装 2.单体调试
030507010***	音频、视频及脉冲分配器				
030507011***	视频补偿器	1.名称 2.通道量	台（套）	按设计图示数量计算	1.本体安装 2.单体调试
030507012***	视频传输设备	1.名称 2.通道量	台（套）	按设计图示数量计算	1.本体安装 2.单体调试
030507013***	录像设备	1.名称 2.类别 3.规格 4.存储容量、格式	台（套）	按设计图示数量计算	1.本体安装 2.单体调试
030507014***	显示设备	1.名称 2.类别 3.规格	1.台 2.m²	1.以台计量，按设计图示数量计算 2.以平方米计量，按设计图示面积计算	1.本体安装 2.单体调试

续表

项目编码	项目名称	项目特征	计量单位	工程量计算规则	工作内容
030507015***	安全检查设备	1.名称 2.规格 3.类别 4.程式 5.通道数	台（套）	1.以台计量，按设计图示数量计算 2.以平方米计量，按设计图示面积计算	1.本体安装 2.单体调试
030507016***	停车场管理设备	1.名称 2.类别 3.规格	台（套）	1.以台计量，按设计图示数量计算 2.以平方米计量，按设计图示面积计算	1.本体安装 2.单体调试
030507017***	安全防范分系统调试	1.名称 2.类别 3.通道数	系统	按设计内容	各分系统调试
030507018***	安全防范全系统调试	系统内容	系统	按设计内容	1.各分系统的联动 2.参数设置全系统联调
030507019***	安全防范系统工程试运行	1.名称 2.类别	系统	按设计内容	系统试运行

2.安防工程中涉及计算机应用、网络系统工程的项目，应按照《通用安装工程工程量计算规范》（GB 50856-2103）中计算机应用、网络系统工程相关项目列项，详见表5-39。

表5-39 计算机网络工程项目分类表

项目编码	项目名称	项目特征	计量单位	工程量计算规则	工作内容
030501001***	输入设备	1.名称 2.类别 3.规格 4.安装方式	台	按设计图示数量计算	1.本体安装 2.单体调试
030501002***	输出设备	1.名称 2.类别 3.规格 4.安装方式	台	按设计图示数量计算	1.本体安装 2.单体调试
030501003***	控制设备	1.名称 2.类别 3.路数 4.规格	台	按设计图示数量计算	1.本体安装 2.单体调试
030501004***	存储设备	1.名称 2.类别 3.规格 4.容量 5.通道数	台	按设计图示数量计算	1.本体安装 2.单体调试
030501005***	插箱、机柜	1.名称 2.类别 3.规格	台	按设计图示数量计算	1.本体安装 2.接电源线、保护地线、功能地线
030501006***	互联电缆	1.名称 2.类别 3.规格	条	按设计图示数量计算	制作、安装
030501007***	接口卡	1.名称 2.类别 3.传输速率	台（套）	按设计图示数量计算	1.本体安装 2.单体调试
030501008***	集线器	1.名称 2.类别 3.堆叠单元量	台（套）	按设计图示数量计算	1.本体安装 2.单体调试
030501009***	路由器	1.名称 2.类别 3.规格 4.功能	台（套）	按设计图示数量计算	1.本体安装 2.单体调试

续表

项目编码	项目名称	项目特征	计量单位	工程量计算规则	工作内容
030501010***	收发器	1.名称 2.类别 3.规格 4.功能	台（套）	按设计图示数量计算	1.本体安装 2.单体调试
030501011***	防火墙	1.名称 2.类别 3.规格 4.功能	台（套）	按设计图示数量计算	1.本体安装 2.单体调试
030501012***	交换机	1.名称 2.功能 3.层数	台（套）	按设计图示数量计算	1.本体安装 2.单体调试
030501013***	网络服务器	1.名称 2.类别 3.规格	台（套）	按设计图示数量计算	1.本体安装 2.插件安装 3.接信号线、电源线、地线
030501014***	计算机应用网络系统接地	1.名称 2.类别 3.规格	系统	按设计图示数量计算	1.安装焊接 2.检测
030501015***	计算机应用网络系统联调	1.名称 2.类别 3.用户数	系统	按设计图示数量计算	系统调试
030501016***	计算机应用网络系统试运行	1.名称 2.类别 3.用户数	系统	按设计图示数量计算	试运行
030501017***	软件	1.名称 2.类别 3.规格 4.容量	套	按设计图示数量计算	1.安装 2.调试 3.试运行

3.安防工程中涉及综合布线工程的项目，应按照《通用安装工程工程量计算规范》（GB 50856-2103）中综合布线系统工程相关项目列项，详见表5-40。

表5-40　综合布线工程项目分类表

项目编码	项目名称	项目特征	计量单位	工程量计算规则	工作内容
030502001***	机柜、机架	1.名称 2.材质 3.规格 4.安装方式	台	按设计图示数量计算	1.本体安装 2.相关固定件安装
030502002***	抗震底座	1.名称 2.材质 3.规格 4.安装方式	个	按设计图示数量计算	1.本体安装 2.底盒安装
030502003***	分线接线箱（盒）	1.名称 2.材质 3.规格 4.安装方式	个	按设计图示数量计算	1.本体安装 2.底盒安装
030502004***	电视、电话插座箱	1.名称 2.安装方式 3.底盒材质规格	个	按设计图示数量计算	1.本体安装 2.底盒安装
030502005***	双绞线缆	1.名称 2.规格 3.线缆对数 4.敷设方式	m	按设计图示尺寸以长度计算	1.敷设 2.标记 3.卡接
030502006***	大对数电缆	1.名称 2.规格 3.线缆对数 4.敷设方式	m	按设计图示尺寸以长度计算	1.敷设 2.标记 3.卡接
030502007***	光缆	1.名称 2.规格 3.线缆对数 4.敷设方式	m	按设计图示尺寸以长度计算	1.敷设 2.标记 3.卡接
030502008***	光纤束、光缆外护套	1.名称 2.规格 3.安装方式	m	按设计图示尺寸以长度计算	1.气流吹放 2.标记
030502009***	跳线	1.名称 2.类别 3.规格	条	按设计图示数量计算	1.插接跳线 2.整理跳线

续表

项目编码	项目名称	项目特征	计量单位	工程量计算规则	工作内容
030502010***	配线架	1.名称 2.规格 3.容量	个（块）	按设计图示数量计算	1.安装 2.打接
030502011***	跳线架	1.名称 2.规格 3.容量	个（块）	按设计图示数量计算	1.安装 2.打接
030502012***	信息插座	1.名称 2.类别 3.规格 4.安装方式 5.底盒材质、规格	个（块）	按设计图示数量计算	1.端接模块 2.安装面板
030502013***	光纤盒	1.名称 2.类别 3.规格 4.安装方式	个（块）	按设计图示数量计算	1.端接模块 2.安装面板
030502014***	光纤连接	1.方法 2.模式	芯（端口）	按设计图示数量计算	1.接续 2.测试
030502015***	光缆终端盒	光缆芯数	个	按设计图示数量计算	1.接续 2.测试
030502016***	布放尾纤	1.名称 2.规格 3.安装方式	根	按设计图示数量计算	1.接续 2.测试
030502017***	线管理器	1.名称 2.规格 3.安装方式	个	按设计图示数量计算	本体安装
030502018***	跳块	1.名称 2.规格 3.安装方式	个	按设计图示数量计算	安装、卡接
030502019***	双绞线测试	1.测试类别 2.测试内容	链路（点、芯）	按设计图示数量计算	测试
030502020***	光纤测试	1.测试类别 2.测试内容	链路（点、芯）	按设计图示数量计算	测试

安防工程经常用到的项目列项还包括以下内容：

（1）土方工程，应按照《房屋建筑与装饰工程工程量计算规范》（GB 50854-2013）中相关项目编码列项。

（2）开挖路面，应按照《市政工程工程工程量计算规范》（GB 50857-2103）中相关项目编码列项。

（3）配管工程、线槽、桥架、电气设备、电器器件、接线箱（盒）、电线、接地系统、凿（压）槽、打孔、打洞、人孔、手孔、立杆工程，应按照《通用安装工程工程量计算规范》（GB 50856-2103）中电器设备安装工程相关项目列项。

（4）蓄电池组、六孔管道、专业通信系统工程，应按照《通用安装工程工程量计算规范》（GB 50856-2103）中通信设备及线路工程相关项目列项。

（5）机架等项目应根据安防工程特点具体进行确定。

（6）措施项目按照《通用安装工程工程量计算规范》（GB 50856-2103）规定，根据工程实施实际情况确定。

（四）安防工程的工程量清单列项

在进行安防工程施工预的分部分项工程量清单编制时，应根据国家、地方有关工程量清单计价规范，结合施工图设计图纸和施工方案进行。

表5-41（见P194）为常规视频监控工程工程量清单列项。

（五）计算工程量

计算工程量即以施工图设计图纸、施工组织设计或施工方案及有关技术经济文件为依据，按照相关工程国家标准的计算规则、计量单位等规定，进行工程数量的计算。

进行安防工程施工图预算的计算工程量时，必须按照《建设工程工程量清单计价规范》（GB50500-2013）、《通用安装工程工程量计算规范》（GB50856-2013）、《浙江省建设工程计价规则》（2018版）中规定的工程量计量单位和计算规则进行。

1. 工程量计量单位和精度要求

（1）以体积计算的计算单位为m^3，精度取值应保留两位小数，如安防工程中室外管路施工中的土方开挖、回填工程量。

（2）以面积计算的计算单位为m^2，精度取值应保留两位小数，如安防工程中机房防静电地板安装工程量。

（3）以长度计算的计算单位为m，精度取值应保留两位小数，如安防工程中信号线缆、电源线缆、桥架和线管等敷设工程量。

表5-41 常规视频监控工程量清单

序号	项目编码	项目名称	项目特征	计量单位	工程量	综合单价	合价	金额(元) 人工费	其中 机械费	暂估价
			网络视频监控系统							
1	030507008001	网络半球摄像机	[项目特征] 1.名称: 含镜头、安装附件 2.参数: …… 3.其他要求: …… [工作内容] 1.本体安装 2.单体调试	台	200					
2	030507008002	网络枪式摄像机	[项目特征] 1.名称: 含镜头、安装附件 2.参数: …… 3.其他要求: …… [工作内容] 1.本体安装 2.单体调试	台	300					
3	030507008004	室外立杆	[项目特征] 1.名称: …… 2.规格: …… 3.其他要求: 含配套地笼、安装附件、水泥底座基础 [工作内容] 本体安装	台	50					
4	030409001001	接地极	[项目特征] 1.名称: …… 2.规格: 热镀锌角钢 5mm×50mm×50mm, 2.5米长。3.其他要求: 含焊接等相关附件 [工作内容] 1.接地极制作、安装 2.补刷油漆	根	200					
5	030409002001	室外接地母线	[项目特征] 1.名称: …… 2.规格: 热镀锌扁-40×4 3.其他要求: 含挖填土方 焊接等相关附件 [工作内容] 1.接地母线制作、安装 2.补刷油漆	m	100					

续表

序号	项目编码	项目名称	项目特征	计量单位	工程量	综合单价	合价	人工费	机械费	暂估价
								金额（元）		
									其中	
6	030411005001	室外防水机箱	[项目特征] 1.名称：……2.规格：……3.其他要求：含安装基础，接地 [工作内容] 本体安装	套	2					
7	030502001001	楼层设备机柜	[项目特征] 1.名称：……2.规格：……3.其他要求：含承重支架 [工作内容] 1.本体安装 2.相关固定件安装	套	5					
8	030502005001	管内穿放双绞线缆	[项目特征] 1.名称：cat.6 4对UTP 2.参数：…… 3.其他要求：管内穿线敷设 [工作内容] 1.线缆敷设 2.标记 3.卡接	m	34200.00					
9	030502005002	管内穿室外防水双绞线缆	[项目特征] 1.名称：cat.6 4对UTP 2.参数：…… 3.其他要求：室外阻水型cat.6 4对UTP 管内穿线敷设 [工作内容] 1.线缆敷设 2.标记 3.卡接	m	1160.00					
10	030502007001	6芯OM3光纤	[项目特征] 1.名称：……2.规格：……3.其他要求：管内穿线敷设 [工作内容] 1.线缆敷设 2.标记 3.卡接	m	6840.00					
11	030411004001	配线	[项目特征] 1.名称：RVV2×1.0 2.规格：……3.其他要求：管内穿线或沿桥架敷设 [工作内容] 配线	m	20000.00					

续表

序号	项目编码	项目名称	项目特征	计量单位	工程量	综合单价	合价	金额（元） 其中		暂估价
								人工费	机械费	
12	030411004002	配线	[项目特征] 1.名称：RVV4×1.0，2.参数：……3.其他要求：管内穿线或沿桥架敷设 [工作内容] 配线	m	3000.00					
13	031101001001	智能双备份集成电源	[项目特征] 1.名称：……2.参数：……3.其他要求：…… [工作内容] 1.本体安装 2.单体调试	台	10					
14	030507013001	NVR网络存储设备	[项目特征] 1.名称：……2.参数：……3.其他要求：…… [工作内容] 1.本体安装 2.单体调试	台	5					
15	030507013002	企业级SATA 4T硬盘	[项目特征] 1.名称：……2.参数：……3.其他要求：…… [工作内容] 1.本体安装 2.单体调试	块	120					
16	030507009001	管理平台	[项目特征] 1.名称：……2.参数：……3.其他要求：…… [工作内容] 1.安装 2.调试	套	1					
17	030504001001	人脸服务器	[项目特征] 1.名称：……2.参数：……3.其他要求：…… [工作内容] 1.安装 2.调试	台	1					
18	030507012001	解码器	[项目特征] 1.名称：……2.参数：……3.其他要求：…… [工作内容] 1.安装 2.调试	台	3					

第5章 安防工程施工图预算

续表

序号	项目编码	项目名称	项目特征	计量单位	工程量	综合单价	合价	金额（元） 其中 人工费	金额（元） 其中 机械费	暂估价
19	030507014001	显示屏	[项目特征] 1.名称：…… 2.参数：…… 3.其他要求：包含安装支架等附件 [工作内容] 1.安装 2.调试	台	12					
20	030507009001	拼接处理器	[项目特征] 1.名称：…… 2.参数：…… 3.其他要求：…… [工作内容] 1.安装 2.调试	套	1					
21	030507009002	网络控制键盘	[项目特征] 1.名称：…… 2.参数：…… 3.其他要求：…… [工作内容] 1.安装 2.调试	台	1					
22	031101069001	监控管理终端	[项目特征] 1.名称：…… 2.规格：…… 3.其他要求：…… [工作内容] 1.安装 2.调测	套	2					
23	031102023001	操作控制台	[项目特征] 1.名称：…… 2.规格：…… 3.其他要求：…… [工作内容] 1.安装	张	1					
24	030411003001	桥架	[项目特征] 1.名称：…… 2.规格：…… 3.其他要求：…… [工作内容] 1.安装	m	300					

续表

序号	项目编码	项目名称	项目特征	计量单位	工程量	综合单价	合价	金额（元） 其中 人工费	机械费	暂估价
25	030411001001	配管	[项目特征] 1.名称：……2.规格：……3.其他要求：…… [工作内容] 1.安装	m	5000.00					
26	030141100600l	接线盒	[项目特征] 1.名称：……2.规格：……3.其他要求：…… [工作内容] 1.安装	个	170					
27	030507017001	视频监控系统调试	[项目特征] 对视频监控系统全部通道进行调试 [工作内容] 1.系统调试	系统	1					
28	030507019001	视频监控系统试运行	[项目特征] …… [工作内容] 1.系统运行	系统	1					

（4）以重量计算的计算单位为t或kg，以t为计量单位的，精度取值应保留三位小数；以kg为计量单位的，精度取值应保留两位小数，如安防工程中桥架支架制作、安装工程量。

（5）以台（套或件）计算的计算单位，精度取值应取整数，如安防工程中摄像机、探测器、门禁控制器等设备安装工程量。

2.工程量计算规则

（1）计算尺寸以设计图纸表示的或设计图纸能读出的尺寸为准。

（2）管路、线缆敷设安装工程量按照《通用安装工程工程量计算规范》（GB50856-2013）、《浙江省通用安装工程预算定额》（2018版）的规定计算预留（附件）长度。

有关工程量计算规则的详细规定详见本章第四节"安防工程量的计算规则和特点"。

3.工程量计算步骤

工程量计算一般按照如下步骤进行：

（1）根据工程内容和定额项目，列出计算工程量的分部分项工程。

分部分项工程的列项应按照《通用安装工程工程量计算规范》（GB 50856-2103）的规定执行。每个分部分项工程列项应包括项目编码、项目名称、项目特征、计量单位、工程数量、综合单价、合价等。

（2）根据一定的计算顺序和计算规则，列出分部分项工程量的计算式。

工程量计算顺序可以根据各个子系统技术架构划分，按照前端–（分支）传输–（楼层）设备间–（主干）传输–管理中心的顺序进行工程量计算，也可以根据项目（楼层）设备间管理区域划分，按照各子系统前端–（分支）传输–（楼层）设备间–（主干）传输–管理中心的顺序进行工程量计算。

工程量计算规则必须按照《通用安装工程工程量计算规范》（GB50856-2013）、《浙江省通用安装工程预算定额》（2018版）的规定进行。

分部分项工程量的计算式应按照规定的计量单位和计算规则编制，如管线工程量按照水平长度+垂直长度+预留（附加）长度罗列计算式。

（3）根据施工图纸上的设计尺寸及有关数据，代入计算式进行数值计算。

根据工程量计算规则，在进行配管工程量计算时，应根据不同管路安装方式进行，如明敷、暗敷、沿梁、沟架、吊顶、顶棚、墙、柱、地面敷设等。水平管长度可以根据平面图所示标注尺寸或用比例尺量取；垂直管路长度可根据层高和安装高度计算获取。

（4）对计算结果的计量单位进行调整，使之与定额中相应的分部分项工程的计量单位保持一致，如桥架的计量单位调整至定额中的10m，双绞线的计量单位调整至定额中的100m等。

5.2.4 套单价（计算定额基价费）

在编制安防工程施工图预算中，对分部分项工程计算定额基价时，人工费、材料费、机械费单价应按项目所在地的工程预算定额单价计算。

以浙江省内项目为例，综合单价中的人工费、材料费、机械费应按《浙江省通用安装工程预算定额》（2018版）中的基价计算。

根据分部分项工程量清单的项目特征要求，结合安装预算定额的工作内容进行预算定额套用。

以表5-41中摄像机安装的工程量清单为例：

对第1项分部分项工程量清单进行定额基价的计算时，根据项目名称（网络半球摄像机）和项目特征描述中其他要求（含镜头、安装附件），应该套用表5-8中定额编号为5-6-84"彩色带定焦镜头摄像机"的安装预算定额作为此项工程量清单项目的安装基价，如表5-42所示。

对第2项分部分项工程量清单进行定额基价的计算时，根据项目名称（网络枪式摄像机）和项目特征描述中其他要求（含镜头、防护罩、安装支架），对摄像机安装应该套用表5-8中定额编号为5-6-84"彩色带定焦镜头摄像机"的安装预算定额；对防护罩和支架安装应该分别套用表5-9中定额编号为5-6-90"摄像机防护罩"和定额编号为5-6-91"摄像机支架"的安装预算定额，此三项安装定额基价之和为此项工程量清单项目的安装基价，如表5-43所示。

以表5-41中双绞线和光缆安装的工程量清单为例：

对第8项和第9项分部分项工程量清单进行定额基价的计算时，根据项目名称（双绞线缆）和项目特征描述中名称（cat.6 4对UTP、室外阻水型cat.6 4对UTP其他要求（管内穿线敷设），对线缆敷设应该套用表5-23中定额编号为5-2-13"管内穿放4对双绞线缆"的安装预算定额。在套用定额时需要注意以下两点：

（1）根据《浙江省通用安装工程预算定额》（2018版）中关于双绞线缆定额使用说明，双绞线缆的敷设及模块、配线架、跳线架等的安装、打接等定额，是按超五类非屏蔽布线系统编制，高于超五类的布线所用的定额子目人工乘以系数1.1，屏蔽布线所有的定额子目人工乘以系数1.2。本项目线缆为六类非屏蔽双绞线，因此需要对定额人工费进行上调（系数为1.1），即将定额人工基价由81.81元调为89.99元。

（2）线缆敷设的工程量清单单位为"m"，定额工程量单位为"100m"，因此在计算时需要根据计算单位的不同进行相应的换算。

第5章 安防工程施工图预算

表5-42 彩色带定焦镜头摄像机安装综合单价表

序号	项目编码 定额编号	项目名称 定额名称	计量单位	数量	综合单价（元）					小计	合价（元）
					人工费	材料费	机械费	管理费	利润	风险费用		
1	030507008001	网络半球摄像机	台	200	48.33	6.06	0.47				54.86	10972.00
	5-6-84	彩色带定焦镜头摄像机	台	200	48.33	6.06	0.47				54.86	10972.00

注：表中设备主材费、管理费、利润和风险费尚未计取。

表5-43 含防护罩和支架的摄像机安装综合单价表

序号	项目编码 定额编号	项目名称 定额名称	计量单位	数量	综合单价（元）					小计	合价（元）
					人工费	材料费	机械费	管理费	利润	风险费用		
3	030507008002	网络枪式摄像机	台	300	66.02	11.63	0.47				78.12	23436.00
	5-6-84	彩色带定焦镜头摄像机	台	300	48.33	6.06	0.47				54.86	16458.00
	5-6-90	摄像机防护罩	个	300	6.62	2.94					9.56	2868.00
	5-6-91	摄像机支架	个	300	11.07	2.63					13.70	4110.00

注：表中设备主材费、管理费、利润和风险费尚未计取。

第8项和第9项清单套预算定额后如表5-44所示。

对第10分部分项工程量清单进行定额基价的计算时，根据项目名称（6芯OM3光纤）和项目特征描述中名称（管内穿线敷设），对光纤敷设应该套用表5-24中定额编号为5-2-16"管内穿放12芯及以下光缆"的安装预算定额。光纤敷设的工程量清单单位为"m"，定额工程量单位为"100m"，因此在计算时需要根据计算单位的不同进行相应的换算。

第10项清单套预算定额如表5-45所示。

其他项目清单根据清单项目的施工内容要求，套用相应的预算定额。

5.2.5 计算主材费（未计价材料费）

未计价材料费是定额中没有给出材料单价的主材费用。主要材料是指构成工程实体的材料，因为在工程中用量很大而且一般来讲价格又很高。定额项目表下方的材料表中，常看到有的数字是用"（ ）"括起来的，这些均为主材，括号内的材料数量是该项工程的消耗量，但其价值未计入基价。对于安防工程，未计价材料费主要是包括各类功能性设备、管路和线缆等的费用。如：

表5-3和表5-4中的入侵报警相关设备的费用；

表5-5、表5-6中的出入口相关设备的费用；

表5-8、表5-9、表5-18和表5-19中的监控视频相关设备的费用；

表5-10中的视频系统相关设备的费用；

表5-11中的安全检查相关设备的费用；

表5-12中的停车场管理系统相关设备的费用；

表5-20和表5-21中的网络设备的费用；

表5-22中的机柜（机架）的费用；

表5-23中的双绞线缆、电话线缆的费用；

表5-24中的光缆的费用。

1.主材（未计价材料）单价

安防工程中的主材一般包括设备、机柜或机箱、接线盒、桥架或线槽、线管、支架、线缆等。

根据《浙江省建筑安装材料基期价格》（2018版）中材料的37大类分类，上述部分主材原价可以通过查询基期价格结合工程所在地市造价管理机构定期发布的最新材料市场信息价和相应的价格指数获取。

对于《浙江省建筑安装材料基期价格》（2018版）未包含的设备材料，预算编制人员可以通过市场调研、主流设备厂商询价等方式获取。

表5-44 管内穿放双胶线缆项目综合单价表

序号	项目编码 定额编号	项目名称 定额名称	计量单位	数量	综合单价（元）						合价（元）
					人工费	材料费	机械费	管理费	利润	风险费用	小计	
8	030502005001	管内穿放双绞线缆	m	34200.00	0.90	0.04	0.02				0.96	32832.00
	5-2-13	管内穿放4对双绞线	100m	342.00	89.99	4.00	2.31				96.30	
9	030502005002	管内穿放室外防水双绞线缆	m	1160	0.90	0.04	0.02				0.96	1113.60
	5-2-13	管内穿放4对双绞线	100m	11.60	89.99	4.00	2.31				96.30	

注：表中设备主材费、管理费、利润和风险费尚未计取。

表5-45 管内穿放光缆项目综合单价表

序号	项目编码 定额编号	项目名称 定额名称	计量单位	数量	综合单价（元）						合价（元）
					人工费	材料费	机械费	管理费	利润	风险费用	小计	
10	030502007001	6芯OM3光纤	m	6840.00	0.89	0.02	0.02				0.94	6429.60
	5-2-16	管内穿放12芯及以下光缆	100m	68.40	89.37	2.40	2.31				94.08	

注：表中设备主材费、管理费、利润和风险费尚未计取。

根据安装工程施工的特点，部分主材在安装中会产生一定的损耗（定额消耗量）。定额消耗量包括直接消耗在安装工作内容中的材料，并计入了材料从工地仓库、现场集中堆放地点或现场加工地点到操作或安装地点的运输损耗、施工操作损耗、施工现场堆放损耗。在定额基价表中主材定额消耗量在定额子目材料中用"（）"内数字表示。如：

表5-23中双绞线缆定额消耗量为（105.000），电话线缆定额消耗量为（105.000）；

表5-24中光缆定额消耗量为（102.00）等。

根据计价规范和安装定额规定，在工程计价时主材数量按照工程量清单项目数量计取，定额消耗量在主材数量中体现。

主材数量=工程量清单数量×定额消耗量

以表5-44工程量清单为例，假设CAT.6 4对UTP双绞线和室外阻水型CAT.6 4对UTP双绞线单价分别为750元/箱（305米）和900元/箱（305米），材料原价分别为2.46元/m和2.95元/m。

对CAT.6 4对UTP双绞线主材数量计算如下：

CAT.6 4对UTP双绞线数量=34200×1.05=35910m

对室外阻水型CAT.6 4对UTP双绞线主材数量如下：

室外阻水型CAT.6 4对UTP双绞线数量=1160×1.05=1218m

表5-44计算主材费后如表5-46所示。

5.2.6 按费用定额取费

根据表5-2，安防工程费用由分部分项工程费、措施项目费（施工技术措项目施费和施工组织措施项目费）、其他项目费、规费和税金构成。

在安防工程施工图预算中，分部分项（包括施工技术措施项目）工程费按照本章节的编制计算程序计算；

分部分项工程费中包含的企业管理费和利润分别以分部分项工程费中的人工费和机械费之和为基数，并按照相关的费率进行计算；

施工组织措施费以分部分项工程费中的人工费和机械费之和为基数，并按照国家、地方的工程计价规范中规定的费率进行计算；

其他项目费按照相关要求计算；

规费和税金等根据国家、地方的工程计价规范进行计算。

国家颁布的现行计价规范是《建设工程工程量清单计价规范》（GB50500-2013）。浙江省颁布的现行计价规范是《浙江省建设工程计价规则》（2018版）。

表5-46 室内外管内穿放双胶线缆项目综合单价表

序号	项目编码定额编号	项目名称定额名称	计量单位	数量	综合单价						合价（元）
					人工费	材料费	机械费	管理费	利润	风险费用	小计	
8	030502005001	管内穿放双绞线缆	m	34200.00								120486.60
	5-2-13	管内穿放4对双绞线	100m	342.00	0.90	2.60	0.02				3.52	120486.60
	主材	CAT.6 4对UTP双绞线	100m	359.10	89.99	260.00	2.31				352.30	88338.60
9	030502005002	管内穿放室外防水双绞线缆	m	1160.00		246.00					246.00	4539.08
	5-2-13	管内穿放4对双绞线	100m	11.60	0.90	2.99	0.02				3.91	4539.08
	主材	室外阻水型CAT.6 4对UTP双绞线	100m	12.18	89.99	299.00	2.31				391.30	3593.10
						295.00					295.00	

注：表中管理费、利润和风险费尚未计取。

（一）编制安防工程施工图预算的取费费率规定

根据《浙江省建设工程计价规则》（2018版）规定，安防工程按照"通用安装工程施工取费费率"标准执行。管理费费率如表5-47所示。

表5-47 通用安装工程企业管理费费率

定额编号	项目名称	计算基数	费率（%）					
			一般计税			简易计税		
			下限	中值	上限	下限	中值	上限
B1	企业管理费							
B1-1	水、电、暖通、消防、智能、自控及通信安装工程	人工费+机械费	16.29	21.72	27.15	16.20	21.60	27.00
B1-2	设备及工艺金属结构安装工程		14.48	19.31	24.14	14.32	19.09	23.86

根据《浙江省建设工程计价规则》（2018版）规定，安防工程按照"通用安装工程施工取费费率"标准执行。利润费率如表5-48所示。

表5-48 通用安装工程利润费率

定额编号	项目名称	计算基数	费率（%）					
			一般计税			简易计税		
			下限	中值	上限	下限	中值	上限
B2	利润							
B2-1	水、电、暖通、消防、智能、自控及通信安装工程	人工费+机械费	7.80	10.40	13.00	7.76	10.35	12.94
B2-2	设备及工艺金属结构安装工程		7.43	9.91	12.39	7.35	9.80	12.25

根据《浙江省建设工程计价规则》（2018版）规定，安防工程按照"通用安装工程施工取费费率"标准执行。施工组织措施项目费费率如表5-49所示。

表5-49 通用安装工程施工组织措施项目费费率

定额编号	项目名称		计算基数	费率（%）					
				一般计税			简易计税		
				下限	中值	上限	下限	中值	上限
B3	施工组织措施项目费								
B3-1	安全文明施工基本费								
B3-1-1	其中	非市区工程	人工费+机械费	5.33	5.92	6.51	5.60	6.22	6.84
B3-1-2		市区工程		6.39	7.10	7.81	6.72	7.47	8.22
B3-2	标化工地增加费								
B3-2-1	其中	非市区工程	人工费+机械费	1.43	1.68	2.02	1.50	1.77	2.12
B3-2-2		市区工程		1.73	2.03	2.44	1.83	2.14	2.57
B3-3	提前竣工增加费								
B3-3-1	其中	缩短工期比例10%以内	人工费+机械费	0.01	0.83	1.65	0.01	0.88	1.75
B3-3-2		缩短工期比例20%以内		1.65	2.06	2.47	1.75	2.16	2.57
B3-3-3		缩短工期比例30%以内		2.47	2.97	3.47	2.57	3.12	3.67
B3-4	二次搬运费		人工费+机械费	0.08	0.26	0.44	0.09	0.27	0.45
B3-5	冬雨季施工增加费		人工费+机械费	0.06	0.13	0.20	0.07	0.14	0.21

注：1.通用安装工程的安全文明施工基本费是按照与建（构）筑物同步交叉配合施工的建筑设备安装工程进行测算的，工业设备安装工程及不与建（构）筑物同步交叉施工（即单独进场施工）的建筑设备安装工程，其安全文明施工基本费费率乘系数1.4。

2.设置标化工地增加费费率的下限、中值、上限，应分别对应设区市级、省级、国家级标化工地，县市区标化工地的费率按费率中值乘系数0.7。

根据《浙江省建设工程计价规则》（2018版）规定，安防工程按照"通用安装工程施工取费费率"标准执行，其他项目费费率如表5-50所示。

表5-50 通用安装工程其他项目费费费率

定额编号	项目名称		计算基数	费率（%）
B4	其他项目费			
B4-1	优质工程增加费			
B4-1-1	其中	县市级优质工程	除优质工程增加费外税前工程造价	1.00
B4-1-2		设区市级优质工程		1.35
B4-1-3		省级优质工程		1.80
B4-1-4		国家级优质工程		2.25
B4-2	施工总承包服务费			
B4-2-1	其中	专业发包工程管理费（管理、协调）	专业发包工程金额	1.00~2.00
B4-2-2		专业发包工程管理费（管理、协调、配合）		2.00~4.00
B4-2-3		甲供材料保管费	甲供材料金额	0.50~1.00
B4-2-4		甲供设备保管费	甲供设备金额	0.20~0.50

注：1.其他项目费不分计税方法，统一按相应的费率执行。

2.优质工程增加费费率按工程质量综合奖项额定，适用于获得工程质量综合性奖项工程的计价；获得工程质量单项性专业奖项的工程，费率标准由发承包双方自行商定。

3.专业发包工程管理费的取费基数按其税前金额确定，不包括相应的销项税；甲供材料保管费和甲供设备保管费的取费基数按其含税金额计算，包括相应的进项税。

根据《浙江省建设工程计价规则》（2018版）规定，安防工程按照"通用安装工程施工取费费率"标准执行，规费费率如表5-51所示。

表5-51 通用安装工程规费费率

定额编号	项目名称	计算基数	费率（%）	
			一般计税	简易计税
B5	规费			
B5-1	水、电、暖通、消防、智能、自控及通信安装工程	人工费+机械费	30.63	30.48
B5-2	设备及工艺金属结构安装工程		27.66	27.36

根据《浙江省建设工程计价规则》（2018版）规定，安防工程按照"通用安装工程施工取费费率"标准执行，税金税率如表5-52所示。

表5-52 通用安装工程税率

定额编号	项目名称	适用计税方法	计算基数	费率（%）
B6	税金			
B6-1	增值税销项税	一般计税方法	税前工程造价	10.00
B6-2	增值税征收率	简易计税方法		3.00

注：1.采用一般计税方法计税时，税前工程造价中的各项费用项目均不包含增值税进项税额；采用简易计税方法计税时，税前工程造价的各项费用项目均应包含增值税进项税额。

2.优质工程增加费费率按工程质量综合奖项额定，适用于获得工程质量综合性奖项工程的计价；获得工程质量单项性专业奖项的工程，费率标准由发承包双方自行商定。

3.专业发包工程管理费的取费基数按其税前金额确定，不包括相应的销项税；甲供材料保管费和甲供设备保管费的取费基数按其含税金额计算，包括相应的进项税。

（二）安防工程取费计算

安防工程预算的取费应根据国家、地区规定执行。

浙江省安防工程施工图预算的取费应依据《浙江省建设工程计价规则》（2018版）的规定执行。取费费率项目包括企业管理费、利润、施工组织措施项目费、其他项目费、规费和税金。

1.企业管理费、利润取费

企业管理费和利润取费应以清单项目中的"定额人工费+定额机械费"为取费基数，乘企业管理费、利润的相应费率的中值分别计算。

以表2-44中第8项和第9项清单为例，在一般计税方式下：

综合单价中管理费=（89.99+2.31）×21.72%=20.05

综合单价中利润=（89.99+2.31）×10.40%=9.60

因此，对企业管理费和利润取费后，如表5-53所示。

2.施工组织措施项目费取费

施工组织措施项目费分为安全文明施工基本费，标化工地增加费，提前竣工增加费，二次搬运费，冬雨季施工增加费和行车、行人干扰增加费，除去安全文明施工基本费属于必须计算的施工组织措施费项目外，其余施工组织措施费项目可根据工程实际需要进行列项，工程实际不发生的项目不应计取费用。

施工组织措施项目费应以分部分项工程费与施工技术措施项目费中的"定额人工费+定额机械费"乘各施工组织措施项目相应费率，以其合价之和进行计算。其中，安全文明施工基本费应按相应基准费率（即施工取费费率中值）计取，企业施工组织措施项目费（"标化工地增加费"除外）费率均按相应施工取费费率的中值确定。

表5-53 室内外管内穿放双胶线缆项目综合单价表

序号	项目编码 定额编号	项目名称 定额名称	计量单位	数量	综合单价						合价（元）
					人工费	材料费	机械费	管理费	利润	风险费用	小计	
8	030502005001	管内穿放双绞线缆	m	34200.00	0.90	2.60	0.02	0.20	0.10		3.82	130637.16
	5-2-13	管内穿放4对双绞线	100m	342.00	89.99	260.00	2.31	20.08	9.60		381.98	130637.16
	主材	CAT.6 4对UTP双绞线	100m	359.10		246.00					246.00	88338.60
9	030502005002	管内穿放室外防水双绞线缆	m	1160.00	0.90	2.99	0.02	0.20	0.10		4.21	4883.37
	5-2-13	管内穿放4对双绞线	100m	11.60	89.99	299.00	2.31	20.08	9.60		420.98	4883.37
	主材	室外阻水型CAT.6 4对UTP双绞线	100m	12.18		295.00					295.00	3593.10

对于安全防护、文明施工有特殊要求和危险性较大的工程,对需增加安全防护、文明施工措施所发生的费用可另列项目计算。

对于标化工地增加费,在编制预算时可以按其他项目费的暂列金额计列。

二次搬运费用适用于因施工场地狭小等特殊情况一次到不了施工现场而需要再次搬运发生的费用。

冬雨季施工增加费不包括暴雪、强台风、暴雨、高温等异常恶劣气候所引起的费用,发生时应另列项目以现场签证进行计算。

以市区工程为例,施工组织措施项目费如表5-54所示。

表5-54 施工组织措施费用名称

序号	项目名称	计算基础	费率(%)	金额(元)	备注
1	安全文明施工费	人工费+机械费	7.10		
1.1	安全文明施工基本费	人工费+机械费	7.10		
2	提前竣工增加费	人工费+机械费			根据工程实际计取
3	二次搬运费	人工费+机械费			根据工程实际计取
4	冬雨季施工增加费	人工费+机械费			根据工程实际计取
5	行车、行人干扰增加费	人工费+机械费			根据工程实际计取
6	其他施工组织措施费	按相关规定进行计算			根据工程实际计取
合计					

3.其他项目费取费

其他项目费是指暂列金额、计日工和总承包服务费,如表5-55所示。

表5-55 其他项目费用名称

序号	项目名称	金额(元)	备注
1	暂列金额		
1.1	标化工地增加费		
1.2	优质工程增加费		
1.3	其他暂列金额		
2	暂估价		
2.1	材料(工程设备)暂估价(结算价)	—	
2.2	专业工程暂估价(结算价)		
2.3	专项技术措施暂估价		
3	计日工		
4	总承包服务费		
合计			

4.规费

规费应按国家法律、法规所规定的费率计取。规费费率中包括养老保险费、失业保险费、医疗保险费、生育保险费、工伤保险费和住房公积金等"五险一金"。

编制施工预算时，规费应以分部分项工程费与施工技术措施项目费中的"人工费+机械费"乘相应的费率进行计算。

5.税金

税金应按国家税法规定的计税基数和税率计取，不得作为竞争性费用。

税金按税前工程造价乘增值税相应税率进行计算。当税前工程造价包含甲供材料、甲供设备金额时，应在计税基数中予以扣除；增值税税率应根据计价工程按规定选择的适用计税方法，分别以增值税销项税税率或增值税征收税率计取。

5.2.7 编制安防工程造价

安防工程预算造价应根据国家计价规范要求编制。浙江省内的安防工程应根据《浙江省建设工程计价规范》编制。

在编制安防工程造价时，应对分部分项工程项目列项、工程量计算公式、计算结果、套用的定额基价、采用的取费费率、数字计算、数据精确度等进行全面复核，以便及时发现差错，及时修改，提高预算的准确性。

5.3 施工图预算的计算程序

根据《浙江省建设工程计价规则》（2018版）的规定，施工图预算计算程序应按表5-56执行。

表5-56 施工图预算计算程序

工程名称： 标段： 第 页 共 页

序号	费用名称		计算公式	金额
1	分部分项工程费		Σ（分部分项工程数量×综合单价）	
1.1	其中	人工费+机械费	Σ分部分项（人工费+机械费）	
2	措施项目费		（2.1+2.2）	
2.1	施工技术措施项目费		Σ（技术措施项目工程数量×综合单价）	
2.1.1	其中	人工费+机械费	Σ技术措施项目（人工费+机械费）	
2.2	施工组织措施项目费		Σ计费基数×费率	

续表

序号		费用名称	计算公式	金额
2.2.1	其中	安全文明施工基本费	Σ计费基数×费率	
3		其他项目	（3.1+3.2+3.3+3.4）	
3.1		暂列金额	3.1.1+3.1.2+3.1.3	
3.1.1	其中	标化工地增加费	根据工程具体要求按照计价规则计取	
3.1.2		优质工程增加费	根据工程具体要求按照计价规则计取	
3.1.3		其他暂列金额	根据工程具体要求按照计价规则计取	
3.2		暂估价	3.2.1+3.2.2+3.2.3	
3.2.1	其中	材料（工程设备）暂估价	根据工程具体要求计取	
3.2.2		专业工程暂估价	根据工程具体要求计取	
3.2.3		专项技术措施暂估价	根据工程具体要求计取	
3.3		计日工	Σ计日工（暂估数量×综合单价）	
3.4		施工总承包服务费	3.4.1+3.4.2	
3.4.1	其中	专业发包工程管理费	Σ专业发包工程（暂估数量×综合单价）	
3.4.2		甲供材料设备保管费	甲供材料暂估金额×费率+甲供设备暂估金额×费率	
4		规费	计算基数×费率	
5		税金（增值税销项税或征收率）	计算基数×税率	
		工程造价合计	1+2+3+4+5	

注：

1.分部分项工程费、施工技术措施项目费所列"人工费+机械费"，编制施工图预算时仅指用于取费基数部分的定额人工费与定额机械费之和。

2.其他项目费的构成内容按照施工总承包工程计价要求设置，专业发包工程及未实行施工总承包的工程可根据实际需要做相应调整。

3.标化工地暂列金额按施工总承包人自行承包的范围考虑，专业发包工程的标化工地暂列金额应包含在相应的暂估金额内。优质工程暂列金额、其他暂列金额已涵盖专业发包工程的内容，编制预算时不再另行单列。

4.专业工程暂估价包括专业发包工程暂估价和施工总承包人自行承包的专业工程暂估价、专项措施暂估价。按施工总承包人自行承包范围的内容考虑，专业发包工程的专项措施暂估价应包含在相应的暂估金额内。按暂估单价计算的材料及工程设备暂估价，发生时应分别列入分部分项工程的相应综合单价内计算。

5.施工总承包服务费中的专业发包工程管理费以专业工程暂估价内属于专业发包工程暂估价部分的各专业工程暂估金额为基数进行计算。甲供材料设备保管费按施工总承包人自行承包的范围考虑，专业发包工程的甲供材料设备保管费应包含在相应的暂估金额内。

6.编制预算时可按规定选择增值税一般计税法或简易计税法进行计税。遇税前工程造价包含甲供材料及甲供设备暂估金额的，应在计税基数中予以扣除。

5.4 工程量计算和预算调价差

5.4.1 计算工程量的意义

工程量是编制施工图预算的重要基础数据。工程量计算准确与否将直接影响到工程造价的准确性。

工程量是施工企业编制施工作业计划，合理安排施工进度，调配施工劳动力、材料、设备等生产要素的重要依据。

工程量是加强成本管理、实行承包核算的重要依据。

5.4.2 安防工程量的计算规则

安防工程的工程量的计算应遵循《通用安装工程工程量计算规范》（GB 50856-2103）和工程所在地造价管理部门发布的安装工程预算定额中的相应规定。以浙江省内安防工程为例，工程量计算应遵循《通用安装工程工程量计算规范》（GB 50856-2103）和《浙江省通用安装工程预算定额》（2018版）的要求，详见附录二。

计算规则主要包括分部分项工程量计量单位的规定和预算定额计量单位、基价标准以及调整和计量方式等规定。需要特别注意以下几点：

1.《通用安装工程工程量计算规范》（GB 50856-2103）有关分部分项工程量计算规则的规定

（1）设备工程量按设计图示数量计算，显示设备按设计图示面积计算。

（2）电缆敷设安装工程量按设计图示尺寸以长度计算。

（3）配管、线槽安装工程量按设计图示尺寸以长度计算。

（4）铁构件工程量按设计图尺寸以质量计算。

（5）系统调试和试运行工程量按设计内容计算。

2.《浙江省通用安装工程预算定额》（2018版）有关安装工程工程量计算规则的规定

（1）设备安装计量单位根据不同的设备，按照设计图示数量，以"个、台、套、架、组、组件、系统"等为计量单位计算。

（2）互联网电缆、跳线和尾纤（制作）、安装，按照设计图示数量，以"条"为计量单位计算。

（3）各类桥架、管路、线缆安装、敷设，根据电缆敷设路径，应区别不同的敷设方式、敷设位置、管材材质、规格，按照设计图示数量，以"m"为计量单位计算。组合式桥架安装按照设计图示安装数量，以"片"为计量单位。

（4）双绞线缆、光缆测试，按照设计图示数量，以"链路"为计量单位计算。

（5）光纤连接，按照设计图示数量，以"芯"（磨制法以"端口"）为计量单位计算。

（6）基础槽钢、角钢制作安装，根据设备布置，按照设计图示数量，分别以"kg"及"m"为计量单位计算。

（7）蓄电池防震支架安装根据设计布置形式，按照设计图示安装成品数量，以"m"为计量单位。

（8）电缆头制作、安装根据电压等级与电缆头形成及电缆截面，按照设计图示单根电缆接头数量，以"个"为计量单位计算。电力电缆和控制电缆均按照一根电缆有两个终端头计算。

（9）接地极制作、安装根据材质与土质，按照设计图示安装数量，以"根"为计量单位。接地极长度按照设计长度计算，设计无规定时，每根按照2.5m计算。

（10）铺设通信管道的长度均按图示管道段长计算。人（手）孔中心点为计算的端点。

（11）光分路器与光线路插接按设计图示数量，以"端口"为计量单位计算。

（12）光缆接续（熔接法）以"头"为计量单位计算，光缆接续（机械法）以"芯"为计量单位计算。电缆接续以"100对"为计量单位。

3.《通用安装工程工程量计算规范》（GB 50856-2103）中规定了管线工程量预留长度和附加长度的计算要求

（1）控制盘、箱、柜的外部进出线预留长度按表附录1-1计算。

（2）电缆敷设安装工程量预留及附加长度按表附录1-2计算。

（3）配管、线槽安装工程量计算，不扣除管路中间的接线箱（盒）、灯头盒、开关盒所占长度。配线进入箱、柜、板的预留长度按表附录1-3计算。

4.《浙江省通用安装工程预算定额》（2018版）规定了管线工程量预留长度和附加长度的计算要求

（1）双绞线缆、光缆、同轴电缆敷设、穿放、明布放，以"m"为计量单位。线缆敷设按单根延长米计算，预留长度按进入机柜（箱）2m计算，不另计附加长度。

（2）计算电缆保护管长度时，设计无规定按照以下规定增加保护管长度：

横穿马路时，按照路基宽度两端各增加2m；

保护管需要出地面时，弯头管口距地面增加2m；

穿过建（构）筑物外墙时，从基础外缘起增加1m；

穿过沟（隧）道时，工沟（隧）道壁外缘起增加1m。

（3）计算电缆长度时，应考虑因坡形敷设、驰度、电缆绕梁（柱）所增加的长度以及电缆与设备连接、电缆接头等必要的预留长度。预留长度按照设计规定计算，设计无规定时按照表附录1-4规定计算。

（4）配管安装计算长度时，不扣除管路中间的接线箱、接线盒、开关盒、插座盒、管件等所占长度。

线槽敷设计算长度时，不扣除管路中间的接线箱、灯头盒、开关盒、插座盒、管件等所占长度。

（5）配线进入盘、柜、箱、板时，每根线的预留长度按照设计规定计算，设计无规定时按照表附录1-5规定计算。

5.4.3 分部分项工程量计算

1.根据各子系统技术架构分层次进行工程量计算

安防工程分部分项工程量计算时，可以根据设计图对各个子分部工程按照前端设备、（楼层）设备间设备、管理中心设备和管路管线等进行工程量统计，如图5-1所示。

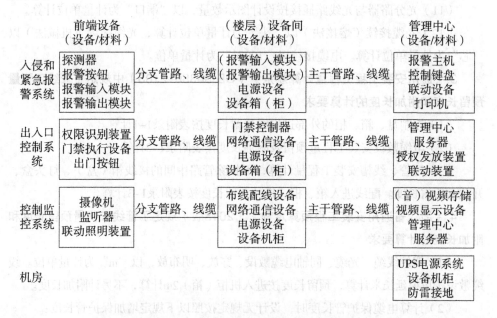

图5-1 安防工程分部分项工程量计算示间图

（1）前端设备包括入侵和紧急报警系统的报警探测器和紧急报警按钮、现场撤布防键盘等，视频监控系统的摄像机（监听器）、安装立杆等，出入口控制系统的身份识别设备和执行设备等。

（2）（楼层）设备间设备包括（楼层）设备箱和箱内电源、控制器等设备。

（3）管理中心设备包括入侵和紧急报警系统报警主机、报警联动设备、报警控制键盘、报警电子地图、报警管理平台、报警打印机、报警后备电源等，视频监控系统（音）视频数据存储、监控显示屏、视频管理平台、出入口控制系统管理平台和授权发放设备、联动控制设备等，UPS电源和分配设备，数据网络中心设备等。

（4）管路管线主要是指各系统数据传输线路的管路和线缆等，包括基于TCP/IP数据通信系统综合布线的水平系统和垂直主干系统、总线式数据通信系统、控制信号和设备供电等线缆、管路和桥架等。

根据系统技术架构分层次进行工程量计算时，应理解各子系统的系统图并结合各个区域的平面图进行。

2.根据设备管理区域进行工程量计算

在进行前端设备、（楼层）设备间设备和管路管线工程量计算时，可以根据设计图中的设备间（箱）管理区域进行分区域工程量统计，如图5-2所示。

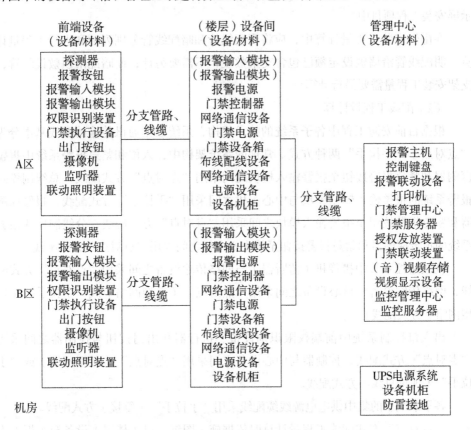

图5-2 设备间设备和管线工程量计算示意图

3.工程量清单编制

在安防工程施工图预算中，工程量计算应注意以下事项：

（1）工程量计算应根据《通用安装工程工程量计算规范》（GB 50856-2103）中规定的清单项目特征、单位和工作内容，并结合《浙江省通用安装工程预算定额》中的安装定额项目进行。

在视频监控摄像机安装工程量计算中，应根据不同的附配件要求分别计算，如定（变）焦镜头、室内（外）护罩等，附配件安装工程量应列入摄像机安装工程项目中。

在视频监控摄像机安装工程量计算中，应根据不同的安装方式分别计算，如壁装、吸顶、立杆安装等，对于壁装和吸顶安装方式，附配件安装工程量应列入摄像机安装工程项目中；而对于立杆安装方式，立杆工程应单独列项和计算工程量。

在视频监控（音）视频存储设备安装工程量计算中，对于存储硬盘应分别计算列项和计算工程量。

在视频监控显示屏安装工程量计算中，应将显示屏安装支架安装工程量列入显示屏安装工程项目中。

在配管安装工程量计算中，应将明配线管和暗配线管分别列项和进行工程量计算。明配线管沿墙敷设定额已包含支架敷设，不需要另计；而暗配吊顶敷设线管，支架安装工程量需要另行计算。

（2）配线工程量计算

根据目前安防工程中各子系统的技术架构，系统数据通讯传输的配线基本分为"点对点""手拉手"两种方式。常规的系统架构中，入侵和紧急报警系统中报警探测器和紧急报警按钮至报警输入模块之间采用"点对点"方式配线，总线制模式报警系统的报警输入输出模块与中心主机之间采用"手拉手"方式配线，报警探测器和紧急报警按钮至报警输入模块之间采用"点对点"方式配线，分线制模式报警系统的报警探测器和紧急报警按钮至报中心主机之间采用"点对点"方式配线。

视频监控系统中摄像机（监听器）与网络传输设备之间采用"点对点"方式配线，网络传输设备与核心设备之间采用"点对点"（星型网络）或"手拉手"（环型网络）方式配线。

出入口控制系统中前端权限识别设备、执行器和出门按钮与控制器之间采用"点对点"方式配线，控制器与中心设备之间采用"点对点"（星型网络）或"手拉手"（现场总线）方式配线。

各子系统中的集中供电电源线缆配线采用"手拉手"（复接）方式配线。

"点对点"方式配线工程量计算时依据施工图纸，以（楼层）设备箱（柜）为计算起点，按照线缆敷设路由统计最长距离和最短距离；

电缆平均长度（m）D=（最长距离+最近距离）÷2；

实际电缆平局长度（m）A=D+预留长度；

电缆量（m）W=设备数量 × A；

电缆总量（m）=ΣW

"手拉手"方式配线工程量计算应依据施工图纸，以起始点为计算起点，计算单根实际线路路由长度。

单路由线缆长度=单根实际线路路由长度+单根线路上联接的设备数量×设备端接预留长度

计算所有路由线缆总量（m）=Σ单路由线缆长度

注：预留长度根据本章节"安防工程量计算规则与特点"中的相关规定执行。

5.4.4　安防工程施工图的预算调价差（信息价与定额价比对）

在安防工程施工图预算中，根据国家、地方工程造价管理机构颁布的工程量计价规范和预算定额等相关文件规定，对分部分项工程费计算完成后，还应该根据工程项目所在地即时发布的工程造价调整信息进行预算调价差。

预算调价差主要是根据即时的造价信息，对定额基价中的人工、材料和机械价格进行调整。具体调整数据和计算方式应按照工程所在地的工程造价管理机构要求执行。

预算调价差信息应在施工图预算编制说明中予以明确。

5.5　安防工程施工图预算书的编制

5.5.1　填写工程量计算表

为了方便工程量计算和复查以及施工图预算的审核，进行施工图预算的工程量计算时，应根据工程量清单的计算规则，对工程量清单填写计算式。常规安防项目中部分工程量清单的计算式如表5-57所示。

表5-57 安防工程部分工程量清单计算式

序号	项目名称	计算式	单位	数量	备注
1	双鉴报警探测器	按系统图、平面图示数量计算	个		
2	报警输入模块	按系统图示数量计算			
3	报警按钮	按系统图、平面图示数量计算	个		
4	报警输出模块	按系统图示数量计算	个		
5	报警电源	按系统图示数量计算	个		
6	半球摄像机	按系统图、平面图示数量计算	个		
7	一体式枪摄像机	按系统图、平面图示数量计算	个		
8	矩形摄像机（含护罩、镜头、安装支架）	按系统图、平面图示数量计算	个		
9	监听器	按系统图、平面图示数量计算	个		
10	监控电源	按系统图示数量计算	个		
11	门禁读卡器（指纹/卡）	按系统图、平面图示数量计算			
12	磁力锁（单门）	按系统图、平面图示数量计算	套		
13	磁力锁（双门）	按系统图、平面图示数量计算	套		
14	出门按钮	按系统图、平面图示数量计算	个		
15	门禁控制器	按系统图示数量计算	台		
16	门禁控制箱（含电源、蓄电池）	按系统图、平面图示数量计算	套		
17	楼层设备机柜	按系统图、平面图示数量计算	台		
18	交换机设备	按系统图、平面图示数量计算	台		
19	光模块	按系统图、平面图示数量计算			
20	配线架	按系统图示数量计算	个		
21	光纤跳线	按系统图示数量计算	根		
22	铜跳线	按系统图示数量计算	根		
23	RVV2×1.0（报警按钮信号线）	（最近路由距离+最远路由距离）/2+预留长度	m		预留长度按设计规定，设计未规定时，按下列要求计算：设备端按0.3m计算；进入设备机柜（箱）机柜（箱）按半周长计算

续表

序号	项目名称	计算式	单位	数量	备注
24	RVV2×1.0（出门控制线）	出门按钮至控制装置之间路由距离+预留长度	m		1.路由长度计算应考虑设备之间安装高度差；2.预留长度按设计规定，设计未规定时，设备端按0.3m计算；进入设备机柜（箱）机柜（箱）按半周长计算
25	RVV4×1.0（门锁控制线）	门锁至控制装置之间路由距离+预留长度	m		1.路由长度计算应考虑设备之间安装高度差；2.预留长度按设计规定，设计未规定时，设备端按0.3m计算；进入设备机柜（箱）机柜（箱）按半周长计算
26	RVV2×1.0（读卡器电源线）	读卡器至电源设备之间路由距离+预留长度	m		1.路由长度计算应考虑设备之间安装高度差；2.预留长度按设计规定，设计未规定时，设备端按0.3m计算；进入设备机柜（箱）机柜（箱）按半周长计算
27	4对双绞线（控制器/读卡器信号线）	读卡器/控制器至设备之间路由距离+预留长度	m		1.路由长度计算应考虑设备之间安装高度差；2.预留长度按设计规定，设计未规定时，设备端按0.3m计算；进入设备机柜（箱）按2.0m计算
28	RVV3×1.0（门禁控制器电源线）	门禁电源箱至市电插座之间路由距离+预留长度	m		1.路由长度计算应考虑设备之间安装高度差；2.预留长度按设计规定，设计未规定时，设备端按0.3m计算；进入设备机柜（箱）机柜（箱）按半周长计算

续表

序号	项目名称	计算式	单位	数量	备注
29	4对双绞线（视频监控）	（最近距离+最远距离）/2+预留长度	m		1.计算最远（近）距离时，要考虑管路桥架安装高度与设备安装高度之间高差距离；2.预留长度按设计规定，设计未规定时，设备端按0.3m计算；进入设备机柜（箱）按2.0m计算
30	6芯室内多模光纤	路由距离+预留长度	m		1.路由距离按照平面图中起始端至垂直井道距离+起始端与终点端高度差+终点端至垂直井距离计算；2.预留长度按设计规定，设计未规定时，设备端按0.3m计算；进入设备机柜（箱）机柜（箱）按半周长计算
31	RVV3×2.5（UPS电源线）	UPS配电箱至楼层设备机柜之间路由距离+预留长度	m		1.路由长度计算应考虑设备之间安装高度差；2.预留长度按设计规定，设计未规定时，进入设备机柜（箱）机柜（箱）按半周长计算
32	JDG管	路由距离+预留长度	m		1.计算最远（近）距离时，要考虑管路桥架安装高度与设备安装高度之间高差距离；2.预留长度按设计规定，设计未规定时，按照相关规定计算
33	桥架	路由距离+预留长度	m		1.计算最远（近）距离时，要考虑管路桥架安装高度与设备安装高度之间高差距离；2.预留长度按设计规定，设计未规定时，按照相关规定计算

续表

序号	项目名称	计算式	单位	数量	备注
34	报警主机（含蓄电池、机箱）	按系统图示数量计算	套		
35	报警控制键盘	按系统图示数量计算	台		
36	报警联动模块	按系统图示数量计算	台		
37	门禁服务器（含软件）	按系统图示数量计算	套		
38	门禁联动设备	按系统图示数量计算	台		
39	门禁发卡器	按系统图示数量计算	套		
40	视频存储NVR（含硬盘）	按系统图示数量计算	套		
41	监控显示屏（含42寸监视器6台，机架等）	按系统图示数量计算	套		
42	监控服务器	按系统图示数量计算	台		
43	安防管理中心服务器（含软件）	按系统图示数量计算	套		
44	安防管理工作站	按系统图示数量计算	台		
45	交换机	按系统图示数量计算	套		
46	光模块	按系统图示数量计算	个		
47	光纤跳线	按系统图示数量计算	根		
48	铜跳线	按系统图示数量计算	根		
49	UPS主机（含2小时备电电池和电池柜）	按系统图示数量计算	套		
50	UPS配电箱	按系统图示数量计算	套		
51	ZR-YJV3×10（UPS电缆）	UPS配电箱至市电配电箱和UPS主机之间路由距离+预留长度	m		1.路由长度计算应考虑设备之间安装高度差；2.预留长度按设计规定，设计未规定时，进入设备机柜（箱）机柜（箱）按半周长计算
52	双绞线链路测试	按系统图示数量计算	链路		
53	光纤链路测试	按系统图示数量计算	链路		
54	报警系统调试		系统		
55	门禁系统调试		系统		
56	视频监控系统调试		系统		

续表

序号	项目名称	计算式	单位	数量	备注
57	安防系统联调		系统		
58	安防系统试运行		系统		

注：预留长度必须按照工程量计算规则执行。

5.5.2 填写分部分项目工程材料分析表和汇总表

填写分部分项工程材料分析表，是对已经列项的分部分项工程量清单，根据施工图设计资料对各个工程项目中的相关设备安装，按照工程所在地的安装预算定额套用相应的预算定额子目。各个安装预算定额子目的人工、材料和设备、机械等费用按照表5-58格式列表。

表5-58 分部分项工程人工材料机械等费用列表

单位（专业）工程名称：　　　　　　标段：　　　　　　第 页 共 页

项目编码		项目名称				计量单位	
清单综合单价组成明细							
序号	名称及规格、型号	单位	数量	单价（元）	其中 暂估单价（元）	合价（元）	其中 暂估单价（元）
1	人工 — 一类人工						
	二类人工						
	三类人工						
	人工费合计						
2	材料（工程设备）						
	其他材料费						
	材料（工程设备）费小计						
3	机械						
	机械费小计						
4	工料机费用合计（1+2+3）						
5	管理费（计费基数×费率）						
6	利润（计费基数×费率）						
7	综合单价（4+5+6）						

以表5-53中两项分部分项工程为例,工程材料分析表如表5-59和表5-60所示。

表5-59 管内穿放双胶线项目清单综合单价分析表

单位(专业)工程名称:　　　　　　标段:　　　　　　　　　第 页 共 页

项目编码	030502005001		项目名称	管内穿放双绞线缆	计量单位	m
清单综合单价组成明细							
序号	名称及规格、型号		单位	数量	单价（元）	其中 暂估单价（元）	合价（元）	其中 暂估单价（元）
1	人工	一类人工						
		二类人工	工日	0.00667	135.00		0.90	
		三类人工						
	人工费合计						0.90	
2	材料（工程设备）	六类双绞线缆	m	1.05	2.46		2.58	
		其他材料费	元	0.04	1.00		0.04	
	材料（工程设备）费小计						2.62	
3	机械	对讲机（一对）	台班	0.005	4.61		0.02	
	机械费小计							
4	工料机费用合计（1+2+3）						3.54	
5	管理费（人工费+机械费）×费率（21.72%）						0.20	
6	利润（人工费+机械费）×费率（10.4%）						0.10	
7	综合单价（4+5+6）						3.84	

表5-60 管内穿放室外防水双胶线项目清单综合单价分析表

单位（专业）工程名称：　　　　　标段：　　　　　第 页 共 页

项目编码	030502005002	项目名称	管内穿放室外防水双绞线缆	计量单位	m

清单综合单价组成明细							
序号	名称及规格、型号	单位	数量	单价（元）	其中 暂估单价（元）	合价（元）	其中 暂估单价（元）
1	人工 一类人工						
	二类人工	工日	0.00667	135.00		0.90	
	三类人工						
	人工费合计						
2	材料（工程设备） 室外防水六类双绞线缆	m	1.05	2.95		3.10	
	其他材料费	元	0.04	1.00		0.04	
	材料（工程设备）费小计					3.14	
3	机械 对讲机（一对）	台班	0.005	4.61		0.02	
	机械费小计					0.02	
4	工料机费用合计（1+2+3）					4.06	
5	管理费（人工费+机械费）×费率（21.72%）					0.20	
6	利润（人工费+机械费）×费率（10.4%）					0.10	
7	综合单价（4+5+6）					4.36	

在表5-59和表5-60中的数据计算中，有以下两点注意事项：

（1）上述两项分部分项工程是六类双绞线缆的敷设，根据《浙江省通用安装工程预算定额》（2018版）的规定，双绞线缆安装定额（5-2-13）是针对超五类双绞线缆的安装编制的，对于六类双绞线缆安装人工费应乘系数1.1。

（2）管理费和利润费率按照《浙江省建设工程计价规则》（2018版）中规定的中值计取。

5.5.3　填写分部分项工程造价表

填写分部分项工程造价表，是对已经套用安装预算定额并进行了管理费和利润取费后的分部分项工程量清单进行相应数据填写，即为分部分项工程造价表，如表5-61所示。

5.5.4　填写工程直接费汇总表

工程直接费包括分部分项工程费和措施费。其中，措施费中又包括施工技术措施费和施工组织措施费。

在编制施工预算中，分部分项工程费应按照相关计价要求计算定额施工费、设备材料费、企业管理费和利润；可以列入分部分项工程的措施费按照与分部分项工程费相同的计算方法计算；综合措施费用按照相关要求进行取费计算。

以浙江省安防工程为例，分部分项工程费应按照《浙江省通用设备安装工程预算定额》（2018版）套用相应定额子目，并按照《浙江省建设工程计价规则》（2018版）规定的费率计算企业管理费、利润和分部分项工程费合价；可以列入分部分项工程的措施费按照与分部分项工程费相同的计算方法计算；综合措施费用按照《浙江省建设工程计价规则》（2018版）相关要求进行取费计算。相关费率表详见表5-47~表5-52。

施工组织措施项目费计算填入施工组织措施项目清单与计价表，如表5-62所示。

表5-61 分部分项工程造价表

单位(专业)工程名称：　　　　　　　标段：　　　　　　　第 页 共 页

序号	项目编码	项目名称	项目特征	计量单位	工程量	金额（元）				备注
						综合单价	合价	其中		
								人工费	机械费	暂估价
本页小计										
合计										

表5-62 施工组织措施项目清单与计价表

工程名称： 标段： 第 页 共 页

序号	项目编号	项目名称	计算基础	费率（%）	金额（元）	备注
1		安全文明施工基本费				
2		提前竣工增加费				
3		二次搬运费				
4		冬雨季施工增加费				
5		行车、行人干扰增加费				
6		其他施工组织措施费				
合计						

其他项目费（如有）填入其他项目清单与计价汇总表，如表5-63所示。

表5-63 其他项目清单与计价汇总表

工程名称： 标段： 第 页 共 页

序号	项目名称	金额（元）	备注
1	暂列金额		
1.1	标化工地增加费		
1.2	优质工程增加费		
1.3	其他暂列金额		
2	暂估价		
2.1	材料（设备）暂估价		
2.2	专业工程暂估价		
2.3	专项技术措施暂估价		
3	计日工		
4	总承包服务费		
合计			

暂列金额明细表如表5-64所示。

表5-64 暂列金额明细表

工程名称：　　　　　　　　　标段：　　　　　　　　　　　　第 页 共 页

序号	项目名称	计量单位	暂定金额（元）	备注
1	标化工地增加费			
2	优质工程增加费			
3	其他暂列金额			
3.1				
3.2				
3.3				
	合计			

材料（工程设备）暂估价表如表5-65所示。

表5-65 材料（工程设备）暂估价表

单位（专业）工程名称：　　　　　标段：　　　　　　　　　　第 页 共 页

序号	材料（工程设备）名称、规格、型号	计量单位	数量	暂估（元）		备注
				单价	合价	
	合计					

专业工程暂估价表如表5-66所示。

表5-66 专业工程暂估价表

单位（专业）工程名称：　　　　　标段：　　　　　　　　　　第 页 共 页

序号	工程名称	工程内容	暂定金额（元）	备注
合计				

专项技术措施暂估价表如表5-67所示。

表5-67 专项技术措施暂估价表

单位（专业）工程名称：　　　　　　标段：　　　　　　　　　　第 页 共 页

序号	工程名称	工程内容	暂定金额（元）	备注
		合计		

计日工表如表5-68所示。

表5-68 计日工表

单位（专业）工程名称：　　　　　　标段：　　　　　　　　　　第 页 共 页

序号	项目名称	单位	数量	综合单价（元）	合价（元）
1	（按需要填报人工等级或工种名称）				
2					
合计					

5.5.5 填写工程预算费用计算程序表

施工图预算费用计算表如表5-69所示，各子表引用详见备注栏说明。

表5-69 施工图预算费用计算表

单位（专业）工程名称：　　　　　　标段：　　　　　　　　　　第 页 共 页

序号	费用名称		计算公式	金额	备注
1	分部分项工程费		Σ（分部分项工程数量×综合单价）		见表5-61
1.1	其中	人工费+机械费	Σ分部分项（人工费+机械费）		
2	措施项目费		（2.1+2.2）		

续表

序号	费用名称		计算公式	金额	备注
2.1	施工技术措施项目费		Σ（技术措施项目工程数量×综合单价）		见表5-6
2.1.1	其中	人工费+机械费	Σ技术措施项目（人工费+机械费）		
2.2	施工组织措施项目费		Σ计费基数×费率		见表5-62
2.2.1	其中	安全文明施工基本费	Σ计费基数×费率		
3	其他项目		（3.1+3.2+3.3+3.4）		
3.1	暂列金额		3.1.1+3.1.2+3.1.3		见表5-63
3.1.1	其中	标化工地增加费	根据工程具体要求按照计价规则计取		见表5-64
3.1.2		优质工程增加费	根据工程具体要求按照计价规则计取		见表5-64
3.1.3		其他暂列金额	根据工程具体要求按照计价规则计取		见表5-64
3.2	暂估价		3.2.1+3.2.2+3.2.3		
3.2.1	其中	材料（工程设备）暂估价	根据工程具体要求计取		见表5-65
3.2.2		专业工程暂估价	根据工程具体要求计取		见表5-66
3.2.3		专项技术措施暂估价	根据工程具体要求计取		见表5-67
3.3	计日工		Σ计日工（暂估数量×综合单价）		见表5-68
3.4	施工总承包服务费		3.4.1+3.4.2		
3.4.1	其中	专业发包工程管理费	Σ专业发包工程（暂估数量×综合单价）		
3.4.2		甲供材料设备保管费	甲供材料暂估金额×费率+甲供设备暂估金额×费率		
4	规费		计算基数×费率		
5	税金（增值税销项税或征收率）		计算基数×税率		
	工程造价合计		1+2+3+4+5		

六、编制施工图预算说明书

施工图预算说明书主要包括工程概况、编制依据、施工图预算范围、图纸变更情况，以及执行定额和取费的有关问题等。以浙江省安防工程施工图预算为例，施工图预算编制说明如表5-70所示。

表5-70 施工图预算编制说明

工程名称： 第 页 共 页

一、工程概况
……
二、编制依据
1.《建设工程工程量清单计价规范》（GB50500-2013）
2.《通用安装工程工程量清单计价规范》（GB50856-2013）
3.《浙江省建设工程计价规则》（2016版）
4.《浙江省通用安装工程预算定额》（2018版）
……
三、施工图预算范围
……
四、工程质量、材料、施工等特殊要求
……
五、定额和取费
1.关于安装定额套用
2.分部分项工程量和技术措施项目工程量编制
3.企业管理费和利润取费
4.组织措施项目取费
5.其他项目取费
6.规费取费
7.税金取费
8.其他说明
……

5.6 综合预算的编制

5.6.1 建设项目总投资

建设项目总投资是为完成项目建设并达到使用要求或生产条件，在建设期内实际投入的全部费用总和。建设项目总投资的构成如图5-3所示。

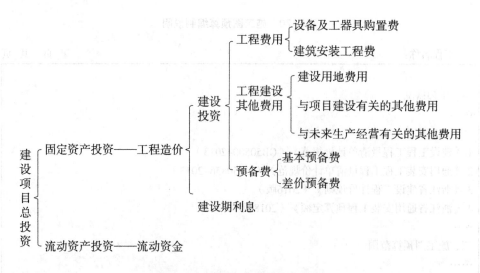

图5-3 建设面目总投资的构成

项目综合预算一般指对项目建设投资进行预测和计算。

5.6.2 建设投资的组成和费用预算

根据国家发展改革委和建设部发布的《建设项目经济评价方法与参数》（第三版）（发改投资【2006】1325号）的规定，建设投资包括工程费用、工程建设其他费用和预备费三部分。工程费用是指建设期内直接用于工程建造、设备购置及其安装的建设投资，可以分为建筑安装工程费和设备及工器具购置费；工程建设其他费用是指建设期发生的与土地使用权取得、整个工程项目建设以及未来生产经营有关的构成建设投资但不包括在工程费用中的费用。预备费是在建设期内因各种不可预见因素的变化而预留的可能增加的费用，包括基本预备费和差价预备费。建设投资的组成如图5-4所示。

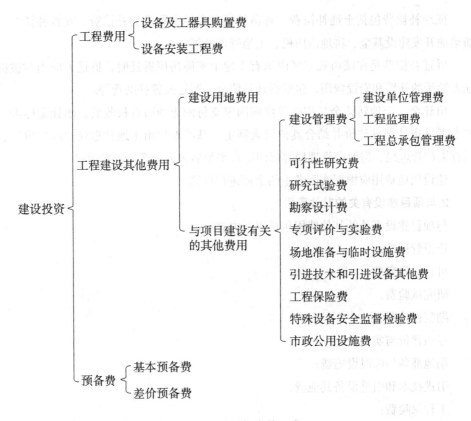

图5-4 建设投资的组成

（一）工程费用

工程费用包括购买工程项目所含各种设备及工器具的费用、设备安装施工所需支出的费用。

工程费用预算编制详见本章第五节内容。

（二）工程建设其他费用

工程建设其他费用包括建设用地费用和与项目建设有关的其他费用。

1.建设用地费用

建设用地费用是指为获得工程项目建设土地的使用权而在建设期内发生的各项费用，包括通过划拨方式取得土地使用权而支付的土地征用及拆迁补偿费，或者通过土地使用权出让方式取得土地使用权而支付的土地使用权出让金。

建设用地如通过行政划拨方式取得，必须承担征地补偿费用或对原用地单位或个人的拆迁补偿费用；若通过市场机制取得，则不但承担以上费用，还需向土地所有者支付有偿使用费，即土地出让金。

征地补偿费包括土地补偿费、青苗补偿费和地上附着物补偿费、安置补偿费、新菜地开发建设基金、耕地占用税、土地管理费等。

拆迁补偿费是在城市规划区内国有土地上实施房屋拆迁时，拆迁人应当对被拆迁人给予的补偿和安置费用，包括拆迁补偿金、搬迁安置补助费等。

出让金、土地转让金是用地单位向国家支付的土地所有权收益，出让金标准一般参考城市计划准地价并结合其他因素制定。基准地价由土地管理局会同物价局、国有资产管理局、房地产管理局等部门综合平衡后报人民政府审定通过。

建设用地费用应根据实际发生的金额进行计算。

2. 与项目建设有关的其他费用

与项目建设有关的其他费用包括以下内容：

建设管理费；

可行性研究费；

研究试验费；

勘察设计费；

专项评价与实验费；

场地准备与临时设施费；

引进技术和引进设备其他费；

工程保险费；

特殊设备安全监督检验费；

市政公用设施费等。

（1）建设管理费包括建设单位管理费、工程监理费和工程总承包管理费。

建设单位管理费是指建设单位发生的管理性质的开支，包括工作人员工资、工资性补贴、施工现场津贴、职工福利费、住房基金、基本养老保险费、基本医疗保险费、失业保险费、工伤保险费、办公费、差旅交通费、劳动保护费、工具用具使用费、固定资产使用费、必要的办公及生活用品购置费、必要的通信设备及交通工具购置费、零星固定资产购置费、招募生产工人费、法律顾问费、工程咨询费、完工清理费、竣工验收费、印花税和其他管理性开支。建设单位管理费计算按照以下公式计算：

建设单位管理费=工程费用×建设单位管理费费率

注：建设单位管理费费率按照建设项目的不同性质、不同规模确定。

工程监理费是指建设单位委托工程监理单位实施工程监理的费用。工程监理费实行市场调节价。

工程总承包管理费是针对建设管理采用工程总承包方式时，建设单位支付给总承包单位的管理费用。工程总承包管理费由建设单位与总承包单位根据总包工作范围在合同中商定。

（2）可行性研究费是指在工程项目投资决策阶段，依据调研报告对有关建设方案、技术方案进行技术经济论证，以及编制、评审可行性研究报告所需的费用。可行性研究费实行市场调节价。

（3）研究试验费是指为建设项目提供或验证设计数据、资料等进行必要的研究试验及按照相关规定在建设过程中必须进行试验、验证所需的费用，包括自行或委托其他部门研究试验所需人工费、材料费、试验设备及仪器使用费等。研究试验费按照设计单位根据本工程项目的需要提出的研究实验内容和要求计算，但不包括应由科研三项费用开支的项目，不包括应由勘察设计费或工程费用中开支的项目。

（4）勘察设计费是指对工程项目进行工程水文地质勘察、工程设计所发生的费用，包括工程勘察费、初步设计费（基础设计费）、施工图设计费（详细设计费）、设计模型制作费等。勘察设计费实行市场调节价。

（5）专项评价及试验费包括环境影响评价费、安全预评价及试验费、职业病危害预评及控制效果评价费、地震安全性评价费、地质灾害危险性评级费、水土保持评价及试验费、压覆矿产资源评价费、节能评估及评审费、危险与可操作性分析及安全完整性评价费，以及其他专项评价及试验费。专项评价及试验费实行市场调节价。

（6）建设项目场地准备费是指为使工程项目的建设场地达到开工条件，由建设单位组织进行场地平整等准备工作而发生的费用。临时设施费是指建设单位为满足工程项目建设、生活、办公的需要，用于临时设施建设、维修、租赁、使用所产生的或摊销的费用。场地准备和临时设施费按照以下公式计算：

场地准备和临时设施费=工程费用×费率+拆除清理费

注：此项目费用不包括已列入建筑安装工程费用中的施工单位临时设施费用。

（7）引进技术和引进设备其他费是指引进技术和设备产生的但未计入设备购置费中的费用，包括引进项目图纸资料翻译复制费、备品备件测绘费，包括出国和来华人员费用，包括银行担保及承诺费等。引进技术和引进设备其他费按照具体情况估算。

（8）工程保险费是指为转移工程项目建设以外的风险，在建设期内对建筑工程、安装工程、机械设备和人身安全进行投保而产生的费用。工程保险费根据保险范围和保费费率计算。

（9）特殊设备安全监督检验费是指安全监察部门对施工现场组装的锅炉及压力

容器、压力管道、消防设备、燃气设备、电梯等特殊设备和设施实施安全检验收取的费用。特殊设备安全监督检验费根据项目所在地省（市，自治区）安全监察部门的规定标准计算。

（10）市政公用设施费是指使用市政公用设施的工程项目，按照项目所在地省级人民政府有关规定建设或缴纳市政公用设施建设配套费用，以及绿化工程补偿费用。市政公用设施费按照工程所在地人民政府规定标准计算。

（三）预备费

预备费是指在建设期内因各种不可预见因素的变化而预留的可能增加的费用，包括基本预备费和价差预备费。

（1）基本预备费是指投资估算或工程概算阶段预留的，由于工程实施中不可预见的工程变化及洽商、一般自然灾害处理、地下障碍物处理、超高超限设备运输等而可能增加的费用。此费用也可以称为工程建设不可预见费。基本预备费按照以下公式计算：

基本预备费=（工程费用+工程建设其他费用）×基本预备费费率

注：基本预备费费率的取值应执行国家及部门的有关规定。

（2）价差预备费是指为在建设期内利率、汇率或价格等因素的变化而预留的可能增加的费用。此项费用也可以称为价格变动不可预见费。价差预备费包括人工、设备、材料、施工机具的价差费，建筑安装工程费及工程建设其他费用调整，利率、汇率调整等增加的费用。价差预备费一般根据国家规定的投资综合价格指数，按估算年份价格水平的投资额为基数，采用复利方法计算。价差预备费按照以下公式计算：

$$PF=\sum_{i=1}^{n}I_t\left[(1+f)^m(1+f)^{0.5}(1+f)^{t-1}-1\right]$$

式中 PF——价差预备费

n——建设期年份数

I_t——建设其中第 t 年的静态投资计划额，包括工程费用、工程建设其他费用及基本预备费

f——年涨价率

m——建设前期年限（从编制估算到开工建设之间的年数）

注：年涨价率按照政府部门有关规定执行。

◎思考题

1.某浙江省内视频监控工程，摄像机规格、数量、安装方式以及主材单价如下表所示。该工程预算综合单价中企业管理费和利润分别按人工费和机械费之和的21.72%和10.4%计算。

序号	设备名称	安装方式	设备供电方式	管线敷设	数量	备注
1	数字网络半球彩色摄像机	天花（高度为3m）吸顶安装	POE交换机远程供电	Cat.6 UTP-4P	28	摄像机（含安装附件）：850元/套
2	数字网络矩型摄像机	壁挂支架安装（高度为2.5m）	POE交换机远程供电	Cat.6 UTP-4P	10	摄像机（含镜头）价格：1260元/套 防护罩价格：130元/套 壁装支架：85元/套
3	数字网络红外一体摄像机	壁挂支架安装（高度为2.5m）	POE交换机远程供电	Cat.6 UTP-4P	5	摄像机（含支架等安装附件）价格：1130元/套

问题：

（1）根据《建设工程工程量计价规范》（GB50500-2013）、《通用安装工程工程量计算规范》（GB50856-2013）进行分部分项工程量清单列项。

（2）根据《浙江省通用设备安装工程预算定额》（2018版）、《浙江省建设工程计价规则》（2018版）计算各分部分项工程的综合单价与合价，编制综合单价分析表。

（3）编制分部分项工程量清单计价表。

解：1.分部分项工程量清单列项表如下：

序号	项目编码	项目名称	项目特征描述	计量单位	工程量	金额（元）		
						综合单价	合价	其中：暂估价
1	030507008001	数字网络半球彩色摄像机	数字网络半球彩色摄像机，天花吸顶安装及单体调试，含安装附配件	台	28			

续表

序号	项目编码	项目名称	项目特征描述	计量单位	工程量	金额（元）		
						综合单价	合价	其中：暂估价
2	030507008002	数字网络矩型摄像机	数字网络矩型摄像机，壁挂支架安装及单体调试，含镜头、防护罩和壁装支架	套	10			
3	030507008003	数字网络红外一体摄像机	数字网络红外一体摄像机，壁挂支架安装及单体调试，含安装附配件	台	5			

（2）根据分部分项项目特征描述，根据表5-8和表5-9各分部分项工程套用定额和基价取费如下表：

序号	项目编码 定额编号	项目名称 定额名称	单位	安装基价（元）			主材费
				人工费	材料费	机械费	
1	030507008001	数字网络半球彩色摄像机	台				
	5-6-84	彩色带定焦镜头摄像设备安装、调试	台	48.33	6.06	0.47	850.00
2	030507008002	数字网络矩型摄像机	套				
	5-6-84	彩色带定焦镜头摄像设备安装、调试	台	48.33	6.06	0.47	1260.00
	5-6-90	摄像机防护罩安装	台	6.62	2.94	0.00	130.00
	5-6-91	摄像机支架安装	台	11.07	2.63	0.00	85.00
3	030507008003	数字网络红外一体摄像机	台	5			
	5-6-86	带红外光源摄像设备安装、调试	台	55.76	5.78	0.70	1130.00

各分部分项工程综合单价分析表如下表：

第5章 安防工程施工图预算

项目编码	030507008001	项目名称	数字网络半球彩色摄像机	计量单位	台
清单综合单价组成明细					

序号		名称及规格、型号	单位	数量	单价（元）	其中 暂估单价（元）	合价（元）	其中 暂估单价（元）
1		二类人工	工日	0.358	135.00		48.33	
		人工费合计					48.33	
2	材料（工程设备）	数字网络半球彩色摄像机	台	1.00	850.00		850.00	
		脱脂棉	kg	0.02	38.79		0.78	
		工业用酒精	kg	0.04	7.07		0.28	
		其他材料费	元	5.00	1.00		5.00	
		材料（工程设备）费小计					856.06	
3	机械	彩色监视器	台班	0.042	4.93		0.21	
		对讲机（一对）	台班	0.042	4.61		0.19	
		数字万用表	台班	0.017	4.16		0.07	
		机械费小计					0.47	
4		工料机费用合计（1+2+3）					904.86	
5		管理费（人工费+机械费）×费率（21.72%）					10.60	
6		利润（人工费+机械费）×费率（10.4%）					5.08	
7		综合单价（4+5+6）					920.54	

项目编码	030507008002	项目名称	数字网络矩型摄像机	计量单位	台
清单综合单价组成明细					

序号		名称及规格、型号	单位	数量	单价（元）	其中 暂估单价（元）	合价（元）	其中 暂估单价（元）
1		二类人工	工日	0.489	135.00		66.02	
		人工费合计					66.02	
2	材料（工程设备）	数字网络半球彩色摄像机	台	1.00	1260.00		1260.00	
		脱脂棉	kg	0.02	38.79		0.78	
		工业用酒精	kg	0.04	7.07		0.28	
		其他材料费	元	10.57	1.00		10.57	
		材料（工程设备）费小计					1271.63	
3	机械	彩色监视器	台班	0.042	4.93		0.21	
		对讲机（一对）	台班	0.042	4.61		0.19	
		数字万用表	台班	0.017	4.16		0.07	
		机械费小计					0.47	
4		工料机费用合计（1+2+3）					1338.12	
5		管理费（人工费+机械费）×费率（21.72%）					14.44	
6		利润（人工费+机械费）×费率（10.4%）					6.91	
7		综合单价（4+5+6）					1359.47	

项目编码	030507008003	项目名称	数字网络红外一体摄像机	计量单位	台

清单综合单价组成明细

序号	名称及规格、型号		单位	数量	单价（元）	其中 暂估单价（元）	合价（元）	其中 暂估单价（元）
	二类人工		工日	0.413	135.00		55.76	
	人工费合计						55.76	
2	材料（工程设备）	数字网络半球彩色摄像机	台	1.00	1130.00		1130.00	
		脱脂棉	kg	0.02	38.79		0.78	
		其他材料费	元	5.00	1.00		5.00	
	材料（工程设备）费小计						1135.78	
3	机械	彩色监视器	台班	0.033	4.93		0.16	
		对讲机（一对）	台班	0.042	4.61		0.19	
		数字万用表	台班	0.083	4.16		0.35	
	机械费小计						0.70	
4	工料机费用合计（1+2+3）						1192.24	
5	管理费（人工费+机械费）×费率（21.72%）						12.26	
6	利润（人工费+机械费）×费率（10.4%）						5.87	
7	综合单价（4+5+6）						1210.37	

（3）分部分项工程量清单计价表如下表：

序号	项目编码	项目名称	项目特征描述	计量单位	工程量	金额（元）		其中：暂估价
						综合单价	合价	
1	030507008001	数字网络半球彩色摄像机	数字网络半球彩色摄像机 天花吸顶安装及单体调试含安装附配件	台	28	920.54	25775.12	
2	030507008002	数字网络矩型摄像机	数字网络矩型摄像机 壁挂支架安装及单体调试含镜头、防护罩和壁装支架	套	10	1359.47	13594.70	
3	030507008003	数字网络红外一体摄像机	数字网络红外一体摄像机 壁挂支架安装及单体调试含安装附配件	台	5	1210.37	6051.85	

2.某建设项目建安工程费1.2亿元,设备购置费7600万元,工程建设其他费3350万元,已知基本预备费率5%,项目建设前期年限为1年,建设期为3年,各年投资计划额为:第一年完成20%,第二年完成60%,第三年完成20%。年均投资价格上涨率为5%。建设期间价差预备费是多少?

解:基本预备费=(12000+7600+3350)×5%=1147.50(万元)

静态建设投资=12000+7600+3350+1147.50=24097.50(万元)

建设期第一年完成投资=24097.50×20%=4819.50(万元)

建设期第二年完成投资=24097.5×60%=14458.50(万元)

建设期第三年完成投资=24097.5×20%=4819.50(万元)

第一年涨价预备费:

PF_1=4819.50×[(1+5%)^1(1+5%)$^{0.5}$−1]=365.94(万元)

第二年涨价预备费:

PF_2=14458.50×[(1+5%)^1(1+5%)$^{0.5}$(1+5%)^1−1]=1875.65(万元)

第三年涨价预备费:

PF_3= 4819.50×[(1+5%)^1(1+5%)$^{0.5}$(1+5%)^2−1]=897.45(万元)

建设期的涨价预备费为:PF = 365.94+1875.65+897.45=3139.04(万元)

第6章 施工预算的编制

6.1 施工预算概述

施工预算是编制实施性成本计划的主要依据，是施工企业为了加强企业内部经济核算，在施工图预算的控制下，依据企业的内部施工定额，以建筑安装单位工程为对象，根据施工图纸、施工定额、施工及验收规范、标准图集、施工组织设计（施工方案）编制的单位工程施工所需要的人工、材料、施工机械台班用量的技术经济文件。它是施工企业的内部文件，同时也是施工企业进行劳动调配、物资计划供应、控制成本开支、进行成本分析和班组经济核算的依据。

6.1.1 施工预算的作用与内容

1. 施工预算的作用

（1）施工预算是编制施工作业计划的依据。

施工作业计划是施工企业计划管理的中心环节，也是计划管理的基础和具体化。编制施工作业计划，必须依据施工预算计算的单位工程或分部分项工程的工程量、构配件、劳力等进行有计划管理。

（2）施工预算是施工单位向施工班组签发施工任务单和限额领料的依据。

施工任务单是把施工作业计划落实到班组的计划文件，也是记录班组完成任务情况和结算班组工人工资的凭证。

（3）施工预算是计算超额奖和计算计件工资、实行按劳分配的依据。

施工预算是企业进行劳动力调配、物资技术供应、组织队伍生产、下达施工任务单和限额领料单、控制成本开支、进行成本分析和班组经济核算以及"二算"对比的依据。施工预算和建筑安装工程预算之间的差额反映了企业个别劳动量与社会劳动量之间的差别，能体现降低工程成本计划的要求。

施工预算所确定的人工、材料、机械使用量与工程量的关系是衡量工人劳动成果、计算应得报酬的依据。它把工人的劳动成果与劳动报酬联系起来，很好地体现了多劳多得、少劳少得的按劳分配原则。

（4）施工预算是施工企业进行经济活动分析的依据。

进行经济活动分析是企业加强经营管理、提高经济效益的有效手段，经济活动分析主要是用施工预算的人工、材料和机械台班数量等与实际消耗量对比，同时与施工图预算的人工、材料和机械台班数量进行对比，分析超支、节约的原因，改进操作技术和管理手段，有效地控制施工中的消耗，节约开支。

施工企业进行施工管理的"三算"是施工预算、施工图预算和竣工结算。

2. 施工预算的内容

施工预算一般应包括下列内容：

（1）工程量。

根据施工图和施工定额口径计算的分项、分层、分段工程量。

（2）用工数量。

根据分项、分层、分段工程量及时间定额，计算出分项、分层、分段的各工种的用工数量（包括其他用工），最后计算出单位工程的总用工数及需用工资额。

（3）材料消耗限额量。

根据工程量及施工定额中规定的材料消耗量（包括合理损耗量），计算出分项、分层、分段的材料需用量，最后汇总成为单位工程材料用量，并计算出相应的单位工程材料费。

（4）大型机械的台班用量。

根据分项工程量及机械台班消耗定额，计算单位工程所需的分机件的机械台班需用量，或按照施工方案的要求，确定常用的机件及台班数量，还要明确机械名称、型号、规格。

（5）按照有关规定计算的其他有关资料。

例如，模板的合理需用量、混凝土量、预制构件和木构件及制品的加工定货量、五金明细表及钢筋配料单等。

此外，还应有降低成本的技术措施。施工预算中的人工、机械台班、材料用量是在施工图的基础上，考虑了新技术、新工艺及经有关部门同意的合理化建议等因素后计算的。为此，在施工预算书中应附上计划采用的技术措施及合理化建议内容，要求工程技术人员、工长、生产工人都严格按照规定措施进行施工，以确保降低成本。施工预算是基层施工单位进行经济核算的基本依据，它明确了管理目标和方法，对加强企业管理，搞好基层成本核算有重要意义。

施工部门为了加强施工管理，在施工图预算的控制之下，计算建筑安装工程所需要消耗的人工、材料、施工机械的数量限额，并直接用于施工生产的技术性文件，是根据施工图的工程量、施工组织设计或施工方案以及施工定额而编制的。

6.1.2 施工预算编制依据

工程预算编制的依据是工程项目综合概、预算书，建设项目总概、预算书。整个建设工程有多少工程项目，就应编制多少工程项目的综合概、预算书。

工程项目综合概、预算书包括的内容有建筑、安装工程费，设备购置费及其他费用。上述各项费用是根据各单位工程概、预算书及其他工程和费用概算书汇编而成的。如果一个建设项目只有一个单项工程，则汇编时，与这个单项工程有关的其他工程和费用可直接汇入工程项目综合概、预算书。

建设项目总概、预算书是设计文件的重要组成部分，它是确定一个建设项目（工厂或学校等）从筹建到竣工验收过程的全部建设费用的文件。

建设项目总概、预算书是由各生产车间独立公用事业及独立建筑物的综合概、预算书，以及其他工程费用概、预算书汇编组成的。

为使编制的施工预算发挥应有的作用，施工预算编制应遵循以下原则：

（1）材料用量按施工做法量加合理操作损耗确定。材料单价按市场价确定（由材料管理部提供）。人工工日按合同规定或现行施工预算定额确定，人工单价（或劳务承包单价）按合同确定或按公司现行标准执行。配合比、机具费、模板费用、脚手架费用、现场管理费、临时设施费用等，公司有指标的，按指标编制，公司无指标的，根据施工方案测定。只有直接费、现场管理费需要编入施工预算，间接费和税金等不编入施工预算。

对于某些概算定额子目，编制施工预算时，要分析概算人工水平，找出不适当套用的定额子目，使施工预算的人工工日水平符合工程实际。

（2）施工预算应根据实际工程具体情况，根据便于使用、便于管理的原则，分专业、按系统、分层、分段编制。完全相同的不同层段的施工预算可只编制标准层施工预算，但应在编制说明中注明适用范围。

（3）每个施工预算的项目应齐全，甩项部分（急于交付未完成部分）应在编制说明中注明。分部要合理，列项要有序。土建装修可按隔墙、电梯厅、走道、户型1、户型2等编制。每一户型可按各房间二次划分。每一房间按地面、天棚、墙面、门窗及固定家私、其他项目先后次序列项。水电按楼层系统子目、各房间子目编制。

（4）施工预算一律利用指定概预算软件编制。

（5）加强施工预算定额的完善工作，逐步实行统一材料库、统一市场价、统一材料耗用量，形成公司统一的施工预算编制体系，形成公司自己的内部施工预算定额，为快速、准确、实际地编制工程预算提供有力工具。

（6）施工预算费用与技措费计划、降低成本计划相结合。施工预算编制执行标准材料及人工定额消耗量、标准人工单价及材料管理部审定价时，如果项目部落实的费用标准与上述标准不同，以技措费形式（超预算部分）或降低成本计划形式（低于预算部分），由项目部报公司进行审批。

6.1.3 施工预算与施工图预算的区别

1. 施工图预算概念

从传统意义上讲，施工图预算是指在施工图设计完成以后，按照主管部门制定的预算定额、费用定额和其他取费文件等编制的单位工程或单项工程预算价格的文件；从现有意义上讲，只要是按照施工图纸以及计价所需的各种依据在工程实施前所计算的工程价格，均可以称为施工图预算价格，该施工图预算价格可以是按照主管部门统一规定的预算单价、取费标准、计价程序计算得到的计划中的价格，也可以是根据企业自身的实力和市场供求及竞争状况计算的反映市场的价格。实际上，这体现了两种不同的计价模式。

按照预算造价的计算方式和管理方式的不同，施工图预算可以划分为两种计价模式，即传统计价模式和工程量清单计价模式。

（1）传统计价模式。

我国的传统计价模式是采用国家、部门或地区统一规定的定额和取费标准进行工程造价计价的模式，通常也称为定额计价模式。由于清单计价模式中也要用到消耗定额，为避免造成歧义，此处将定额计价模式称为传统计价模式。传统计价模式是我国长期使用的一种施工图预算编制方法。

传统计价模式下，由主管部门制定工程预算定额，并且规定间接费的内容和取费标准。建设单位和施工单位均先根据预算定额中规定的工程量计算规则、定额单价计算人、料、机费用，再按照规定的费率和取费程序计取企业管理费、利润、规费和税金，汇总得到工程造价。其中，预算定额单价既包括了消耗量标准，又含有单位价格。

虽然传统计价模式对我国建设工程的投资计划管理和招投标起到过很大的作用，但也存在一些缺陷。传统计价模式的工、料、机消耗量是根据"社会平均水平"综合测定的，取费标准是根据不同地区价格水平平均测算的，企业自主报价的空间很小，不能结合项目具体情况、自身技术管理水平和市场价格自主报价，也不能满足招标人对建筑产品质优价廉的要求。同时，由于工程量计算由投标的各方单独完成，计价基础不统一，不利于招标工作的规范性。在工程完工后，工程结算烦琐，易引起争议。

（2）工程量清单计价模式。

工程量清单计价模式是指按照工程量清单规范规定的全国统一工程量计算规则，由招标人提供工程量清单和有关技术说明，投标人根据企业自身的定额水平和市场价格进行计价的模式。

2. 施工预算与施工图预算的关系

施工预算和施工图预算都是工程造价的重要组成部分。

施工预算是编制实施性成本计划的主要依据，是施工企业为了加强企业内部经济核算，在施工图预算的控制下，依据企业的内部施工定额，以建筑安装单位工程为对象，根据施工图纸、施工定额、施工及验收规范、标准图集、施工组织设计（施工方案）编制的单位工程施工所需要的人工、材料、施工机械台班用量的技术经济文件。它是施工企业的内部文件，同时也是施工企业进行劳动调配、物资计划供应、控制成本开支、进行成本分析和班组经济核算的依据。

施工图预算是根据施工图、预算定额、各项取费标准、建设地区的自然及技术经济条件等资料编制的建筑安装工程预算造价文件。

在中国，施工图预算是建筑企业和建设单位签订承包合同、实行工程预算包干、拨付工程款和办理工程结算的依据，也是建筑企业控制施工成本、实行经济核算和考核经营成果的依据；在实行招标承包制的情况下，是建设单位确定招标控制价和建筑企业投标报价的依据。

施工图预算是关系建设单位和建筑企业经济利益的技术经济文件，如在执行过程中发生经济纠纷，应按合同协商或经仲裁机构仲裁，或按民事诉讼等其他法律规定的程序解决。

（1）施工图预算编制的模式。

从传统意义上讲，施工图预算是指在施工图设计完成以后，按照主管部门制定的预算定额、费用定额和其他取费文件等编制的单位工程或单项工程预算价格的文件；从现有意义上讲，只要是按照施工图纸以及计价所需的各种依据在工程实施前所计算的工程价格，均可以称为施工图预算价格，该施工图预算价格可以是按照主管部门统一规定的预算单价、取费标准、计价程序计算得到的计划中的价格，也可以是根据企业自身的实力和市场供求及竞争状况计算的反映市场的价格。实际上，这体现了两种不同的计价模式。按照预算造价的计算方式和管理方式的不同，施工图预算可以划分为两种计价模式，即传统计价模式和工程量清单计价模式。

（2）施工图预算的作用。

①施工图预算对建设单位的作用。

A. 施工图预算是施工图设计阶段确定建设工程项目造价的依据，是设计文件的组成部分。

B.施工图预算是建设单位在施工期间安排建设资金计划和使用建设资金的依据。建设单位按照施工组织设计、施工工期、施工顺序、各个部分预算造价安排建设资金计划，确保资金有效使用，保证项目建设顺利进行。

C.施工图预算是招投标的重要基础，既是工程量清单的编制依据，又是标底编制的依据。招标投标法实施以后，市场竞争日趋激烈，特别是推行工程量清单计价方法后，传统的施工图预算在投标报价中的作用逐渐弱化；但是，由于现阶段人们对工程量清单计价方法掌握能力的限制，施工图预算还在招投标中大量应用，是招投标的重要基础，施工图预算的原理、依据、方法和编制程序，仍是投标报价的重要参考资料。同时，现阶段工程量清单计价基础资料系统还没有建立起来，特别是投标企业还没有自己的企业定额，这样，预算定额、预算编制模式和方法是工程量清单的编制依据。对于建设单位来说，标底的编制是以施工图预算为基础的，通常是在施工图预算的基础上考虑工程特殊施工措施费、工程质量要求、目标工期、招标工程的范围、自然条件等因素编制的。就是采用工程量清单计价方法招投标，其计价基础还是预算定额，计价方法还是预算方法，所以施工图预算是标底编制的依据。

D.施工图预算是拨付进度款及办理结算的依据。

②施工图预算对施工单位的作用。

A.施工图预算是确定投标报价的依据。在竞争激烈的建筑市场，施工单位需要根据施工图预算造价，结合企业的投标策略，确定投标报价。

B.施工图预算是施工单位进行施工准备的依据，是施工单位在施工前组织材料、机具、设备及劳动力供应的重要参考，是施工单位编制进度计划、统计完成工作量、进行经济核算的参考依据。施工图预算的工、料、机分析，为施工单位材料购置、劳动力及机具和设备的配备提供参考。

C.施工图预算是控制施工成本的依据。根据施工图预算确定的中标价格是施工单位收取工程款的依据，施工单位只有合理利用各项资源，采取技术措施、经济措施和组织措施降低成本，将成本控制在施工图预算以内，施工单位才能获得良好的经济效益。

③施工图预算对其他方面的作用。

A.对于工程咨询单位而言，尽可能客观、准确地为委托方做出施工图预算，是其业务水平、素质和信誉的体现。

B.对于工程造价管理部门而言，施工图预算是监督检查执行定额标准、合理确定工程造价、测算造价指数及审定招标工程标底的重要依据。

（3）施工图预算的编制依据。

施工图预算的编制依据应包括下列内容：

①国家、行业和地方有关规定；

②相应工程造价管理机构发布的预算定额；

③施工图设计文件及相关标准图集和规范；

④项目相关文件、合同、协议等；

⑤工程所在地的人工、材料、设备、施工机械市场价格；

⑥施工组织设计和施工方案；

⑦项目的管理模式、发包模式及施工条件；

⑧其他应提供的资料。

（4）施工图预算的编制方法。

建设工程项目施工图预算由总预算、综合预算和单位工程预算组成。建设工程项目总预算由综合预算汇总而成；综合预算由组成本单项工程的单位工程预算汇总而成；单位工程预算包括建筑工程预算和设备及安装工程预算。

单位工程预算的编制方法有单价法和实物量法，其中单价法分为定额单价法和工程量清单单价法。

①定额单价法。

定额单价法是用事先编制好的分项工程的单位估价表来编制施工图预算的方法。根据施工图设计文件和预算定额，按分部分项工程顺序先计算出分项工程量，然后乘对应的定额单价，求出分项工程人、料、机费用；将分项工程人、料、机费用汇总为单位工程人、料、机费用；汇总后另加企业管理费、利润、规费和税金生成单位工程的施工图预算。

②工程量清单单价法。

工程量清单单价法是根据国家统一的工程量计算规则计算工程量，采用综合单价的形式计算工程造价的方法。综合单价是指分部分项工程单价综合了人、料、机费用及其以外的多项费用内容。按照单价综合内容的不同，综合单价可分为全费用综合单价和部分费用综合单价。

③实物量法。

实物量法是依据施工图纸和预算定额的项目划分及工程量计算规则，先计算出分部分项工程量，然后套用预算定额（实物量定额）来编制施工图预算的方法。用实物量法编制施工图预算，主要是先用计算出的各分项工程的实物工程量，分别套取预算定额中工、料、机消耗指标，并按类相加，求出单位工程所需的各种人工、材料、施工机械台班的总消耗量，然后分别乘当时当地各种人工、材料、机械台班的单价,求得人工费、材料费和施工机械使用费,再汇总求和。对于企业管理费、利润等费用的计算则根据当时当地建筑市场的供求情况予以具体确定。

实物量法编制施工图预算的步骤与定额单价法基本相似,但在具体计算人工费、材料费和机械使用费及汇总三种费用之和方面有一定区别。实物量法编制施工图预算所用人工、材料和机械台班的单价都是当时当地的实际价格,编制出的预算可较准确地反映实际水平,误差较小,适用于市场经济条件波动较大的情况。由于采用该方法需要统计人工、材料、机械台班消耗量,还需搜集相应的实际价格,因而工作量较大、计算过程烦琐。

3.施工预算与施工图预算的区别

施工预算与施工图预算虽然只有一字之差,但是它们有着明显的区别,表6-1为施工预算与施工图预算对比表。

(1)用途及编制方法不同。

施工预算用于施工企业内部核算,主要计算工料用量和直接费;而施工图预算却要确定整个单位工程造价。施工预算必须在施工图预算价值的控制下进行编制。

(2)使用定额不同。

施工预算的编制依据是施工定额,施工图预算使用的是预算定额,两种定额的项目划分不同。即使是同一定额项目,在两种定额中各自的工、料、机械台班耗用数量都有一定的差别。

施工定额也称作企业定额,施工定额一般是企业内部编制的一种定额,它体现的是施工企业的施工技术、施工管理等方面的先进性,它编制的原则是在大多数方面的水平要高于预算定额,施工定额主要用于施工企业内部核算。而预算定额是国家主管部门编制的(或者是委托有资质的单位编制的),用于建筑行业预结算的资料,它的编制原则体现的是平均性原则,也就是说预算定额是在整个行业的平均水平的基础上编制的。

(3)工程项目粗细程度不同。

施工预算的工程量要分层、分段、分工程项目计算,其项目要比施工图预算多。如砌砖基础,预算定额仅列了一项,而施工定额根据不同深度及砖基础墙的厚度,共划分了六个项目。

施工预算比施工图预算的项目多、划分细;施工预算用于施工企业内部核算,主要计算工料用量和直接费;而施工图预算却要确定整个单位工程造价。施工预算必须在施工图预算价值的控制下进行编制。

(4)计算范围不同。

施工预算一般只计算工程所需工料的数量,有条件的地区会计算工程的直接费，而施工图预算要计算整个工程的直接工程费、现场经费、间接费、利润及税金等各项费用。

（5）所考虑的施工组织及施工方法不同。

施工预算考虑的施工组织及施工方法比施工图预算细得多。

施工预算是针对施工企业而言的，是施工企业控制实际成本的依据，越准越好，在保证质量、工期的前提下保证施工预算越小越好。而施工图预算是针对发包单位或者业主的，在计算准确的工程量的前提下，施工图预算越大越好。

（6）计量单位不同。

施工预算与施工图预算的工程量计量单位也不完全一致。如门窗安装施工预算分门窗框、门窗扇安装两个项目，门窗框安装以"樘"为单位计算工程量，门窗扇安装以"扇"为单位计算工程量，但施工图预算门窗安装包括门窗框、扇，以m^2计算。

（7）预算方法不同。

施工预算方法主要有实物法、实物金额法和单位估价法三种，而施工图预算方法有定额单价法、实物法和清单单价法。

表6-1 施工预算与施工图预算对比表

名称	施工预算	施工图预算
用途	用于施工企业内部核算，主要计算工料用量和直接费	要确定整个单位工程造价
编制	被控者	控制者
定额	施工预算的编制依据是施工定额	施工图预算使用的是预算定额
工程项目粗细程度	施工预算比施工图预算的项目多、划分细，施工预算的工程量计算要分层、分段、分工程项目进行，其项目要比施工图预算多	
计算范围	施工预算一般只计算工程所需工料的数量，有条件的地区可计算工程的直接费	施工图预算要计算整个工程的直接工程费、现场经费、间接费、利润及税金等各项费用
施工组织和施工方法	施工预算考虑的施工组织和施工方法比施工图预算细得多	
预算方法	实物法、实物金额法和单位估价法	定额单价法、实物法和清单单价法

6.2 施工预算的编制

编制施工预算的目的是按计划控制企业劳动和物资消耗量。它依据施工图、施工组织设计和施工定额，采用实物法编制。施工预算和建筑安装工程预算之间的差额，反映企业个别劳动量与社会平均劳动量之间的差别，体现降低工程成本计划的要求。

施工预算可以以合同中标段、单位工程或部分单位工程或者以工程量清单为依据进行编制。

以合同中标段为主的编制，主要考虑四个方面的费用：第一，是工程的直接费用，包括人、料、机这三个方面的直接费用；第二，是特殊施工时段及特殊地区的施工增加费，包括特殊天气及夜晚的加班费等；第三，是企业在工程管理和财务这两方面所投入的经费等；第四，是整个工程其中一部分的利润及其税收和技术装备费等。此类预算形式使得施工过程中对各项费用的管理趋向专业化，同时，也是各专业进行管理的有利控制依据。

以单位工程或部分单位工程为主的编制，指的是将整个大工程分成若干个小工程并对其进行成本预算，最后再对各个小工程的成本预算进行汇总，为工程在施工时的统一调配和分专业施工提供生产及经营管理的依据。例如，某承包工程是50千米的市政道路，可将其分为5个部分，分别由5个施工项目经理部去承担，并设定总施工指挥部，统一对人力、机械设备及工程资金进行协调。预算人员对这5个单位工程分别进行预算并汇总，这样既给总施工指挥部提供了领导和协调调度的依据，又为各施工单位工程提供了经营管理依据。这种模式也可适用于桥梁、隧道及路面这类建设工程。

以工程量为依据的编制即是将预算承包合同中的工程量清单项目汇合成一个完整的预算。工程量清单项目费用包括各种材料费用、设备费用、暂定金额及各类保险等。这种形式的编制主要有以下四个优势：第一，便于合同中工程量清单的单价比较；第二，便于分包工程的经营管理；第三，便于工程的经济活动分析和经营效果比较；第四，能够为施工企业在投标报价中提供相关的数据资料。

6.2.1 划分工程项目

1.建设项目的划分

建设项目是指按一个总体设计进行建设的各个单项工程所构成的总体。建设项目按用途可分为生产性项目和非生产性项目。在生产性项目中，一般是以一个企业

（或联合企业）为建设项目；在非生产性项目中一般是以一个事业单位，如一所学校为建设项目，也有营业性质的，如一座宾馆。

一个建设项目是由许多部分组成的庞大综合体，如欲知道它的建设费用，就整个工程进行估价是非常困难的，也可以说是办不到的。因此，这就需要借助于某种方法把庞大复杂的建筑及安装工程，按构成性质、组织形式、用途、作用等，分门别类地、由大到小地分解为许多简单的而且便于计算的基本组成部分，然后分别计算出价值，再经过由小到大、由单个到综合、由局部到总体，逐项综合，层层汇总，最后计算出一个建设项目——一个工厂、一所学校、一幢住宅的全部建设费用，即建筑工程预（概）算造价。

一个完整的建设项目，可逐步分解，如图6-1所示。

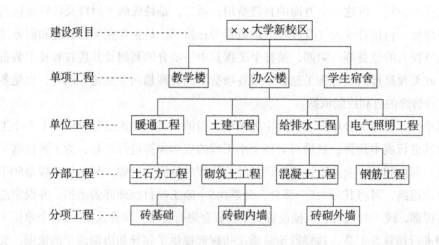

图6-1 建设项目的划分

建设项目是一项复杂的系统工程，具有投资额巨大、建设周期长的特征。按照《工程造价术语标准》（GB/T 50875-2013）的定义，建设项目是指按一个总体规划或设计进行建设的，由一个或若干个互有内在联系的单项工程组成的工程总和。

建设项目是以工程建设为载体的项目，是作为被管理对象的一次性工程建设任务。它以建筑物或构筑物为目标产出物，需要支付一定的费用，按照一定的程序，在一定的时间内完成，并应符合相关质量要求。建设项目又称工程建设项目，具体是指按照一个建设单位的总体设计要求，在一个或几个场地进行建设的所有工程项目之和，其建成后具有完整的系统，可以独立形成生产能力或者使用价值。通常以一家企业、一个单位或一个独立工程为一个建设项目。

为适应工程管理和经济核算的需要，建设项目根据组成内容和层次不同，按照分解管理的需要从大至小依次可分为建设项目、单项工程、单位工程、分部工程和分项工程。

一个建设项目由一个或几个单项工程组成，一个单项工程由一个或几个单位工程组成，一个单位工程又由若干个分部工程组成，一个分部工程又可划分为若干个分项工程。分项工程是建筑工程计量与计价的最基本部分。了解建设项目的组成是工程施工与建造的基本要求，这一点对于从事工程造价计价与管理的工程造价技术人员而言显得尤为重要。

2.编制施工预算的方法

编制施工预算的方法主要有实物法、实物金额法和单位估价法三种。

（1）实物法。

实物法根据施工图纸和施工定额，结合施工组织设计或施工方案所确定的施工技术措施计算出工程量后，套用施工定额，分析汇总人工、材料数量，但不进行计价，通过实物消耗数量来反映其经济效果。

（2）实物金额法。

实物金额法通过实物数量来计算人工费、材料费和直接费的一种方法。根据实物法算出的人工和各种材料的消耗量，分别乘所在地区的工资标准和材料单价，求出人工费、材料费和直接费，以各项费用的多少来反映其经济效果。

（3）单位估价法。

单位估价法根据施工图和施工定额的有关规定，结合施工技术措施，列出工程项目，计算工程量，套用施工定额单价，逐项计算后汇总直接费，并分析汇总人工和主要材料消耗量，同时列出明细表，最后汇编成册。

三种编制方法的主要区别在于计价方法的不同。实物法只计算实物消耗量，运用这些实物消耗量可向施工班组签发施工任务单和限额领料单；实物金额法是先分析、汇总人工和材料实物消耗量，再进行计价；单位估价法则是按分项工程分析进行计价。

以上各种方法的机械台班和机械费均按照施工组织设计或施工方案要求，根据实际进场的机械数量计算。

3.编制施工预算的步骤

不管采用哪种编制方法，施工预算的编制一般均按以下步骤进行：

（1）收集资料。

编制施工预算之前，首先应掌握工程项目所在地的现场情况，了解施工现场的环境、地质、施工平面布置等有关情况，尤其是对那些关系到施工进程能否顺利进行的外界条件应有全面的了解。然后按前面所述的编制依据，将有关原始资料收集齐全，熟悉施工图纸和会审记录，熟悉施工组织设计或施工方案，了解所采取的施工方法和施工技术措施,熟悉施工定额和工程量计算规则,了解定额的项目划分、工作内容、计量单位、有关附注说明以及施工定额与预算定额的异同点。了解和掌握上述内容,是编制好施工预算的必备前提条件,也是在编制前必须要做好的基本准备工作。

(2)计算工程量。

列项与计算工程量是施工预算编制工作中最基本的一项工作,其所费时间最长,工作量最大,技术要求也较高,是一项十分细致而又复杂的工作。

施工预算的工程项目,是根据已会审的施工图纸和施工方案规定的施工方法,按施工定额项目划分和项目顺序排列的。有时为了签发施工任务单和适应"二算"对比分析的需要,也会按照工程项目的施工程序或流水施工的分层、分段和施工图预算的项目顺序进行排列。

工程项目工程量的计算是在复核施工图预算工程量的基础上,按施工预算要求列出的。除了新增项目需要补充计算工程量外,其他可直接利用施工图预算的工程量不必再算,但要根据施工组织设计或施工方案的要求,分部、分层、分段进行划分。工程量的项目内容和计量单位,一定要与施工定额相一致,否则就无法套用定额。

(3)查套施工定额。

工程量计算完毕,经过汇总整理、列出工程项目,将这些工程项目名称、计量单位及工程数量逐项填入"施工预算工料分析表"后,即可查套定额,将查到的定额编号与工料消耗指标分别填入"施工预算工料分析表"的相应栏目里。

套用施工定额项目时,其定额工作内容必须与施工图纸的构造、做法相符合,所列分项工程名称、内容和计量单位必须与所套定额项目的工作内容和计量单位完全一致。如果工程内容和定额内容不完全一致,而定额规定允许换算或可系数调整时,则应对定额进行换算后再套用。对施工定额中的缺项,可借套其他类似定额或编制补充定额。编制的补充定额,应经权威部门批准后执行。

填写计量单位与工程数量时,注意采用定额单位及与之相对应的工程数量,这样就可以直接套用定额中的工、料消耗指标,而不必改动定额消耗指标的小数点位置,以免发生差错。填写工、料消耗指标时,人工部分应区别不同工种,材料部分应区别不同品种、规格和计量单位,分别进行填写。上述做法的目的是便于按不同的工种和不同的材料品种、规格分别进行汇总。

(4)工料分析。

按上述要求将"施工预算工料分析表"上的分部分项工程名称、定额单位、工程数量、定额编号、工料消耗指标等项目填写完毕后,即可进行工料分析,方法同施工图预算。

（5）工料汇总。

按分部工程分别将工料分析的结果进行汇总，最后再按单位工程进行汇总，并以此为依据编制单位工程工料计划，计算直接费和进行"二算"对比。

（6）计算费用。

根据上述汇总的工料数量与现行的工资标准、材料预算价格和机械台班单价，分别计算人工费、材料费和机械费，三者相加即为本分部工程或单位工程的施工预算直接费，最后再根据本地区或本企业的规定计算其他有关费用。

（7）编写编制说明。

当上述工作全部完成后，需要将其整理成完整的施工预算书，作为施工企业进行成本管理、人员管理、机械设备管理及工程质量管理与控制的一份经济性文件。

6.2.2 填写与计算工程量

工程量是指以自然计量单位或物理计量单位表示的各分项工程或结构构件的工程数量，如灯箱、镜箱、柜台以"个"为计量单位。物理计量单位是以物体的某种物理属性来作为计量单位，如墙面抹灰以"m^2"为计量单位、窗帘盒、窗帘轨、楼梯扶手、栏杆以"m"为计量单位，土石方以"m^3"为计量单位，钢筋、钢管、工字钢以"kg"为计量单位等。

工程量计算的内容有工程清单、项目编码、综合单价、措施项目、预留金、总承包费、零星费用、消耗定额、企业定额、招标标底、投标报价、建设项目、单项工程、单位工程、分部工程、分项工程。

正确计算工程量，其意义主要表现在以下几个方面：

第一，工程计价以工程量为基本依据，因此，工程量计算的准确性，直接影响工程造价的准确性，以及工程建设的投资控制。

第二，工程量是施工企业编制施工作业计划，合理安排施工进度，组织现场劳动力、材料以及机械的重要依据。

第三，工程量是施工企业编制工程形象进度统计报表，向工程建设投资方结算工程价款的重要依据。

1.工日的概念

按照我国劳动法的规定，一个工作日的工作时间为8小时，简称"工日"，例如人工工日。人工工日简单来讲，就是一个工人干了一天的活的一种计价方式。它是在做工程计量的时候统计人工费的一个依据，比如修一间房子，有5个工人，每天如此，修了一个星期（7天），那么总工日就是35个（5×7）工日，一天的工日就是5

（1×5）工日。

工日分为"劳务市场工日"与"定额人工工日"，这是两个不同的概念。

首先，二者的含义不一样。"定额人工工日"单价包括基本工资、工资性补贴、生产工人辅助工资、职工福利费、生产工人劳动保护费等内容，该单价为全省建设工程计价依据中人工工日单价的平均水平，是计取各项费用的计算基础，不是强制性规定，只是作为建设市场有关主体工程计价的指导。而"劳务市场工日"单价则是用工方与劳动提供方协议的一天的劳务价格，是必须按照合同法提供给劳动者的。

其次，"劳务市场工日"所含劳动时间长，劳动强度大。定额人工工日是以每天"8小时"来计算，而劳务市场工日则是直接按"天"来计算，其劳动时间要比"8小时"长，在有些地方一天的工作时间长达十几小时。定额综合工日考虑了国家法定节假日工资因素，是按每周休息2天，如加班加点另外按规定计核。而劳务市场工日单价几乎忽略了每周休息时间。与定额综合工日相比较，劳务市场工日劳动强度大，功效明显。

最后，"劳务市场工日"包含工人自带的简单工具，而"定额人工工日"则不包含。二者计价口径的不一致，是形成"价"差的重要因素。

建筑安装工程费用由直接费、间接费用、利润和税金四个部分组成。直接费又由直接工程费和措施费组成。直接工程费是指施工过程中耗费的构成工程实体的各项费用，包括人工费、材料费、施工机械使用费。

其中人工费是指直接从事建筑安装工程施工的生产工人开支的各项费用，内容包括计时工资或计件工资、奖金、津贴补贴、加班加点工资、特殊情况下支付的工资等。

计件工资是按照工人生产的合格品的数量（或作业量）和预先规定的计件单价来计算报酬的一种工资形式。它不是直接用劳动时间来计量，而是用一定时间内的劳动成果——产品数量或作业量来计算，因此，它是间接用劳动时间来计算的，是计时工资的转化形式。计时工资是指按照劳动者的工作时间来计算工资的一种方式。计时工资可分为月工资制、日工资制和小时工资制。

劳动工资部门根据考勤表、施工任务书和承包结算书等，每月向财务部门提供"单位工程用工汇总表"，财务部门据以编制"工资分配表"，按受益对象计入成本和费用。采用计件工资制度的，费用一般能分清为哪个工程项目所发生的；采用计时工资制度的，计入成本的工资应按照当月工资总额和工人总的出勤工日计算的日平均工资及各工程当月实际用工数计算分配；工资附加费可以采取比例分配法；劳动保护费的分配方法与工资是相同的。

直接费由综合工日耗用量与定额综合工日单位形成,即某计量单位内的"量"与"价"的组合。

"量"是指现行各类定额工日的耗用"量",不分工种、技术等级,一律以综合工日表示,内容包括基本用工、超运距用工、辅助用工、人工幅度差等。

(1)基本用工:指按劳动定额基本用工。

(2)超运距用工:指超过劳动定额规定运输以外增加运距用工,如水泥起止地点(仓库—搅拌机),取定超运距为0米;砂、碎石起止地点(堆场—搅拌机),取定超运距为50米等。

(3)人工幅度差:指劳动定额未包括实际施工要包括或可能包括的工作内容。

"价"是指现行各类消耗量定额及统一基价表中的综合工日单价。其综合工日单价的内容包括:

(1)基本工资;

(2)工资性补贴;

(3)生产工人辅助工资;

(4)职工福利费;

(5)生产工人劳动保护费;

(6)住房公积金;

(7)劳动保险费;

(8)危险作业意外伤害保险;

(9)工会经费;

(10)职工教育经费。

市场劳务工日单价是指建筑安装生产一线工人按市场经济规律在一定时间内应完成的合格产品(产量)的工资报酬(或薪水)。它按工程划分且分工较细。

按工种可分为建筑、装饰工种,普工,要工(模板工),钢筋工,混凝土工,架子工,砖瓦工(泥工),抹灰工(一般抹灰工),抹灰镶贴工,装饰木工,防水工,油漆工,管工,电工,通风工,电焊工,起重工,玻璃工,金属制品安装工等。

按合约关系可分为以下两种层次:一是以施工总承包企业与劳务分包公司签订的劳务合同,并以劳务分包价格(人工工日单价)的形式订立,有时也称之为清单单价;二是劳务分包公司聘用各工种的劳务人员,该人工是直接完成工程产品的一线生产者,虽然是最常见的,但规范的合约文书很少见。

2.工程量计算依据

(1)施工图纸及配套的标准图集。

施工图纸及配套的标准图集,是工程量计算的基础资料和基本依据。因为施工图纸全面反映建筑物（或构筑物）的结构构造、各部位的尺寸及工程做法。

（2）预算定额、工程量清单计价规范。

根据工程计价的方式不同（定额计价或工程量清单计价），计算工程量应选择相应的工程量计算规则：编制施工图预算，应按预算定额及其工程量计算规则计算；若工程招标投标文件中的工程量清单，应按《建设工程工程量清单计价规范》附录中的工程量计算规则计算。

（3）施工组织设计或施工方案。

施工图纸主要表现拟建工程的实体项目，分项工程的具体施工方法及措施，应按施工组织设计或施工方案确定。如计算挖基础土方，施工方法是采用人工开挖，还是采用机械开挖，基坑周围是否需要放坡、预留工作面或做支撑防护等，应以施工组织设计或施工方案为计算依据。

3.工程量计算方法

（1）基本计算。

工程量计算之前，首先应安排分部工程的计算顺序，然后安排分部工程中各分项工程的计算顺序。分部分项工程的计算顺序，应根据其相互之间的关联因素确定。

同一分项工程中不同部位的工程量计算顺序，是工程量计算的基本方法。分项工程由同一种类的构件或同一工程做法的项目组成。如"预应力空心板"为一个分项工程，但由于建筑物的开间不同，板的荷载等级不同，因此出现各种不同的型号，其计算方法就是分别按板的型号逐层统计汇总数量，然后再查表计算出相应的混凝土体积及钢筋用量。再如"内墙面一般抹灰"为一个分项工程，按计算范围应包括外墙的内面及内墙的双面抹灰在内，其计算方法就是按照工程量计算规则的规定，将各楼层相同工程做法的内墙抹灰面积加在一起，算出内墙抹灰总面积。

计算工程量时应注意：按设计图纸所列项目的工程内容和计量单位，必须与相应的工程量计算规则中相应项目的工程内容和计量单位一致，不得随意改变。

为了保证工程量计算的精确度，工程数量的有效位数应遵守以下规定：以"吨"为单位，应保留小数点后三位数字，第四位四舍五入；以"立方米""平方米""米"为单位，应保留小数点后两位数字，第三位四舍五入；以"个""项"等为单位，应取整数。

计算工程量，应区分不同情况，一般采用以下几种方法：

①按顺时针顺序计算。

以图纸左上角为起点，按顺时针方向依次进行计算，按计算顺序绕图一周后又重新回到起点。这种方法一般用于各种带形基础、墙体、现浇及预制构件计算，其特点是能有效防止漏算和重复计算。

②按编号顺序计算。

结构图中包括不同种类、不同型号的构件，而且分布在不同的部位，为了便于计算和复核，需要按构件编号顺序统计数量，然后进行计算。

③按轴线编号计算。

对于结构比较复杂的工程量，为了方便计算和复核，有些分项工程可按施工图轴线编号的方法计算。例如，在同一平面中，带形基础的长度和宽度不一致时，可按A轴①~③轴，B轴③、⑤、⑦轴这样的顺序计算。

④分段计算。

在通长构件中，当其中截面有变化时，可采取分段计算。如多跨连续梁，当某跨的截面高度或宽度与其他跨不同时可按柱间尺寸分段计算，再如楼层圈梁在门窗洞口处截面加厚时，其混凝土及钢筋工程量都应分段计算。

⑤分层计算。

该方法在工程量计算中较为常见，例如墙体、构件布置、墙柱面装饰、楼地面做法等各层不同时，都应分层计算，然后再将各层相同工程做法的项目分别汇总。

⑥分区域计算。

大型工程项目平面设计比较复杂时，可在伸缩缝或沉降缝处将平面图划分成几个区域分别计算工程量，然后再将各区域相同特征的项目合并计算。

（2）快速计算。

该方法是在基本方法的基础上，根据构件或分项工程的计算特点和规律总结出来的简便、快捷方法，其核心内容是利用工程量数表、工程量计算专用表、各种计算公式加以技巧计算，从而达到快速、准确计算的目的。

4.工程量计算要求

（1）准确性。

计算工程量时，按施工图列出的分项工程必须与预算定额中相应的分项工程一致。例如水膳石楼地面分项工程，预算定额中包含水泥白石子浆面层、素水泥浆及分带嵌条与不带嵌条，但不包含水泥砂浆结合层。计算分项工程量时就应列面层及结合层二项；又如，水磨石楼梯面层，预算定额中已包含水泥砂浆结合层，计算时则不应再另列项目。因此，在计算工程量时，除了熟悉施工图纸及工程量计算规则外，还应掌握预算定额中每个分项工程的工作内容和范围，避免重复列项及漏项。

（2）规则性。

计算工程量采用的计算规则，必须与本地区现行的预算定额计算规则相一致。

（3）计量单位。

计算工程量时，所列出的各分项工程的计量单位，必须与所使用的预算定额中相应项目的计量单位相一致。例如楼地面层,《全国统一建筑装饰工程预算定额》中以面积计,在计算工程量时,所用单位一定要与所用定额一致,以免发生差错。

(4) 精度规范。

工程量的计算结果,除钢材、木材取三位小数外,其余一般取小数点后两位。

6.2.3 套用施工定额

1. 建设工程定额的分类

建设工程定额是工程建设中各类定额的总称。为对建设工程定额有一个全面的了解,可以按照不同的原则和方法对其进行科学的分类。

(1) 按生产要素内容分类。

①人工定额。

人工定额也称劳动定额,是指在正常的施工技术和组织条件下,完成单位合格产品所必需的人工消耗量标准。

②材料消耗定额。

材料消耗定额是指在合理和节约使用材料的条件下,生产单位合格产品所必须消耗的一定规格的材料、成品、半成品、水、电等资源的数量标准。

③施工机械台班使用定额。

施工机械台班使用定额也称施工机械台班消耗定额,是指施工机械在正常施工条件下完成单位合格产品所必需的工作时间。它反映了合理地、均衡地组织劳动和使用机械时该机械在单位时间内的生产效率。

(2) 按编制程序和用途分类。

①施工定额。

施工定额是以同一性质的施工过程工序作为研究对象,表示生产产品数量与时间消耗综合关系的定额。施工定额是施工企业(建筑安装企业)为组织生产和加强管理在企业内部使用的一种定额,属于企业定额的性质。施工定额是建设工程定额中分项最细、定额子目最多的一种定额,也是建设工程定额中的基础性定额。施工定额由人工定额、材料消耗定额和施工机械台班使用定额所组成。施工定额是施工企业进行施工组织、成本管理、经济核算和投标报价的重要依据。施工定额直接应用于施工项目的管理,用来编制施工作业计划、签发施工任务单、签发限额领料单,以及结算计件工资或计量奖励工资等。施工定额和施工生产结合紧密,施工定额的定额水平反映施工企业生产与组织的技术水平和管理水平。施工定额也是编制预算定额的基础。

②预算定额。

预算定额是以建筑物或构筑物各个分部分项工程为对象编制的定额。预算定额是以施工定额为基础综合扩大编制的，同时也是编制概算定额的基础。其中的人工、材料和机械台班的消耗水平根据施工定额综合取定，定额项目的综合程度大于施工定额。预算定额是编制施工图预算的主要依据，是编制单位估价表、确定工程造价、控制建设工程投资的基础和依据。与施工定额不同，预算定额是社会性的，而施工定额则是企业性的。

③概算定额。

概算定额是以扩大的分部分项工程为对象编制的定额。概算定额是编制扩大初步设计概算、确定建设项目投资额的依据。概算定额一般是在预算定额的基础上综合扩大而成的，每一综合分项概算定额都包含了数项预算定额。

④概算指标。

概算指标是概算定额的扩大与合并，它是以整个建筑物和构筑物为对象，以更为扩大的计量单位来编制的。概算指标的设定和初步设计的深度相适应，一般是在概算定额和预算定额的基础上编制的，是设计单位编制设计概算或建设单位编制年度投资计划的依据，也可作为编制估算指标的基础。

⑤投资估算指标。

投资估算指标通常是以独立的单项工程或完整的工程项目为对象编制确定的生产要素消耗的数量标准或项目费用标准，是根据已建工程或现有工程的价格数据和资料，经分析、归纳和整理编制而成的。投资估算指标是在项目建议书和可行性研究阶段编制投资估算、计算投资需要量时使用的一种指标，是合理确定建设工程项目投资的基础。

（3）按编制部门和适用范围分类。

①国家定额。

国家定额是指由国家建设行政主管部门组织，依据有关国家标准和规范，综合全国工程建设的技术与管理状况等编制和发布，在全国范围内使用的定额。

②行业定额。

行业定额是指由行业建设行政主管部门组织，依据有关行业标准和规范，考虑行业工程建设特点等情况所编制和发布的，在本行业范围内使用的定额。

③地区定额。

地区定额是指由地区建设行政主管部门组织，考虑地区工程建设特点和情况制定发布的，在本地区内使用的定额。

④企业定额

企业定额是指由施工企业自行组织，主要根据企业的自身情况，包括人员素质、机械装备程度、技术和管理水平等编制，在本企业内部使用的定额。

（4）按投资的费用性质分类

按照投资的费用性质，可将建设工程定额分为建筑工程定额、设备安装工程定额、建筑安装工程费用定额、工器具定额，以及工程建设其他费用定额等。

2.套用施工定额程序

①对号入座

什么工程量套什么定额，先找到需要套的工程量定额内容，如图6-2所示为某工程砖墙施工定额。

表6-2 砖墙定额示例

工作内容：调、运、铺砂浆，运砖；砌砖包括窗台虎头砖、腰线、门窗套；安装木砖、铁件等。

计量单位：10m³

定额编号		4-2	4-3	4-5	4-8	4-10	4-11
项目	单位	单面清水砖墙			混水砖墙		
		1/2砖	1砖	1砖半	1/2砖	1砖	1砖半
人工 综合工日	工日	21.79	18.87	17.83	20.14	16.08	15.63
材料 水泥砂浆 M5	m³	—	—	—	1.95	—	—
水泥砂浆 M10	m³	1.95	—	—	—	—	—
水泥混合砂浆 M2.5	m³	—	2.25	2.40	—	2.25	2.04
普通黏土砖	千块	5.641	5.314	5.350	5.641	5.341	5.350
水	m³	1.13	1.06	1.07	1.33	1.06	1.07
机械 灰浆搅拌机 200L	台班	0.33	0.38	0.40	0.33	0.38	0.40

（2）理解基价的组成

定额中的基价就是人工+材料+机械（请注意单位），现在都是消耗量定额，消耗量就是损耗，定额书中明确表示了每种不同材料的损耗，材料的单价×损耗就是这种材料的定额价格。

（3）基价转换

如果人工、材料、机械中的某种价格发生变动就需要基价转化，把原来某种变动的价格从基价里扣除，再把变动后的价格加进去组成新的价格，但损耗是不会变的。

【例题】某工程砌筑标准砖1砖墙50立方。假如套定额（基价3120元，其中人工费1000元，材料费1800元，机械费320元，单位是100m³），即是基价=人工费+材料费+机械费=3120元。

那它的定额价就是50×31.2元=1560元

假如把它其中的砂浆材料换掉，价格有变动，原来用的是M5.0砂浆，现改用M7.5砂浆，就要用

（M7.5砂浆的价格−M5.0砂浆的价格）×损耗+人工费+材料费+机械费=新的基价

假如M5.0是1800元每一百立方（18元每立方），M7.5是2000元每一百立方（20元每立方），那新基价为：

（20−18）×100+1000+1800+320=3320元

3.施工预算套定额案例

某住宅楼项目主体设计采用七层轻型框架结构，基础形式为钢筋混凝土格式基础。现以基础部分来编制其施工预算。

表6−3 采用实物量法编制某住宅楼基础工程预算书

序号	人工、材料、机械费用名称	计量单位	实物工程数量	金额（元） 当时当地单价	合价
1	人工（综合工日）	工日	2049	35	71715.00
2	土石屑	m³	292.94	65	19041.10
3	黄土	m³	160.97	18	2897.46
4	C10素混凝土	m³	265.3	175.1	46454.03
5	C20钢筋混凝土	m³	417.6	198.86	83043.94
6	M5砂浆	m³	8.26	128.59	1062.15
7	红砖	块	18125	0.2	3625.00
8	脚手架材料费				0.00
9	蛙式打夯机	台班	84.02	29.28	2460.11
10	挖土机	台班	7.34	600.53	4407.89
11	推土机	台班	0.75	465.7	349.28
12	其他机械费				84300.00
13	其他材料费				21200.00
14	基础防潮层				296.00
15	挖土机运费				3500.00
16	推土机运费				3057.00
17	混凝土差价				57487.00
18	混凝土运费				42964.00
（一）	项目人、料、机费用小计	元			447859.95
（二）	项目定额人工费小计	元			111964.99

续表

序号	人工、材料、机械费用名称	计量单位	实物工程数量	金额（元） 当时当地单价	合价
（三）	企业管理费［（一）×10%］	元			44786.00
（四）	利润［（一）+（三）］×5%	元			24632.30
（五）	规费［（二）×38%］	元			42546.70
（六）	税金［（一）+（三）+（四）+（五）］×11%	元			61580.74
（七）	造价总计［（一）+（三）+（四）+（五）+（六）］	元			621405.69

6.2.4 人工、材料和机械消耗量分析

建筑安装工程人工、机械台班、材料定额消耗量是在一定时期、一定范围、一定生产条件下，运用工作研究的方法，通过对施工生产过程的观测、分析研究综合测定的。

测定并编制定额的根本目的，是为了在建筑安装生产过程中，能以最少的人工、材料、机械消耗，生产出符合社会需要的建筑安装产品，取得最佳的经济效益。

1. 工作研究及工作时间的分类

（1）工作研究

工作研究包括动作研究和时间研究。

动作研究，也称为工作方法研究，它包括对多种过程的描写、系统地分析和对工作方法的改进，目的在于制定出一种最可取的工作方法。

时间研究，也称之为时间衡量，它是在一定的标准测定的条件下确定人们作业活动所需时间总量的一套程序。时间研究的直接结果是制定时间定额。

工时定额和机械台班定额的制订和贯彻就是工作研究的内容，是工作研究在建筑生产和管理中的具体应用。

（2）工作时间的分类

所谓工作时间，即工作班的延续时间。

工作时间的分类，是将劳动者在整个生产过程中所消耗的工作时间，根据性质、范围和具体情况，加以科学的划分、归纳；明确哪些属于定额时间，哪些属于非定额时间，找出造成非定额时间的原因，以便于采取技术和组织措施，消除产生非定额时间的因素，达到充分利用工作时间、提高劳动效率的目的。

研究工作时间消耗量及其性质，是技术测定的基本步骤和内容之一，也是编制劳动定额的基础工作。

①工人工作时间的分类

工人在工作班内消耗的工作时间按其消耗的性质分为两大类：必需消耗的时间和损失时间，如图6-2所示。

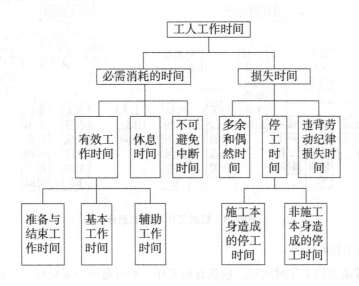

图6-2 工人工作时间的划分

A.必需消耗的时间

必需消耗的时间是工人在正常施工条件下，为完成一定数量合格产品所必需消耗的时间，它是制定定额的主要根据，包括有效工作时间、不可避免的中断时间和休息时间。有效工作时间是从生产效果来看与产品生产直接有关的时间消耗。不可避免的中断时间是由于施工工艺特点引起的工作中断所消耗的时间。休息时间是工人在施工过程中为恢复体力所必需的短暂休息和生理需要的时间消耗。

B.损失时间

损失时间是与产品生产无关但与施工组织和技术上的缺点有关，与工人在施工过程的个人过失或某些偶然因素有关的时间消耗。损失时间包括多余和偶然工作、停工和违背劳动纪律所引起的时间损失。多余和偶然工作的时间损失，包括多余工作引起的时间损失和偶然工作引起的时间损失两种情况。停工时间是工作班内停止工作造成的时间损失。停工时间按其性质可分为施工本身造成的停工时间和非施工本身造成的停工时间两种。违背劳动纪律造成的工作时间损失是指工人在工作班内的迟到早退、擅自离开工作岗位、工作时间内聊天或办私事等造成的时间损失。

②机械工作时间的分类

机械工作时间的消耗和工人工作时间的消耗虽然有许多共同点，但也有其自身特点。机械工作时间的消耗，按其性质可作如图6-3所示的分类。

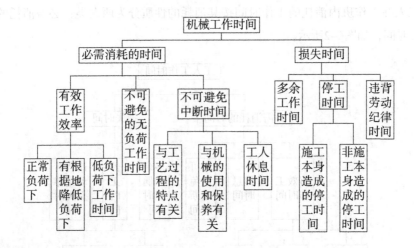

图6-3　机械工作时间的划分

A.必需消耗的时间

在必需消耗的工作时间里，包括有效工作、不可避免的无负荷工作和不可避免的中断三项时间消耗。有效工作时间包括正常负荷下、有根据地降低负荷下和低负荷下工作的工时消耗。不可避免的无负荷工作时间，是由施工过程的特点和机械结构的特点造成的机械无负荷工作时间。不可避免的中断工作时间是与工艺过程的特点、机械的使用和保养、工人休息有关的。

B.损失的时间

损失的工作时间，包括多余工作、停工和违背劳动纪律所消耗的工作时间。机械的多余工作时间是机械进行任务内和工艺过程内未包括的工作而延续的时间。机械的停工时间，按其性质也可分为施工本身造成和非施工本身造成的停工前者是由于施工组织得不好而引起的停工现象，如由于未及时供给机器水、电、燃料而引起的停工。后者是由于气候条件所引起的停工现象，如暴雨时压路机的停工。违背劳动纪律引起的机械的时间损失是指由于工人迟到早退或者擅离岗位等原因引起的机械停工时间。

人工消耗量的确定，首先是根据企业环境，拟定正常的施工作业条件，分别计算测定基本用工和其他用工的工日数，进而拟定施工作业的定额时间。

确定材料消耗量，是通过企业历史数据的统计分析、理论计算、实验试验、实地考察等方法计算确定材料包括周转材料的净用量和损耗量，从而拟定材料消耗的定额指标。

机械台班消耗量的确定，同样需要按照企业的环境，拟定机械工作的正常施工条件，确定机械净工作效率和利用系数，据此拟定施工机械作业的定额台班和与机械作业相关的工人小组的定额时间。

人工价格也即劳动力价格，一般情况下就按地区劳务市场价格计算确定。人工单价最常见的是日工资单价，通常是根据工种和技术等级的不同分别计算人工单价，有时可以简单地按专业工种将人工粗略划分为结构、精装修、机电等三大类，然后按每个专业需要的不同等级人工的比例综合计算人工单价。

材料价格按市场价格计算确定，应是供货方将材料运至施工现场堆放地或工地仓库后的出库价格。

施工机械使用价格最常用的是台班价格。应通过市场询价，根据企业和项目的具体情况计算确定。

2、人工消耗量分析

（1）人工消耗量指标的确定

施工定额中人工消耗量水平和技工、普工比例，以人工定额为基础，通过有关图纸规定，计算定额人工的工日数。

人工消耗指标的组成：施工定额中人工消耗量指标包括完成该分项工程必需的各种用工量。

①基本用工

基本用工指完成分项工程的主要用工量。例如，砌筑各种墙体工程的砌砖、调制砂浆以及运输砖和砂浆的用工量。

②其他用工

其他用工是辅助基本用工消耗的工日。按其工作内容不同可分为超运距用工、辅助用工、人工幅度差用工三类。

（2）人工消耗量的计算

人工消耗量首先是根据企业环境，拟定正常的施工作业条件，分别计算测定基本用工和其他用工的工日数，进而拟定施工作业的定额时间。

按照综合取定的工程量或单位工程量和劳动定额中的时间定额，计算出各种用工的工日数量。

①基本用工的计算

基本用工数量 = $\sum$（工序工程量 × 时间定额）

②超运距用工的计算

超运距用工数量 = $\sum$（超运距材料数量 × 时间定额）

超运距＝预算定额规定的运距－劳动定额规定的运距

③辅助用工的计算

辅助用工数量＝∑（加工材料数量×时间定额）

④人工幅度差用工的计算

人工幅度差用工数量＝∑（基本用工+超运距用工+辅助用工）×人工幅度差系数

3、材料消耗量分析

材料消耗定额是指在节约和合理使用材料的条件下，生产单位生产合格产品所需要消耗一定品种规格的材料、半成品、配件，以及水、电、燃料等的数量标准，包括材料的使用量和必要的工艺性损耗及废料数量。制定材料消耗定额，主要就是为了利用定额这个经济杠杆，对物资消耗进行控制和监督，达到降低物耗和工程成本的目的。

材料消耗定额指标的组成，按其使用性质、用途和用量大小划分为主要材料、辅助材料、周转性材料、零星材料四类。

（1）主要材料

主要材料是建筑产品生产的物质基础，并构成建筑产品实体的一切材料。一般包括以下几类：

①硅酸盐类：砖、瓦、水泥、石灰、耐火材料及玻璃等。

②砂石类：粗砂、细砂、砾石、碎石、石材等。

③黑色有色金属类：钢材、铸铁、铜材、铅、锌等。

④金属制品类：小五金等。

⑤木材类：各种木制的板材、方材、原木、竹材等。

⑥暖卫器材类：一般指上水管道、暖气片、截止阀、龙头等。下水部分视其所用材料归入①类（陶瓷）或③类（铸铁）。

⑦电工器材类：内外导线、灯具、电器等。

在施工企业中，根据管理需要，对于主要材料的购入和使用，可以采用不同的计价方法。一般来说，企业规模很小或主要材料收入和发出次数较少，可按实际价格进行计价。

在领用时，可用"先进先出法"或"加权平均法"以及"移动加权平均法"计算实际平均单价。企业规模很大或主要材料收入和发出次数很多，可按计划价格进行计价。对于主要材料实际成本与计划成本的差额，作为材料成本差异，单独组织核算。在施工企业会计科目中，应设置"主要材料"账户核算，借方登记验收入库数，贷方登记出库数，余额表示库存数。

（2）辅助材料

辅助材料也称为消耗品，是维持企业经营活动所必需的产品，但其本身并不能转化为实体产品的一部分，如催化剂、染料、润滑油、照明设备、包装材料等。辅助材料是工业生产中的日用品，具有价格低、使用时间短、需要经常购买等特点。因此，这类商品的生产经营同消费品的生产经营有相似之处，要有分散的销售网点、较多的中间商，而且竞争集中于价格上。

按照其在生产制造中所起作用的不同，可分为以下三类：

A.产体辅助材料：生产过程中使用后让主要材料发生变化，或给予产品某种性能，如染料、催化剂等；

B.设备辅助材料：维护生产设备所需要使用的材料，如润滑油、砂轮等；

C.条件辅助材料：改善工作地点环境的各种用具，如日光灯、扫帚等。

（3）周转材料又称"周转使用材料"。建筑安装工程施工过程中，能多次使用并基本保持其原来的实物形态，其价值逐渐转移到工程成本中去，但不构成工程实体的工具性材料。按其用途不同，可以分为以下几类：①模板，指浇制混凝土用的竹、木、钢或钢木组合的模型板，配合模板使用的支撑料和滑模材料等。②挡板，指土方工程用的挡土板以及撑料等。③架料，指搭脚手架用的竹、木杆和跳板，及列作流动资产的钢管脚手等。④其他，指以流动资金购置的其他周转材料，如塔吊使用的轻轨、枕木等。

（4）零星材料。工程上的零星材料指的是用量很小，没有规律的零星用料，如棉d纱小白线，编号用的油漆等所sh用量很小无法计量的材料。

4、机械消耗量分析

（1）机械台班消耗指标的确定

预算定额中的施工机械消耗指标以台班为单位进行计算，每一台班为八小时工作制。预算定额的机械化水平，应以多数施工企业采用的和已推广的先进施工方法为标准。预算定额中的机械台班消耗量按合理的施工方法取定并考虑增加了机械幅度差。

（2）机械台班消耗指标的计算

小组产量计算法：按小组日产量大小来计算耗用机械台班多少，计算公式为：

$$分项定额机械台班使用量 = \frac{分项定额计量单位值}{小组产量}$$

台班产量计算法：按台班产量大小来计算定额内机械消耗量大小，计算公式为：

$$定额台班用量 = \frac{定额单位}{台班产量} \times 机械幅度差系数$$

◎思考题

1. 施工图预算与施工预算的联系与区别?
2. 施工预算的内容有哪些?
3. 施工预算的编制依据是什么?
4. 施工图预算的编制方法有哪几种?
5. 施工企业进行施工管理中,俗称的"三算"是哪三算?

第7章 安防工程概预算审核与决算

7.1 设计概算的审核

设计概算审核是确定建设工程造价的一个重要环节。通过审核，能使概算更加完整、准确，促使工程设计具有技术先进性和经济合理性。

设计概算审核是一项复杂而细致的技术经济工作，审核人员既应懂得有关专业技术知识，又应具有熟练编制概算的能力，一般情况下可按如下步骤进行：

（1）概算审核的准备。设计概算审查的准备包括了解设计概算的内容组成、编制依据和方法；了解建设规模、设计能力和工艺流程；熟悉设计图纸和说明书、掌握概算费用的构成和有关技术经济指标；明确各种概算表格的内涵；收集与概算定额、概算指标、取费标准等有关的文件资料规定等。

（2）进行概算审核。根据审核的主要内容，分别对设计概算的编制依据、单位工程设计概算、综合概算、建设工程总概算进行审核。

7.1.1 审核设计概算的编制依据

审核设计概算的编制依据主要是审核其合法性、时效性和适用范围的正确性等。

1.审核编制依据的合法性

设计概算采用的编制依据必须经过国家和授权机关的批准，符合概算编制的有关规定。同时，不得擅自提高概算定额、指标或费用标准。

2.审核编制依据的时效性

设计概算文件所使用的各类依据，如定额、指标、价格、取费标准等，都应根据国家有关部门的规定进行。同时，设计概算文件所使用的各类依据必须是最新时效的版本。

3.审核编制依据的适用范围

依据的适用范围包括专业范围、地区区域等。

各主管部门规定的各类专业定额及其取费标准，仅适用于该部门的专业工程。

各地区规定的各种定额和取费标准，只适用于该地区范围内，特别是地区的材料预算价格应按工程所在地区的具体规定执行。

7.1.2 审核设计概算的构成

审核设计概算的构成包括以下方面：

1. 审核编制说明

在审核编制说明时，主要审核设计概算的编制方法、编制深度、编制范围和编制依据等重大原型问题是否符合工程项目要求。

2. 审核设计概算是否符合编制依据要求

针对设计概算的编制依据符合性审核时，主要包括审核设计概算的编制范围和编制内容是否与批准的工程项目范围一致；审核设计概算中各项费用列项是否符合国家、行业和地方相关管理部门颁布的法律法规和工程建设标准；审核设计概算中是否存在多列或遗漏的取费项目等。

3. 审核设计概算的编制方法、计价依据和程序是否符合相关规定

4. 审核设计概算工程量是否正确

设计概算工程量审核，主要是审核设计概算的工程量是否符合设计图纸。在审核时，应针对工程量大、造价高、对整体造价影响大的项目进行重点审核。

5. 审核设计概算的材料用量和价格是否符合项目要求

在审核设计概算的材料用量和价格时，主要是审核设计概算中的材料使用和材料价格是否符合工程所在地的实际情况、材料价差调整是否符合相关规定要求。

6. 审核设计概算的设备费用是否合理

在审核设计概算的设备费用时，主要审核设备规格、数量和配置是否符合设计要求，是否与设备清单相一致，设备预算价格是否准确等。包括设备原价和运杂费的计算是否正确、非标设备原价的计价方法是否符合规定、进口设备的各项费用的组成及其计算程序和方法是否符合规定。

7. 审核设计概算中的工程取费是否正确

在审核设计概算中的工程取费中，主要审核概算费用的计算程序和取费标准是否符合国家、行业或地方有关部门的现行规定。

8. 审核设计概算是否完整

在审核设计概算的完整性时，主要是审核查总概算文件的组成内容是否完整地包括了建设项目从筹建开始到竣工投入使用为止的全部费用组成。

9. 其他审核内容

在审核概算时，还应该审核概算中工程建设其他费用中的费率和计取标准是否符合国家、行业有关规定，概算项目是否符合国家针对环境治理的要求和相关规定，概算经济指标的计算方法和程序是否正确，有否审查工程建设其他各项费用。

7.1.3 审核设计概算的方法

审核设计概算的方法一般有以下几种：

1. 对比分析法

对比分析法主要是通过建设规模、标准与立项批文对比，工程数量与设计图纸对比，各项取费与规定标准对比，材料、人工单价与统一信息对比，引进投资与报价要求对比，技术经济指标与同类工程对比等，以此发现设计概算的主要问题和偏差。

2. 查询核实法

对一些关键设备和复杂的安装工艺进行多方查询核对，逐项落实。主要设备的市场价向设备供应单位或招标公司查询核实，复杂的安装工艺向同类工程的建设、承包、施工单位征求意见。

3. 分类整理法

对审查中发现的问题和误差，按单项、单位工程顺序，对设备费、安装费和建设工程其他费用进行分类整理，汇总增减的项目及其投资额，并按照原总概算表汇总增减项目逐一列出，相应调整所属项目投资合计，依次汇总审核后的总投资及增减投资额。

4. 联合会审法

采取多种形式联合会审，包括设计单位自审，主管、建设、承包单位初审，工程造价咨询公司评审，邀请同行专家预审，审批部门复审等，经层层审查把关后，由有关单位和专家进行会审。

7.2 施工图预算的审核

7.2.1 审核施工图预算的意义与方式

1. 施工图预算审核的意义

施工图预算的准确性对于工程项目建设非常重要。审核施工图预算的意义主要体现在以下几方面：

（1）有利于控制工程造价，防止施工图预算超出设计概算；

(2)有利于加强固定资产投资管理,合理使用建设资金;

(3)有利于施工承包合同价的合理确定和控制;

(4)有利于积累和分析各项技术经济指标,不断提高设计水平。

2.施工图预算审核的方式

对于政府财政性资金(全部或超出规定比例)投资建设的项目,施工图预算审核由同级财政预算审核部门负责。对于其他政府资金投资建设的项目,施工图预算审核由承担项目建设的行政事业单位或国有企业自行组织或直接委托有相应资质的工程造价咨询机构负责。

对于其他企业资金投资建设的项目,施工图预算审核由投资建设单位自行组织或直接委托有相应资质的工程造价咨询机构负责。

7.2.2 审核施工图预算的方法和内容

(一)施工图预算审核的内容

施工图预算审核的主要内容包括工程量计算、定额的使用、设备材料及人工、机械价格的确定以及相关费用的选取和确定等。

1.对工程量计算的审核

在施工图预算的工程量计算审核中,首先,应根据国家、行业和地方工程造价管理部门颁布的工程量计算规范的规定,审核分部分项工程量清单列项是否满足施工图设计和施工方案的要求。分部分项工程量清单列项应包括工程项目实体和技术措施项目,既不能多列、错列,又不能少列、漏列。

其次,应对工程量清单列项的工程量计算式的正确性和计算数据的准确性进行审核。工程量清单列项的工程量计算应按照国家、行业和地方工程造价管理部门颁布的工程量计算规范中的计算规则执行。

再次,应对工程量计算结果的正确性进行审核。

2.对定额使用的审核

在施工图预算的定额使用审核中,应重点审核定额子目的套用是否正确,包括工程量清单列项中的名称、规格、计量单位和所包括的工作内容是否与定额一致。

3.对设备材料及人工、机械价格的审核

在施工图预算的设备材料、人工、机械价格的审核中,应重点审核有信息价部分的价差调整是否正确、无信息价部分的价格与市场价的偏离情况。

4.对工程相关费用的审核

在施工图预算的相关费用审核中,重点审核各项费用费率是否符合相关规定、取费计算基数是否正确等。

（二）施工图预算审核方法

施工图预算审核的主要方法如下：

1. 全面审核法

全面审核法又称为逐项审核法，就是按预算定额顺序或施工的先后顺序，逐一地全部进行审核的方法。

此方法优点是全面、细致，审核质量高；缺点是工作量大、审核时间长。该方法一般仅用于工程量比较小、工艺比较简单的工程。

2. 重点抽查法

重点审查法就是对工程预算影响比较大的项目和容易发生差错的项目重点进行审核。

安防工程中的重点包括视频监控系统摄像机、存储、显示设备，入侵和紧急报警系统报警探测器，出入口控制系统门禁控制器，UPS主机系统，综合安防管理平台等。

此方法优点是重点突出、审核时间短、审核效果较好，但是对审核人员的专业素质要求较高、需要经验丰富。当审核人员的审核经验和专业素质不高时，采用此方法审核容易形成判断失误，严重影响审核的准确性。

3. 对比审核法

根据工程特点和应用场景，用已建成类似工程的预算或虽未建成但已审核修正的类似工程预算对比审核拟建的工程预算。

类似工程如相同等级的医院安防工程，相同星级的酒店安防工程，相同规模的金融营业场所安防工程，相同功能要求的监狱、看守所安防工程，相同级别的体育场馆安防工程等。

此方法优点是审核速度快，但是需要有丰富的相关工程数据库作为审核工作的基础。

（三）施工图预算审核的依据

施工图预算审核的依据包括以下内容：

1. 国家、省（市）有关单位颁发的相关决定、通知、细则和文件；
2. 国家或省（市）颁发的现行相关取费规定；
3. 国家或省（市）颁发的现行定额或补充定额以及费用定额；
4. 现行的地区材料预算价格、本地区工资标准及机械台班费用的标准；
5. 现行的地区单位估价表或市场价；

6.初步设计或扩大初步设计图样及施工图纸；

7.有关该工程的施工条件和施工方案资料，如施工组织设计等文件资料。

7.2.3 审核安防工程预算的工程量与计价

（一）审核安防施工图预算的工程量

在审核安防工程施工图预算的工程量时，应针对安防工程的特点，结合审核人员的专业能力和素质，依据施工图设计资料，综合本章节中施工图预算审核的几种方法进行。

在审核安防工程施工图预算的工程量时，应对施工图预算中的数量多、价格高和容易出现错误的项目进行重点审核。根据安防工程的特点，施工图预算审核的重点包括以下内容：

1.数量多的项目审核

安防工程中数量的工程量列项包括监控摄像机安装与调试、报警探测器安装与调试、门禁控制前端设备安装与调试、配管和配线工程等。

对上述工程量列项的审核，应依据施工图设计的平面图和系统图，分区域或分系统对工程量列项的正确和完整性以及工程量计算的准确性进行审核。

在工程量数量的审核中，应重点审核工程量计算式是否正确以及计算结果是否正确。

2.价格高的项目审核

安防工程中部分价格高的工程量项目，其施工预算的偏差将对施工预算的最终结果造成巨大影响，因此对这些项目的工程量审核非常重要。

安防工程中价格高的工程量列项包括监控摄像机安装与调试、门禁控制前端设备安装与调试、视频存储设备安装与调试、视频显示设备的安装与调试、安防管理平台的安装与调试，以及安防网络系统设备的安装与调试等。

工程量列项的审核，应依据施工图设计的平面图和系统图，分区域或分系统进行审核。

3.容易出现遗漏或错误的项目审核

在施工图预算的分部分项工程量列项审核中，应重视安防工程中专业措施项目的列项是否符合施工图设计方案的要求，如道路监控项目的专业措施项目中是否需要脚手架搭拆、大型设备专用机具安装和拆除等。

在施工图预算的分部分项工程量列项审核中，还应重点审核列项项目的工作内容是否完整，如摄像机安装是否包含镜头、防护罩和支架等，立杆、机柜安装是否包含接地等。

（二）审核安防施工图预算的计价

在安防工程施工图预算的计价审核中，应审核各个分部分项工程量清单项目的定额子目套用是否正确和完整，应审核人工、材料和机械费价差调整是否符合规定，应审核设备价格是否与其功能要求匹配、是否符合行业市场价，应审核措施项目费、规费和税金等综合取费是否符合要求等。

1. 定额套用审核

在对施工图预算中工程量清单项目的定额子目套用审核中，应根据工程量清单项目的要求进行审核。审核重点如下：

应对工程量清单项目的套用定额子目是否正确进行审核，如矩形摄像机的安装调试项目应套用摄像机安装与调试、防护罩安装和支架安装等定额子目；室外摄像机立杆或设备箱安装项目应套用立杆或设备箱安装、接地极制作与安装和接地跨接线（母线）敷设等定额子目。

2. 价差调整审核

在安防施工图预算审核中，应对定额人工、材料和机械基价的价差调整是否符合相关规定进行审核。还需要对价差调整计算的正确与否进行审核。

3. 设备价格审核

在进行设备价格审核时，应重点审核设备的价格是否与设备关键技术指标和性能要求匹配，如监控摄像机的价格是否与其分辨率要求和智能分析功能要求等匹配；门禁识别设备的价格是否与识别方式要求（人脸识别、指纹识别等）匹配；视频存储设备的价格是否与存储视频格式要求、存储时间以及硬盘配置数量匹配；视频显示设备的价格是否与其性能（小间距LED点间距或拼接屏拼缝、显示屏亮度以及对比度）匹配；安防网络系统设备价格是否与其关键系统指标和性能（虚拟化冗余、网络线速带宽、网络管理和网络安全要求）匹配等。

在进行设备价格审核时，还应该通过主流厂家询价、已竣工同类项目对比等方式，审核设备价格是否与市场价符合。

4. 综合取费审核

在进行综合取费审核时，针对企业管理费和利润的取费应审核各项费率选用是否符合相关规定；应审核计算基数以及计算是否正确。

组织措施项目取费审核应根据工程项目的实施方案、工期和质量要求等进行相关措施费取费的审核，包括安全文明施工基本费、提前竣工增加费、二次搬运费，冬雨季施工增加费、行车、行人干扰增加费，以及其他施工组织措施费等。

其他项目费用的审核应根据工程项目要求审核，包括标化工程、优质工程以及其他暂列金额的审核，专业工程和专项措施暂估价审核，计日工审核以及施工总承包服务费审核等。

规费和税金的审核应审核其费（税）率和计算方法是否按照国家、行业和地方相关工程造价管理部门的规定执行。

7.3 工程结算与竣工决算

7.3.1 施工单位工程结算

工程结算是指施工企业按照承包合同和已完工程量向建设单位（业主）办理工程价款清算。工程结算包括施工过程中的分阶段（进度）结算和工程竣工结算。

分阶段（进度）结算是按照施工合同约定的施工阶段，根据各施工阶段完成的内容，经建设单位（业主）或监理人中间验收合格后，发承包（施工单位和建设单位）双方按照施工合同的约定对所完成的工程项目进行合同价款的计算、调整和确认。工程竣工结算是指工程项目完工并经竣工验收合格后，发承包（施工单位和建设单位）双方按照施工合同的约定对所完成的工程项目进行合同价款的计算、调整和确认。

工程结算方式一般分为单价合同、总价合同以及其他价格形式合同。

单价合同是采用工程量清单计价方式签订的合同。合同中约定以工程量清单及其综合单价进行合同价款计算、调整、确定，并约定单价包含的风险范围。在约定的风险范围内单价不作调整，风险范围以外的在合同中约定合同价款调整方法。

总价合同是在合同中约定以施工图、已标价工程量清单或预算书及有关条件进行合同价款的计算和确定，并约定合同总价包含的风险范围。在约定的风险范围内总价不作调整，风险范围以外的在合同中约定合同价款调整方法。

其他价格形式合同是除单价合同、总价合同以外的价格形式合同。发承包双方在合同中约定具体的合同价款计算、确定的方法。

（一）工程结算的编制

工程竣工结算由施工单位编制，应根据施工合同约定的结算方式进行。

1.工程结算的编制依据

工程结算的编制应根据施工合同的约定进行，包括工程项目范围和内容要求、分部分项工程价格、措施项目费用、其他项目费用等，以及设计变更、工程洽商、工程索赔等调整计算方法等。

（1）工程结算应根据合同约定的工程项目范围和内容要求编制

在编制工程结算时，工程项目的范围和施工内容应按照合同要求。施工中因设计变更等调整增加的分部分项工程列项，应根据合同中约定的变更确认程序和调整计算方法进行编制。

（2）工程结算应根据合同约定的分部分项工程价格编制

在编制工程结算时，合同范围内的分部分项工程，应根据合同中约定的列项和价格进行编制，工程量应根据完成的分部分项工程实体数量计算。

（3）工程结算应根据合同约定的措施项目和其他项目费用取费标准和计算方式编制

在编制工程结算时，对于施工技术措施项目和施工组织措施项目取费计算，应按照合同约定的取费标准和计算方式编制。对于其他项目费中的专业工程和专项措施暂估价、标化工程增加费、优质工程增加费等暂列金额项目根据合同约定，并按照工程实际情况编制。

（4）工程结算应根据合同约定的设计变更、工程洽商、工程索赔等调整计算方法编制

对于工程实施过程中的设计变更、工程洽商和工程索赔等，在编制工程结算时应按照合同约定的确认程序和调整计算方法进行编制。结算中应提交真实、合法、有效变更签证凭据。

2.工程结算中有关合同价款调整的规定

（1）法律、法规、规章和政策等变化的合同价款调整

法律、法规、规章和政策等发生变化，导致工程安全文明施工基本费、规费、税金调整的，工程结算应按规定调整合同价款。

因承包人原因导致工期延误，法律、法规、规章和政策等调整在施工合同原定竣工时间之后，合同价款调增的在工程结算中不调整；调减的在工程结算中应调整。

因发包人原因造成工程停工导致工期延误的，法律、法规、规章和政策等调整在施工合同原定竣工时间之后，合同价款调增的在工程结算中应调整；调减的在工程结算中不调整。

（2）工程量清单项目和工程量调整

①采用工程量清单计价方法，发生下列情况时，应在工程结算中调整工程量清单项目：发包人提供的工程量清单项目漏缺项、重复列项；工程变更引起新增或减少清单项目；施工图纸、工程变更后与原招标工程量清单的特征描述不符。

②采用工程量清单计价方法,发生下列情况的,应在工程结算中调整工程清单项目的工程量:发包人提供的工程量清单项目工程量有偏差;工程变更引起的工程量增减。

清单项目或工程量调整应根据合同约定、施工图纸、工程变更联系单等内容,按相关计价规范和计价依据规定进行列项、计量。

(3) 综合单价调整

根据相关规定,工程结算中对合同中的工程量清单项目进行调整时,工程量清单项目的综合单价应按照以下的原则调整:

①已标价工程量清单中有适用综合单价的,按照原综合单价。合价金额占合同2%及以上的分部分项清单项目,其工程量增减超过本项目工程量15%及以上,或合价金额占合同增加不到2%的分部分项清单项目,但其工程量增减超过本项目工程量25%及以上时,增减工程量单价时应进行调整。调整原则与本条目第③项相同。

②已标价工程量清单中没有适用的综合单价,但有类似的工程项目综合单价,可参照类似工程项目综合单价计算确定。如某种材料(或半成品及成品)等级、标准变化的,清单组合子目不变,仅调整不通过的材料市场价格之差;清单项目组合内容中某一个(或多个)定额子目发生变化,不影响其他特征及工程内容价格的,仅调整发生变化的定额子目价格;如果该类似工程项目综合单价异常,则不宜参照,因按照本条目第③项原则调整。

③已标价工程量清单中没有适用的综合单价,可以按照以下原则处理:

依据合同约定编制依据、组价原则和承包人投标报价浮动率,提出适当的单价,经发包人确认后执行。

承包人报价浮动率应按照下列公式计算:

招标工程:承包人报价下浮率=(1-中标价÷招标控制价)×100%

非招标工程:承包人报价下浮率=(1-报价÷预算价)×100%

注:中标价和招标控制价均需扣除暂列金额和暂估价。

承包人依据合同约定的组价原则、合理成本和利润提出适当的单价,经发包人确认后执行。

如当前实行的计价依据缺项内容,承包人应通过市场调查等手段提出单价,经发包人确认后执行。

(4) 综合单价异常处理

投标综合单价与按合同约定的计价依据计算的综合单价偏差±30%以上,或虽然综合单价正常,但组成综合单价的人工、材料、机械消耗量或单价与按合同约定的计价依据计算的人工、材料、机械消耗量或单价相比偏差±30%以上等异常情况，该投标综合单价为单价异常。

综合单价异常且工程量增减超过本项工程量15%以上的，按下列原则处理：

工程量增加超过本项工程量15%以内的部分，按照原综合单价计算；增加超过15%以外部分工程量，按照本条目第③项原则调整综合单价，计算合价。

工程量减少超过本项工程量15%以内的部分，按照原综合单价在该项目合价中扣除；减少超过15%以外部分工程量，按照"综合单价调整"中第③项原则调整综合单价，计算合价后在该项目合价中扣除。

（5）措施项目调整

因工程量清单项目及工程量数量变化，造成施工组织设计或施工方案变更，引起措施项目内容、工程数量发生变化，应调整措施项目内容及措施费。

采用综合单价计价的措施项目，按照"综合单价调整"的规定执行；采用以"项"计价的技术措施项目，工程量清单项目及工程数量变化引起措施变动部分应重新组价；施工组织措施项目按合同约定的费率内容调整相关措施费用。

（6）价格波动的合同价款调整

价格波动引起合同价款的调整按照以下"价差调整"规定执行。

价差调整是在施工合同履行期间，人工、材料、机械价格遇市场波动影响合同价款时，应根据合同约定，可采用抽料补差法或造价指数法进行调价。

抽料补差法价差调整是指发承包双方按照合同约定，根据工程实际进度对应月份的信息价，与基准价相比扣减风险费用后，计算全部或部分人工、材料、机械价差，调整合同价格。

造价指数法价差调整是指发承包双方按照合同约定的价格因素和调整办法，根据工程实际进度，参照工程所在地工程造价管理机构定期发布的相应工程造价指数，调整合同价格。

因人工、材料和设备等价格波动影响合同价格时，造价指数法价差调整是根据合同专用条款中约定的数据，按以下公式计算价差并调整合同价格：

$$\Delta P = P_0 \left[A + \left(\frac{B_1 \times F_{t1}}{F_{01}} + \frac{B_2 \times F_{t2}}{F_{02}} + \frac{B_3 \times F_{t3}}{F_{03}} + \cdots + \frac{B_n \times F_{tn}}{F_{0n}} \right) - 1 \right]$$

式中：ΔP——需调整的价格差额

P_0——约定的付款证书中承包人应得到的已完成工程量的金额，此项金额不应包括价格调整、不计质量保证金的扣留和支付、预付款的支付和扣回，约定的变更及其他金额已按现行价格计价的，也不计在内

A ——定值权重（即不调部分的权重）

B_1、B_2、B_3…$+B_n$ ——各可调因子的变值权重（即可调部分的权重），为各可调因子在签约合同价中所占的比例

F_{t1}、F_{t2}、F_{t3}…F_{tm} ——各可调因子的现行价格指数，指约定的付款证书相关周期最后一天的前28天的各可调因子的价格指数

F_{01}、F_{02}、F_{03}…F_{0n} ——各可调因子的基本价格指数，指基准日期的各可调因子的价格指数

以上价格调整公式中的各可调因子、定值和变值权重，以及基本价格指数及其来源在投标函附录价格指数权重中约定。价格指数应首先采用工程造价管理机构提供的价格指数，缺乏上述价格指数时，可采用工程造价管理机构提供的价格代替。

（7）其他项目费调整的合同价款调整

施工总承包费应根据合同约定的费率（或金额）计算，如发生调整的，以发承包双方确定调整的金额计算。

计日工应按照发包人实际签证确认的事项所发生的数量计算。

暂列金额在减去工程价款调整与索赔、现场签证等金额后，如有余额，归还发包人。

（8）不可抗力的合同价款调整原则

按《建设工程施工合同（示范文本）》（GF-2017-0201），不可抗力引起的后果及造成的损失由合同当事人按照法律规定及合同约定各自承担。不可抗力发生前已完成的工程应当按照合同约定进行计量支付。

不可抗力导致的人员伤亡、财产损失、费用增加和（或）工期延误等后果，由合同当事人按以下原则承担：

永久工程、已运至施工现场的材料和工程设备的损坏，以及因工程损坏造成的第三方人员伤亡和财产损失由发包人承担；施工设备的损坏由承包人承担；发包人和承包人承担各自的人员伤亡和财产损失；因不可抗力影响承包人履行合同约定的义务，已经引起或将引起的工期延误的，应当顺延工期，由此导致承包人停工的费用损失由发包人和承包人合理分担，停工期间必须支付的工人工资由发包人承担；因不可抗力引起或将引起工期延误，发包人要求赶工的，由此增加的赶工费用由发包人承担；承包人在停工期间按照发包人要求照管、清理和修复工程的费用由发包人承担。

3.工程结算的编制方法

工程结算的编制应根据不同的合同类型采用相应的编制方法。

（1）采用总价合同的，应在合同价基础上对设计变更、工程洽商以及工程索赔

等合同约定可以调整的内容进行调整。

（2）采用单价合同的，应计算或核定竣工图或施工图以内的各个分部分项工程量，依据合同约定的方式确定分部分项工程项目价格，并对设计变更、工程洽商、施工措施以及工程索赔等内容进行调整。

（3）采用成本加酬金合同的，应依据合同约定的方法计算各个分部分项工程以及设计变更、工程洽商、施工措施等内容的工程成本，并计算酬金及有关税费。

4.工程结算费用表

根据《浙江省建设工程计价规则》（2018版），工程结算费用表如表7-1所示。

表7-1 工程费用结算表

单位（专业）工程名称：　　　　　　标段：　　　　　　　　　　第 页 共 页

序号	费用名称		计算公式	金额（元）	备注
1		分部分项工程	Σ（分部分项工程量×综合单价）		
1.1	其中	人工费+机械费	Σ分部分项（人工费+机械费）		
2		措施项目	2.1+2.2		
2.1		施工技术措施项目	Σ（技术措施项目工程量×综合单价）		
2.1.1	其中	专项技术措施结算价	按合同约定计价		
2.1.2		人工费+机械费	Σ技术措施项目（人工费+机械费）		
2.2		施工组织措施项目	Σ计费基数×费率		
2.2.1	其中	安全文明施工基本费	Σ计费基数×费率		
2.2.2		标化工地增加费	按合同约定计价		
3		其他项目	3.1+3.2+3.3+3.4+3.5		
3.1		专业工程结算价	按合同约定计价		
3.2		计日工	Σ计日工（确认数量×综合和单价）		
3.3		施工总承包服务费	3.3.1+3.3.2		
3.3.1	其中	专业发包管理费	Σ专业发包工程（结算金额×费率）		
3.3.2		甲供材料（设备）管理费	甲供材料确认金额×费率+甲供设备确认金额×费率		
3.4		索赔与现场签证	3.4.1+3.4.2		
3.4.1	其中	索赔	Σ索赔金额（除税金外）		
3.4.2		现场签证	Σ现场签证金额（除税金外）		
3.5		优质工程增加费	按合同约定计价		
4		规费	计算基数×费率		
5		增值税	计算基数×费率		
		竣工结算总价合计	1+2+3+4+5		

（二）工程结算的审核

工程计算的审核由建设单位或其委托的具有相应资质的工程造价咨询机构进行。对于政府投资工程项目，还需要由政府同级财政部门审核。

1.工程结算的审核内容

工程结算审核首先应审核工程结算的递交程序和资料的完备性。包括结算资料递交手续、程序是否合法，结算资料是否具有法律效力，结算资料是否完整、真实以及是否与工程实际相符。继而，需要对工程结算中的各项内容进行详细审核。具体包括以下内容：

（1）工程施工合同的合法性和有效性；

（2）工程施工合同范围以外调整的工程价款；

（3）分部分项工程、措施项目、其他项目的工程量及单价；

（4）建设单位单独分包工程项目的界面划分和总承包单位的配合费用；

（5）工程变更、索赔、奖励及违约费用；

（6）取费、税金、政策性调整以及材料价差计算；

（7）实际施工工期与合同工期产生差异的原因和责任，以及对工程造价的影响程度；

（8）其他涉及工程造价的内容。

2.工程结算的审核方法

工程结算审核应依据合同约定的结算方法进行。工程结算审核时应根据不同的合同类型采取相应的审核方法。

（1）采用总价合同的，应在合同价基础上对设计变更、工程洽商以及工程索赔等合同约定可以调整的内容进行审核。

（2）采用单价合同的，应审核施工图以内的各个分部分项工程量，依据合同约定的方式审核分部分项工程价格，并对设计变更、工程洽商、工程索赔等调整内容进行审核。

（3）采用成本加酬金合同的，应依据合同约定的方法审核各个分部分项工程以及设计变更、工程洽商等内容的工程成本，并审核酬金及有关税费的取定。

工程结算审核应采用全面审核的方法，严禁抽样审核、重点审核、分析对比审核和经验审核。

7.3.2 建设单位项目竣工决算

(一) 竣工决算的编制

所谓单位项目竣工决算是指项目竣工后，建设单位按照国家有关规定在项目竣工验收阶段编制的竣工决算报告。

竣工决算是以实物数量和货币指标为计算单位，综合反映竣工项目全部建设费用、建设成果和财务状况的总结性文件，是竣工验收报告的重要组成部分。竣工决算是正确核定新增固定资产价值、考核分析投资效果、建立健全经济责任制的依据，是反映建设项目实际造价和投资效果的文件。

1. 竣工决算的内容

竣工决算应包括从筹集到竣工投产全过程的全部实际费用，即包括建筑工程费、安装工程费、设备工器具购置费用及预备费等。

根据财政部、国家发改委和住房城乡建设部的有关文件规定，竣工决算由竣工财务决算说明书、竣工财务决算报表、工程竣工图和工程造价对比分析四部分组成。其中竣工财务决算说明书和竣工财务决算报表两部分又称为建设项目竣工财务决算，是竣工决算的核心内容。竣工财务决算是正确地核定项目资产价值、反映竣工项目建设成果的文件，是办理资产移交和产权登记的依据。

(1) 竣工财务决算说明书

竣工财务决算说明书主要反映竣工工程建设成果和经验，是对竣工决算报表进行分析和补充说明的文件，是全面考核分析工程投资和造价的书面总结，是竣工决算报告的重要组成部分。主要包括以下内容：

项目概况，从进度、质量、安全和造价等方面进行分析说明；

会计账务处理、财产物资清理及债权债务的清偿情况说明；

项目建设资金计划及到位情况，财政资金支出预算、投资计划及到位情况等说明；

项目建设资金使用、项目结余资金等分配情况说明；

项目概（预）算执行情况及分析，竣工实际完成投资与概算差异及原因分析说明；

尾工工程情况说明；

历次审计、检查、审核、稽查意见及整改落实情况说明；

主要技术经济指标的分析、计算情况说明；

项目管理经验、主要问题和建议等；

预备费用使用说明；

项目建设管理制度执行情况、政府采购情况、合同履行情况说明；

征地拆迁补偿情况、移民安置情况说明等。

（2）竣工财务决算报表

项目竣工财务决算报表包括以下内容：

基本建设项目概况表，该表综合反映基本建设项目的基本概况，内容包括项目总投资、建设起止时间、新增能力、主要材料消耗、建设成本、完成主要工程量和主要技术经济指标等。

基本建设项目竣工财务决算表，该表是用于反映建设项目的全部资金来源和资金占用情况，是考核和分析投资效果的依据。

基本建设项目资金情况明细表。

基本建设项目交付使用资产总表，该表反映建设项目建成后新增固定资产、流动资产、无形资产价值的情况和价值，作为财产交接、检查投资计划完成情况的分析投资效果的依据。

基本建设项目交付使用资产明细表；

待摊投资明细表；

待核销基建支出明细表；

转出投资明细表等。

（3）建设工程竣工图

建设工程竣工图是真实记录工程实际情况的技术文件，是工程进行交工验收、维护、改建和扩建的依据。

（4）工程造价对比分析

工程造价对比分析的内容有考核主要实物工程量、考核主要材料消耗量、考核建设单位管理费、措施费和间接费的取费标准等。

2.竣工决算的编制

（1）竣工决算的编制条件

编制竣工决算时需具备以下条件：

初步设计所确定的工程内容已完成；

工程项目竣工结算已完成；

收尾工程投资（如有）和预留费用不超过规定的比例；

涉及法律诉讼（如有）、工程质量纠纷（如有）的事项已经处理完毕；

其他影响工程竣工决算编制的重大问题已解决。

（2）竣工决算的编制依据

编制竣工决算的依据包括国家、行业和地方相关法律、法规和规范性文件，项目技术任务书及立项批复文件，项目总概算书和单项工程概算书，经批准的设计文件及设计交底、图纸会审资料，招标文件和最高限价，工程合同，项目竣工结算文件，工程签证、工程索赔等合同价款调整文件，设备、材料调价文件记录，会计核算及财务管理资料等。

（3）竣工决算的编制要求

项目竣工决算是非常重要的项目文件，在竣工决算的编制中必须保证及时性、完整性和正确性。

在工程项目实施完成后，应按照规定及时组织竣工验收，保证竣工决算的及时性。

在工程项目实施中应注意积累、整理各类相关的竣工项目资料，保证竣工决算的完整性。

在进行竣工决算编制中，应清理、核对各项账目，保证竣工决算的正确性。

（4）竣工决算编制的程序

竣工决算的编制分为前期准备、实施、完成和资料归档等阶段。在各个阶段中应按照以下的要求进行。

前期准备阶段，首先应确定竣工决算编制工作的负责人，并根据工作需要配置相应的编制人员。在负责人的领导下，应制定切实可行、符合项目情况的编制工作计划。在前期准备阶段，还应了解工程项目的基本情况，收集和整理基本的编制资料，并分析资料的准确性。编制资料包括所有的技术资料、工料结算的经济文件、施工图纸和各种变更与签证资料等。

在实施阶段，应协助建设单位做好各项清理工作。根据收集的各种编制依据资料，编制完成决算底稿。对发现的问题应与建设单位进行充分的沟通，达成统一意见。应与建设单位相关部门一起做好实际支出与批复概算的对比分析。重新核实工程造价，将竣工资料与原设计图纸进行比对、核实，确认各项变更的情况。根据经审定的工程结算资料，按照有关规定对原概、预算进行增减调整，重新核定工程造价。

在完成阶段应编制工程竣工决算咨询报告、基本建设项目竣工决算报表及附表、竣工财务决算说明书、相关附件等。清理、装订竣工图纸，做好工程造价的对比分析。与建设单位沟通工程竣工决算的各项事项。经工程竣工决算编制单位内部审核通过后，出具正式工程竣工决算编制成果文件。

在资料归档阶段，应对编制过程中的工作底稿进行分类整理，与工程竣工决算编制成果文件一并形成归档纸质资料。同时，应对工作底稿、编制数据、工程竣工决算报告做电子化处理，形成电子档案。并对竣工决算资料进行核对、装订成册，上报主管部门审查，将其中的财务成本部分送交开户银行签证。竣工决算在上报主管部门的同时，抄送有关设计单位。

（二）竣工决算的审核

1. 竣工决算的审核程序

竣工决算的审核应根据国家、行业和地方相关的规定进行。

对于中央项目的竣工财务决算，由财政部制定统一的审核批复管理制度和操作流程。中央项目主管部门本级以及不向财政部报送年度部门决算的中央单位的项目竣工财务决算，由财政部批复；其他中央项目竣工财务决算，由中央项目主管部门负责批复，报财政部备案。国家另有规定的，从其规定。地方项目竣工财务决算审核批复管理职责和程序由同级财政部门确定。

财政部门和项目主管部门对项目竣工财务决算事项采取先审核、后批复的办法，可以委托预算评审机构或者有专业能力的社会中介机构进行审核。

2. 竣工决算的审核内容

对项目竣工财务决算的审核主要包括以下内容：

工程价款结算是否准确，是否按照合同约定和国家有关规定进行，有无多算和重复计算工程量、高估冒算材料价格现象；

待摊费用支出及其分摊是否合理、正确；

项目是否按照批准的概（预）算内容实施，有无超标准、超规模、超概（预）算建设现象；

项目资金是否全部到位，核算是否规范，资金使用是否合理，有无挤占、挪用现象；

项目形成资产是否全面反映，计价是否准确，资产接收单位是否落实；

项目在建设过程中历次检查和审计所提的重大问题是否已经整改落实；

待核销基建支出和转出投资有无依据，是否合理；

竣工财务决算报表所填列的数据是否完整，表间勾稽关系是否清晰、明确；

尾工工程与预留费用是否被控制在概算确定的范围内，预留的金额和比例是否合理；

项目建设是否履行基本建设程序，是否符合国家有关建设管理制度要求；

决算内容和格式是否符合国家有关规定；

决算资料报送是否完整、决算数据是否存在错误；

相关主管部门或者第三方专业机构是否出具审核意见等。

7.3.3 工程结算与竣工决算的对比

工程结算与竣工决算对比，存在以下不同之处：

1.覆盖范围不同

工程结算的覆盖范围是施工单位的承包范围所对应的工程结算价款。竣工决算是整个建设项目的全部费用。

2.性质和编制人员不同

工程结算是指施工企业按照承包合同和已完工程量向建设单位（业主）办理工程价清算的经济文件，是由施工单位造价人员编制，建设单位造价人员或聘请的造价机构审核。

竣工决算是建设单位财会人员在工程造价人员的配合下编制，由主管部门或其聘请的会计师事务所的权威人士审核的，是决定进入固定资产份额的经济文件。

◎思考题

1.某独立安防工程，施工合同为单价合同。合同中管内穿放超五类双绞线缆工程量为55000米，综合单价为4.80元/m，合同规定：当实际工程量超过合同工程量15%时，调整单价为4.60元/m。工程结束时实际完成管内穿放超五类双绞线缆工程量为65100m，工程结算中管内穿放超五类双绞线缆工程款为多少？

解：合同约定范围内（15%以内）的工程款为：

55000×（1+15%）×4.80=63250×4.80=303600.00（元）

超过15%之后的部分工程量的工程款为：

（65100-63250）×4.60=8510.00（元）

则管内穿放超五类双绞线缆工程款合计=303600.00+8510.00=312110.00（元）

2.某安防工程项目施工过程中，因不可抗力造成损失。承包人及时向项目监理机构提出了索赔申请，并附有相关证明材料，要求补偿的经济损失如下：

（1）已经运抵工地现场的设备损坏损失12万元。

（2）承包人受伤人员医药费、补偿金4万元。

（3）施工机具损坏损失8万元。

（4）停工期间按照发包人要求清理、修复工程的费用3万元。

发包人对以上的各项经济损失是否向承包人补偿？。

解：（1）已经运抵工地现场的设备损坏损失12万元应由发包人向承包人补偿。

（2）承包人受伤人员医药费、补偿金应由承包人自行承担。

（3）施工机具损坏损失应由承包人承担。

（4）停工期间按照发包人要求清理、修复工程的费用3万元应由发包人向承包人补偿。

3. 某安防工程施工合同中约定，承包人承担的φ16JDG钢管价格风险幅度为±5%，超出部分依据《建设工程工程量清单计价规范》GB50500-2013造价信息法调差。已知承包人投标价格、基准期发布价格分别为4.61元/m、4.53元/m，2017年12月和2018年6月的造价信息发布价分别为4.42元/m、4.95元/m。这两个月的φ16JDG钢管的实际结算价格应分别为多少？

解：（1）2017年12月信息价下降，合同约定的风险幅度值计算应以投标时的基准价（较低价格）为基础计算，即

$4.53 \times (1-5\%) = 4.30$ 元/m

由于该月的造价信息发布价格未超出合同约定的风险范围，因此价格不需要调整。

（2）2018年6月信息价上涨，合同约定的风险幅度值计算应以投标报价（较高价格）为基础计算，即

$4.61 \times (1+5\%) = 4.84$ 元/m

因此，φ16JDG钢管价格上调=4.95-4.84=0.11元/m，

2018年6月实际结算价格=4.61+0.11=4.72元/m。

第8章 工程概预算软件应用

8.1 概预算软件的特点

8.1.1 概预算软件的优点

随着时代的发展,越来越多的工程项目趋向于大型化、综合化、复杂化,计算机技术在我国建设工程造价管理领域的应用已不仅仅局限于提高预(决)算编制审核的准确度,而是扩展到建设工程造价管理的全过程。建筑工程概预算工作是工程造价管理的核心任务,因此在建筑工程概预算工作中推广使用各种计算机软件,已经是大势所趋。在建筑工程概预算中,使用预算软件进行工作,可以使工作更加快速准确,效率更高。

(一)掌握工程预算软件的必要性

1.适应国际化竞争。随着科技高速发展,中国制造和中国速度正在以全新的姿态改变世界。我国在世界上一直有一个"基建狂魔"的称号,凭借着过硬的基建技术,我国承接了不少世界性的工程。我们要加大科技投入,推进技术创新,开发成熟的概预算软件,运用到建设项目当中。

2.适应市场的需要。经济全球化,科学技术飞速发展,新材料、新工艺、新规则层出不穷,我国造价行业也迅猛发展,定额不断更新,造价水平逐渐与发达国家齐平。目前市场上应用的工程造价软件的应用,向传统的工程造价管理提出挑战。在传统的工程造价管理中,工程量计算是预算工作中最大的一部分工作量,大部分的工程造价人员对很有价值的经验数据以及各项指标没有精力去整理、吸收、消化、掌握。若长此以往,工程造价人员就将面临知识面窄、知识老化、知识结构不够完善、缺乏市场竞争观念的问题,最终因不适应市场的需求而被淘汰。因此要想适应激烈的市场竞争,就必须掌握新的计算机软件技术,与时俱进,提高在市场中的竞争力。

3.提高工程造价的科学性、公正性。传统的工程预算、决算及工程招投标中的标底都是通过造价师人工计算工程量然后套用相应定额及单位估价表形成价格。而工程造价预算软件消除了这种人为因素,做到工程造价的科学与公正。

（二）工程概预算软件的优势

1.预算软件大大减轻了工程造价人员相当多的烦琐的重复劳动，使工程造价人员能腾出更多的精力去学习新经验、新技术。专业造价人员只要把施工图纸按预算软件公司规定的操作程序输入预算软件中，一切都由预算软件来做，预算软件会自动计算出所有的工程量和按规定计取各项费用，并汇总得到单位工程费用汇总表。

2.预算软件计算工程造价是用电脑编制的程序来计算的，其计算速度只需几秒钟，这是手工计算无法比拟的，并且要比工程造价人员手工计算精确。但是要有一定的前提：预算软件编程人员要精通工程专业，精通造价专业的各项制度，并领会正确，运用正确，按建设主管部门颁布的工程定额规定和工程费用定额规定输入正确的公式，以此为依据编制软件。

3.预算软件会自动显示各种预算报表供打印，节省了工程造价人员根据预算成果编制报表的时间，使工程造价人员能腾出更多的时间来检查软件计算工程量和费用计取的准确性。

（三）算量软件的优势

安装算量软件融合绘图和 CAD 识图功能为一体，内置工程量计算规则，只需要按图纸提供的信息定义好构件的属性，就能由软件按照设置好的计算规则，自动扣减构件，计算出精确的工程量结果，使枯燥复杂的手工劳动变得轻松并富有趣味。

以广联达安装算量软件举例说明：

1.快速识别图纸

能自动识别电子版设计文件，有效利用电子图纸，根据定义快速识别出管线、设备、元件等。

2.模拟实际施工过程，描图的过程就是实际的施工过程

广联达为用户创立了一个基于 CAD 的录入平台。录入过程可视，且有三维效果，可以在三维立体可视化的环境中监督整个建模和计算过程，通过系统提供的可视化修改查询工具，对模型的所有细节信息进行控制。

可以反复对照检查，方便校对工作。

建模时标准层可直接复制，非标准层只需对标准层稍加修改利用，成倍地提高了工效。

人性化。界面友好，鼠标点进输入框，提示栏会有输入提示，比如格式，数字的输入范围等。

3.计算方便快捷

打开软件后，根据对话框提示一步步新建工程，设置好建筑物的结构类型、层数、层高及各种节点和参数，新建轴网，然后在各层中新建构件，并将构件以点、线、面的布置方式布置到对应轴网位置上。当所有的构件按一定的顺序建画完后，即完成算量的模型，工程量的计算在点击汇总计算按钮后即可完成。

4.提高工作效率、节省时间

只要按要求建好算量模型，工程量的计算就会自动快速地完成，省去了因工程量汇总计算的大量时间，也可以避免因汇总而可能出现的人为差错；另如有设计变更，或是有些数据弄错，需修改后重算的，在算量软件建好的模型中只需要改动其中的几个数据，重新点击汇总按钮，与之关联的所有工程量就会重新计算得到。而且所有的计算过程和结果都可以打印，能实现分层、分构件、分部位的全方位打印，排版整齐美观。

5.可以处理复杂模型，提高计算的精度

运用"工程算量软件"计算与手工计算相比，减少了人为的数据提取错误、加减乘除的计算错误，若另有复杂形状如椭圆形、不规则形体，在软件中可用曲线等方法进行处理，从而得到精确的计算结果，比在很多场合都需要近似计算的手工计算准确很多。

6.可利用 CAD 电子档，简化建图过程，提高建模效率

如果所使用的电子图纸是用AUTOCAD设计的，则可以直接利用设计院电子文档来进行图形数据的转换与接收，此工作能加快和简化建模过程，在接收后根据接收的程度来进行适度的修改和补充。这样能节约大量图形输入的时间，从而提高工作效率，减少工作量。由于"算量软件"可以方便地以各种方式对计算结果进行统计分析，分析后的结果可以应用于成本分析、材料计划的提取和管理，以及施工管理等工作，从而应用于工程建设全过程的管理工作中。

（四）计价软件的优势

计价软件是主要为工程建筑而设计的。软件提供清单计价与企业综合报价，并且提供各地市各季度信息价，用户还可以在软件中进行工程量计算规则查询、工料机换算，可以为用户提高工程建设的工作效率。常见的计价软件有广联达、品茗、新点计价软件，等等，每个地区使用的软件不同。计价软件的优势如下：

1.进一步简化计算、具有较高准确率和较快的计算速度

在使用计价软件的过程中，只要根据相关的功能要求，将原始数据准确无误地录入进去进行汇总计算，就能够在短短的几秒钟内获得所有的计算结果。但是由于是电脑完成所有计算工作，所以一旦录入数据出错，那么计算结果必然也会出错。

2.报表格式更加规范、存档查询有序方便

在完成每一个工程的计算工作之后，软件都能够自动生成相应的报表，相关人员在查看和打印的时候更加方便。根据相关规范要求，软件程序已经将报表的具体格式进行了严格的设定，不需要用户再进行修改和补充，可以直接提取使用。而且用户也可以根据实际需要进一步修改和保存。在每次完成工程计算工作之后及时保存，可以在下次使用的时候直接打开。如果工程工期长，造价类型多，还可以根据不同的类型进行分别存放，只需要将它们分别存放到不同的文件夹里，在查询的时候更加方便。如果要将这些数据资料全部提取，也不再需要像以往一样需要厚重的计算书以及资料，而是只需要一个磁盘就能够实现目标。

3.编制概预算定额、自动完成排版

工程计价软件的应用不仅能够完成概预算的编制工作以及结算的审核工作，还可以对概预算的定额进行编制。过去在编制定额的时候只能依靠人工完成，需要对成千上万个烦琐的定额子目进行计算，可以使用的工具却只有计算器，将这些计价表根据计算结果一一手工填写完成，最后再进行烦琐的校对以及复核，工作量是相当庞大的，而且在出版发行之后会出现很多的错误，使用者在使用起来会遇到很多的不便之处。如果是计价软件，在成千上万条定额子目里面，不管是基价、人工费的自动计算结果，还是材料费、机械费的自动计算结果，都是准确无误的，而且仅仅需要几秒钟就能够完成全部的计算。此外该模块还可以完成自动排版。使用者可以根据相关的要求进行设置使用自动排版功能，在经过几秒钟的时间以后，就可以生成整本定额所有的打印稿了。最后该模块还可以实现价格库和定额库的相互关联。这里所说的关联可以通过下述例子具体说明：假设在1000条定额子目当中都涉及了同一种材料，在进行定额的编制时需要对该材料的实际价格做出适当的调整，那么这时在价格库里面找出该材料，将其对应的价格修改之后，1000条定额子目中该材料价格都会全部修改完成，这就是所说的关联。当然，这一功能不仅可以完成价格的修改，也可以修改名称或者单位等内容。有了上述功能，定额的编制就能够具有较高的效率和准确率了。

4.通过使用工程计价软件，可以快速得出不同模式下实际的工程造价

目前工程虽然已经进入到了清单计价时代，但是并不表示在未来的发展中就只存在清单计价模式。在相关规范的规定中，清单计价模式只是针对全部使用或者以国有资金为主进行投资的大中型的工程建设项目。也就是说，今后是定额计价模式与清单计价模式并存的时代，因此国内市场上流行的预（决）算软件都同时具有定额计价模块和清单计价模块，创建工程时，需要用户在初始设置中设置一下使用哪种计价模式。以定额计价模式进行工程估价时，以各地的消耗量定额及相应的价目表为依据；采用清单计价模式，以各企业的企业定额或各地的消耗量定额、市场价格为依据。其中，清单计价模式是以实体为对象来确定工程造价的。组价是计价的核心。计价软件可以直接从图形算量软件中导入各工程量，并将定额项目与清单项目结合在一起，既能完成定额计价模式下的工程估价，又能快速、准确完成清单计价模式下的组价、自动反算各报价等一系列复杂的工作。

最后总结一下使用概预算软件的优点：

（1）使用概预算软件可以大大节约时间，精力用于优化设计、策划方案、规划合约、成本控制、全过程管理；

（2）软件可以使造价更精确；

（3）使用软件更有利于修改、变更、对账等，让制作人、检查人、审核人等一目了然；

（4）有利于相关各方实现数据共享；

（5）有利于消除腐败，减少和消除行业中的暗箱操作和数据造假问题，"低价中标，高价索赔"的盈利模式也将消失。

8.1.2 概预算软件的一般功能

概预算编制软件具有数据维护、输入数据、费用计算、打印输出、修改单价功能。这些功能可以让项目管理过程变得简单方便，不仅节省了人力物力，较之前的人力操作也快捷方便得多，而且和现代计算机技术合理地结合在一起，使运算更加准确，系统也更加完善。

（一）算量软件以广联达安装算量GQI软件进行功能分析

1. "设置起点、选择起点"——轻松计算桥架线缆

在实际图纸中，安防管线的设计方式很多采用放射式，也就是机柜引出来若干根线缆引到每层前端点位，不管平面图上这些线缆如何走向，计算长度时都要计算到机柜。针对这种情况采用软件计算这些管线工程量时利用"设置起点""选择起点"功能就可以轻松解决此问题。

2. "回路标识识别"功能——高效、快捷计算管线长度

在安防图纸中，每一系统的每段线缆根数型号不尽相同，这时设计人员会在每段不同根数处以数字小标表示每段管线的根数，预算人员以此计算该段管线的根数。采用软件计算这些管线工程量时利用"回路标识识别"功能就可以快速解决此问题。

3. "分类查看工程量"功能——随心所欲出报表

实际工程中在不同的阶段如招投标阶段、施工报进度阶段、竣工结算对量等阶段需要根据不同条件提供各种报表。通过此功能用户可以根据各种汇总条件"自由自主"进行组合报表。

4."标识识别""自动识别"功能——高效、快捷计算管道长度

手工计算管线工程量需要将一段段管线分回路、分系统、分楼层量取长度然后汇总工程量,计算过程不难但工作相当烦琐,总是在进行重复的工作。对此情况在算量软件中针对消防专业管线的计算特点给出了相应的解决方案。

5.批量选择立管——提高效率的实用功能

(1)在实际工程中管道水平管与短立管的管径、材质有时不同,如连接灯具的水平管与立管材质不相同,但当时识别管道时已经全部识别为相同构件了,这时就需要选中连接灯具的立管进行修改。

(2)在做实际工程时,由于设计变更或者绘图错误造成水平管道的标高需要修改,这时就需要将水平管选中,然后修改水平管的标高。

(3)消防专业中,喷淋管道喷头的规格不同,连接喷头的短立管也存在不同管径。

针对如上情况我们就可以利用"批量选择立管"功能分别按管构件、连接器具及设备来选择立管,然后再修改立管的属性,达到正确算量的目的。

6.计算设置——计算规则内置、算量方便

在计算安装专业工程量时,每个专业各自的定额都有相应的计算规则,如配线进出各种箱柜有一定的预留长度,这时我们在计算管线时就需要考虑这部分的工程量,不然就会少算工程量,而在算量软件中,这些定额规则软件全部内置,无需再考虑。

7.准确计算立管超高工程量

在安装专业中,各个专业对于操作物高度有明确的规定,如果操作物高度超过规定值,这时超过部分的工程量人工工日要乘系数,对于这种情况,手工计算立管时就需要根据每层的层高分别计算。

在算量软件中,只要是某一层画了立管,无论该立管跨越几层,软件都会根据当前层高,正确计算该部分的长度与超高长度工程量。

8.编辑工程量、查看工程量——方便、快捷的查量功能

在做实际工程时,我们绘制或识别了管线后,需要校核一下某一段管线长度或某一回路管线长度,这时就可以利用"编辑工程量"功能来查看某一段管道相应的工程量及详细的计算公式,如长度、表面积、保温体积等,也可以利用"查看工程量"功能查看回路管线的长度、表面积等工程量。

9."设置报表范围"——满足多种提量需求

在实际工程中,会根据不同阶段、不同要求分别提量,如招投标阶段时需要工程总量,报进度阶段时需要每层的工程量,针对这种情况,软件在报表预览中,特

设"设置报表范围"功能，这样就可以按选择的不同范围查看并打印报表了。

（二）计价软件以创佳云计价软件进行功能分析

1.计价方式全面多样

包含综合单价、工料两种计价方式，综合单价又分国标、省标、本地区标准、全费用及非国标，满足不同工程的计价要求。

2.组价快速，调价方便

"清单指引""清单快速组价""相同清单匹配组价"，实现数据复用，快速组价。

"取费定额拷贝"功能智能选择相同的专业，实现工程文件一次取费。

提供工程"统一调整人材机单价""调整单位工程人材机单价"及"调整专业工程人材机单价"功能，一次性调整单位工程造价或整个项目的投标报价。

材料换算、标准换算、批量换算等提供多种换算方式，实现组价、调价过程。

3.报表处理，简便快速

"报表编辑类EXCEL编辑"功能让报表编辑变得简单、易学。

"打开、保存及另存报表方案"功能可以把整个项目工程的报表格式快速复制给其他整体或者单位工程，实现快速调整报表格式。

软件可以批量打印报表，并且可以设置报表打印范围，方便地打印所需要的报表。

软件提供"批量导出 Excel"，可以把需要的报表一次性导出为 Excel 格式。

4.操作简单，设置灵活

"界面可自由设置""操作快捷键用户可自行设定"满足不同用户的操作习惯。

"自由拖拉清单与定额"功能提高工作效率，"查找与替换"功能让统一修改当前界面内容变得快速、简单。

"撤销与恢复"功能有效避免操作失误；"复制与粘贴"功能操作灵活，提高工作效果。

工程文件存档路径可自由设置，导入xml及Excel格式招标清单，不仅可自动识别分部分项、清单行，而且可导入实体、措施及其他项目等表，并且可以一步导入、导出。

5.招标清单自检

通过检查招标清单可能存在的漏项、错项、不完整项，帮助用户检查清单编制的完整性和正确性，避免招标清单因疏漏而需修改。

6.招标清单载入

可把招标方提供的清单完整载入。

7.清单一致性检查

可自动将当前的投标清单数据与招标清单数据进行对比，可检查与招标清单的一致性，并且列出不一致的项，供投标人进行修改。

8.投标文件自检

可自动检查投标文件数据计算的有效性，检查是否存在应该报价而没有报价的项目，减少投标文件的错误。快速实现数据验证和错误修改，保障投标报价快速准确。

运用概预算软件在审计方面，还能达到以下效果：

首先，概预算软件改变了传统工程造价的审计方法，可以实现单方面综合造价。运行概预算软件，选出其中的分项工程，通过对原来的直接费用和综合费用进行调差分配，可快速准确地看出分项工程的真实价格。经对比发现，概预算软件提供的综合价格误差为零，同时建设单位对审计结果比较满意。

其次，概预算软件让工程造价的审计抽样更有针对性，可以突出审计重点。在对工程项目结算的审计中，可以挑选工程项目中工程量大、价格贵、数量多的分项目进行重点审计，从而提高工程审计的效率。

最后，概预算软件还可形成新的审计分析报告。软件能够分项目审计，除了可以反映工程总价外，还可分析出每个分项目的差价以及引起差价的原因，从而让工程造价审计报告变得更全面、更直观、更有说服力。

8.1.3 定额库的建立思想

定额库的建立思想就是把现行预算定额数据存储于计算机预算软件内，利用预算软件的大数据、云计算等信息技术为工程预算做准备。这里主要介绍浙江省通用安装工程消耗量定额。

1.本定额是完成规定计量单位分部分项（子目）工程所需的人工、材料、施工机械台班、仪器仪表台班的消耗量标准；消耗量水平为全国平均水平，是各省、自治区、直辖市，各部委、行业协会工程造价管理机构编制安装工程定额消耗量基准。

2.本定额以国家和有关行业发布的现行设计规程或规范、施工及验收规范、技术操作规程、质量评定标准、产品标准和安全操作规程、绿色建造规定、通用施工组织与施工技术等为依据编制。同时参考了有关省市、部委、行业、企业定额，以及典型工程设计、施工和其他资料。

3.本定额按照正常施工组织和施工条件，国内大多数施工企业采用的施工方法、机械化程度、合理的劳动组织及工期进行编制。

（1）设备、材料、成品、半成品、构配件完整无损，符合质量标准和设计要求，附有合格证书和检验、实验合格记录。

（2）安装工程和土建工程之间的交叉作业合理、正常。

（3）正常的气候、地理条件和施工环境。

（4）安装地点、建筑物实体、设备基础、预留孔洞、预留埋件等均符合安装要求。

4.关于人工

（1）本定额人工以合计工日表示，分别列出普工、一般技工和高级技工的消耗量。

（2）人工消耗量包括基本用工、辅助用工和人工幅度差。

（3）人工每工日按照8小时工作制计算。

（4）本定额材料泛指原材料、成品、半成品。定额中材料含安装材料和消耗性材料。

（5）安装材料属于未计价材料，在定额中以"（×××）"表示。

（6）消耗性材料包括施工中消耗的材料、辅助材料、周转材料和其他材料。

5.材料用量

（1）本定额中材料用量包括净用量和损耗量。

（2）材料损耗量包括从工地仓库运至安装堆放地点或现场加工地点至安装地点的搬运损耗、施工操作损耗、现场堆放损耗。

（3）材料损耗量不包括场外的运输损失、仓库或现场堆放地点或现场加工地点保管损耗、由于材料规格和质量不符合要求而报废的数量；不包括规范、设计文件规定的预留量、搭接量、冗余量。

（4）本定额中列出的周转性材料用量是按照不同施工方法、考虑不同工程项目类别、选取不同材料规格综合计算出的摊销量。

（5）对于用量少、低值易耗的零星材料，列为其他材料。

6.关于机械

（1）本定额施工机械是按照常用机械合理配备考虑，同时结合施工企业的机械化能力与水平等情况综合确定。

（2）本定额中的施工机械台班消耗量是按照机械正常施工效率并考虑机械施工适当幅度差综合取定的。

（3）施工机械原值在4000元以内、使用年限在一年以内不构成固定资产的施工机械，不列入机械台班消耗量，作为工具用具连同其消耗的燃料动力等在安装工程费用中考虑。

7.关于仪器仪表

（1）本定额仪器仪表按照正常施工组织、施工企业技术水平考虑，同时结合市

（2）本定额中的仪器仪表台班消耗量按照仪器仪表正常使用率，并考虑必要的检验检测及适当幅度差综合取定。

（3）仪器仪表原值在4000元以内、使用年限在一年以内不构成固定资产的仪器仪表，不列入仪器仪表台班消耗量，作为工具用具连同其消耗的燃料动力等在安装工程费用中考虑。

8.关于水平运输和垂直运输

（1）水平运输距离是指自现场仓库或指定堆放地点运至安装地点或垂直运输点的距离。本定额水平运距设备按照200m、材料（含成品、半成品）按照300m综合取定，执行定额时不做调整。

（2）当工程项目场地狭小，需要场外运输或场内二次搬运时，应根据有关规定另行计算。

（3）垂直运输基准面为室外地坪。

（4）建筑物内垂直运输按建筑物层数6层以下、建筑物高度20m以下、地下深度10m以内考虑，工程实际超过时，计算建筑物超高（深）增加费。

9.关于安装操作高度

（1）安装操作基准面一般是指室外地坪或室内各层楼地面地坪。

（2）安装操作高度是指安装操作基准面至安装点的垂直高度。本定额除各册定额另有规定者外，安装操作高度综合取定为6m以内。工程实际超过时，计算安装操作高度增加费。

10.关于建筑物超高（深）增加费

（1）本定额除各册定额另有规定者外，建筑超高（深）增加费是指在建筑物层数6层以上、建筑高度20m以上、地下深度10m以上的建筑施工时，应计算建筑物超高（深）增加费。

（2）建筑物超高（深）增加费包括人工降效、使用机械（含仪器仪表、工具用具）降效、垂直运输等费用。

（3）建筑物超高（深）增加费，应以整个工程全部工程量（含地下、地上部分）为基数，按照系数法计算，系数详见各册说明。

11.关于脚手架搭拆

（1）本定额脚手架搭拆是根据施工组织设计、满足安装需要所采取的安装措施。脚手架搭拆除满足自身安全外，不包括工程项目安全、环保、文明等工作内容。

（2）脚手架搭拆综合考虑了不同的结构形式、材质、规模、占用时间等要素，除定额规定不计取脚手架搭拆费用者外，执行定额时不做调整。

（3）在同一个单位工程内有若干专业安装时，凡符合脚手架搭拆计算规定的，则应分别计取脚手架搭拆费用。

12.本定额适用于工程项目施工地点在海拔高度2000m以下施工，超过时按照工程项目所在地区的有关规定执行。

8.1.4　安防工程概预算软件开发的几种方案

为建设市场主体创造一个与国际惯例接轨的市场竞争环境，工程概预算软件发展至今，已经取得了非常良好的效果。工程概预算软件在现在的工程可行性研究、初步设计、施工图、工程投标报价、竣工决算等阶段发挥着不可替代的作用。

建设市场概预算软件有几百种之多，每个省都有自己的一套造价软件及相关软件。下面对目前市场上较有代表性，有一定客户群，具有一定使用价值的开发软件品牌进行介绍。

（一）广联达BIM安装计量软件

广联达BIM安装计量软件是针对民用建筑安装全专业研发的一款工程量计算软件。GQI2019支持全专业BIM三维模式算量和手算模式算量，适用于所有电算化水平的安装造价和技术人员使用，兼容市场上所有电子版图纸的导入，包括CAD图纸、REVIT模型、PDF图纸、图片等。通过智能化识别、可视化三维显示、专业化计算规则、灵活化的工程量统计、无缝化的计价导入，全面解决安装专业各阶段手工计算效率低、难度大等问题。

该软件有六大特点：

1.全专业覆盖

给排水、电气、消防、暖通、空调等安装工程的全覆盖。

2.智能化识别

智能识别构件、设备，准确度高，调整灵活。

3.无缝化导入

CAD、PDF、MagiCAD、天正、照片均可导入。内置最新的清单库和定额库，可在软件中套取做法，与计价软件无缝对接。

4.可视化三维

BIM三维建模，图纸信息360度无死角排查。

5.专业化规则

内置结算规则，计算过程透明，结果专业可靠。

6.灵活化统计

实时计算，多维度统计结果，及时准确。

（二）广联达云计价平台

广联达云计价平台是迎合数字建筑平台服务商战略转型，为计价客户群，提供概算、预算、结算阶段的数据编制、审核、积累、分析和挖掘再利用的平台产品，于2015年研发完成并投放市场。平台基于大数据、云计算等信息技术，实现计价全业务一体化，全流程覆盖，从而使造价工作更高效、更智能。

该产品价值：

1.全业务，更完整

各业务阶段数据无缝对接，实现概、预、结、审之间数据零损耗一键转化，云计价产品平台统一入口。

2.大数据，云应用

基于云计算的数据积累，实现企业数据有效管理数据复用，智能组价，极大提高工作效率。比如招投标预算，基于云存储数据积累加工，通过智能组价推送和云检查功能让招投标环节更智能高效。

基于大数据的云检查，使工程更加准确、安全。利用自己存档的数据或行业大数据快速为工程提供更准确、高效的合理性检查。

3.多终端，广协同

随时查看造价，云端批注共享。支持广域协同，审计更加便捷。

（三）神机妙算软件

神机妙算软件是同类软件中成立较早的公司，神机妙算的系列产品为工程量、钢筋翻样和清单计价三个，软件提供宏语言，所有钢筋图库、定额二次开发由各地分公司实施，各地能根据本地的定额、计算规则和特殊情况进行充分的本地化。

神机妙算软件功能：

1.首创独特的图形参数工程量钢筋自动计算新概念，少画图，甚至不需要画图，就可以自动计算工程量钢筋，不但可以自动计算基础、结构、装饰、房修工程量，还可以自动计算安装、市政、钢结构工程量、跟预算有关的所有工程量钢筋都可以自动计算。

2.首创不需要定义工程量计算规则，就可以自动计算出符合需要的工程量，达到一量多算。先画图，后计算，再选工程量计算模板自动套定额。

3.首创图形参数新概念，画好的图形自动生成参数图标，可以重复使用，下次使用时，只需要改变参数，就可以自动生成符合需要的图形。对于近似工程，可以起到事半功倍的效果。

4.首创工程量钢筋自动计算宏语言，实现透明计算，整个计算过程，不存在算不准的问题，可以计算出100%符合需要的钢筋工程量。

5. 首创个性化设置，软件的界面、整个计算过程，可以根据自己的爱好自己设置、自己定义，以便提高工作效率。

（四）鲁班大师（安装）

鲁班大师（安装）是基于AutoCAD图形平台开发的工程量自动计算软件，广泛运用于建设方、承包方、审价方等多方工程造价人员对安装工程量的计算。鲁班安装可适用于CAD转化、绘图输入、照片输入、表格输入等多种输入模式，在此基础上运用三维技术完成安装工程量的计算。鲁班安装可以解决工程造价人员手工统计繁杂、审核难度大、工作效率低等问题，其特点如下：

1. 强大的报表功能，轻松应对各种数据需求

工程建模之后还得另外使用工具（稿纸、计算器），把一大沓计算稿按照定额或清单规则汇总成要求条目。软件的强大优势也体现在汇总统计功能上。鲁班安装为用户提供了工程量概览表、系统计算书、消耗量汇总表、配件汇总表、超高量汇总表、绝热保温表、刷油工程量表、风管壁厚表、清单定额汇总表、清单汇总表和定额汇总表共十一大报表，满足工程各个阶段数据需求。

2. 使预算更加接近决算，提高项目利润

金融危机让更多的建设企业认识到精细化管理的重要性，对于预算人员来讲把"预算"按"决算"做就是精细化，过去绕梁、绕管、登高"预算"算不了，不是不想算是没法算。该算的算不到，企业利润自然会低。有了鲁班安装三维碰撞检查，过去发生在施工过程中的管线碰撞问题，可以在施工前预知，确保施工工期。预算人员不仅能更加有效地控制工程造价，也能更多地参与到工程项目管理中，发挥重要作用。

3. LBIM互导，充分利用BIM模型实现分工合作

针对预算中不同专业的划分越来越细的问题，对不同专业通过对应专业软件分别建立模型，土建软件中的模型可直接导入安装中，方便模型的定位，土建安装模型合并内部构造一览无余，构件与构件之间的碰撞点位置直观可见。可以快速进行调整，构件排布位置、距离清晰明了。

4. BIM应用生成图纸，一键导出竣工图纸

以鲁班工程为原型，直接生成剖面图、平面图，指导施工，辅助设计，并可输出dwg格式文件，留做竣工图存档。一键生成图纸，轻松免去人工绘制图纸大量而又繁琐的工作。智能计算构件之间的位置关系避免构件的前后遮挡，杜绝人工绘制时分析出错的可能性，免去后顾之忧。

5. 条件统计、分区校验，区域校验秒速统计需要的数据

条件统计功能：支持统计任意楼层、任意编号、任意构件种类的工程量，可以实现实物量的短周期三算对比，这对于控制"飞单"这一利润漏洞、实现精细化管理起到非常大的作用。

分区工程量校验：通过建立规则或异性分区快提取区域内工程，并且快速分割区域构件，统计更加精准和方便。

区域工程量校验：不管想要哪部分数据随时都可框选计算出量，施工到哪，数据就能同步到哪，一切都可以控制。

6.云模型检查实现查漏补缺

云模型检查可以避免可能高达10%的少算、漏算、错算问题，避免巨额损失和风险。在大幅提升算量准确性的同时，还大大减少模型检查和改错的工作量。云模型检查汇集了数百位专家的知识和经验，可动态更新数据库。同时，Luban云模型检查主动提供部分条目错误并附上依据原理，初学者不用翻资料查图集找规范，学习更轻松；支持反查到构件图形或属性，部分疑似错误支持一键自动修复，查找与修改更便捷、高效。

（五）新点计价软件

新点清单造价软件是一款规范、可靠的计价软件，涵盖房屋建筑与装饰、安装、市政、园林、轨道交通、仿古建筑、管廊等众多专业领域，支持清单计价和定额计价模式，功能全面、易学易用。软件符合各类规范，和全国绝大部分地区的电子招投标系统无缝对接，帮助工程计价人员实现预算、结算、招投标等不同阶段的数据编审、分析积累与挖掘利用，助力软件用户高效计价、快捷招标、安全投标。

（六）品茗胜算造价计控软件

品茗胜算造价计控软件是品茗全过程造价管理信息化的核心产品，是立足于现阶段清单计价形势下造价管理和招标方式，精心研发的一款融招投标管理和计价于一体的全新造价计控软件。支持清单计价和定额计价两种模式，并以国标清单计价为基础，全面支持电子招投标应用，帮助工程造价单位和个人快速实现招投标管理一体化，使计价更高效，招标更快捷，投标更安全，可导入品茗iBIM，为全过程跟踪审计提供准确的工程造价。

1.计价方式，全面高效

包含多种计价方式、计价模板，并提供"模板转换"功能，满足不同工程的计价要求；产品覆盖全国多个省市的定额，并可以支持不同时期、不同专业的定额库。组价快速调价方便。

2.工程体检，放心准确

通过工程体检对组价过程中可能存在的漏项、错项、不完整项、数据有效性等各种问题逐一检查，快速实现数据验证和错误修改，保障工程数据的准确、完整。

3.组价快速，调价方便

"清单指引查询"实现子目同时输入，快速组价；"统一设置安装费用"功能，自动计取对应安装费用；"理想造价"功能，一次性调整整个项目的投标报价；提供多种换算方式，实现调价过程。

4.无缝对接，数据复用

以计价软件的数据文件为核心，能与各类软件、系统无缝对接，比如电子招投标系统、结算审核、成本管理系统、企业内部业务管理系统、指标系统、主管部门备案系统、BIM系统等。

8.2 概预算软件的应用

8.2.1 程序设计的基本思路

安装工程是建设工程不可分割的一部分，虽然占建设项目总造价比例没有土建高。下面主要介绍安装工程预算软件程序设计的基本思路。

（一）广联达算量软件程序设计的基本思路

1.名词解释

构件：即在绘图过程中建立的各专业常用的管道、阀门、管件、卫生器具、电气设备等；

构件图元：简称图元，指绘制在绘图区域的图形。

构件ID：ID就如同每个人的身份证一样。ID是按绘图的顺序赋予图元的唯一可识别数字，在当前楼层、当前构件类型中唯一。

公有属性：也称公共属性，指构件属性中用蓝色字体表示的属性，是全局属性（任何时候修改，所有的同名构件都会自动进行刷新）。

私有属性：指构件属性中用黑色字体表示的属性（只针对当前选中的构件图元修改有效，而在定义界面修改属性则对已经画过的构件无效）。

点选：当鼠标处在选择状态时，在绘图区域点击某图元，则该图元被选择。

框选：当鼠标处在选择状态时，在绘图区域内拉框进行选择。

2.算量模式介绍

GQI2019软件兼容了两种算量模式：经典模式、简约模式，用户在新建工程时可以任选其一。如图8-1。对于这两种算量模式，我们将分开进行介绍。

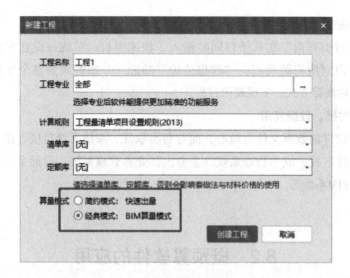

图8-1 新建工程

（1）简约模式：快速出量——快速上手，功能易学易用，精简算量思路，快速出量，打造极致的用户体验。

（2）经典模式：BIM算量模式——BIM全三维精细化算量，出量方式灵活，查量核量方便，功能操作很经典。

3.主界面介绍

GQI2019中的界面功能是以选项卡来区分不同的功能区域，以功能包来区分不同性质的功能，按照选项卡、功能包的分类，能够很方便地找到对应的功能按钮。如图8-2。

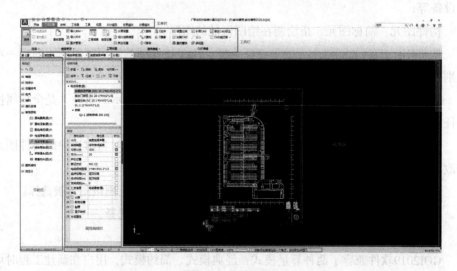

图8-2 绘图界面

（1）增加分层机制

GQI2019功能包下增加分层机制，能支持同一楼层空间位置上，不同分层显示不同图纸识别的构件图元，并且不同分层图元在识别时，互不影响。

请注意，同一楼层的不同分层图元均属于当前层，可以通过分层显示进行全部分层查看图元。如图8-3。

图8-3 分层

（2）宽阔的绘图区域。如图8-4。

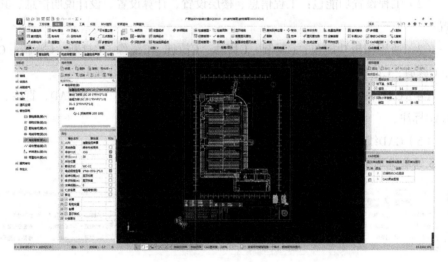

图8-4 绘图界面

①选项卡按"算量模块顺序"重新命名

根据业务流程以及用户的操作习惯，将界面进行合理的排布，给用户呈现了一个操作更加便捷，区域更加宽阔的绘图区域。支持楼层切换、专业切换、构件类型切换。

②绘图区导航栏等窗体随意调整位置

鼠标左键点击要调整的泊靠窗体，如下图所示，按照方向标进行调整位置。可以根据自己的使用习惯进行窗体的泊靠。

4.工程设置选项卡。 如图8-5。

图8-5 工程设置

工程设置选项卡包含以下内容：

（1）模型管理功能包：图纸管理、导入BIM、导入PDF、图片管理、导出CAD、插入CAD、清除CAD、定位图纸。

（2）工程设置功能包：工程信息、楼层设置、计算设置、设计说明信息、其他设置。

（3）通用编辑功能包：C复制、C移动、C拉伸、C镜像、C打断、C旋转、C合并、C修剪、C偏移、C删除、C延伸。（解释：对CAD图元的处理）

（4）CAD编辑功能包：设置比例、分解CAD、查找替换、补画CAD、直线、修改CAD标注、

（5）CAD线打断、多视图、风管标注合并。

5.绘制选项卡。 如图8-6和图8-7。

图8-6 绘制（一）

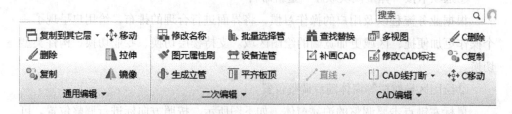

图8-7 绘制（二）

绘制选项卡包含以下内容：

（1）选择功能包：选择、批量选择、查找图元、拾取构件、过滤器。

（2）构件功能包：构件定义、构件库、构件属性、云构件库、云输入、构件存

盘、构件提取。

（3）绘图功能包：直线、矩形、点、矩形布置/线性布置、三点画弧、布置立管/旋转布置立管、多管绘制、实体支架点绘、实体支架按间距布置。

（4）识别功能包：点式设备一键提量、材料表、设备提量、选择识别、自动识别、立管识别、水系统图、灯带识别、多回路、单回路、电系统图、管线一键识别、识别桥架、桥架配线、设置起点、选择起点、隔盏识别、防雷接地、生成接线盒、生成穿刺线夹、弱电一键识别、风管自动识别、风管系统编号识别、冷媒管、识别通头、生成套管、自动识别（消）、隔盏识别、喷淋提量、报警管线提量、标识识别（消防喷淋管道）、配电箱识别、通风设备、风口、消火栓、CAD识别选项、照明回路批量识别、标识识别（工业管道）。

（5）检查/显示功能包：检查模型、记录管理、区域管理、检查回路、合法性、计算式、查看图元属性、定尺接头、显示线缆。

（6）通用编辑功能包：复制到其他层、从其他层复制、删除、移动、拉伸、镜像、打断、旋转、延伸、合并、修剪、偏移。

（7）二次编辑功能包：修改名称、平齐板顶、自适应属性、修改标注、延伸水平管、设备连管、生成立管、批量选择管、设备连线、图元属性刷、散热器连管、箱连管。

（8）通头功能包：生成通头、通头拆分。

6.工程量选项卡。如图8-8。

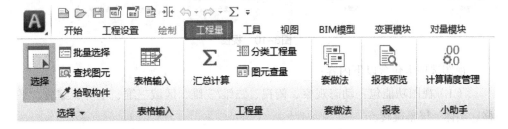

图8-8 工程量

工程量选项卡包含以下内容：

（1）表格输入功能包：表格输入。

（2）工程量功能包：汇总计算、分类工程量、图元查量。

（3）套做法功能包：套做法。

（4）材料价格功能包：材料价格。

（5）报表功能包：报表预览。

（6）小助手功能包：计算精度管理。

7.工具选项卡。 如图8-9。

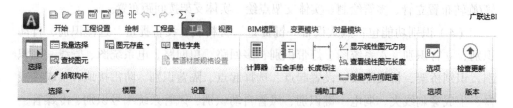

图8-9　工具

工具选项卡包含以下内容：

（1）楼层功能包：图元存盘、图元提取。

（2）设置功能包：属性字典。

（3）辅助工具功能包：计算器、五金手册、长度标注、测量两点间距离、查看线形图元长度、显示线性图元方向。

（4）选项功能包：选项。

（5）版本功能包：检查更新。

8.视图选项卡。 如图8-10。

图8-10　视图

视图选项卡包含以下内容：

（1）视图功能包：动态观察、俯视、二维/三维、区域三维、全屏、缩放、平移、实体、屏幕旋转。

（2）界面显示功能包：恢复默认界面、导航栏、构件列表、属性、状态栏、CAD图层。

（3）图元显示功能包：选择楼层及图元显示设置、系统样式、显示选中图元、显示Revit ID。

9.BIM模型选项卡。如图8-11。

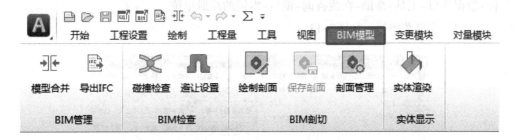

图8-11　BIM模型

BIM模型选项卡包含以下内容：

（1）GTJ模型管理功能包：导入土建模型。

（2）BIM管理功能包：模型合并、导出IFC。

（3）BIM检查功能包：碰撞检查、避让设置。

（4）BIM剖切功能包：绘制剖面、保存剖面、剖面管理。

（5）实体显示功能包：实体渲染、实体模型。

变更模块选项卡：变更功能包，编辑变更。

对量模块选项卡：该模块用于工程审核/结算等阶段，帮助预算/审核人员，对不同的GQI工程快速对比并定位量差，以解决分歧。

（二）广达计价软件程序设计的基本思路。如图8-12。

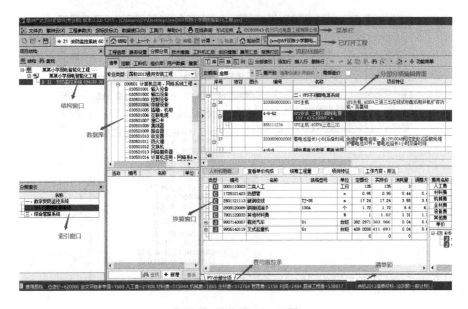

图8-12　广达计价操作界面

1.菜单栏：集合了软件所有功能和命令。包括文件–擎洲云–工程参数–招标投标–数据接口–工具–帮助–在线咨询–锁号–本锁的注册单位。

（1）文件菜单栏，如图8-13。

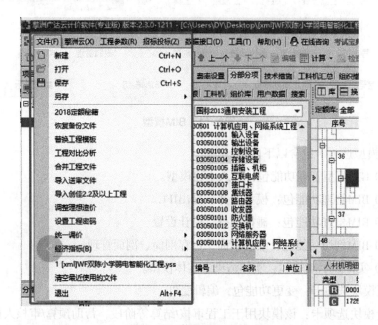

图8-13 菜单栏—文件

（2）擎洲云。如图8-14。

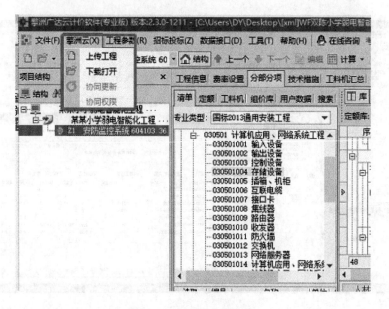

图8-14 菜单栏-擎洲云

（3）工程参数。如图8-15。

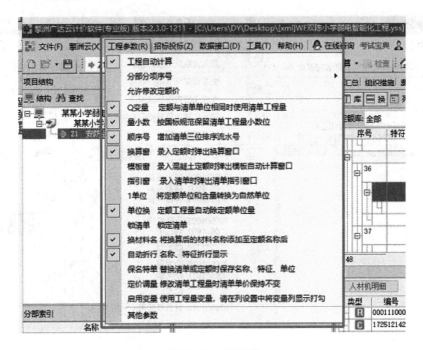

图8-15 工程参数

（4）招标投标。如图8-16。

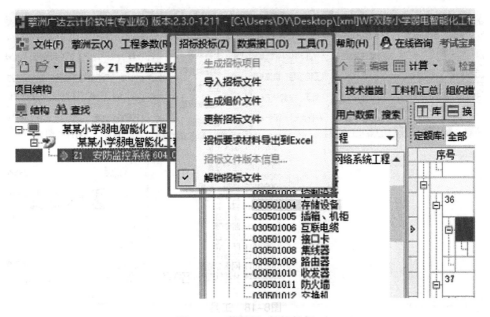

图8-16 菜单栏-招标投标

（5）数据接口。如图8-17。

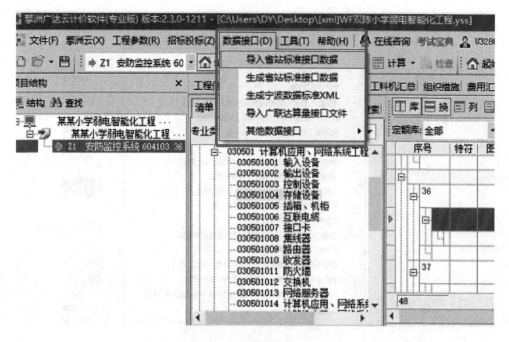

图8-17　数据接口

（6）工具。如图8-18。

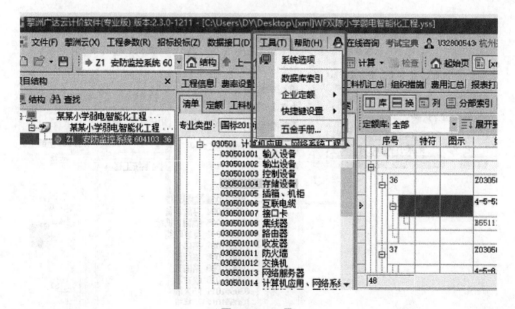

图8-18　工具

（7）帮助。如图8–19。

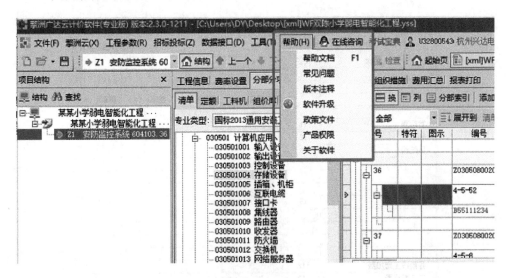

图8–19 帮助

2.已打开工程：支持同时打开多个工程。

3.流程标签栏：按顺序做过去。工程信息–费率设置–部分分项–技术措施–工料机汇总–组织措施–费用汇总–报表打印。

（1）工程信息。如图8–20。

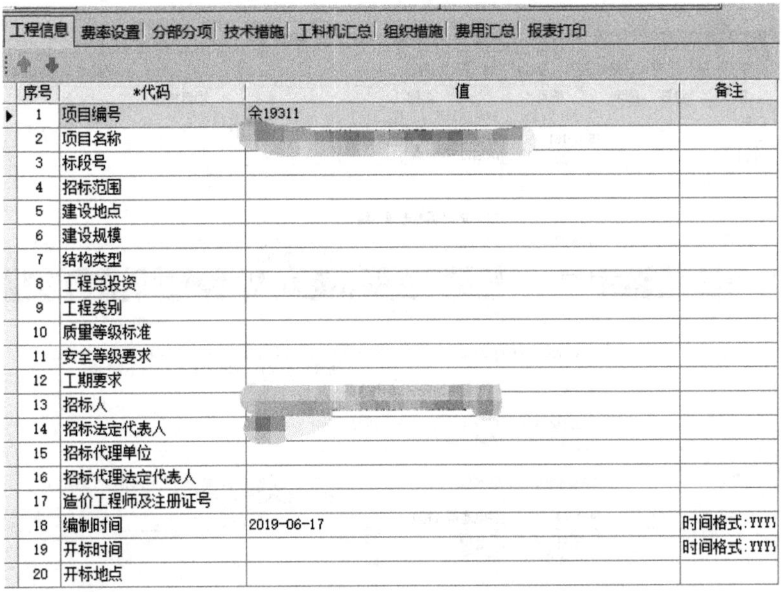

工程信息 | 费率设置 | 分部分项 | 技术措施 | 工料机汇总 | 组织措施 | 费用汇总 | 报表打印

序号	*代码	值	备注
1	项目编号	余19311	
2	项目名称		
3	标段号		
4	招标范围		
5	建设地点		
6	建设规模		
7	结构类型		
8	工程总投资		
9	工程类别		
10	质量等级标准		
11	安全等级要求		
12	工期要求		
13	招标人		
14	招标法定代表人		
15	招标代理单位		
16	招标代理法定代表人		
17	造价工程师及注册证号		
18	编制时间	2019-06-17	时间格式:YYY
19	开标时间		时间格式:YYY
20	开标地点		

图8–20 工程信息

（2）费率设置。如图8-21。

名称	代码	A	B	C	D
		默认费率（%）	费率b（%）	费率c（%）	费率d（%）
		a	b	c	d
管理费	t1	21.72			
利润	t2	10.4			
风险费	t3	2			
规费	t5	30.63			
提前竣工增加费	t12				
二次搬运费	t13				
冬雨季施工增加费	t14				
行车、行人干扰增加费	t15				
标化工地增加费	t16				

图8-21 费率设置

（3）分部分项。如图8-22。

序号	特符	图示	编号	名称	项目特征
35			030507019001	安全防范系统工程试运行	安全防范系统工程试运行
			5-6-161	安全防范系统工程试运行 试运行≤200点	
				二、UPS不间断电源系统	
36			Z030508002001	UPS主机	UPS主机：40KVA三进三出在线式标配后期并机扩容功能。含基础
			4-5-52	UPS安装 三相不间断电源（kV·A）≤100kV·A	
			B55111234	UPS主机：40KVA三进三出	
37			Z030508002002	蓄电池延长1小时后备时间	免维护蓄电池组，含12V100AH阀控密封式铅酸免维护蓄电池32节。蓄电池延长1小时后备时间.
			4-5-8	碱性蓄电池安装 蓄电池容量（A.h）≤150	
			B55111483	12V100AH阀控密封式铅酸免维护蓄电池	
38			Z030508002003	电池柜	32节柜，组装结构，单台可摆放32节12V120AH蓄电池，外观颜色与UPS主机一致。含基础
			4-4-64	蓄电池屏（柜）	
			B55111223	电池柜 32节柜	

图8-22 分部分项

（4）技术措施。如图8-23。

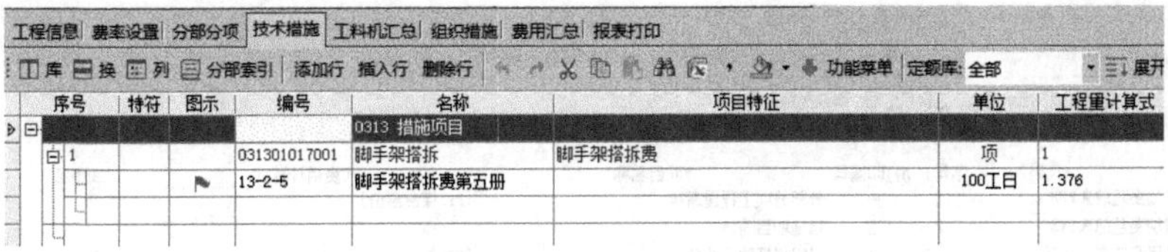

图8-23 技术措施

（5）工料机汇总。如图8-24。

图8-24 工料机汇总

（6）组织措施。如图8-25。

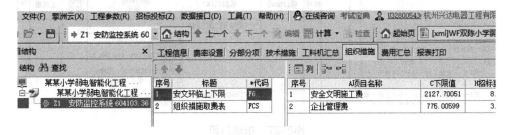

图8-25 组织措施

（7）费用汇总。如图8-26。

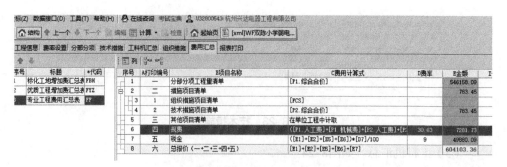

图8-26　费用汇总

（8）报表打印。如图8-27。

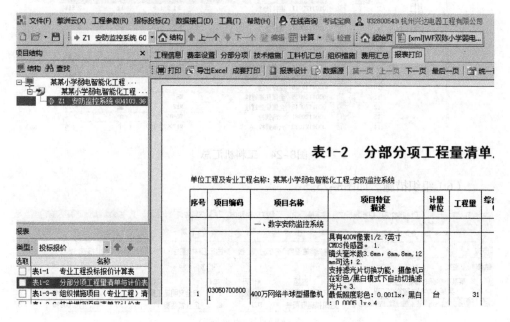

图8-27　报表打印

4.结构窗口：可切换到整体工程和不同的单位工程以及专业工程。如图8-28。

第8章 工程概预算软件应用

图8-28 项目结构

5.数据库：清单库、定额库、工料机。清单项目、定额子目、定额中涉及用到的人工费、材料费、机械费都能在库中对应找到。如图8-29。

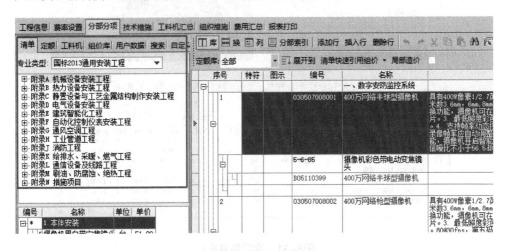

图8-29 数据库

6.分部分项：占用软件中最大使用界面，项目清单选取、套定额等数据都在这里显示。如图8-30。

图8-30 分部分项操作界面

7.换算窗口：可显示出套出定额的明细，如人、材、机定额单价，实际价消耗量等内容。如图8-31。

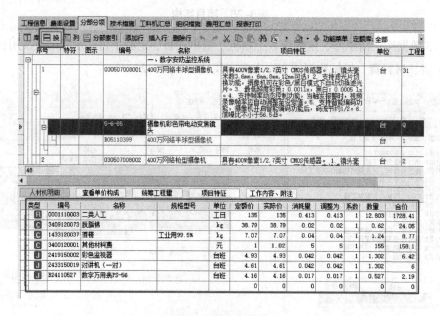

图8-31 定额换算窗口

8.费用跟踪条：只要重新进行组价调价等步骤时，数据才会实时变化显示出各个费用。变化的数据有总造价、安全文明等指标、人工费、材料费、机械费、主材费、管理费、利润、直接工程费。如图8-32。

图8-32 费用跟踪

8.2.2 套用定额和工料分析

（一）套用定额注意事项

为了较好地编制安装工程预算，对各篇安装定额相应的专业安装施工图、安装施工工艺、安装施工组织，各篇安装定额所涉及到的设备、材料、配件、部件、元件的型号、规格、性能、产品标志方法，以及市场价格动态等，均应熟悉。

1.注意定额每册的适应范围和定额编制的依据

（1）注意定额说明内容，定额说明是该篇定额的适用范围和编制该篇定额的依据，若超过或不适应这个范围，或不符合编制依据所规定的条件，就不能用这篇定额。

（2）注意定额的章说明，定额中的数据表格不能表明的安装范围、计算方法、增减系数等必须靠文字说明，这些内容放在定额每章说明及计算规则中。

2.在套用预算定额时，常会遇到下列三种情况：

（1）设计项目的要求与定额内容相符时可直接套用。所谓相符，即计量单位、材料品种规格、安装方式完全与定额相符。

（2）设计项目的要求与定额内容不大相符时，不能直接套用定额上的基价，应根据定额规定进行调整换算，确定基价。其换算公式如下：

换算后的基价 = 预算定额价 −（换出材料单价 − 换入材料单价）× 定额用量

设计项目要求与定额完全不符时，不能套用定额，应作补充定额。作补充定额须经过当地造价或主管部门批准方可组织编制。

（二）定额套取方法

1.直接输入定额编码，如摄像机彩色带电动变焦镜头定额，直接在定额栏输入5-6-85。如图8-33所示。

图8-33 直接输入定额

2.查询定额库,双击目标定额,直接套取。如图8-34。

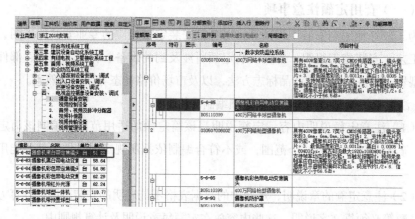

图8-34 查询定额

3.清单指引,点击清单行下面的定额行,出现相应的定额,适用新手。如图8-35。

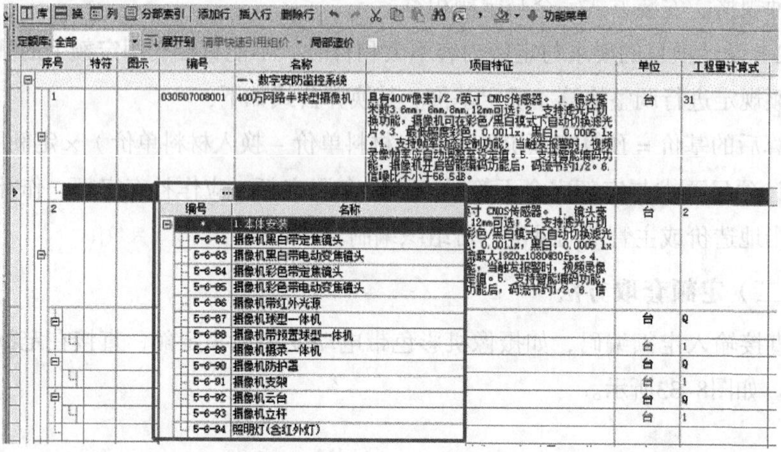

图8-35 清单指引

第8章 工程概预算软件应用

4.编辑暂估子目,适用于定额库没有的项目,插入暂估定额,把对应的信息填全。如图8-36。

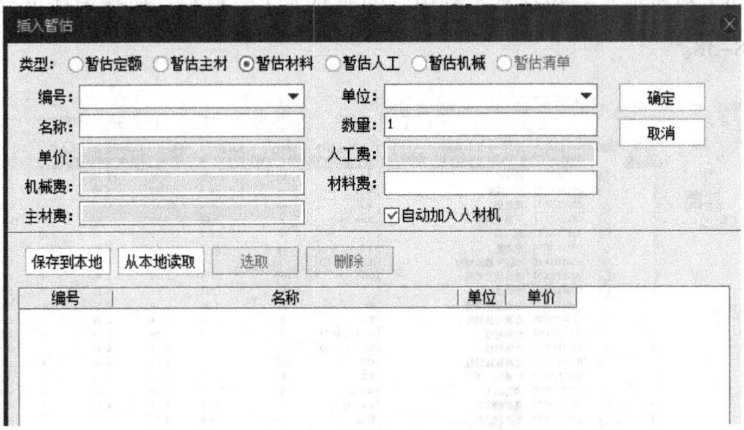

图8-36 插入暂估

5.快速组价方法:内容相同且组价一致的清单项较多,复制也很慢,通过右键从EXCEL导入或从其他工程导入。如图8-37。

图8-37 快速组价方法

(三)工料分析

工料分析是工程预算组成部分,是施工企业加强经营管理和内部经济核算的重要依据。

建筑工程施工图预算是以货币形式表现的单位工程中分部分项工程量及其预算价值。对完成其分部分项工程所需的人工、材料、机械的预算用量不能直观地反映出来。由于施工企业管理和经济核算以及部分材料调整都必须以工料分析的结果为依据，所以当前工料分析十分重要。

1.全部工料机汇总：包括本工程用到的所有人工、材料、机械消耗量及市场主材价。如图8-38。

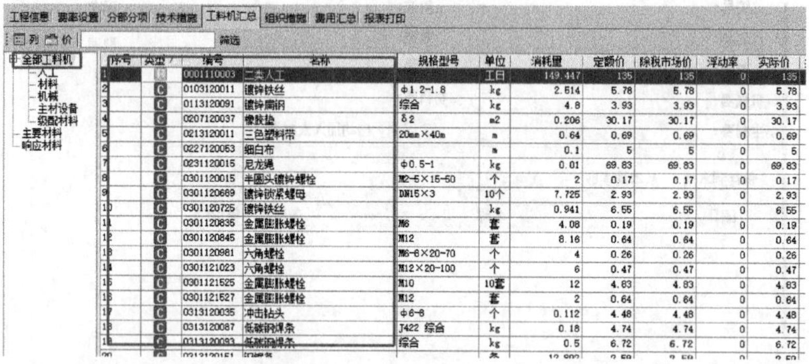

序号	类型	编号	名称	规格型号	单位	消耗量	定额价	除税市场价	浮动率	实际价
1	R	0001110003	二类人工		工日	149.447	135	135	0	135
2	C	0103120011	镀锌铁丝	φ1.2-1.8	kg	2.514	5.78	5.78	0	5.78
3	C	0113120091	镀锌扁钢	综合	kg	4.8	3.93	3.93	0	3.93
4	C	0207120037	橡胶垫	δ2	m2	0.206	30.17	30.17	0	30.17
5	C	0213120011	三色塑料带	20mm×40m	m	0.64	0.69	0.69	0	0.69
6	C	0227120053	细白布		m	0.1	5	5	0	5
7	C	0231120015	尼龙绳	φ0.5-1	kg	0.01	69.83	69.83	0	69.83
8	C	0301120015	半圆头镀锌螺栓	M2-5×15-50	个	2	0.17	0.17	0	0.17
9	C	0301120689	镀锌锁紧螺母	DN15×3	10个	7.725	2.93	2.93	0	2.93
10	C	0301120725	镀锌铁丝		kg	0.941	6.55	6.55	0	6.55
11	C	0301120835	金属膨胀螺栓	M6	套	4.08	0.19	0.19	0	0.19
12	C	0301120845	金属膨胀螺栓	M12	套	8.16	0.64	0.64	0	0.64
13	C	0301120981	六角螺栓	M6-8×20-70	个	4	0.26	0.26	0	0.26
14	C	0301121023	六角螺栓	M12×20-100	个	6	0.47	0.47	0	0.47
15	C	0301121525	金属膨胀螺栓	M10	10套	12	4.83	4.83	0	4.83
16	C	0301121527	金属膨胀螺栓	M12	套	2	0.64	0.64	0	0.64
17	C	0313120035	冲击钻头	φ6-8	个	0.112	4.48	4.48	0	4.48
18	C	0313120087	低碳钢焊条	J422 综合	kg	0.18	4.74	4.74	0	4.74
19	C	0313120093	低碳钢焊条	综合	kg	0.5	6.72	6.72	0	6.72

图8-38 工料机汇总

2.人工费：本项目用到的二类人工消耗量、定额价、除税市场价。人工信息价分类：一类人工、二类人工、三类人工。如图8-39。

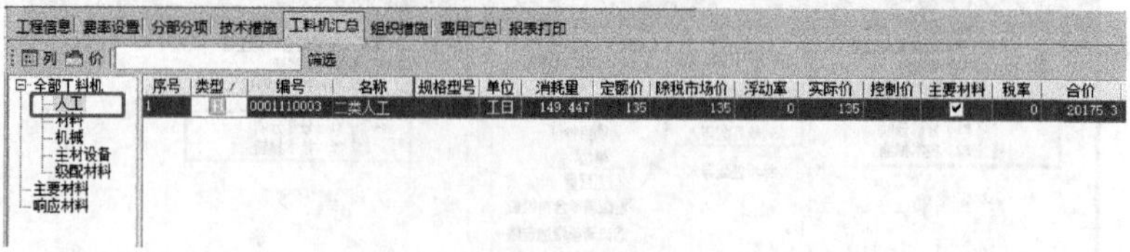

序号	类型	编号	名称	规格型号	单位	消耗量	定额价	除税市场价	浮动率	实际价	控制价	主要材料	税率	合价
1	R	0001110003	二类人工		工日	149.447	135	135	0	135		☑	0	20175.3

图8-39 工料机-人工

3.材料费：指定额中的消耗材料费，材料单价按各省建筑安装材料基期价格编制。如图8-40。

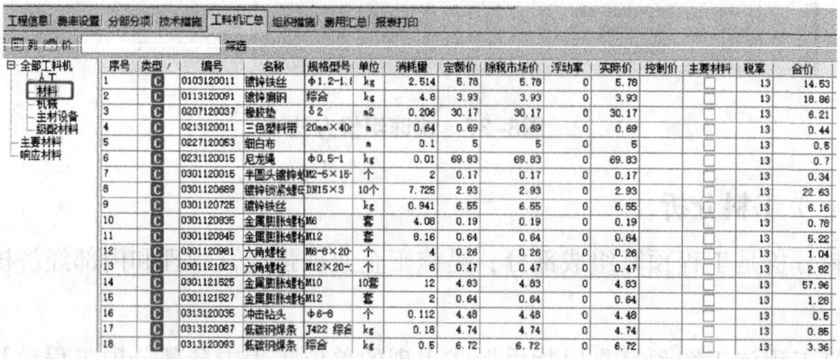

序号	类型	编号	名称	规格型号	单位	消耗量	定额价	除税市场价	浮动率	实际价	控制价	主要材料	税率	合价
1	C	0103120011	镀锌铁丝	φ1.2-1.	kg	2.514	5.78	5.78	0	5.78		☐	13	14.53
2	C	0113120091	镀锌扁钢	综合	kg	4.8	3.93	3.93	0	3.93		☐	13	18.86
3	C	0207120037	橡胶垫	δ2	m2	0.206	30.17	30.17	0	30.17		☐	13	6.21
4	C	0213120011	三色塑料带	20mm×40	m	0.64	0.69	0.69	0	0.69		☐	13	0.44
5	C	0227120053	细白布		m	0.1	5	5	0	5		☐	13	0.5
6	C	0231120015	尼龙绳	φ0.5-1	kg	0.01	69.83	69.83	0	69.83		☐	13	0.7
7	C	0301120015	半圆头镀锌螺	M2-5×15-	个	2	0.17	0.17	0	0.17		☐	13	0.34
8	C	0301120689	镀锌锁紧螺母	DN15×3	10个	7.725	2.93	2.93	0	2.93		☐	13	22.63
9	C	0301120725	镀锌铁丝		kg	0.941	6.55	6.55	0	6.55		☐	13	6.16
10	C	0301120835	金属膨胀螺栓	M6	套	4.08	0.19	0.19	0	0.19		☐	13	0.78
11	C	0301120845	金属膨胀螺栓	M12	套	8.16	0.64	0.64	0	0.64		☐	13	5.22
12	C	0301120981	六角螺栓	M6-8×20-	个	4	0.26	0.26	0	0.26		☐	13	1.04
13	C	0301121023	六角螺栓	M12×20-	个	6	0.47	0.47	0	0.47		☐	13	2.82
14	C	0301121525	金属膨胀螺栓	M10	10套	12	4.83	4.83	0	4.83		☐	13	57.96
15	C	0301121527	金属膨胀螺栓	M12	套	2	0.64	0.64	0	0.64		☐	13	1.28
16	C	0313120035	冲击钻头	φ6-8	个	0.112	4.48	4.48	0	4.48		☐	13	0.5
17	C	0313120087	低碳钢焊条	J422 综合	kg	0.18	4.74	4.74	0	4.74		☐	13	0.85
18	C	0313120093	低碳钢焊条	综合	kg	0.5	6.72	6.72	0	6.72		☐	13	3.36

图8-40 工料机-材料

4.机械费：定额中的机械台班单价与机械台班消耗量的合计。如图8-41。

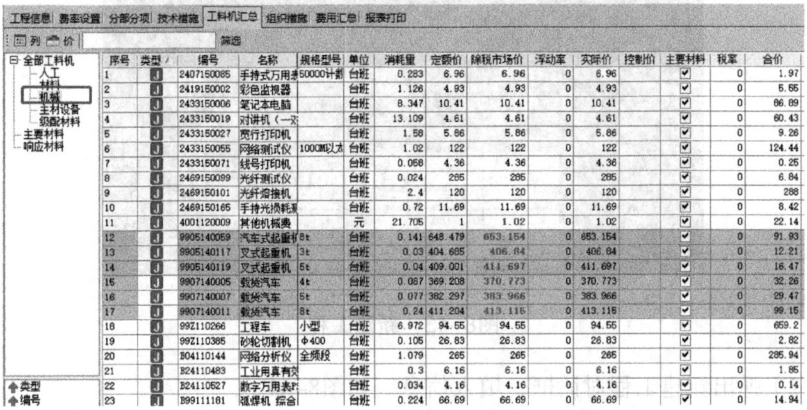

序号	类型	编号	名称	规格型号	单位	消耗量	定额价	除税市场价	浮动率	实际价	控制价	主要材料	税率	合价
1	J	2407150085	手持式万用表	50000计数	台班	0.283	6.96	6.96	0	6.96		✔	0	1.97
2	J	2419150002	彩色监视器		台班	1.126	4.93	4.93	0	4.93		✔	0	5.55
3	J	2433150006	笔记本电脑		台班	8.347	10.41	10.41	0	10.41		✔	0	86.89
4	J	2433150019	对讲机（一对		台班	13.109	4.61	4.61	0	4.61		✔	0	60.43
5	J	2433150027	宽行打印机		台班	1.58	5.86	5.86	0	5.86		✔	0	9.26
6	J	2433150055	网络测试仪	1000M以太	台班	1.02	122	122	0	122		✔	0	124.44
7	J	2433150071	线号打印机		台班	0.058	4.36	4.36	0	4.36		✔	0	0.25
8	J	2469150099	光纤测试仪		台班	0.024	285	285	0	285		✔	0	6.84
9	J	2469150101	光纤熔接机		台班	2.4	120	120	0	120		✔	0	288
10	J	2469150165	手持光损耗测		台班	0.72	11.69	11.69	0	11.69		✔	0	8.42
11	J	4001120009	其他机械费		元	21.705	1	1.02	0	1.02		✔	0	22.14
12	J	9905140059	汽车式起重机	8t	台班	0.141	648.479	653.154	0	653.154		✔	0	91.93
13	J	9905140117	叉式起重机	3t	台班	0.03	404.685	406.84	0	406.84		✔	0	12.21
14	J	9905140119	叉式起重机	5t	台班	0.04	409.001	411.697	0	411.697		✔	0	16.47
15	J	9907140005	载货汽车	4t	台班	0.087	369.208	370.773	0	370.773		✔	0	32.26
16	J	9907140007	载货汽车	5t	台班	0.077	382.297	383.966	0	383.966		✔	0	29.47
17	J	9907140011	载货汽车	8t	台班	0.24	411.204	413.115	0	413.115		✔	0	99.15
18	J	99Z110266	工程车	小型	台班	6.972	94.55	94.55	0	94.55		✔	0	659.2
19	J	99Z110385	砂轮切割机	Φ400	台班	0.105	26.83	26.83	0	26.83		✔	0	2.82
20	J	B04110144	网络分析仪	全频段	台班	1.079	265	265	0	265		✔	0	285.94
21	J	B24110483	工业用真有效		台班	0.3	6.16	6.16	0	6.16		✔	0	1.85
22	J	B24110527	数字万用表PS		台班	0.034	4.16	4.16	0	4.16		✔	0	0.14
23	J	B99111181	弧焊机 综合		台班	0.224	66.69	66.69	0	66.69		✔	0	14.94

图8-41　工料机-机械

5.主材设备：本项目中用到的所有主材数量及价格，不包括定额中涉及的材料费。如图8-42。

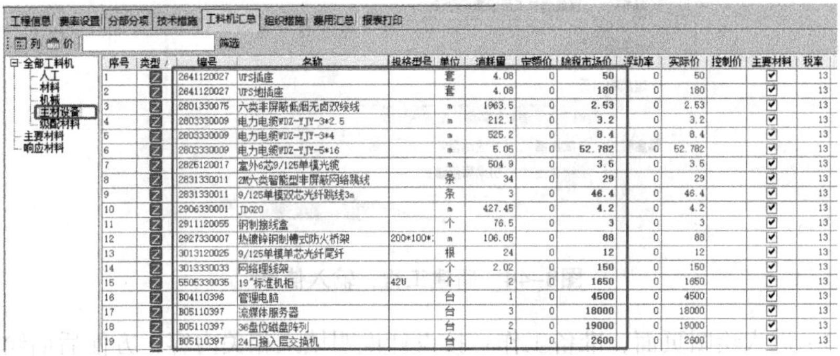

序号	类型	编号	名称	规格型号	单位	消耗量	定额价	除税市场价	浮动率	实际价	控制价	主要材料	税率
1	Z	2641120027	UPS插座		套	4.08	0	50	0	50		✔	13
2	Z	2641120027	UPS地插座		套	4.08	0	180	0	180		✔	13
3	Z	2801330075	六类非屏蔽低烟无卤双绞线		m	1963.5	0	2.53	0	2.53		✔	13
4	Z	2803330009	电力电缆WDZ-YJY-3*2.5		m	212.1	0	3.2	0	3.2		✔	13
5	Z	2803330009	电力电缆WDZ-YJY-3*4		m	525.2	0	8.4	0	8.4		✔	13
6	Z	2803330009	电力电缆WDZ-YJY-5*16		m	5.05	0	52.782	0	52.782		✔	13
7	Z	2825120017	室外6芯9/125单模光缆		m	504.9	0	3.5	0	3.5		✔	13
8	Z	2831330011	2M六类智能型非屏蔽网络跳线		条	34	0	29	0	29		✔	13
9	Z	2831330011	9/125单模双芯光纤跳线3m		条	3	0	46.4	0	46.4		✔	13
10	Z	2906330001	JDG20		m	427.45	0	4.2	0	4.2		✔	13
11	Z	2911120055	钢制接线盒		个	76.5	0	3	0	3		✔	13
12	Z	2927330007	热镀锌钢制槽式防火桥架	200*100*	m	106.05	0	88	0	88		✔	13
13	Z	3013120025	9/125单模单芯光纤尾纤		根	24	0	12	0	12		✔	13
14	Z	3013330033	网络理线架		个	2.02	0	150	0	150		✔	13
15	Z	5505330035	19"标准机柜	42U	个	2	0	1650	0	1650		✔	13
16	Z	B04110396	管理电脑		台	1	0	4500	0	4500		✔	13
17	Z	B05110397	流媒体服务器		台	3	0	18000	0	18000		✔	13
18	Z	B05110397	36盘位磁盘阵列		台	2	0	19000	0	19000		✔	13
19	Z	B05110397	24口接入层交换机		台	1	0	2600	0	2600		✔	13

图8-42　工料机-主材设备

三、概预算软件的应用

（一）安装算量软件的使用步骤

使用算量软件（广联达，品茗，E算量等），选择一个工程项目进行工程量清单计价投标报价。以下以广联达BIM安装算量GQI2019软件为例进行讲述。

1.新建工程，输入项目信息。

（1）打开广联达BIM安装算量GQI2019，新建工程。如图8-43。

······● 安防工程概预算

图8-43 新建工程

（2）弹出新建工程对话框，填入信息。如图8-44。

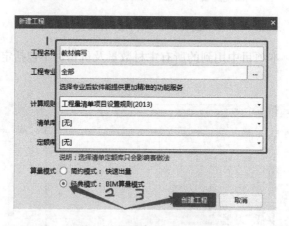

图8-44 新建工程，输入信息

（3）进入绘图页面，准备工作：按设计说明填入相关内容，方便后面绘制。如图8-45。

图8-45 算量操作界面

(4)工程信息对话框：填写工程信息。如图8-46。

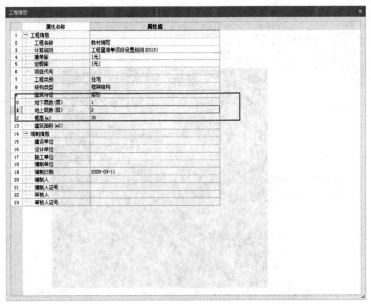

图8-46　工程信息

(5)楼层设置：根据CAD—图纸楼层信息情况，点击首层—插入楼层，为向上插入地上层，点击基础层—插入楼层，为向下插入地下层。如图8-47。

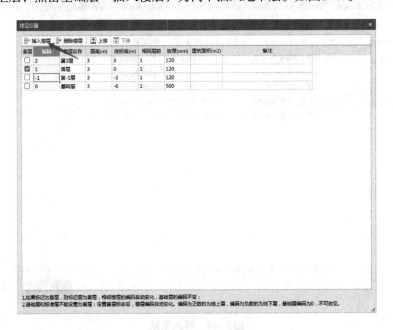

图8-47　楼层设置

●…… 安防工程概预算

（6）在菜单栏选择图纸管理，右侧弹框点击添加图纸。如图8-48。

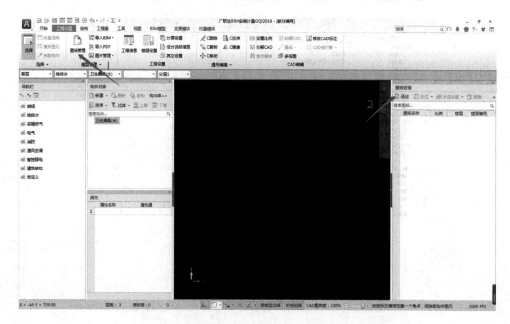

图8-48　图纸管理

（7）弹出文件夹，选择对应工程图纸，打开。如图8-49。

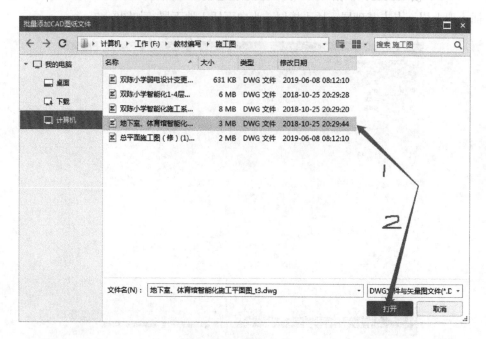

图8-49　导入图纸

（8）点击设置比例，拉框选择平面图设置比例。如图8-50。

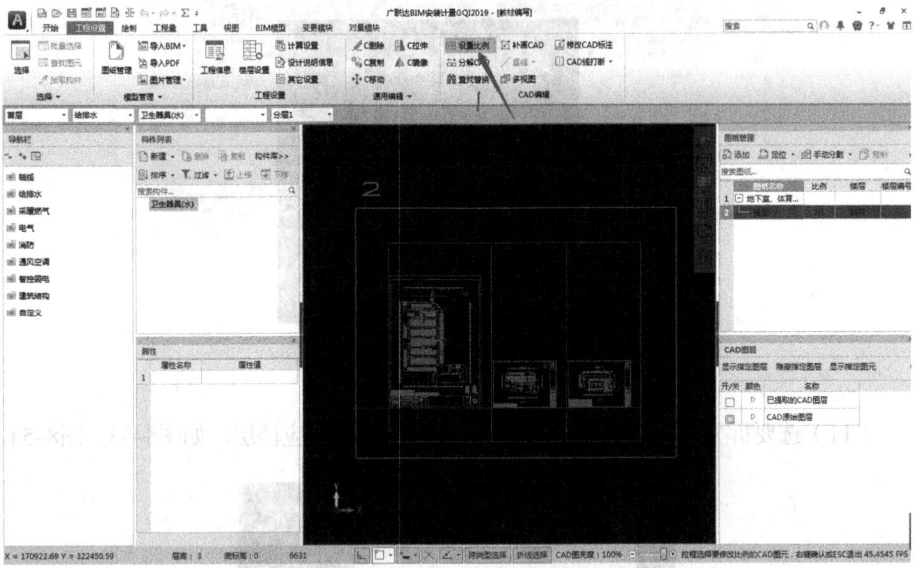

图8-50　图纸设置比例

（9）选择图纸有标识的尺寸两点，输入两点之间实际尺寸以调整比例。如图8-51。

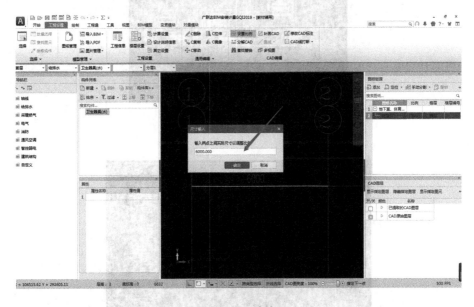

图8-51　尺寸输入

（10）选择手动分割，将图纸分割入对应楼层中。如图8-52。

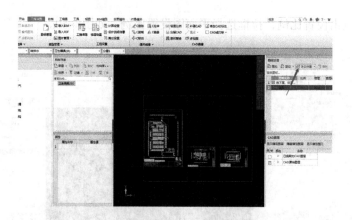

图8-52　图纸分割

（11）选要拆分的CAD图纸，输入图纸名称，选择对应楼层。如图8-53、图8-54。

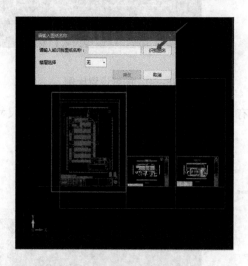

图8-53　识别图名

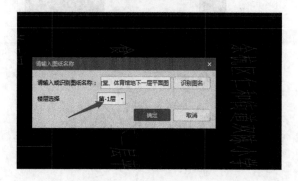

图8-54　楼层选择

2.构件绘制:统计设备数量

(1)选择绘图楼层,在导航栏选择图纸专业,菜单栏绘图中选择材料表,找到CAD图纸中对应材料表进行框选。如图8-55。

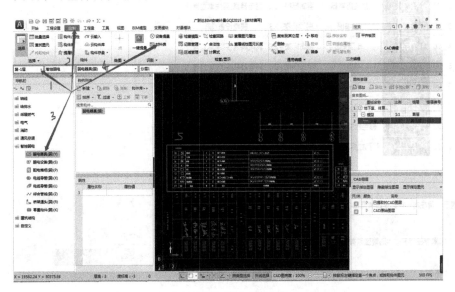

图8-55 建立构件

(2)核对框选材料信息,修改材料表,提取不正确的内容。如图8-56、图8-57。

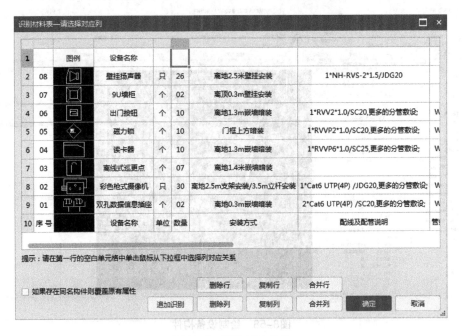

图8-56 框选材料信息

…… ● 安防工程概预算

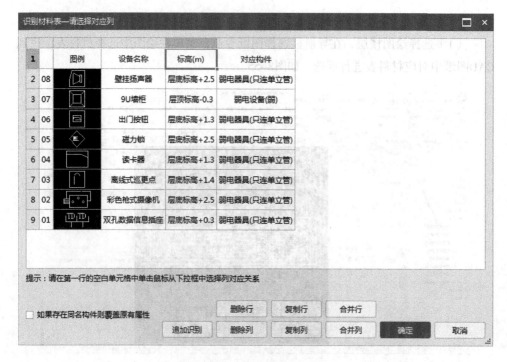

图8-57 核对材料信息

（3）选择菜单栏绘图中设备提量，点击需绘制的设备。如图8-58。

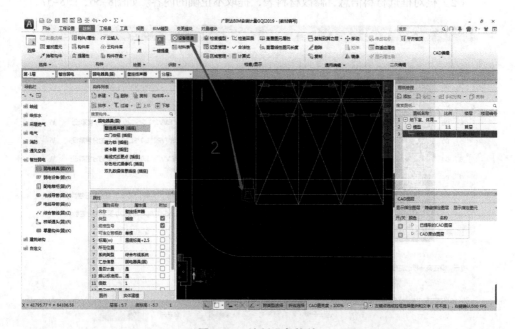

图8-58 绘制设备构件

（4）选择需绘制的设备，单击右键弹出选择要识别的构件对话框，核对设备信息。无误后点击确认，设备数量自动提取。如图8-59、图8-60。

图8-59　选择要识别成的构件

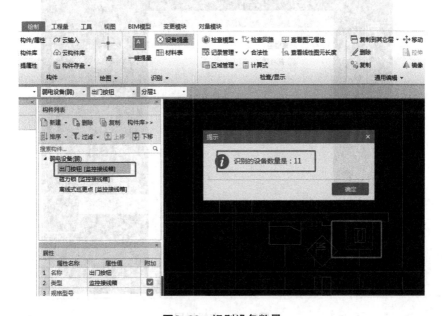

图8-60　识别设备数量

3. 统计线缆、配管、桥架数量。

（1）识别墙体：选择导航栏中建筑结构—墙—自动识别，选中CAD图纸中墙两条边线，单击右键，勾选相应楼层确定生成墙图元。如图8-61、图8-62。

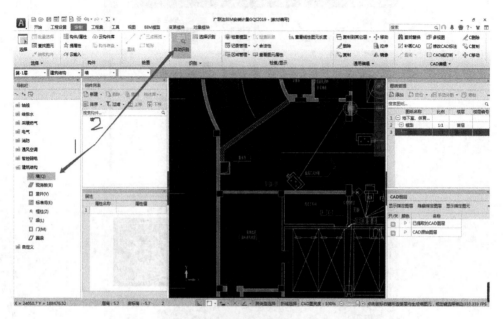

图8-61 识别墙体

图8-62 选择楼层

（2）选择电缆导管—识别桥架，左键选择桥架的两条边线和标识（可不选），右键生成桥架，如果桥架是单根线表示，可选择单回路识别桥架。如图8-63。

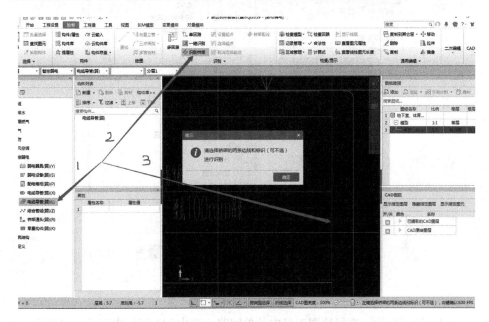

图8-63 识别桥架

（3）选择单回路，选中CAD图纸上的桥架，右键弹出选择要识别成的构件。如图8-64、图8-65。

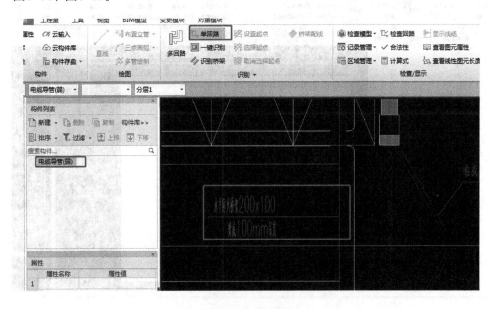

图8-64 单回路

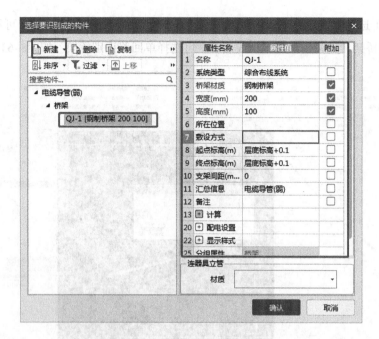

图8-65 选择要识别成的构件

（4）识别配管：选择绘图工具中的单回路，选中CAD图纸中需计算的配管，右键单击弹出对话框，修改对应信息。如图8-66。

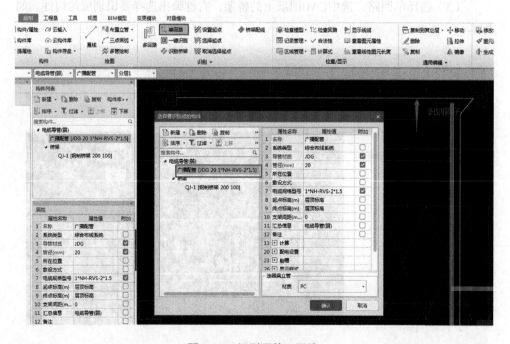

图8-66 识别配管、配线

（5）桥架配线：点击绘图菜单栏中设置起点，选择CAD图纸中桥架端点为起点。如图8-67所示。

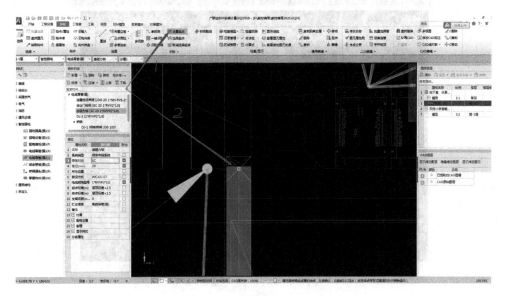

图8-67 设置起点

（6）点击选择起点，点选该回路与桥架连接的线缆或配管，单击右键弹出选择起点窗口，形成配管回路。如图8-68所示。

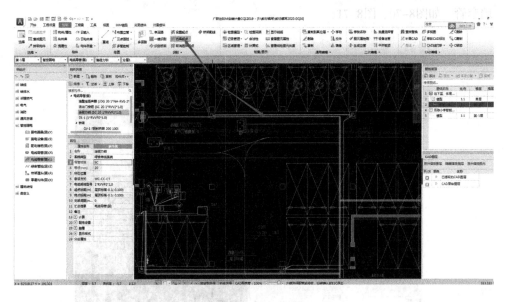

图8-68 选择起点

（7）点击选择的起点生成回路，确认，绿色部分桥架内配线完成。如图8-69。

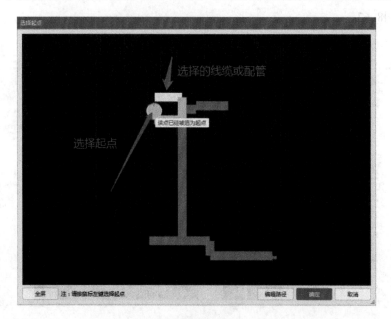

图8-69　配线回路

4.零星构件识别：穿墙套管、接线盒。

（1）点击导航栏专业内零星构件，绘图菜单栏生成套管工具，软件自动生成穿墙套管。如图8-70、图8-71。

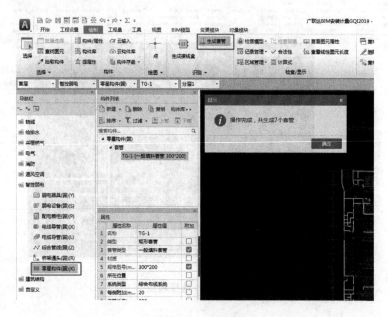

图8-70　生成套管

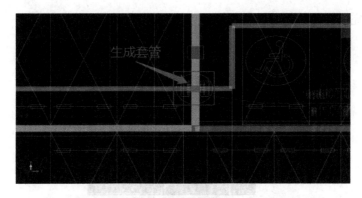

图8-71 穿墙套管

（2）点击导航栏专业内零星构件，绘图菜单栏生成接线盒工具，弹出选择构件对话框，点接线盒确认。如图8-72。

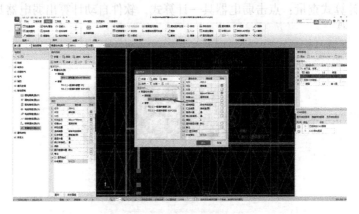

图8-72 建立接线盒构件

（3）选择生成接线盒的楼层。如图8-73。

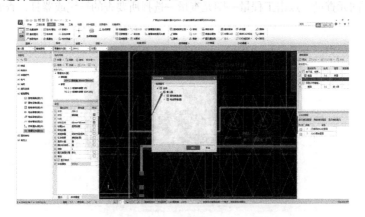

图8-73 生成接线盒的楼层

（4）完成接线盒生成。如图8-74。

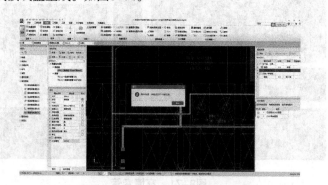

图8-74　接线盒生成

5.检查、查量、提量。

（1）计算式查量：点击弱电器具—计算式，软件自动计算出弱电器具工程量。如图8-75。

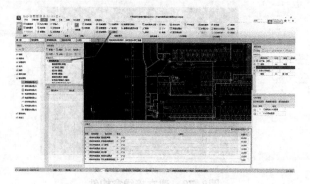

图8-75　计算式查量

（2）图元查量：点击工程量—图元查量—选择所要查的管线或器具，查看工程量。如图8-76。

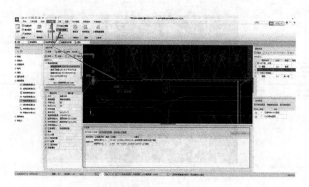

图8-76　图元查量

(3)三维图形检查,确保图形正确性。如图8-77。

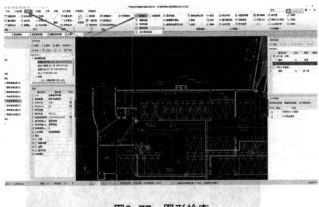

图8-77 图形检查

(4)提取工程量方法:点击汇总计算,弹出窗口,选择楼层计算。如图8-78。

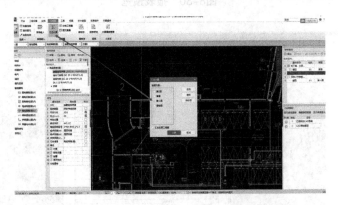

图8-78 汇总计算

(5)选择分类工程量,查看对应设备管线工程量。如图8-79。

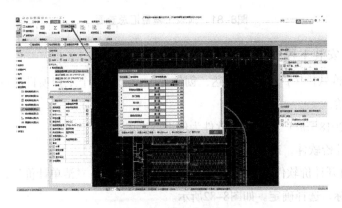

图8-79 分类工程量

（6）报表预览。如图8-80、图8-81。

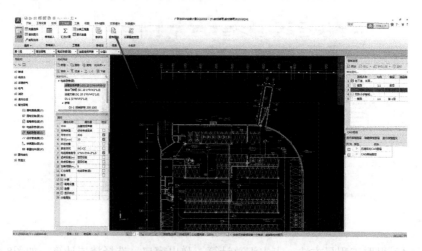

图8-80　报表预览

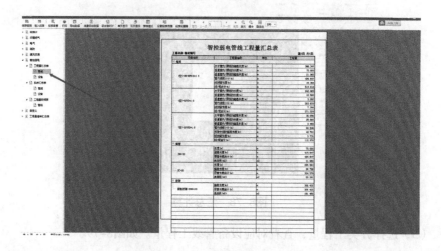

图8-81　报表工程量汇总查看

（二）安装工程计价软件的使用步骤

使用计价软件（广联达，广达，创佳等），选择一个工程项目进行工程量清单计价投标报价。

以下以2018擎洲广达云计价软件为例进行讲述。

1.打开计价软件，建立工程项目。

（1）打开计价软件，选择"新建工程文件"，点选'清单计价'，选择浙江省2013清单投标，选择确定。如图8-82所示。

第8章 工程概预算软件应用

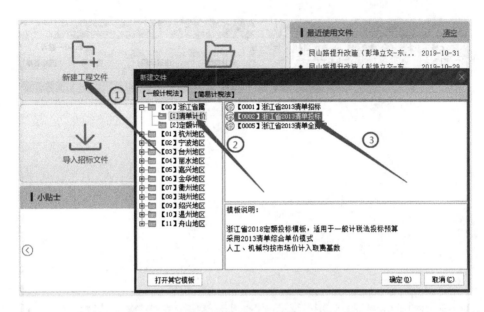

图8-82 新建工程项目

（2）单击单位工程，如图8-83所示；单击专业工程，如图8-84所示；选择清单专业，如图8-85所示。

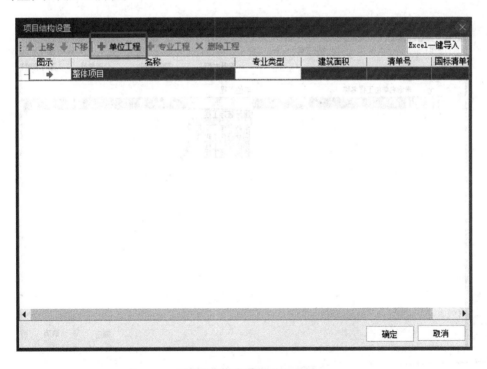

图8-83 新建单位工程

•••••● 安防工程概预算

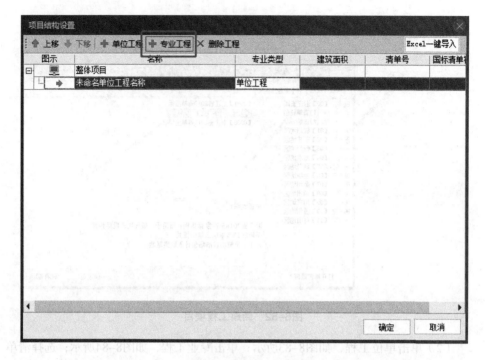

图8-84 新建专业工程

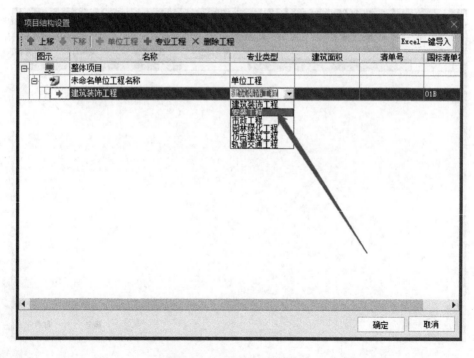

图8-85 选择安装工程专业

第8章 工程概预算软件应用

（3）输入项目信息，如图8-86所示，点击确定。

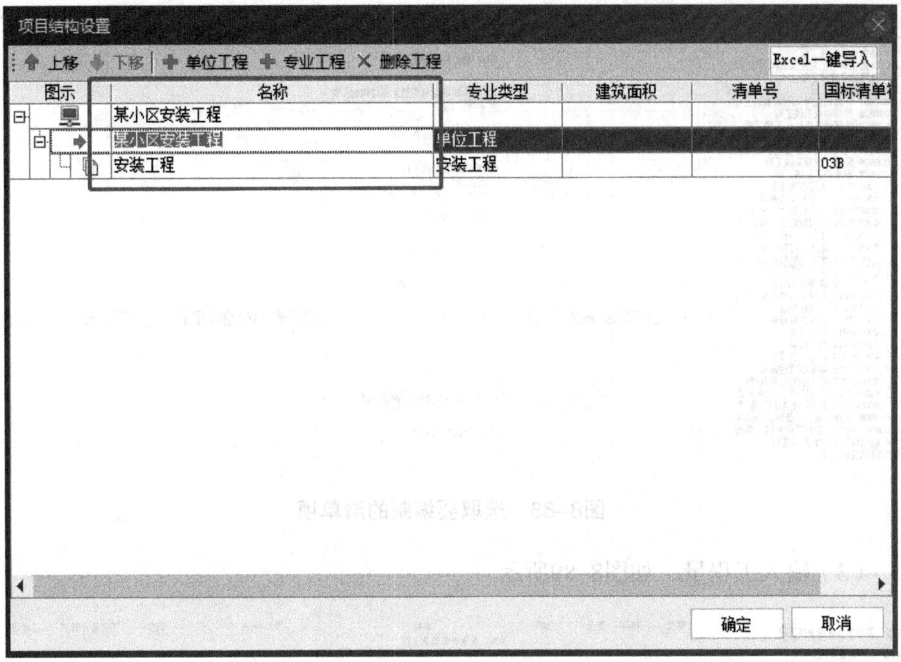

图8-86 输入项目信息

2.编制分部分项工程量清单，计算分部分项工程费。

（1）选择具体的分部，在国标2013通用安装工程下，点选该分部，如图8-87所示。

图8-87 选择具体的分部工程

(2)选取要编制的清单项,如图8-88所示。

图8-88 选取要编制的清单项

(3)输入工程量,如图8-89所示。

图8-89 输入工程量

(4)编辑项目特征。点击'换'选项卡,再选择"项目特征"选项卡,输入特征值,完成项目特征编辑,如图8-90所示。

第8章 工程概预算软件应用

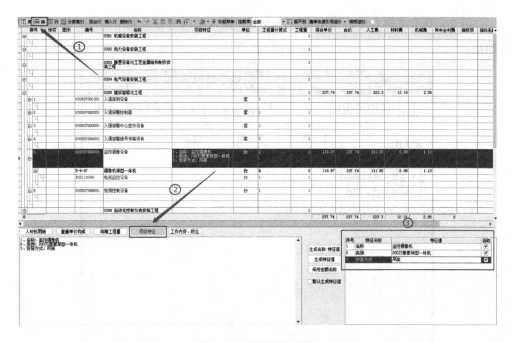

图8-90 编辑项目特征

3. 对分部分项工程量清单项进行投标报价。

（1）点击定额，根据工程内容选取需要套用的定额子目，如图8-91所示。

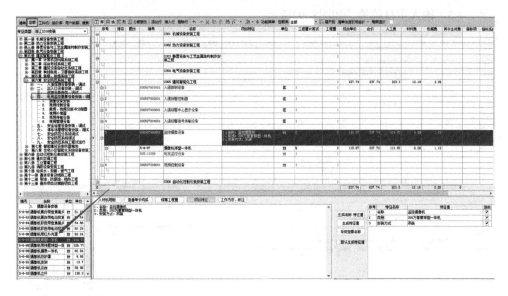

图8-91 选取需要套用的定额子目

（2）双击主材名称，弹出主材修改框，输入主材名称及规格型号，如图8-92所示。

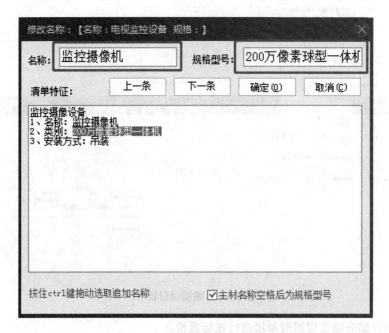

图8-92　修改主材名称及规格型号

（3）输入主材单价，如图8-93所示。

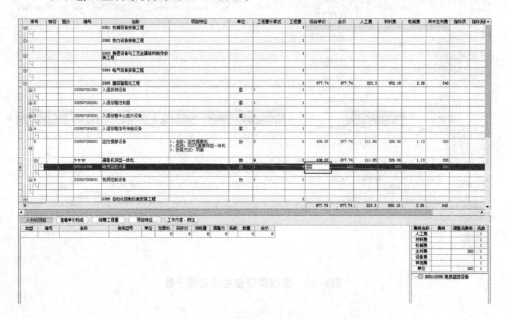

图8-93　输入主材单价

4.确定本项目基本费率,进行取费。

参照清单编制说明取费要求进行取费,如图8-94所示。

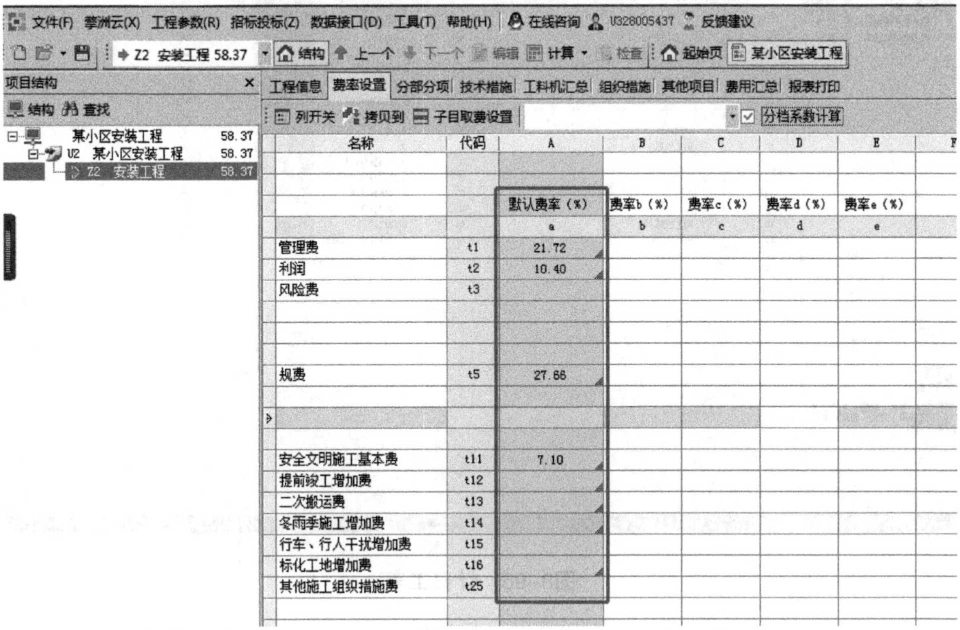

图8-94 取费

5.对其他项目清单进行投标报价。

(1)点击其他项目选项卡,点选"暂列金额",输入项目内容及金额(该项内容为编制招标工程量清单时由招标方完成),如图8-95所示。

图8-95 暂列金额

(2)点选"计日工表"选项卡,输入人工、材料、机械等内容和数量(该项内容为编制招标工程量清单时由招标方完成),对相应项目报出综合单价,如图8-96所示。

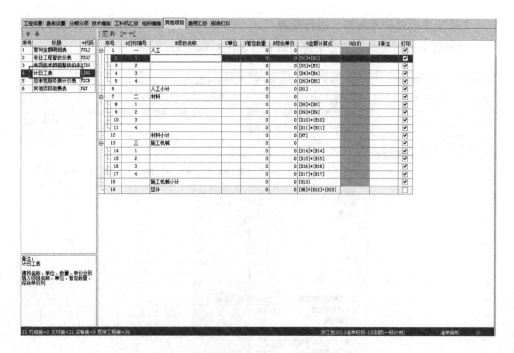

图8-96 计日工表

（3）点选"总承包服务费计价表"选项卡，输入项目名称、价值、服务内容信息（该项内容为编制招标工程量清单时由招标方完成），报出费率，如图8-97所示。

图8-97 总承包服务费计价表

（4）完成其他项目清单投标报价，如图8-98所示。

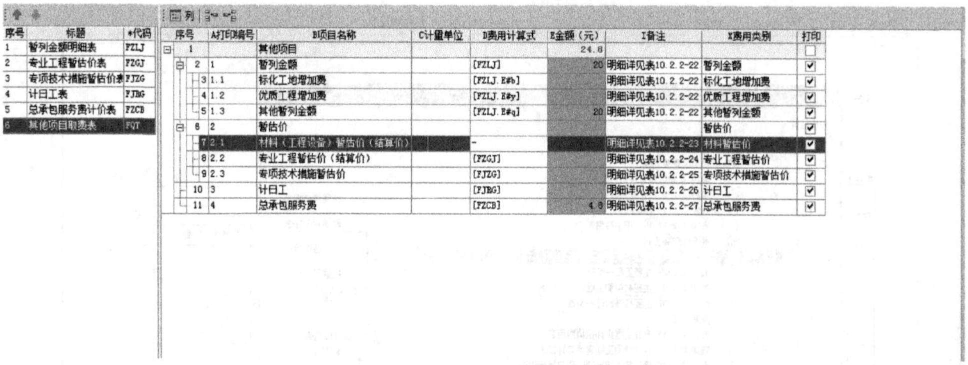

序号	标题	*代码
1	暂列金额明细表	FZLJ
2	专业工程暂估价表	FZGJ
3	专项技术措施暂估价表	FJZG
4	计日工表	FJRG
5	总承包服务费计价表	FZCB
6	其他项目取费表	FQT

序号	A打印编号	B项目名称	C计量单位	D费用计算式	E金额（元）	I备注	X费用类别	打印
1		其他项目			24.8			☐
2	1	暂列金额		[FZLJ]	20	明细详见表10.2.2-22	暂列金额	☑
3	1.1	标化工地增加费		[FZLJ.E#b]		明细详见表10.2.2-22	标化工地增加费	☑
4	1.2	优质工程增加费		[FZLJ.E#y]		明细详见表10.2.2-22	优质工程增加费	☑
5	1.3	其他暂列金额		[FZLJ.E#q]	20	明细详见表10.2.2-22	其他暂列金额	☑
6	2	暂估价					暂估价	☑
7	2.1	材料（工程设备）暂估价（结算价）		-		明细详见表10.2.2-23	材料暂估价	☑
8	2.2	专业工程暂估价（结算价）		[FZGJ]		明细详见表10.2.2-24	专业工程暂估价	☑
9	2.3	专项技术措施暂估价		[FJZG]		明细详见表10.2.2-25	专项技术措施暂估价	☑
10	3	计日工		[FJRG]		明细详见表10.2.2-26	计日工	☑
11	4	总承包服务费		[FZCB]	4.8	明细详见表10.2.2-27	总承包服务费	☑

图8-98　其他项目取费表

6.调整材料浮动率。

点击“工料机汇总”选项卡，调整材料除税市场价，如图8-99所示。

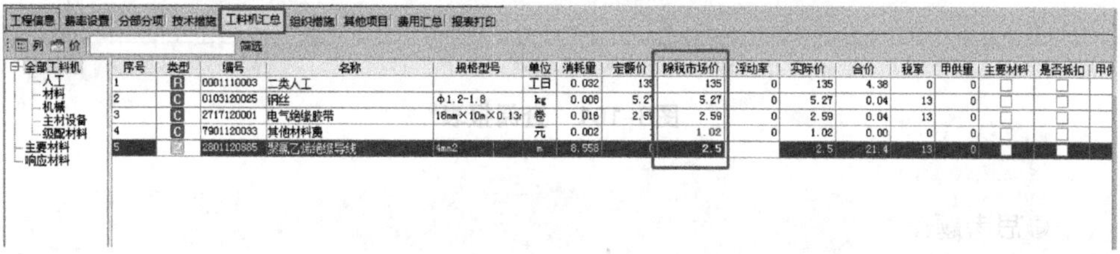

序号	类型	编号	名称	规格型号	单位	消耗量	定额价	除税市场价	浮动率	实际价	合价	税率	甲供量	主要材料	是否抵扣
1	R	0001110003	二类人工		工日	0.032	135	135	0	135	4.38	0	0	☐	☐
2	C	0103120025	钢丝	Φ1.2-1.8	kg	0.008	5.27	5.27	0	5.27	0.04	13	0	☐	☐
3	C	2717120001	电气绝缘胶带	18mm×10m×0.13	卷	0.018	2.59	2.59	0	2.59	0.04	13	0	☐	☐
4	C	7901120033	其他材料费		元	0.002		1.02	0	1.02	0.00	0	0	☐	☐
5	Z	2801120885	聚氯乙烯绝缘导线	4mm2	m	8.558		2.5		2.5	21.4	13	0	☐	☐

图8-99　调整材料除税市场价

7.查看费用汇总，如图8-100所示。

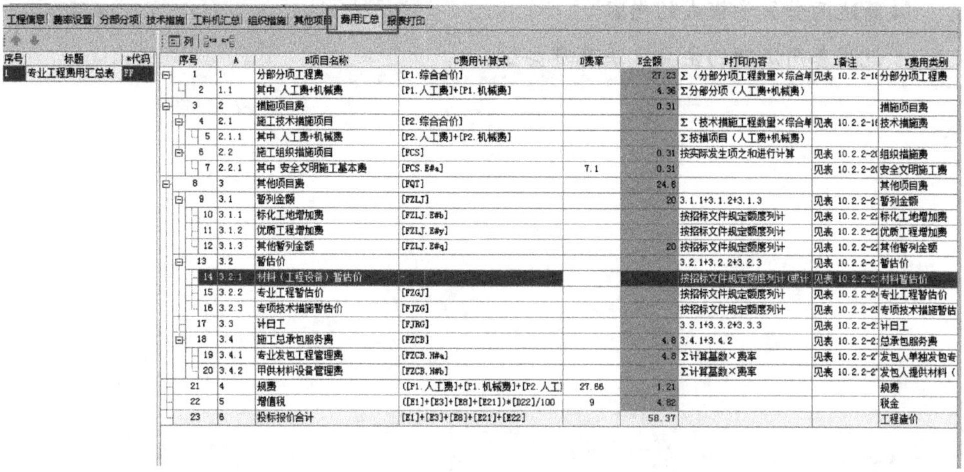

序号	标题	*代码
1	专业工程费用汇总表	FF

序号	A	B项目名称	C费用计算式	D费率	E金额	F打印内容	I备注	X费用类别
1	1	分部分项工程费	[P1.综合合价]		27.23	Σ（分部分项工程数量×综合单	见表 10.2.2-16	分部分项工程费
2	1.1	其中 人工费+机械费	[P1.人工费]+[P1.机械费]		4.36	Σ分部分项（人工费+机械费）		
3	2	措施项目费			0.31			措施项目费
4	2.1	施工技术措施项目	[P2.综合合价]			Σ（技术措施工程数量×综合单	见表 10.2.2-16	技术措施费
5	2.1.1	其中 人工费+机械费	[P2.人工费]+[P2.机械费]			Σ技措项目（人工费+机械费）		
6	2.2	施工组织措施项目	[FCS]		0.31	按实际发生项之和进行计算	见表 10.2.2-20	组织措施费
7	2.2.1	其中 安全文明施工基本费	[FCS.E#a]	7.1	0.31		见表 10.2.2-20	安全文明施工费
8	3	其他项目费	[FQT]		24.8			其他项目费
9	3.1	暂列金额	[FZLJ]		20	3.1.1+3.1.2+3.1.3	见表 10.2.2-2	暂列金额
10	3.1.1	标化工地增加费	[FZLJ.E#b]			按招标文件规定额度列计	见表 10.2.2-2	标化工地增加费
11	3.1.2	优质工程增加费	[FZLJ.E#y]			按招标文件规定额度列计	见表 10.2.2-2	优质工程增加费
12	3.1.3	其他暂列金额	[FZLJ.E#q]		20	按招标文件规定额度列计	见表 10.2.2-2	其他暂列金额
13	3.2	暂估价				3.2.1+3.2.2+3.2.3	见表 10.2.2-2	暂估价
14	3.2.1	材料（工程设备）暂估价	-			按招标文件规定额度列计（或计	见表 10.2.2-2	材料暂估价
15	3.2.2	专业工程暂估价	[FZGJ]			按招标文件规定额度列计	见表 10.2.2-24	专业工程暂估价
16	3.2.3	专项技术措施暂估价	[FJZG]			按招标文件规定额度列计	见表 10.2.2-25	专项技术措施暂估
17	3.3	计日工	[FJRG]			3.3.1+3.3.2+3.3.3	见表 10.2.2-2	计日工
18	3.4	施工总承包服务费	[FZCB]		4.8	3.4.1+3.4.2	见表 10.2.2-2	总承包服务费
19	3.4.1	专业发包工程管理费	[FZCB.H#a]		4.8	Σ计算基数×费率	见表 10.2.2-2	发包人单独发包专
20	3.4.2	甲供材料设备管理费	[FZCB.H#b]			Σ计算基数×费率	见表 10.2.2-2	发包人提供材料（
21	4	规费	([P1.人工费]+[P1.机械费]+[P2.人工]	27.86	1.21			规费
22	5	增值税	([E1]+[E3]+[E8]+[E21])*[D22]/100	9	4.82			税金
23	6	投标报价合计	[E1]+[E3]+[E8]+[E21]+[E22]		58.37			工程造价

图8-100　专业工程费用汇总表

8.查阅报表，可对报表进行打印机批量导出，如图8-101所示。

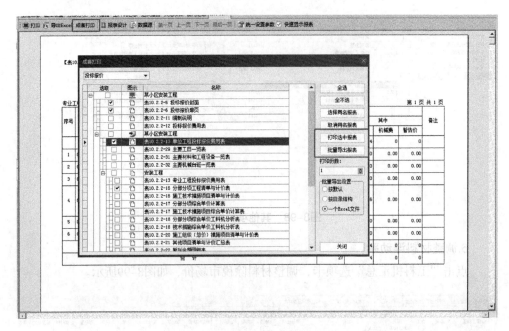

图8-101　查阅报表

◎思考题

1.什么是算量与算价软件？
2.说明概预算软件的特点。
3.简述算量软件的主要功能。
4.简述两种算量模式的内容。
5.说明套用定额的主要方法有哪些？

第9章 安防工程清单计价编制实例

9.1 安防监控工程清单计价编制

9.1.1 安防监控工程设备组成

视频安防监控系统应能根据建筑物安全技术防范管理的需要，对必须进行监控的场所、部位、通道等进行实时有效的视频探测、视频监控、视频传输、显示和记录，并应具有报警和图像复核功能。视频安防监控系统中使用的设备必须符合国家法律法规和现行强制性标准的要求，并经法定机构检验或认证合格。

视频安防监控系统主要由前端设备和后端设备两部分组成，其中后端设备可进一步分为中心控制设备和分控制设备。前后端设备有多种构成方式，它们之间的联系可通过电缆、光纤或微波等多种方式来实现。视频安防监控系统设备由摄像机部分、传输部分、控制部分以及显示和记录部分四大块组成。

（一）摄像部分

摄像部分是视频安防监控系统前端设备，是整个系统的"眼睛"，它监视的内容变为图像信号，传送给控制中心的监视器。摄像部分的种类很多，根据不同的场合及需求，采用不同类型的摄像机。

按工作原理可分为数字摄像机和模拟摄像机，数字摄像机通过双绞线传输压缩数字视频信号，模拟摄像机是通过同轴电缆传输模拟信号。两者的区别在传输方式之外还有清晰度，数字摄像机像素可达到百万高清效果。

按产品形态可分为枪型摄像机、筒型摄像机、半球摄像机、鱼眼半球摄像机、球形摄像机、针孔摄像机、全景摄像机等。

按分辨率分，摄像机可分为4CIF、D1分辨率，一般称之为标清摄像机，720P及分辨率称为高清摄像机。一般安防厂家以130万、200万、300万、400万、500万、800万等像素来进行区分。

对于一个具体的视频监控系统来说，摄像机的选配通常是很灵活的。首先要确定系统是选用彩色摄像机还是黑白摄像机，其次要考虑摄像机的分辨率、最低照度、信噪比、动态范围、自动光圈的接口形式、电子光圈等基本参数及功能。还要考虑摄像机的结构，如标准枪式机（不含镜头及内嵌式变焦距镜头）、半球、球形一体机。外线如图9-1所示。

（a）枪式一体机　　（b）球形一体机　　（c）筒型摄像机　　（d）半球

图9-1　监控系统中常用摄像机

（二）传输部分

传输部分就是系统的图像信号、控制信号的通路。传输环节的主要功能是完成系统中各种信号的传递。根据监控点距离监控中心的远近采用不同的传输介质，可分为同轴线缆、网线、光缆、无线等传输方式。传输部分要求在前端摄像机摄录的图像进行实时传输，同时要求传输损耗小，具有可靠的传输质量，图像在路线控制中心能够清晰还原显示。

常见的视频传输设备/部件有同轴电缆、光端机、网络设备。对于模拟或数字信号，短距离传输可以直接采购同轴视频电缆（对信号不做放大补偿，在要求信号传输衰减不超过3db的情况下，SYV-75-5线缆传输距离不超过150m，SYV-75-7不超过230m），当距离超过允许的范围不多时，可以采用信号放大器解决信号衰减的问题。当进行远距离视频传输时，比如传输距离5千米，就要采用视频光端机或者网络传输设备。

网络视频数据包的传输需要用到网络设备和网络线缆。常用的网络线缆有屏蔽和非屏蔽双绞线、单模和多模光纤，网络设备有交换机、路由器、无线接入点（AP）、无线控制器、宽带设备直至网络安全设备。

（三）控制部分

控制部分是视频安防监控系统的核心，由其完成视频监控信号的转发、图像编解码、监控数据记录和检索、录像存储分配管理、给前端发送控制信息等功能。核心单元是采集、压缩、控制单元，控制部分的可靠性、运算处理能力、录像检索的便利性直接影响到整个系统的性能。控制部分还是实现报警和录像记录进行联动的关键部分。

控制部分的设备有硬盘录像机、网络视频录像机NVR、磁盘阵列、流媒体服务器、网络集中存储服务器、硬盘、解码器等。

（四）显示部分

显示部分的功能是将传送过来的图像一一显示出来。在摄像机数量不是很多，要求不是很高的情况下，一般直接将监视器接在硬盘录像机上即可。如果摄像机数量很多，并要求多台监视器对画面进行复杂的切换显示，则须配备"矩阵"来实现。

监视器是监控系统的显示部分，是监控系统的终端设备，按照不同分类方法可分为不同的类型。

按色彩分：彩色、黑白监视器。

按扫描方式分：隔行扫描和逐行扫描。

按类型分：全铝制LED监视器、液晶监视器、背投、CRT监视器、等离子监视器等。

按照用途分：安防监视器、监控监视器、工业监视器、等离子监视器等。

9.1.2 安防监控工程安装施工简要说明

（一）摄像机安装

1.摄像机宜安装在监视目标附近，不易受外界损伤的地方，安装位置不应影响现场设备运行和人员正常活动。安装的高度，室内宜距地面2.5～5m或吊顶下0.2m处；室外应距地面3.5～10m，并且不得低于3.5m。

2.摄像机需要隐蔽时，可设置在顶棚或者墙壁内，镜头可采用针孔或棱镜镜头。防盗用的系统可装设附加的外部传感器与系统组合，进行联动报警。

3.电梯厢内的摄像机应安装在电梯轿厢顶部、电梯操作器的对角处，并应能监视电梯厢内全景。

4.摄像机安装前应按下列要求进行检查：将摄像机逐个通电进行检测和粗调，在摄像机处于正常工作状态后，方可安装；检查云台的水平、垂直转动角度，并根据涉及要求定准云台转动起终点位置；检查摄像机防护罩的雨刷动作；检查摄像机在防护罩内紧固情况；检查摄像机座与支架或云台的安装尺寸等。

5.在搬动、架设摄像机过程中，不得打开镜头盖。

6.从摄像机引出的线缆宜留有1m的余量，不得影响摄像机的转动。摄像机的电缆和电源线均应固定，并不得用插头承受电缆的自重。

7.先对摄像机进行初步安装，经通电试看、细调，检查各项功能，观察监视区域的覆盖范围和图像质量，符合要求后方可固定。

（二）配线架安装

1.卡入配线架连接模块内的单根线缆色标应和线缆的色标相一致，大对数电缆按标准色谱的组合规定排序。

2.端接于RJ45 口的配线架的线序及排列方式按有关国际标准规定的两种端接标准之一（T568A或T568B）进行端接，但必须与信息插座模块的线序排列使用同一种标准。

3.各直列垂直倾斜误差不应大于3mm，底座水平误差每米不应大于2mm。

4.接线端子各种标志应齐全。

5.背架式跳线架应经配套的金属背板及线管理架安装在可靠的墙壁上，金属背板与墙壁应紧固。

（三）交换机安装

1.电话交换设备安装前，应对机房的环境条件进行检查，机房的环境条件应满足（固定电话交换 设备安装工程设计规范YD/T 5076）中的相关规定。

2.应按工程设计平面图安装交换机机柜，上下两端垂直偏差应不大于3mm。

3.交换机机柜内部接插件与机架应连接牢固。

4.交换系统用的交流电源线必须有接地保护线。

5.交换机设备通电前，应对下列内容进行检查，并符合要求：

（1）各种电路板数量、规格、接线及机架的安装位置应与施工图设计文件相符且标识齐全正确；

（2）各机架所有的熔断器规格应符合设计要求，检查各功能单元电源开关应处于关闭状态；

（3）设备的各种选择开关应置于初始位置；

（4）设备的供电电源线，接地线规格应符合设计要求，并端接正确、牢固；

（5）应测量机房主电源输入电压，确定正常后，方可进行通电测试。

（四）线缆敷设

1.线缆布放应自然平直，不应受外力挤压和损伤，这是因为要保护5类线、6类线等网络线不受到损伤，不影响其传输性能。

2.从配线间引向工作区各信息点双绞线的长度不应大于90m。

3.线缆敷设拉力及其他保护措施应符合产品厂家的施工要求。

4.缆线弯曲半径应符合下列规定：

（1）非屏蔽4对双绞电缆弯曲半径应不小于电缆外径4倍；

（2）屏蔽4对双绞电缆弯曲半径应不小于电缆外径8倍；

（3）主干对绞电缆弯曲半径应不小于电缆外径10倍；

（4）光缆弯曲半径不应小于光缆外径10倍。

（5）线缆间净距应符合现行国家标准《综合布线系统工程验收规范》（GB 50312）的规定。

（6）室内光缆在桥架敷设时应在绑扎固定处加装垫套。

（7）线缆敷设施工时，现场应安装较稳固的临时线号标签，线缆上配线架、打模块前应安装永久线号标签。

（8）线缆经过桥架、管线拐弯处，应保证线缆紧贴底部，且不应悬空，不受牵引力。在桥架的拐弯处应采取绑扎或其他形式固定。

（五）机柜、机架

1.机柜、机架安装位置应符合设计要求，安装完毕后，垂直偏差度应不大于3mm。

2.机柜、机架上的各种零件不得脱落或碰坏，漆面如有脱落应予以补漆，各种标志应完整、清晰。

3.机柜、机架的安装应牢固，如有抗震要求时，应按施工图的抗震设计进行加固。

4.机柜不应直接安装在活动地板上，按照应接设备的底平面尺寸制作底座，底座直接与地面固定，机柜固定在底座上，底座高度应与活动地板高度相同，然后铺设活动地板。

5.安装机架面板，架前应预留800mm空间，机架背面离墙距离应大于600mm，背板式配线架可直接由背板固定于墙面上。

6.壁挂式机柜底距地面不小于300mm。

（六）其他

1.机柜内应设置专用的PDU电源插座，其插座板上的插座孔数应满足日后设备插座使用的需求，并应留有一定的余量。

2.配线间内应设置局部等电位端子板，机柜应可靠接地。

3.空间较小的配线间应安装开放式机架。

4.小区布线应采用壁挂式配线箱，壁挂式配线箱的箱底高度不应小于1.2m。

5.机柜内布线的整理：

（1）机柜内线缆应分别绑扎在机柜两侧理线架上，排列整齐、美观，捆扎合理，配线架应固定牢固，每个配线架应配置一个理线器，配线架上的每个信息点位的标识应准确。

（2）光纤配线架（盘）应安装在机柜顶部，交换机应安装在铜配线架和光纤配线架（盘）之间。在预计的电话数量和网络数量都很多时，预计的电话点和网络点应分开机柜安装。

（3）在完成线缆绑扎后，机柜应牢固固定在地面上，不能随意移动。

（4）跳线应通过理线架与相关设备相连接，理线架内、外线缆应整理整齐。

（5）要求布放光缆的牵引力应不超过光缆允许张力的80%，一般为150～200kg，瞬时最大牵引力不得大于光缆允许张力，主要牵引力应加在光缆的加强构件上，光纤不应直接承受拉力。

9.1.3　工程量清单编制实例（以某小学为例）

（一）安防监控系统案例说明

1.本项目视频安防监控系统采用全数字系统，前端采用400万彩转黑红外高清网络摄像机，通过六类网线，将监控画面传送到各单体弱电机柜内安防专网接入层交换机后，再引至消控监控兼门卫室内的安防专网核心层交换机，经解码器解码后进行显示。采用NVR集中存储（高清格式，采用动态录像，存储容量需满足动态录像30天）。安防专网为二级星型结构，在消控监控兼门卫室内设置安防专网核心层网络交换机，为一级星型；在各单体弱电机柜内设有安防专网10/100M接入层网络交换机，为二级星型。

2.本项目监控中心机房内设置存储服务器、流媒体服务器、综合管理平台、4路视频输出解码器（高清）、安防管理工作站、43″液晶监视器等设备。

3.监控网络交换机由消控室UPS供电，电池备电时间1小时。在消控室内设一台40KVAUPS主机，核心交换机、录像机等设备均由UPS提供电源。

4.取费标准按照"通用安装工程施工取费费率"计取：企业管理费按照中值21.72%计取，利润按照中值10.4%计取，安全文明施工基本费按不低于市区中值7.1%计取，施工总承包服务费按造价2%计取，规费按30.63%计取，税金按9%计取，风险费由投标单位自行考虑（本项目按2%考虑）。

5.图纸详见附件。线路敷设方式：WC暗敷在墙内，CC暗敷在天棚顶内，CT电缆桥架敷设。

(二) 工程量计算表

表9-1 工程量计算表

序号	项目名称	计算式	计量单位	数量	主材单价	备注
	一、数字安防监控系统					
1	400万网络半球型摄像机	按系统图、平面图示数量计算	台	31	680	
2	400万网络枪型摄像机	按系统图、平面图示数量计算	台	2	680	
3	400万网络球型摄像机	按系统图、平面图示数量计算	台	1	2900	
4	流媒体服务器	按系统图示数量计算	台	3	18000	
5	安保查询综合平台（含视频服务软件）	按系统图示数量计算	台	1	35000	
6	存储服务器	按系统图示数量计算	台	2	19000	
7	专用硬盘 4T	按系统图示数量计算	台	12	1100	
8	管理电脑	按系统图示数量计算	台	1	4500	
9	单路高清解码器	按系统图示数量计算	台	3	4800	
10	四路高清解码器	按系统图示数量计算	台	4	11200	
11	阳光食堂42寸监视器	按系统图、平面图示数量计算	台	3	5600	
12	43寸液晶监视器	按系统图、平面图示数量计算	台	12	5800	
13	DVI高清连接线10米	按系统图示数量计算	条	15	296	
14	定制电视墙	按系统图示数量计算	套	1	18200	
15	四联操作台	按系统图示数量或者机房布置图计算	套	1	4000	
16	监控设备网核心交换机	按系统图示数量计算	套	1	36060	
17	48口监控POE交换机，48口10/100/1000 4口SFP	按系统图示数量计算	套	1	4850	
18	24口接入层交换机，24个10/100/1000M自适应电口，4个100M/1G SFP光口	按系统图示数量计算	台	1	2600	
19	千兆SFP模块	按系统图、平面图示数量计算	台	6	600	
20	六类非屏蔽低烟无卤双绞线	按系统图、平面图示数量计算	m	1870	2.53	
21	室外6芯9/125单模光缆	按系统图、平面图示数量计算	m	495	3.5	

续表

序号	项目名称	计算式	计量单位	数量	主材单价	备注
22	24口模块化配线架	按系统图示数量计算	个	2	560	
23	通用型12口光纤配线架	按系统图示数量计算	个	2	380	
24	SC单模耦合器	按系统图示数量计算	个	24	15	
25	理线架	按系统图示数量计算	个	2	150	
26	PDU电源	按系统图示数量计算	台	1	180	
27	光纤跳线	按系统图示数量计算	条	3	25	
28	数据跳线	按系统图示数量计算	条	34	29	
29	单模光纤尾纤	按系统图示数量计算	根	24	12	
30	19″标准机柜 42U	按系统图、平面图示数量计算	台	2	1650	
	二、UPS不间断电源系统					
31	UPS主机：40KVA三进三出在线式标配	按系统图示数量计算	台	1	62000	
32	免维护蓄电池组，含12V100AH阀控密封式铅酸免维护蓄电池32节，蓄电池延长1小时后备时间	按系统图示数量计算	组	1	30400	
33	32节电池柜	按系统图示数量计算	台	1	1920	
34	消控兼监控室UPS配电柜，含基础制安	按系统图、平面图示数量计算	台	1	2500	
35	二级电源防雷器，最大持续运行电压$U_c \geq 253V$，标称放电电流$I_n \geq 5KA$；电压保护水平$U_p < 1.5KV$	按系统图示数量计算	个	1	1280	
36	铜芯电力电缆敷设WDZ-BYJ-2.5	按系统图、平面图示数量计算	m	210	3.2	
37	铜芯电力电缆敷设WDZ-YJY-3×4	按系统图、平面图示数量计算	m	520	8.4	
38	铜芯电力电缆敷设WDZ-YJY-5×16	按系统图、平面图示数量计算	m	5	52.78	
39	UPS插座	按系统图、平面图示数量计算	个	4	50	

续表

序号	项目名称	计算式	计量单位	数量	主材单价	备注
40	UPS地插座	按系统图、平面图示数量计算	个	4	180	
	三、综合管路系统					
41	热镀锌钢制槽式防火桥架 200×100×1.0，含桥架支撑架、防火封堵	按平面图示数量计算	m	105	88	
42	砖、混凝土结构暗配JDG20	按平面图示数量计算	m	415	4.2	
43	钢制接线盒	按平面图示数量计算	个	75	3	

1.硬盘数量计算方式：400万像素监控，需存储30天的图像，硬盘容量计算公式=4M码流×60秒×60分×24小时×30天/8（小b换大B）/1024G/1024T×1.15（损耗率）=1.42T。共34个摄像机，需要硬盘容量48.4T，4T的硬盘数量=48.4/4≈12个

注：摄像机的码流根据像素确定，100万摄像机码流是1M，200万摄像机码流是2M，以此类推。

2.电池组数的计算方式：40KVA 要求不低于1小时，需要配12V100AH的电池多少组？（本方案推荐UPS电池组为32节1组）

40000VA×1小（时）×0.8=100（ah）×12（v）×32×电池组×0.9

解得：电池组=0.93≈1组

注：负载总功率×负载的功率因数×支持时间 =电池放出容量×电池电压×电池组×UPS逆变效率（UPS负载的功率因数为0.8，电池逆变效率为0.9）

3.接线盒的计算规则：

（1）安装电器的部位应设置接线盒子。

（2）线路分支或导线规格改变处应设置接线盒。

（3）线路较长时或有弯时，宜适当加装拉线盒，两个拉线点之间应符合以下要求：

①管长度每超过30m，无弯曲；

②管长度每超过20m，有1个弯曲；

③管长度每超过15m，有2个弯曲；

④管长度每超过8m，有3个弯曲。

（三）分部分项工程量清单与计价

见表9-2。

表9-2 分部分项工程量清单及计价表（___号清单）

单位工程及专业工程名称：某某小学弱电智能化工程-安防监控系统

序号	项目编码	项目名称	项目特征描述	计量单位	工程量	综合单价（元）	合价（元）	其中			备注
								人工费（元）	机械费（元）	管理费（元）	
		一、数字安防监控系统					419877.65	14943.14	1571.04	3583.00	
1	030507008001	400万网络半球型摄像机	具有400W像素1/2.7英寸CMOS传感器。 1.镜头毫米数3.6mm、6mm、8mm、12mm可选； 2.支持滤光片切换功能，摄像机可在彩色/黑白模式下自动切换滤光片。 3.最低照度，彩色：0.001lx；黑白：0.0005 lx。 4.支持帧率动态控制功能，当触发报警时，视频录像帧率应自动调整至设定值。 5.支持智能编码功能，摄像机开启智能编码功能后，码流节约1/2。 6.信噪比不小于56.5dB。	台	31	561.57	17408.67	1728.56	14.57	378.51	

续表

序号	项目编码	项目名称	项目特征描述	计量单位	工程量	综合单价（元）	合价（元）	其中			备注
								人工费（元）	机械费（元）	管理费（元）	
2	030507008002	400万网络枪型摄像机	具有400W像素1/2.7英寸CMOS传感器。 1.镜头毫米数3.6mm、6mm、8mm、12mm可选。 2.支持滤光片切换功能，摄像机可在彩色/黑白模式下自动切换滤光片。 3.最低照度，彩色：0.001lx；黑白：0.0005 lx。 80@30fps，第五码流最大1920x1080@30fps。 4.支持帧率动态控制功能，当触发报警时，视频录像帧率应自动调整至像定值。 5.支持智能编码功能，摄像机开启智能编码功能后，码流节约1/2。 6.信噪比不小于56.5dB。	台	2	660.97	1321.94	146.90	0.94	32.1	

续表

序号	项目编码	项目名称	项目特征描述	计量单位	工程量	综合单价（元）	合价（元）	其中			备注
								人工费（元）	机械费（元）	管理费（元）	
3	030507008003	400万网络球型摄像机	支持400万像素；摄像机靶面尺寸不小于1/2.8英寸；支持30光学变倍，16倍数字变倍；焦距4.5mm～135mm；光学变倍30倍支持H.265编码，实现超低码流传输；电源具备较好的环境适应性，电压在AC24V±42%范围内变化时，设备可正常工作；支持水平手控速度最大为670°/S，云台定位精度为±0.1；分辨力不小于1100TVL（分辨力为1920*1080，帧率为60fps/S）；支持最低可用照度彩色0.03Lx，黑白0.06Lx；支持输出图像失真小于等于2.5%；支持宽动态不低于105.6dB，且综合得分116分；设备应不少于1000个预置位	台	1	3196.76	3196.76	129.34	1.13	28.34	

366

续表

序号	项目编码	项目名称	项目特征描述	计量单位	工程量	综合单价（元）	合价（元）	其中			备注
								人工费（元）	机械费（元）	管理费（元）	
4	030504001001	流媒体服务器	能够支持视频监控、卡口电警设备及业务的统一管理和维护，内含视频管理、存储管理、媒体转发、卡口/电警业务等功能模块。具有高可靠集群设计，在管理服务器失效时，不影响监控中心已部署的实况和录像，支持历史行车轨迹展示、实时轨迹跟踪。客户端画面支持9：16的竖屏走廊模式显示。应能支持3路高清摄像机的实况图像拼接为一幅视频图像，实现实时监控。	台	3	18828.36	54685.08	496.14	7.77	109.44	
5	030507009006	视频控制设备	安保查询综合平台（含视频服务软件）：支持视频预览、录像回放、解码上墙等	台	1	36522.83	36522.83	1102.41	31.23	246.23	

续表

序号	项目编码	项目名称	项目特征描述	计量单位	工程量	综合单价（元）	合价（元）	其中			备注
								人工费（元）	机械费（元）	管理费（元）	
6	030501004001	存储服务器	36盘位磁盘阵列处理器，64位多核处理器高速缓存8GB（可扩展至16G）存储，磁盘数量：24磁盘接口及容量SATA/1TB、2TB、3TB、4TB热插拔硬盘，支持RAID级别RAID0、1、3、5、6、10、50、60、VRAID、JBOD、Hot-Spare，存储管理：磁盘管理、磁盘检测预警及修复逻辑卷管理NAS卷、iSCSI卷、录像卷管理数据保护、WORM防篡改、系统信息实时备份、卷克隆	台	2	19511.27	39022.54	661.50	99.38	165.26	
7	030501004002	专用硬盘	4T；全天候可靠性；此类硬盘驱动器最适合于如PVR、DVR、监控录像机等数字音频/视频流媒体环境；长期可靠性；适合例PVR、DVR、监控录像机等全天候高温数字音频/视频流媒体环境；具有高级格式化技术	台	12	1611.27	19335.24	3969	596.28	991.56	

续表

序号	项目编码	项目名称	项目特征描述	计量单位	工程量	综合单价（元）	合价（元）	其中 人工费（元）	其中 机械费（元）	其中 管理费（元）	备注
8	030504001002	管理电脑	英特尔酷睿i5 3.4GHz 4核心CPU、DDR4 4GB内存、SATA III 1T硬盘、带VGA接口、1000Mbps以太网卡、无DVD光驱、19寸宽屏液晶显示器、USB光电鼠标、防水抗菌键盘、预装Win7专业版	台	1	4552.4	4552.4	33.08		7.18	
9	030507012001	单路高清解码器	单路高清解码器	台	3	4834.35	14503.05	66.84		14.52	
10	030507012002	四路高清解码器	四路高清解码器	台	4	11234.35	44937.4	89.12		19.36	
11	030507014004	显示设备	42寸液晶监视器	台	3	5640.65	16921.95	70.89		15.39	
12	030507014005	显示设备	43寸液晶监视器	台	12	5840.65	70087.80	283.56		61.56	
13	030502009001	DVI高清线	DVI高清连接线10米	条	15	300.14	4502.1	44.55	1.8	10.05	
14	030506007003	定制电视墙	定制电视墙	台	1	18495.68	18495.68	220.46		47.88	
15	030610001001	四联操作台	四联操作台	台	1	4533.19	4533.19	353.3	26.19	82.43	

续表

序号	项目编码	项目名称	项目特征描述	计量单位	工程量	综合单价（元）	合价（元）	其中 人工费（元）	其中 机械费（元）	其中 管理费（元）	备注
16	030501012001	监控设备网核心交换机	24个10/100/1000BASE-T端口，支持4个10G/1G SFP+端口，支持1个接口模块扩展插槽；交换容量360Gbps，AC电源供电	套	1	36297.84	36297.84	88.29	88.29	38.35	
17	030501012002	交换机	48口监控POE交换机，48口10/100/1000 4口SFP	套	1	5147	5147	110.3	110.39	47.93	
18	030501012003	24口接入层交换机	24个10/100/1000M自适应电口，4个100M/1G SFP光口，2个复用的10/100/1000M自适应电口，固化单交流电源和双风扇，370W PoE供电，支持PoE/PoE+远程供电，交换容量192Gbps，包转发率42Mpps	台	1	2837.84	2837.84	88.29	88.29	38.35	
19	030501003001	千兆SFP模块	SFP千兆光模块，单模，（1310nm，15km，LC）	台	6	645.38	3872.28	198.48		43.08	
20	030502005001	双绞线	六类非屏蔽低烟无卤双绞线	m	1870	3.83	7162.1	1533.4	37.4	336.6	
21	030502007001	光缆	室外6芯9/125单模光缆	m	495	4.82	2385.9	440.55	9.9	99	

续表

序号	项目编码	项目名称	项目特征描述	计量单位	工程量	综合单价（元）	合价（元）	其中			备注
								人工费（元）	机械费（元）	管理费（元）	
22	030502010001	配线架	24口六类模块化配线架，含模块	个	2	621.99	1243.98	77.22		16.78	
23	030502013001	配线架	通用型12口光纤配线架	个	2	410.79	821.58	37.54		8.16	
24	030502012001	SC单模耦合器	规格：光纤适配器	个	24	10.57	253.68	55.2		12	
25	030502017001	理线架	网络理线架	个	2	184.56	369.12	44.02		9.56	
26	030610002001	盘柜附件、元件制作安装	PDU电源：16A，8个三插	个	1	261.41	261.41	56.7	0.63	12.45	
27	030502009002	跳线	2M六类智能型非屏蔽网络跳线	条	34	38.29	1301.86	225.08		48.96	
28	030502009003	跳线	9/125单模双芯光纤跳线3m	条	3	55.69	167.07	19.86		4.32	
29	030502016001	单模光纤尾纤	9/125单模单芯光纤尾纤	根	24	18.54	444.96	107.04	8.4	24.96	
30	030502001001	机柜、机架	19″标准机柜42U	台	2	1960.53	3921.06	440.92		95.76	
31	030502014001	光纤连接	光纤连接熔接法单模	芯	24	50	1200	583.2	288	189.12	
32	030502019001	双绞线缆测试	双绞线缆测试	链路	34	19.93	677.62	376.38	126.48	109.14	
33	030502020001	光纤测试	光纤测试	芯	24	22.64	543.36	395.28	8.16	87.6	

续表

序号	项目编码	项目名称	项目特征描述	计量单位	工程量	综合单价（元）	合价（元）	人工费（元）	机械费（元）	管理费（元）	备注
34	030507017006	安全防范分系统调试	安全防范分系统调试	系统	1	505.18	505.18	372.06	4.61	81.81	
35	030507019001	安全防范系统工程试运行	安全防范系统工程试运行	系统	1	437.18	437.18	297.68	21.2	69.26	
		二、UPS不间断电源系统					109147.69	3144.1	183.7	720.29	
36	Z030508002001	UPS主机	UPS主机：40KVA三进三出在线式标配后期并扩机扩容功能，含基础	台	1	62660.19	62660.19	405	31.83	94.88	
37	Z030508002002	蓄电池延长1小时后备时间	免维护蓄电池组，含12V100AH阀控密封式铅酸免维护蓄电池32节，蓄电池延长1小时后备时间	组	1	30852.48	30852.48	328.32		71.36	
38	Z030508002003	电池柜	32节电柜，组装结构，单台可摆放32节12V120AH蓄电池，外观颜色与UPS主机一致，含基础	组	1	2668.39	2668.39	492.48	45.95	116.95	
39	030404017001	配电箱	消控兼监控室UPS配电柜，含基础制安	台	1	2962.91	2962.91	255.56	69.17	70.53	

续表

序号	项目编码	项目名称	项目特征描述	计量单位	工程量	综合单价（元）	合价（元）	人工费（元）	其中 机械费（元）	管理费（元）	备注
40	Z030508004001	二级电源防雷器	限压型，四模块，20kA（In），40kA（Imax），Up<1800VV	个	1	1320.15	1320.15	27.27		5.92	
41	030408001001	电力电缆	铜芯电力电缆敷设WDZ-BYJ-2.5	m	210	6.35	1333.5	447.3	10.5	98.70	
42	030408001002	电力电缆	铜芯电力电缆敷设WDZ-YJY-3×4	m	520	11.6	6032	1107.6	26	244.4	
43	030408001003	电力电缆	铜芯电力电缆敷设WDZ-YJY-5×16	m	5	56.43	282.15	10.65	0.25	2.35	
44	030404035001	插座	UPS插座	个	4	63.19	252.76	34.96		7.6	
45	030404035002	插座	UPS地插座	个	4	195.79	783.16	34.96		7.6	
		三、综合管路系统									
46	030411003001	桥架	热镀锌钢制槽式防火桥架200×100×1.2	m	105	117.21	17132.75	3635.45	110	814.55	
47	030411001001	配管	砖、混凝土结构暗配JDG20	m	415	10.28	4266.2	1851.15	89.25	422.1	
48	030411006001	接线盒	钢制接线盒暗装	个	75	7.46	559.5	1564.55	20.75	344.45	
		合计					546158.09	21722.69	1864.74	48 5117.84	

（四）措施项目费

见表9-3、表9-4、表9-5。

表9-3 组织措施项目（整体）清单及计价表

工程名称：某某小学弱电智能化工程　　　　　　　　　　第1页　共1页

序号	项目名称	单位	数量	金额（元）	备注
一	安全文明施工措施项目	项	1	2184	提供分析清单（表9-4）
二	其他组织措施项目	项	1		
1	提前竣工增加费	项	1		
2	二次搬运费	项	1		
3	冬雨季施工增加费	项	1		
4	行车、行人干扰增加费	项	1		
	合计			2184	

表9-4 安全文明施工措施项目清单及计价表

工程名称：某某小学弱电智能化工程

序号	措施项目名称	单位	数量	单价（元）	合价（元）	备注
一	安全施工措施项目				2184	
（一）	基本安全防护				984	
1	安全网					
（1）	安全平网	m²				平面面积
（2）	密目式立网	m²				垂直立面
2	防护栏杆					按栏杆长度
（1）	高处作业临边防护栏杆	m				
（2）	深基坑（槽）临边护栏	m				
（3）	其他防护栏杆	m				
3	防护门	m²				
4	防护棚					按防护面积
（1）	通道防护棚	m²				
（2）	井架防护棚	m²				
（3）	升降机防护棚	m²				含人货两用升降机、货用升降机
5	断头路阻挡墙	m³				
6	安全隔离网	m²				爆破工程

续表

序号	措施项目名称	单位	数量	单价（元）	合价（元）	备注
7	对讲机	套	2	492	984	
（二）	高处作业					
1	洞口水平隔离防护	m²				按洞口水平面积
2	高压线安全措施	元				
3	起重设备防护措施	元				
4	楼层呼唤器	套				
5	其他高处作业安全防护					
（三）	深基坑（槽）					
1	上下专用通道	m²				含安全爬梯
2	基坑支护变形监测	元				
3	其他深基坑安全防护					
（四）	脚手架					
1	水平隔离封闭设施	m				
2	其他脚手架安全防护					
（五）	井架					
1	架体围护	m²				
2	货用升降机操作室	m²				
3	其他井架防护					
（六）	消防器材、设施					
1	灭火器	只				
2	消防水泵	台				
3	水枪、水带	套				
4	消防箱	只				
5	消防立管	m				
6	危险品仓库搭建	m²				
7	防雷设施	元				
8	其他					
（七）	特殊工程安全措施					
1	特殊作业防护用品	元				
2	救生设施	元				含救生衣、救生圈等
3	防毒面具	副				

续表

序号	措施项目名称	单位	数量	单价（元）	合价（元）	备注
4	有毒气体检测仪器	套				
5	其他特殊安全防护					
（八）	安全标志				200	
1	安全警示标牌、标识	元	1	200	200	
2	警示灯	处				
3	航标灯	处				通航要求
4	其他安全标志					
（九）	安全专项检测					
1	起重机械检测费	元				塔吊、升降机等
2	钢管、扣件检测费	元				
3	高处作业吊篮检测费	元				
4	防坠器专项检测费	元				
5	其他安全检测					
（十）	安全教育培训	元	1	1000	1000	
（十一）	现场安全保卫	元				
（十二）	其他安全施工措施					
二	文明施工措施项目					
1	围墙	m				按标准设置
2	大门、门楼	块				
3	标牌	块				
4	效果图	块				
5	彩钢板围挡	m				按标准设置
6	地坪硬化	m²				
7	其他文明施工措施					
三	环境保护措施项目					含扬尘污染防治措施
1	现场绿化	m²				
2	防尘网布	m²				
3	车辆冲洗设施	套				含冲洗槽、自动冲洗或其他冲洗设备等
4	喷淋设施					
（1）	塔吊喷淋	套				

续表

序号	措施项目名称	单位	数量	单价（元）	合价（元）	备注
（2）	外架喷淋	套				
（3）	场地喷淋	套				
5	防尘雾炮	台				
6	其他扬尘控制费用	元				
7	噪声控制费用	元				
8	污水处理费用	元				特殊工程要求
9	车辆密封费用	元				
10	工地食堂油烟净化设备	套				
11	其他环境保护措施					
四	临时设施措施项目					
（一）	办公用房	m²				
（二）	生活用房					
1	宿舍	m²				
2	食堂	m²				
3	厕所	m²				
4	浴室	m²				
5	其他生活设施					休息场所、文化娱乐设施等
（三）	生产用房（仓库）	m²				
（四）	临时用电设施					
1	总配电箱	只				
2	分配电箱	只				
3	开关箱	只				
4	临时用电线路	m				
5	用电保护装置	处				
6	发电机	台				
7	其他临时用电设施					附近外电线路防护设施等
（五）	临时供水	m				按管道长度
（六）	临时排水	m				按管道长度
（七）	其他临时设施					
	合计				2184	

表9-5 技术措施项目清单及计价表

工程名称：某某小学弱电智能化工程
单位工程及专业工程名称：某某小学弱电智能化工程—安防监控系统

第 1 页 共 1 页

序号	项目编码	项目名称	项目特征描述	计量单位	工程量	综合单价（元）	合价（元）	其中			备注
								人工费	机械费	管理费	
		0313 措施项目					783.45	185.76	0	40.34	
1	031301017001	脚手架搭拆	脚手架搭拆费	项	1	783.45	783.45	185.76	0	40.34	
			合计				783.45	185.76		40.34	

（五）其他项目费，见表9-6、表9-7。

表9-6　其他项目清单及计价表

工程名称：某某小学弱电智能化工程　　　　　　　　　　　第1页　共1页

序号	项目名称	金额（元）	备注
1	暂列金额		
2	计日工		
3	总承包服务费	12400	明细表详见表9-7
4	标化工地增加费		暂定费用
5	优质工程增加费		暂定费用
	合计	12400	

表9-7　总承包服务费项目及计价表

工程名称：某某小学弱电智能化工程　　　　　　　　　　　第1页　共1页

序号	项目名称	项目价值（元）	服务内容	费率（%）	金额（元）
1	总承包服务费				12400
2	发包人分包专业工程	620000		2	12400
3	发包人供应材料				
		合计			12400

（六）单位工程报价汇总表

见表9-8。

表9-8　单位工程报价汇总表

工程名称：某某小学弱电智能化工程
单位工程名称：某某小学弱电智能化工程

序号	内容	报价合计（元）	（清单号）（安防监控系统）	（清单号）（　）
一	分部分项工程量清单	546158.09	546158.09	
二	措施项目清单（1+2）	783.45	783.45	
1	组织措施项目清单			
2	技术措施项目清单	783.45	783.45	
三	其他项目清单			
四	规费	7281.73	—	—
五	税金［（一+二+三+四）×费率］	49880.09	—	—
六	总报价（一+二+三+四+五）	604103.36	—	—
	总报价（大写）：陆拾万肆仟壹佰零叁元叁角陆分整			

注：规费=（人工费+机械费）×费率=分部分项人工费+分部分项机械费+技术措施人工费+技术措施机械费=（1864.74+5117.84+185.76+0）×30.68%=7281.73

（七）工程造价汇总

见表9-9。

表9-9　工程项目报价汇总表

工程名称：某某小学弱电智能化工程

序号	内容	报价（元）
一	单位工程费合计	604103.36
1	某某小学弱电智能化工程	604103.36
二	未纳入单位工程费的其他费用［（一）+（二）+（三）+（四）］	15896.56
（一）	整体措施项目清单（1+2）	2184
1	组织措施项目清单	2184
2	技术措施项目清单	0
（二）	整体其他项目清单	12400
（三）	整体措施项目规费	0
（四）	税金{［（一）+（二）+（三）］×费率}	1312.56
	总报价［一+二］	620000
	总报价（大写）：陆拾贰万元整	

9.2　安防报警工程清单计价编制

9.2.1　安防报警工程设备组成

入侵报警系统是指在建筑物内外的重要地点和区域布设探测装置，一旦受到非法入侵，系统会自动检测到入侵者即时报警，同时可启动视频安防监控系统对入侵现场进行录像，通过对防盗区域的布防达到安全的目的。入侵报警系统广泛应用于各地政府机关、企业、工商机构以及住宅小区等。入侵报警系统设备组成包括：

1.防盗主机：与各种探测器连接，负责向用户机报警中心发送报警信号，内装自动充电蓄电池，用于临时停电时维持正常工作。

2.键盘：键盘用于编程及开关机操作，必要时可以接多个键盘工作。保安人员可以通过键盘操作对保安区域内各位置的报警控制器的工作状态进行集中监视。键盘通常安装在各大门内附近的墙上，以方便有控制权的人在出入时进行设防（包括全布防和半布防）和撤防的设置。

3.紧急报警按钮：在遇到意外情况时可按下紧急报警按钮，向保安控制中心进行紧急呼救报警。

4.门磁开关：安装在门、窗上，当有人开启大门或窗户时，门磁开关将立即将这些动作信号传输给报警控制器进行报警。

5.探测器

（1）主动红外入侵探测器：安装在窗外、阳台或围墙上做周边防范，当有人入侵即触发报警。

（2）微波和被动红外复合入侵探测器：用于区域防护，通常安装在重要的房间和主要通道的墙上或顶棚上做立体空间防范。当有人非法入侵后，复合入侵探测器探测到人体的温度和移动，确定有人非法入侵，并将探测到的信号传输给报警控制器进行报警。安装时应设定符合入侵探测器的灵敏度。

（3）振动探测器：安装于墙体，用于探测引起振动的入侵方式，如敲打、锤凿、钻机等。

（4）玻璃破碎探测器：主要用于周界防护。当窗户或门的玻璃被打碎时，玻璃破碎探测器探测到玻璃破碎的声音后，立即将探测到的信号传给报警控制器进行报警。

（5）感烟探测器：用于探测火灾烟雾。

（6）煤气探测器：用于探测煤气泄漏。

6.扬声器和警铃：安装在易于被听到的位置，在探测器探测到意外情况发出报警时，扬声器和警铃同时发出报警声。

7.报警闪灯：主要安装在大门外的墙上等处，当报警发生时，可让来救援的保安人员通过报警闪烁灯迅速找到报警用户。

9.2.2 安防报警工程安装施工简要说明

（一）入侵报警系统设备的安装应符合下列要求

1.探测器的安装应符合产品技术说明书的要求。

2.探测器应在坚固而不易振动的墙面上安装牢固。

3.探测器的探测范围内应无障碍物。

4.室外探测器的安装位置应在干燥、通风、不积水处,并应有防水、防潮措施。

5.磁控开关应装在门或窗内,安装应牢固、整齐、美观。

6.振动探测器安装位置应远离电机、水泵和水箱等振动源。

7.玻璃破碎探测器安装位置应靠近保护目标。

8.紧急按钮安装位置应隐蔽,便于操作,安装牢固。

9.人脸识别、模式识别、行为分析等视频探测器及视频移动报警探测器的安装还必须遵循视频监控系统的安装要求。

10.红外对射探测器接收端应避开太阳直射光,避开其他大功率灯光直射,应顺光方向安装。

(二)系统控制设备的安装

1.控制台、机柜(架)安装位置应符合设计要求,安装应平稳牢固,便于操作维护。机架背面和侧面与墙的净距离不应小于0.8m。

2.所有控制、显示、记录等终端设备的安装应平稳,便于操作。其中监视器应避免外来光直射,当不可避免时,应采取避光措施。在控制台、机柜内安装的设备应有通风散热措施,内部接插件与设备连接应牢靠。

3.控制室内所有线缆应根据设备安装位置设置电缆槽和进线孔,排列、捆扎整齐,编号,并有永久性标志。

9.2.3 工程量清单编制实例(以某银行为例)

(一)安防报警系统案例说明

1.报警主机按区域划分防区,每个防区独立,自助区域独立布防,现金柜、办公区独立布防,探测器布局合理,布、撤防灵敏。

2.防区名称与点位对应,入侵报警设置为即时,震动及紧急按钮设置为24小时。

3.报警调试,应具有文字、声音、图像、灯光、电子地图联动及日志记录功能,图像丢失、遮挡报警功能应调试到位。

4.取费标准按照"通用安装工程施工取费费率"计取:企业管理费按照中值21.72%计取,利润按照中值10.4%计取,安全文明施工基本费按不低于市区中值7.1%计取,零星用工数量5个工日,规费按30.63%计取,税金按9%计取,风险费由投标单位自行考虑(本项目按2%考虑)。

5.图纸详见附件。线路敷设方式:WC暗敷在墙内,CC暗敷在天棚顶内,CT电缆桥架敷设。

（二）工程量计算表

见表9-10。

表9-10 报警系统设备清单

序号	项目名称	计算式	计量单位	数量	主材价	备注
1	人体接近探测器	按系统图、平面图示数量计算	只	2	200	
2	吸顶式三鉴探测器	按系统图、平面图示数量计算	个	19	150	
3	紧急按钮	按系统图、平面图示数量计算	只	7	20	
4	声光报警器	按平面图示数量计算	只	3	20	
5	联动灯	按系统图、平面图示数量计算	只	11	220	
6	报警联动盒	按系统图示数量计算	只	2	1650	
7	报警主机	按系统图示数量计算	台	2	2200	
8	专用报警编程键盘	按系统图示数量计算	台	2	500	
9	专用报警接入网关管理平台	按系统图示数量计算	套	1	1500	
10	信号电源线 RVV2×1.0	按系统图、平面图示数量计算	米	1307.8	3.8	
11	控制线RVVP4×0.5	按系统图、平面图示数量计算	米	715.7	4.5	
12	桥架100×50	按系统图、平面图示数量计算	米	77	48	
13	管子JDG20	按系统图、平面图示数量计算	米	366.3	5.5	
14	接线盒	按系统图、平面图示数量计算	个	50	3	

(三) 分部分项工程量清单与计价表

见表9-11。

表9-11 分部分项工程量清单及计价表（ 号清单）

单位工程及专业工程名称：某某银行安防报警工程—报警系统

序号	项目编码	项目名称	项目特征描述	计量单位	工程量	综合单价（元）	合价（元）	其中			备注
								人工费（元）	机械费（元）	管理费（元）	
		报警系统					39902	5812	73	1273	
1	030507001001	入侵探测设备	人体接近探测器，ATM机内安装	套	2	274.77	549.54	104.22	0.62	22.78	
2	030507001002	入侵探测设备	吸顶式三鉴探测器，吸顶安装	套	19	174.79	3321.01	282.15	5.89	62.51	
3	030507001003	入侵探测设备	紧急按钮，柜台隐蔽安装	套	7	54.8	383.6	145.53		31.64	
4	030507001004	入侵探测设备	声光报警器，墙面安装	套	3	73.61	220.83	115.44	0.21	25.11	
5	030507003001	入侵报警中心显示设备	联动灯，吸顶安装	套	11	235.28	2588.08	81.73	3.41	18.48	
6	030502003002	分线接线箱（盒）	报警联动盒	个	2	1814.42	3628.84	211.42	16.88	49.58	
7	030507002001	入侵报警控制器	报警主机，64路以内	套	2	2482.61	4965.22	372.06	12.32	83.48	
8	030507009002	报警控制设备	专用报警编程键盘	套	2	579.85	1159.7	119.08		25.86	
9	0B001	专用报警接入网关管理平台	专用报警接入网关管理平台	套	1	1573.87	1573.87	55.08		11.96	
10	030411004004	配线	控制线RVVP4x0.5	m	716	5.68	4066.88	408.12		85.92	
11	030411004003	配线	信号电源线RVV2×1.0	m	1308	4.84	6330.72	680.16		143.88	
12	030411003001	桥架	热镀锌钢制槽式防火桥架100×50	m	77	66.78	5142.06	814.66	33.88	184.03	
13	030411001001	配管	配管JDG20	m	366	15.26	5585.16	2283.84		497.76	
14	030411006001	接线盒	钢制接线盒，暗装	个	50	7.72	386	139		30	
		合计					39902	5812	73	1273	

(四)措施项目费

见表9-12、表9-13。

表9-12 组织措施项目(整体)清单及计价表

工程名称:某某银行安防报警工程　　　　　　　　　　　　第1页 共1页

序号	项目名称	单位	数量	金额(元)	备注
一	安全文明施工措施项目	项	1	700	提供分析清单(表9-13)
二	其他组织措施项目	项	1		
1	提前竣工增加费	项	1		
2	二次搬运费	项	1		
3	冬雨季施工增加费	项	1		
4	行车、行人干扰增加费	项	1		
	合计			700	

表9-13 安全文明施工措施项目清单及计价表

工程名称:某某银行安防报警工程

序号	措施项目名称	单位	数量	单价(元)	合价(元)	备注
一	安全施工措施项目				700	
(一)	基本安全防护					
1	安全网					
(1)	安全平网	m²				平面面积
(2)	密目式立网	m²				垂直立面
2	防护栏杆					按栏杆长度
(1)	高处作业临边防护栏杆	m				
(2)	深基坑(槽)临边护栏	m				
(3)	其他防护栏杆	m				
3	防护门	m²				
4	防护棚					按防护面积
(1)	通道防护棚	m²				
(2)	井架防护棚	m²				
(3)	升降机防护棚	m²				含人货两用升降机、货用升降机
5	断头路阻挡墙	m²				
6	安全隔离网	m²				爆破工程
7	对讲机	套				

续表

序号	措施项目名称	单位	数量	单价（元）	合价（元）	备注
（二）	高处作业					
1	洞口水平隔离防护	m²				按洞口水平面积
2	高压线安全措施	元				
3	起重设备防护措施	元				
4	楼层呼唤器	套				
5	其他高处作业安全防护					
（三）	深基坑（槽）					
1	上下专用通道	m²				含安全爬梯
2	基坑支护变形监测	元				
3	其他深基坑安全防护					
（四）	脚手架					
1	水平隔离封闭设施	m				
2	其他脚手架安全防护					
（五）	井架					
1	架体围护	m²				
2	货用升降机操作室	m²				
3	其他井架防护					
（六）	消防器材、设施				200	
1	灭火器	只				
2	消防水泵	台				
3	水枪、水带	套				
4	消防箱	只				
5	消防立管	m				
6	危险品仓库搭建	m²				
7	防雷设施	元	1	200	200	
8	其他					
（七）	特殊工程安全措施					
1	特殊作业防护用品	元				
2	救生设施	元				含救生衣、救生圈等
3	防毒面具	副				
4	有毒气体检测仪器	套				
5	其他特殊安全防护					
（八）	安全标志					
1	安全警示标牌、标识	元				
2	警示灯	处				

续表

序号	措施项目名称	单位	数量	单价（元）	合价（元）	备注
3	航标灯	处				通航要求
4	其他安全标志					
（九）	安全专项检测					
1	起重机械检测费	元				塔吊、升降机等
2	钢管、扣件检测费	元				
3	高处作业吊篮检测费	元				
4	防坠器专项检测费	元				
5	其他安全检测					
（十）	安全教育培训	元	1	500	500	
（十一）	现场安全保卫	元				
（十二）	其他安全施工措施					
二	文明施工措施项目					
1	围墙	m				按标准设置
2	大门、门楼	块				
3	标牌	块				
4	效果图	块				
5	彩钢板围挡	m				按标准设置
6	地坪硬化	m²				
7	其他文明施工措施					
三	环境保护措施项目					含扬尘污染防治措施
1	现场绿化	m²				
2	防尘网布	m²				
3	车辆冲洗设施	套				含冲洗槽、自动冲洗或其他冲洗设备等
4	喷淋设施					
（1）	塔吊喷淋	套				
（2）	外架喷淋	套				
（3）	场地喷淋	套				
5	防尘雾炮	台				
6	其他扬尘控制费用	元				
7	噪声控制费用	元				
8	污水处理费用	元				特殊工程要求
9	车辆密封费用	元				
10	工地食堂油烟净化设备	套				
11	其他环境保护措施					

续表

序号	措施项目名称	单位	数量	单价（元）	合价（元）	备注
四	临时设施措施项目					
（一）	办公用房	m²				
（二）	生活用房					
1	宿舍	m²				
2	食堂	m²				
3	厕所	m²				
4	浴室	m²				
5	其他生活设施					休息场所、文化娱乐设施等
（三）	生产用房（仓库）	m²				
（四）	临时用电设施					
1	总配电箱	只				
2	分配电箱	只				
3	开关箱	只				
4	临时用电线路	m				
5	用电保护装置	处				
6	发电机	台				
7	其他临时用电设施					附近外电线路防护设施等
（五）	临时供水	m				按管道长度
（六）	临时排水	m				按管道长度
（七）	其他临时设施					
	合计				700	

（五）其他项目费

见表9-14。

9-14 其他项目清单及计价表

工程名称：某某银行安防报警工程　　　　　　　　　　第1页 共1页

序号	项目名称	金额（元）	备注
1	暂列金额		
2	计日工	1250	
3	总承包服务费		
4	标化工地增加费		暂列费用
5	优质工程增加费		暂列费用
	合计	1250	

（六）单位工程报价汇总

见表9-15。

表9-15　单位工程报价汇总表

工程名称：某某银行安防报警工程
单位工程名称：某某银行安防报警工程

序号	内容	报价合计（元）	（清单号）（报警系统）	（清单号）（　）
一	分部分项工程量清单	39902	39902	
二	措施项目清单（1+2）			
1	组织措施项目清单			
2	技术措施项目清单			
三	其他项目清单		—	—
四	规费	1803		
五	税金［（一+二+三+四）×费率］	3753	—	—
六	总报价（一+二+三+四+五）	45458		
总报价（大写）：肆万伍仟肆佰伍拾捌元整				

注：规费=（人工费+机械费）×费率=分部分项人工费+分部分项机械费+技术措施人工费+技术措施机械费=（5812+73）×30.68%=1803

（七）工程造价汇总

见表9-16。

表9-16　工程项目报价汇总表

工程名称：某某银行安防报警工程

序号	内容	报价（元）
一	单位工程费合计	45458
1	某某银行安防报警工程	45458
二	未纳入单位工程费的其他费用［（一）+（二）+（三）+（四）］	2126
（一）	整体措施项目清单（1+2）	700
1	组织措施项目清单	700
2	技术措施项目清单	0
（二）	整体其他项目清单	1250
（三）	整体措施项目规费	0
（四）	税金{［（一）+（二）+（三）］×费率}	176
	总报价［一+二］	47583
总报价（大写）：肆万柒仟伍佰捌拾叁元整		

9.3 智能停车系统清单计价编制

9.3.1 智能停车管理系统设备组成

智能停车管理系统集"智能硬件、管理软件、移动应用"于一体,以"远程管理、无人值守、移动支付"为核心优势,通过在停车场进出口及场区内二维码扫码的方式,车辆(包括无牌车)无需保安的人工干预即可正常进出场,自动计费,扫码缴费,极大地节省人力物力,给停车场管理人员带来便利。智能停车管理系统主要包括智能车牌识别系统和停车诱导系统。

(一)智能车辆识别系统

智能车牌识别系统采用利用车辆的动态视频或静态图像进行车牌号码、车牌颜色自动识别的模式识别技术,通过对图像的采集和处理,完成车牌自动识别功能,能从一幅图像中自动提取车牌图像,自动分割字符,进而对字符进行识别。智能车牌识别系统由车牌识别一体机、自动挡车器、车辆检测器、地感线圈、停车场管理软件、安全岛及岗亭等组成。

(二)停车诱导系统

停车诱导系统是指通过智能探测技术,与分散在各处的停车场实现智能联网数据上传,实现对各个停车场停车数据的实时发布,引导司机便捷停车,解决城市停车难问题的智能系统。主要特点如下:

1.车位引导功能:控制显示屏,引导车主以最短的时间快速进入空闲车位,提高停车场的使用率,优化停车环境,提高客户满意度。

2.固定车位保护功能:通过规避引导,实现对于定保、月保、固定等专用车位的保留。

3.实时监控车位状态:系统可以实时显示车位占用情况,统计停车场车位的占用数、空余数,统计时间段内各类车辆的进、出场数等,方便管理人员对车场的监控及管理。

4.统计功能:能统计停车场每天和每月的使用率、分时段使用率等,方便业主了解停车场的使用状况。

5.停车时间检测功能:汽车停入车位后开始计时,车场管理人员可以在控制室随时了解车位的停车情况。

6.权限控制功能:多级权限控制功能,方便对相关信息的控制和保密。

主要设备有超声波车位探测器、指示灯、节点控制器、中央控制器、室内LED引导屏、户外LED引导屏、车位引导系统软件。停车诱导系统拓扑图如图9-2。

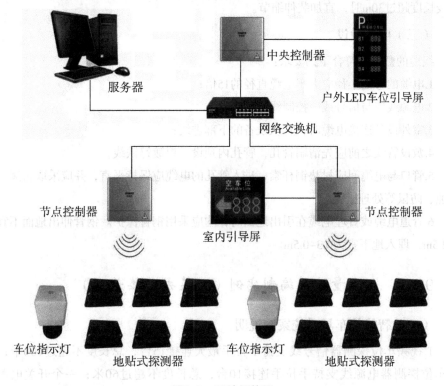

图9-2 系统拓扑图

9.3.2 智能停车管理系统安装施工简要说明

（一）感应线圈及安全岛

感应线圈应放在水泥地面上，可用开槽机在水泥地面上开槽，线圈回路下100mm深处应无金属物体，线圈边500mm以内不应有电气线路。线圈安装完成后，在线圈上浇筑与路面材料相同的混凝土或沥青。

安全岛应在土建施工前预埋穿线管及接线盒，穿线管管口可高出安全岛100mm，管口应用塑料帽保护。

（二）管道敷设

根据施工图确定管道的走向，并注意下列要求：

1.管道沟开挖的尺寸是：宽度大于200mm；沟槽底齐平，沟底铺一层20mm的细沙，再铺放管子，在套接或插接时，其插入深度宜为管子内径的1.1~1.8倍。

2.敷设管道时应按施工图纸的要求恢复破损的安全岛。

3.管道明敷时，管道应安装牢固；管道支持点间的距离不宜超过5m，当管道的直线长度超过30m时，宜加装伸缩节。

（三）电缆敷设

线缆的敷设应符合下列要求：

1.电缆的弯曲半径应大于电缆直径的15倍；

2.电源线应与信号线、控制线分开敷设；

3.室外设备连接电缆时，宜从设备的下部进线；

4.敷设管线之前应先清刷管孔，管孔内预设一根镀锌铁线；

5.管口与电缆间应衬垫铜杯索，进入管孔的电缆应保持平直，并应采取防潮、防腐蚀、防鼠等处理措施。

6.管道电缆或直埋电缆在引出地面时，均应采用钢管保护。钢管伸出地面不宜小于2.5m，埋入地下宜为0.3–0.5m。

9.3.3 工程量清单编制实例（以某办公楼为例）

（一）智能停车场系统案例说明

1.视频车位探测器信号线支持手拉手最大连接15台，总长度不超过100米；视频车位探测器电源线支持手拉手连接10台，总长度不超过60米；一个开关电源可支持15台视频车位探测器；一个车位组安装一台地贴节点控制器（集成车位组指示灯）。

2.（户外/室内）引导屏/地贴节点控制器均通过RVVP2×1.0 RS485通讯线连接到就近的视频车位探测器。

3.桥架高度建议2.2~2.8m（推荐2.5m），桥架到车位线距离建议2.5~4.5m。

4.取费标准按照"通用安装工程施工取费费率"计取：企业管理费按照中值21.72%计取，利润按照中值10.4%计取，安全文明施工基本费按不低于市区中值7.1%计取，规费按30.63%计取，税金按9%计取，风险费由投标单位自行考虑（本项目按2%考虑）。

5.甲供设备材料价值200000元，按费率1%计取管理费，计入其他项目费用中。

6.图纸详见附件。线路敷设方式：WC暗敷在墙内，CC暗敷在天棚顶内，CT电缆桥架敷设。

(二) 工程量计算表

见表9-17。

表9-17　停车诱导系统设备清单

序号	项目名称	计算式	计量单位	数量	主材价	备注
1	视频车位探测器（单摄像头双车位）	按系统图、平面图示数量计算	台	107	810	
2	视频车位探测器（单摄像头三车位）	按系统图、平面图示数量计算	台	99	900	
3	地贴式超声波车位探测器（无线）	按系统图、平面图示数量计算	个	54	600	
4	地贴式超声波节点控制器（无线）	按系统图、平面图示数量计算	个	29	980	
5	室外总入口车位引导屏（双层）	按系统图、平面图示数量计算	台	2	4980	
6	室内双向车位引导屏	按系统图、平面图示数量计算	台	14	2940	
7	室内单向车位引导屏	按系统图、平面图示数量计算	台	1	2940	
8	车辆引导箱	按系统图、平面图示数量计算	个	8	660	
9	24口交换机	按系统图、平面图示数量计算	台	8	2600	
10	车位引导管理软件（含软件狗）	按系统图数量计算	套	1	7750	
11	数据服务器（4核以上）	按系统图数量计算	台	1	24000	
12	开关电源AC220V	按系统图、平面图示数量计算	个	15	420	
13	电源线RVV2×1.0	按系统图、平面图示数量计算	m	2228	3.8	
14	探测器电源线，总屏通讯线RVVP2×1.0	按系统图、平面图示数量计算	m	373	2.95	
15	六类非屏蔽双绞线	按系统图、平面图示数量计算	m	1353	2.53	
16	桥架100×75	按系统图、平面图示数量计算	m	2026	53	
17	PVC20	按系统图、平面图示数量计算	m	182	2.1	

(三) 分部分项工程量清单与计价表

见表9-18。

单位工程及专业工程名称：某某办公楼停车诱导系统

表9-18 分部分项工程量清单及计价表（ 号清单）

序号	项目编码	项目名称	项目特征描述	计量单位	工程量	综合单价（元）	合价（元）	其中			备注
								人工费（元）	机械费（元）	管理费（元）	
		停车诱导系统					551347.68	43639.1	4410.12	10442.11	
1	030507016001	停车场管理设备	视频车位探测器（单摄像头双车位）	台	107	884.77	94670.39	5575.77	33.17	1218.73	
2	030507016002	停车场管理设备	视频车位探测器（单摄像头三车位）	台	99	974.77	96502.23	5158.89	30.69	1127.61	
3	030507016003	停车场管理设备	地贴式超声波车位探测器（无线）	台	54	681.9	36822.6	3054.78	16.74	666.9	
4	030507016008	停车场管理设备	地贴式超声波节点控制器（无线）	台	29	1061.9	30795.1	1640.53	8.99	358.15	
5	030507016006	停车场管理设备	室外总入口车位引导屏（双层）	台	2	5310.11	10620.22	223.3	262.8	105.58	
6	030507016007	停车场管理设备	室内双向车位引导屏	台	14	3181.1	44535.4	833.56	1472.52	500.92	
7	030507016009	停车场管理设备	室内单向车位引导屏	台	1	3181.1	3181.1	59.54	105.18	35.78	

续表

序号	项目编码	项目名称	项目特征描述	计量单位	工程量	综合单价（元）	合价（元）	其中			备注
								人工费（元）	机械费（元）	管理费（元）	
8	030507016010	停车场管理设备	车辆引导箱	台	8	901.10	7208.80	476.32	841.44	286.24	
9	030501012001	交换机	24口交换机	台套	8	2837.84	22702.72	706.32	706.32	306.8	
10	0B001	车位引导管理软件（含软件狗）	车位引导管理软件（含软件狗）	套	1	7823.87	7823.87	55.08		11.96	
11	030501013001	网络服务器	数据服务器（4核以上）	台套	1	24304.56	24304.56	220.46	4.32	48.82	
12	031101001001	开关电源设备	开关电源AC220V	台	15	501.41	7521.15	850.5	9.45	186.75	
13	030411004001	配线	电源线RVV2×1.0	m	2228	5.01	11162.28	1403.64		311.92	
14	030411004002	配线	探测器电源线、总屏通讯线RVVP2×1.0	m	373	3.93	1465.89	193.96		41.03	
15	030502005001	双绞线缆	六类非屏蔽双绞线	m	1353	3.79	5127.87	1068.87	27.06	243.54	
16	030411001002	配管	聚乙烯PVC20	m	182	7.56	1375.92	682.5		149.24	
17	030411003002	桥架	桥架100×75	m	2026	71.83	145527.58	21435.08	891.44	4842.14	
		合计					551347.68	43639.1	4410.12	10442.11	

（四）措施项目费

见表9-19、表9-20、表9-21。

表9-19　组织措施项目（整体）清单及计价表

工程名称：某某办公楼停车诱导系统　　　　　　　　　　　　第1页　共1页

序号	项目名称	单位	数量	金额（元）	备注
一	安全文明施工措施项目	项	1	4184	提供分析清单（表9-20）
二	其他组织措施项目	项	1		
1	提前竣工增加费	项	1		
2	二次搬运费	项	1		
3	冬雨季施工增加费	项	1		
4	行车、行人干扰增加费	项	1		
	合计			4184	

表9-20　安全文明施工措施项目清单及计价表

工程名称：某某办公楼停车诱导系统

序号	措施项目名称	单位	数量	单价（元）	合价（元）	备注
一	安全施工措施项目				4184	
（一）	基本安全防护				984	
1	安全网					
（1）	安全平网	m²				平面面积
（2）	密目式立网	m²				垂直立面
2	防护栏杆					按栏杆长度
（1）	高处作业临边防护栏杆	m				
（2）	深基坑（槽）临边护栏	m				
（3）	其他防护栏杆	m				
3	防护门	m²				
4	防护棚					按防护面积
（1）	通道防护棚	m²				
（2）	井架防护棚	m²				
（3）	升降机防护棚	m²				含人货两用升降机、货用升降机
5	断头路阻挡墙	m³				

续表

序号	措施项目名称	单位	数量	单价（元）	合价（元）	备注
6	安全隔离网	m²				爆破工程
7	对讲机	套	2	492	984	
（二）	高处作业					
1	洞口水平隔离防护	m²				按洞口水平面积
2	高压线安全措施	元				
3	起重设备防护措施	元				
4	楼层呼唤器	套				
5	其他高处作业安全防护					
（三）	深基坑（槽）					
1	上下专用通道	m²				含安全爬梯
2	基坑支护变形监测	元				
3	其他深基坑安全防护					
（四）	脚手架					
1	水平隔离封闭设施	m				
2	其他脚手架安全防护					
（五）	井架					
1	架体围护	m²				
2	货用升降机操作室	m²				
3	其他井架防护					
（六）	消防器材、设施					
1	灭火器	只				
2	消防水泵	台				
3	水枪、水带	套				
4	消防箱	只				
5	消防立管	m				
6	危险品仓库搭建	m²				
7	防雷设施	元				
8	其他					
（七）	特殊工程安全措施					
1	特殊作业防护用品	元				
2	救生设施	元				含救生衣、救生圈等

续表

序号	措施项目名称	单位	数量	单价（元）	合价（元）	备注
3	防毒面具	副				
4	有毒气体检测仪器	套				
5	其他特殊安全防护					
（八）	安全标志				500	
1	安全警示标牌、标识	元	1	500	500	
2	警示灯	处				
3	航标灯	处				通航要求
4	其他安全标志					
（九）	安全专项检测					
1	起重机械检测费	元				塔吊、升降机等
2	钢管、扣件检测费	元				
3	高处作业吊篮检测费	元				
4	防坠器专项检测费	元				
5	其他安全检测					
（十）	安全教育培训	元	1	1200	1200	
（十一）	现场安全保卫	元	1	1500	1500	
（十二）	其他安全施工措施					
二	文明施工措施项目					
1	围墙	m				按标准设置
2	大门、门楼	块				
3	标牌	块				
4	效果图	块				
5	彩钢板围挡	m				按标准设置
6	地坪硬化	m²				
7	其他文明施工措施					
三	环境保护措施项目					含扬尘污染防治措施
1	现场绿化	m²				
2	防尘网布	m²				
3	车辆冲洗设施	套				含冲洗槽、自动冲洗或其他冲洗设备等
4	喷淋设施					
（1）	塔吊喷淋	套				

续表

序号	措施项目名称	单位	数量	单价（元）	合价（元）	备注
（2）	外架喷淋	套				
（3）	场地喷淋	套				
5	防尘雾炮	台				
6	其他扬尘控制费用	元				
7	噪声控制费用	元				
8	污水处理费用	元				特殊工程要求
9	车辆密封费用	元				
10	工地食堂油烟净化设备	套				
11	其他环境保护措施					
四	临时设施措施项目					
（一）	办公用房	m²				
（二）	生活用房					
1	宿舍	m²				
2	食堂	m²				
3	厕所	m²				
4	浴室	m²				
5	其他生活设施					休息场所、文化娱乐设施等
（三）	生产用房（仓库）	m²				
（四）	临时用电设施					
1	总配电箱	只				
2	分配电箱	只				
3	开关箱	只				
4	临时用电线路	m				
5	用电保护装置	处				
6	发电机	台				
7	其他临时用电设施					附近外电线路防护设施等
（五）	临时供水	m				按管道长度
（六）	临时排水	m				按管道长度
（七）	其他临时设施					
	合计				4184	

表9-21　技术措施项目清单及计价表

工程名称：某某办公楼停车诱导系统
单位工程及专业工程名称：某某办公楼停车诱导系统—停车诱导系统

第 1 页　共 1 页

序号	项目编码	项目名称	项目特征描述	计量单位	工程量	综合单价（元）	合价（元）	其中			备注
								人工费（元）	机械费（元）	管理费（元）	
1	031301017001	0313 措施项目 脚手架搭拆	脚手架搭拆	项	1	1840.78	1840.78	436.46	0	94.79	
合计							1840.78	436.46		94.79	

(五)其他项目费

见表9-22、表9-23。

表9-22 其他项目清单及计价表

工程名称：某某办公楼停车诱导系统　　　　　　　　　第1页 共1页

序号	项目名称	金额（元）	备注
1	暂列金额		
2	计日工		
3	总承包服务费	2000	明细表详见表9-23
4	标化工地增加费		暂列费用
5	优质工程增加费		暂列费用
	合计	2000	

表9-23 总承包服务费项目及计价表

工程名称：某某办公楼停车诱导系统　　　　　　　　　第1页 共1页

序号	项目名称	项目价值（元）	服务内容	费率（%）	金额（元）
1	发包人分包专业工程				
2	发包人供应材料	200000	甲供设备保管	1	2000
3					
4					
5					
	合计				2000

(六)单位工程报价汇总

见表9-24。

表9-24 单位工程报价汇总表

工程名称：某某办公楼停车诱导系统
单位工程名称：某某办公楼停车诱导系统

序号	内容	报价合计（元）	（清单号）（停车诱导系统）	（清单号）（ ）
一	分部分项工程量清单	551347.68	551347.68	
二	措施项目清单（1+2）	1840.78	1840.78	
1	组织措施项目清单			
2	技术措施项目清单	1840.78	1840.78	
三	其他项目清单	—	—	

续表

序号	内容	报价合计（元）	（清单号）（停车诱导系统）	（清单号）（ ）
四	规费	14851.16	–	–
五	税金［（一+二+三+四）×费率］	51123.57	–	–
六	总报价（一+二+三+四+五）	619163.19	–	–
总报价（大写）：陆拾壹万玖仟壹佰陆拾叁元壹角玖分整				

注：规费=（人工费+机械费）×费率=分部分项人工费+分部分项机械费+技术措施人工费+技术措施机械费=（43639.1+4410.12+436+0）×30.63%=14851.16

（七）工程造价汇总

见表9–25。

表9–25 工程项目报价汇总表

工程名称：某某办公楼停车诱导系统

序号	内容	报价（元）
一	单位工程费合计	619163.19
1	某某办公楼停车诱导系统	619163.19
二	未纳入单位工程费的其他费用［（一）+（二）+（三）+（四）］	6740.56
（一）	整体措施项目清单（1+2）	4184
1	组织措施项目清单	4184
2	技术措施项目清单	0
（二）	整体其他项目清单	2000
（三）	整体措施项目规费	0
（四）	税金{［（一）+（二）+（三）］×费率}	556.56
	总报价［一+二］	625904
总报价（大写）：陆拾贰万伍仟玖佰零肆元整		

9.4 智能交通监控工程清单计价编制

9.4.1 智能交通监控工程设备组成

智能交通系统将先进的信息技术、数据通信技术、传感器技术以及电子控制技术等有效地综合运用于整个交通运输管理体系，通过人、车、路的和谐、密切配合提高交通运输效率，缓解交通阻塞，提高路网通过能力，减少交通事故，降低能源消耗，减轻环境污染。智能交通系统主要包括交通信号控制系统、交通监视系统、电子警察系统、卡口抓拍系统、交通诱导系统、不礼让行人抓拍系统、防盗报警系统、高空瞭望系统、电气设备保护及防雷系统等。

（一）交通信号控制系统

1.系统功能

（1）一般控制功能：黄闪控制、全红控制、相位控制、车流控制、交叉口行人控制、交叉口非机动车控制。

（2）手动控制功能：支持手动干预和强制控制。

（3）策略控制功能：单点定时控制策略、单点多时段控制策略、单点感应控制策略（包括全感应和半感应控制）、单点自适应控制策略、交叉口群定时协调控制策略、交叉口群自适应协调控制策略、路段行人过街协调控制、公交优先控制策略、VIP车辆/紧急车辆优先控制策略、事件条件下的反应控制策略、过饱和条件下的反应控制策略。

（4）系统监视功能：为保证系统的可靠、稳定运行，必须对整个系统的各种状态变化进行监视，以便于操作人员及时了解系统状态，进行相应的决策或干预。同时有一套完善的日记管理系统为事后恢复和跟踪提供依据。

（5）交通统计与分析功能：在线统计与分析、离线统计与分析。

2.主要设备技术指标

（1）路口控制机设备采用标准19英寸的安装尺寸。

（2）自动降级控制，当网络、线圈或其他设备损坏，控制机根据预先设定，自动降级控制，保证交通控制在意外情况下正常工作。

（3）内置看门狗电路，在意外情况下自动复位。

（4）每个灯组、每个相根据预先设定，自动降级控制，保证交通控制在意外情况下正常工作。

（5）可单点独立运行，也可与网络集成，组成区域交通控制网络。

（6）可采用环形线圈车辆检测卡或其他欧标卡式车辆检测器，实现自适应感应控制。

（7）可与VTD系列视频检测控制器无缝集成。

（8）支持4～24通道环形线圈检测，采用欧标卡式接口。

（9）设备带一个以太网口，带一个全功能串口，支持CDMA/GPS外接模块。

（10）采用32位ARM处理器，嵌入式实时操作系统，保证系统的稳定性和可靠性。

（11）带液晶显示操作面板，面板直观易操作，面板上应具有LED灯组输出指示。

（12）至少具有以下几种控制方式：黄闪控制、手动控制、多时段控制、感应控制。

（13）信号灯杆的设计制作、安装必须符合国家的有关标准。

（14）信号灯光源采用LED形式，外壳采用铝制金属材料，一次压铸成型；遮沿也采用金属铝材料制成。

（15）信号灯产品要求均须达到《道路交通信号灯》（GB14887-2011）的相关标准。每一种交通信号灯都必须符合《灯具一般安全要求与实验》（GB7000.1-2003）、《灯光信号颜色》（GB/T8417）和《电工电子产品环境实验》（GB/T2423）的规定。

（16）室外设备防护等级IP65。交通信号控制设备实物图如图9-3、图9-4、图9-5。

图9-3 信号控制机

图9-4 车行灯-圆盘灯

图9-5 弯杆型车行灯杆件及车行灯盘

（二）交通监视系统

1. 系统功能

（1）应在白天、晚上或恶劣天气等各类环境条件下，均能在监控中心、各分控中心及监控数字平台上清晰地观察到前端现场的实时图像。

（2）应能在监控中心、各分控中心以及监控数字平台上，在授权范围内或经授权后，通过数字方式对任一路段实时监视图像进行切换和控制。交通监视系统实景图如图9-6、图9-7。

图9-6　高空监控视频画面

图9-7　监控枪机和球机视频画面

2.主要设备技术指标

（1）高分辨率快速球机（80X动态范围及移动检测功能；35X镜头；云台水平变速范围从每秒0.1度的极慢速度方式到每秒360度的快速方式；自动聚集、高分辨率、一体化低照度彩色摄像机/光学组件；自动光圈，手动优先；5.9英寸聚丙烯球。

（2）室外设备防护等级IP65。

（三）交通信号违法监测系统

交通信号违法监测系统的系统功能：

1.每个违法信息由一条违法记录（信息完整的三张连续照片）和一段违法录像（配套完整的10秒钟录像）组成。

2.车辆信息采集采用摄像头视频监测，根据车辆通过时的视频图像变化分析判别车辆有无违法行为。

3.红绿灯状态分析系统时时监测红绿灯状态，将状态信息传递给违法记录系统。

4.违法记录系统是对车辆信息采集系统与红绿灯状态分析系统传递的信息进行对比分析，判断车辆是否构成交通信号违法，在判断有违法车辆时进行违法记录。

5.前端路口设备采集的原始图像文件、数据信息（包含红灯开始时间、抓拍时间、红灯结束时间、抓拍车道、抓拍方向、设备地点）须合并在图像文件中。

6.前端设备取证的违法照片数量、格式须满足GA/T 496-2014、GA/T 832-2014要求，且同一违法行为的照片必须相互关联，满足非现场执法中心平台数据接口的要求。

7.前端设备采集的闯红灯违法数据必须满足三张连续照片加一段同步违法视频的要求。三张连续照片中的第一张照片车辆在停车线以内，第二张照片车辆压上停车线，第三张照片车辆越过停车线；同步违法视频要求提供H.264/MPEG4编解码D1（720×576&25fps）分辨率的视频。

8.前端设备应可以将抓拍后的数据主动上传到中心服务器中，每条违法数据上传时间小于15秒，上传数据须满足非现场执法中心平台接口要求。

9.前端设备须能够记录路口的全天候录像，并能将实时图像传送到指挥中心，保存录像的帧率不小于25帧/秒，图像分辨率768×576，色彩24位真彩。

10.路口设备应满足GA/T 496-2014《闯红灯自动记录系统通用技术条件》和GA/T 832-2014《道路交通安全违法行为图像取证技术规范》的要求。

11.所有安装在室外的设备应能承受高温、低温、恒温、恒湿各项气候环境，机壳、插接器等不应有严重变形，功能应保持正常。

12.前端设备的车辆检测单元应能同时具备环形线圈检测单元和视频检测单元接口。

13.前端设备应同时具备对闯红灯、压双黄线、实线变道、逆向行驶等违法行为进行抓拍取证的接口;其中闯红灯抓拍须能满足多相位信号灯组合情况。

14.前端设备在白天、夜间(补光)所拍摄图片应能够清晰可辨,补光采用频闪灯方式。交通违法抓拍实景图如图9-8所示。

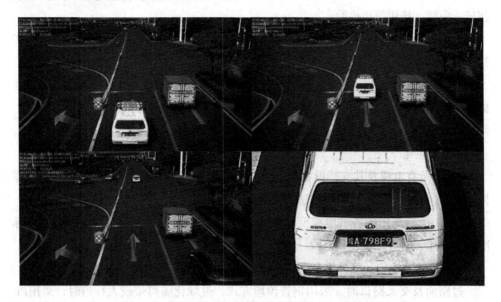

图9-8 电子警察抓拍路口车辆闯红灯四合一违法图片

15.前端设备须能够记录路口的全天候录像,并能将实时图像传送到指挥中心,保存录像的帧率不小于25帧/秒,图像分辨率不小于768×576,色彩24位真彩。

16.前端设备应能与中心系统时间同步,图像取证设备24小时内计时误差不超过1.0s,并确保每月至少校准一次计时时钟。

17.前端设备应能够将抓拍后的数据主动上传到中心服务器中。

(四)智能交通通信系统

通信系统由通信传输网络、通信线路、设备供电、通信管道设施四部分组成。

1.通信传输网络主要完成控制中心与外场设备之间的数据和视频传输

(1)数据信息主要有信号灯信息、电子警察数据信息等。

(2)视频传输的信息主要有交通监视摄像机图像、电子警察摄像机图像等。

(3)从外场设备到交叉路口道路监控箱的传输均采用光电结合传输方式传输,即距离近的设备采用电传输,距离远的设备采用光传输,可以提高外场设备抗干扰和雷电的能力,提高设备的可靠性,减少维护。

(4)所有外场设备的视频、数据等信号先传输到道路监控箱,再通过道路监控箱内的多路复用光端机,租用电信光纤传输到控制中心。

（5）违法数据在专网中传递时应采用DES加密算法进行加密后发送。

（6）室外设备防护等级IP65。

2.通信线路

（1）机械性能：光、电缆的机械性能应能经受拉伸、压扁、冲击、反复弯曲、扭转、曲绕、挂钩等项检验。

（2）防护措施：光、电缆应具有防潮、防水、防鼠咬、防腐蚀、防雷等保护措施。

（3）接头盒：光、电缆的接头盒应具备优良的机械性能，并具有防潮、防水性能。接头盒内的光纤接头的质量对连接质量和连接光纤的强度不应有明显影响。

（4）光、电缆应按规范规定作盘留。

3.设备供电

（1）所有电缆及其支持设备、辅助设备、电缆附件和所有完成安装所必须的零件的供应、安装、检验和测试方法符合有关的技术标准。

（2）所有选用的各种电缆型号、规格按国家标准（GB）或相应的有关国际标准进行设计、制造、安装和检验。

4.通信管道设施：场外设备采用管道预埋方式

过路面及交叉路口时，采用钢管预埋方式，过绿化隔离带或人行道时，采用PE管预埋方式。PE管在人行道下埋设深度不小于0.7米，钢管在人行道下埋设深度不小于0.5米，车行道下不小于0.6米。当直线穿管大于35米或管道埋设弯度较大时，应加设手孔井过渡。安装成品防护网以防落井事故及其他安全问题。

（五）电气设备保护及防雷系统

为了防止智能交通设备因雷击或低电位升高而损坏，应做好相应的接地措施。用镀锌扁钢连接成接地网，室外立杆的接地极与接地网可靠连接，连接处做防腐处理，地电阻小于4欧。各外场智能交通设备机箱机柜与接地网可靠连接，连接处做防腐处理。外场监控设备与其现场设备箱间采用电缆连接时，在电缆两端设置相应的防雷设备，以保护监控设备不受雷击和地电位反击的损坏；在电源进线处设交流电源防雷设备，以防止过电压及地电位反击时，危险电压从电力线窜入监控设备。各类机箱机壳应同时接地。

9.4.2 智能交通监控工程安装施工简要说明

1.信号灯杆。信号灯杆保护接地电阻应小于4欧。信号灯灯杆安装时应保证杆体垂直，倾斜度不得超过正负0.5%。信号灯灯杆主体应为灰色。信号灯电缆线宜采用地下敷设，每根电缆线应留有余量。地下敷设的电缆线严禁有接头。

2.交通信号控制机。室外露天工作环境（室外设备防护等级IP65）信号机内应设有专门的接地端子，并应与大地有效连接。机柜内所有在正常使用操作中易触及到的金属零部件均应接地，并应保证各部件接地的连续性。所有承载200AC电压部件的金属外壳应接地。所有的保护接地线均应为绿黄软线。机柜内避雷器的接地线不能直接与机柜内的保护接地端子连接，应分别接入大地。信号机电源输入端应带电源滤波器。信号机基础架高200mm安装基础四侧应有防撞标识。接地电阻不大于4欧，并符合GB50169规定。信号灯安装的施工单位应具有建筑施工、电力施工等相关资质证书。

3.施工必须遵守的部分规范：《安全技术防范（系统）工程检验规范》（DB33/T 334—2011）；道路交通信号控制机（GB25280-2010）；道路交通安全违法行为图像取证技术规范（GA/T 832-2014）；机动车交通安全违法行为信息格式应符合GA 648-2006；道路交通违法管理信息代码（GA 408.1-2006 GA 648-2006）；道路交通信号控制机安装规范（GA/T 489-2016）。所有室外设备防护等级均不应小于IP65。

4.智能项目施工前，需与当地交警部门进行对接，具体以交警部门意见为准。

9.4.3 工程量清单编制实例（以某道路智能交通为例）

（一）智能交通监控系统案例说明

1.本工程智能交通系统主要包括交通信号控制系统、交通监视系统、交通违法监测系统、智能交通通信系统、电气设备保护及防雷系统等。

2.设计范围：浙江省某配套路网（星灵路）工程，共计2个路口，6个交叉口信号灯和7个方向电子警察及1个监控点位智能交通外场设备。工程量管线、弱电井不计入。

3.取费标准按照"市政工程施工取费费率"计取：企业管理费按照道路工程中值17.04%计取，利润按照中值9.99%计取，安全文明施工基本费按市区中值6.25%计取，规费按18.75%计取，税金按9%计取，风险费由投标单位自行考虑（本项目按2%考虑）。

4.标志杆（无缝管）按照6947元/t考虑。

（二）工程量计算表

见表9-26。

表9-26 智能交通系统设备清单

序号	项目名称	计算式	计量单位	数量	主材价（元）	备注
	一、单点远程信号控制系统					
1	交通信号控制器（采用远程控制仪、ACS-300管理平台）	按平面图示数量计算	台	1	38000	
2	ACS-300信号控制器I/O接入卡	按平面图示数量计算	台	1	2700	
3	信号灯控制箱（室外、带锁）	按平面图示数量计算	台	1	7500	
4	电源避雷器	按平面图示数量计算	组	1	1844	
5	路口路由器	按平面图示数量计算	台	1	1800	
6	φ89杆（人行信号灯杆）	按平面图示数量计算	套	8	1520	
7	φ400满屏灯	按平面图示数量计算	套	5	2300	
8	φ300人行信号灯	按平面图示数量计算	套	16	1800	
9	φ300非机动车信号灯	按平面图示数量计算	套	5	1800	
	二、电子警察系统					
10	防护罩一体化900W电警抓拍单元	按平面图示数量计算	台	7	8900	
11	网络智能终端服务器	按平面图示数量计算	台	2	5000	
12	抱杆机箱	按平面图示数量计算	台	7	2000	
13	红灯信号检测器	按平面图示数量计算	台	2	1500	

续表

序号	项目名称	计算式	计量单位	数量	主材价（元）	备注
14	室外机箱采用智能机箱	按平面图示数量计算	台	2	6800	
15	光纤收发器	按平面图示数量计算	套	2	800	
16	工业级8口、千兆	按平面图示数量计算	台	2	2600	
17	空气开关	按平面图示数量计算	个	7	35	
18	稳压电源1KVA	按平面图示数量计算	台	2	380	
19	电源防雷器	按平面图示数量计算	组	2	1844	
20	网络信号防雷器	按平面图示数量计算	组	7	645	
	三、交通监视系统					
21	400万高清球型网络摄像机	按平面图示数量计算	台	2	7200	
22	电源避雷器	按平面图示数量计算	组	2	1844	
23	信号避雷器	按平面图示数量计算	组	2	645	
24	24盘位磁盘阵列	按平面图示数量计算	台	2	18000	
25	带网管功能的8口交换机，工业级	按平面图示数量计算	台	2	2600.00	
26	室外机箱	按平面图示数量计算	台	2	2000.00	
27	空气开关	按平面图示数量计算	个	2	30.00	

（二）分部分项工程量清单与计价表

见表9-27。

表9-27 分部分项工程量清单及计价表（ 号清单）

单位工程名称：某某道路智能交通设施工程—智能交通

序号	项目编码	项目名称	项目特征描述	计量单位	工程量	综合单价（元）	合价（元）	其中 人工费（元）	其中 机械费（元）	其中 管理费（元）	备注
		一、单点远程信号控制系统					200380.13	7879.48	4009.61	2025.9	
1	040801024002	控制器	交通信号控制器（采用远程控制仪，ACS-300管理平台）1.智能交通信号控制器；2.符合当地交警部门要求；3.包括安装、调试等	台	1	38202.83	38202.83	145.8	2.36	25.25	
2	040801024003	控制器	ACS-300信号控制器I/O接入卡	台	1	2902.83	2902.83	145.8	2.36	25.25	
3	040205015001	信号机箱	信号灯控制箱（室外，带锁）1.尺寸：75.5×40×132cm；2.防护等级IP65，含小型断路器，浪涌保护器，铜排，电源，自动温控，风冷，铝合金材质，机柜外附塑料彩条	台	1	8537.87	8537.87	378	258.08	108.39	
4	040801018002	避雷器	电源避雷器	组	1	1971.81	1971.81	83.7	1.31	14.49	
5	030501012002	网络交换设备	路口路由器	台	1	1948.28	1948.28	110.3	3.4	19.37	

续表

序号	项目编码	项目名称	项目特征描述	计量单位	工程量	综合单价（元）	合价（元）	其中			备注
								人工费（元）	机械费（元）	管理费（元）	
6	040205003004	信号灯杆	φ273F杆（机动车信号灯杆）悬臂6米 1.材料：Q345B钢材； 2.规格：立柱φ273×10，上横梁φ140×10，下横梁口121×121×10； 3.基础尺寸、混凝土强度：1200×1200×2000mmC25钢筋砼基础（含基础钢筋、定位板、接地棒等）； 4.工作内容包括标杆基础土方开挖、回填，废弃料外运（运距自行考虑），基础浇捣；标杆制作、安装；预埋件，接地棒，基础钢筋制安；构件除锈，清扫，镀锌，油漆等； 5.具体做法详见施工图	套	8	11785.9	94287.2	3980.96	2842	1162.64	

413

续表

序号	项目编码	项目名称	项目特征描述	计量单位	工程量	综合单价（元）	合价（元）	人工费（元）	其中 机械费（元）	管理费（元）	备注
7	04020500 3005	人行信号灯杆	Φ89杆（人行信号灯杆） 1.材料：Q345B钢材； 2.规格：立柱Φ89×4无缝钢管； 3.基础尺寸、混凝土强度：800×800×1600mmC25钢筋砼基础（含基础钢筋、定位板、接地棒等）； 4.工作内容包括标杆基础基坑土方开挖、回填、废弃料外运（运距自行考虑）、基础浇捣；标杆制作、安装；预埋件、接地棒、基础钢筋制安；构件除锈、清扫、镀锌、油漆等； 5.具体做法详见施工图	套	8	1663.22	13305.76	469.92	114.32	99.52	
8	04020501 4001	交通信号灯安装	Φ400满屏灯 1.红+黄+绿+倒计时四灯组为一套； 2.具体实施时以交警部门认可的深化设计为准； 3.包括接线及调试	套	5	2625.6	13128	1012.5	249.2	215	
9	04020501 4002	交通信号灯安装	Φ300人行信号灯 1.三个一组； 2.具体实施时以交警部门认可的深化设计为准； 3.包括接线及调试	套	8	2034.20	16273.60	1080.00	372.08	247.44	

续表

序号	项目编码	项目名称	项目特征描述	计量单位	工程量	综合单价（元）	合价（元）	其中			备注
								人工费（元）	机械费（元）	管理费（元）	
10	040205014003	交通信号灯安装	Φ300非机动车信号灯 1.三个一组； 2.具体实施时以交警部门认可的深化设计为准； 3.包括接线及调试	套	5	1964.39	9821.95	472.5	164.5	108.55	
		二、电子警察系统					192055.98	12182.88	6119.48	3118.64	
11	040205020001	防护罩一体化900W电警抓拍单元	1.采用高性能多核处理器，高性能图像预处理技术（ISP），深度学习智能算法； 2.高性能全局CMOS图像传感器，1"； 3.白天使用带有偏振镜片的红外截止滤光片，夜晚自动切换为常规的红外截止滤光片； 4.护照玻璃透光率≥98.5%； 5.低照度：彩色：≤0.0008lx，黑白：≤0.0001lx； 6.抓图分辨率4096×2160（不含OSD）； 7.视频压缩标准：H.265、H.264H、H.264M、H.264B、MJEPG五种； 8.分辨力≥1700TVL； 9.支持SSD存储器	台	7	9563.73	66946.11	3288.60	283.01	608.58	

第9章 安防工程清单计价编制实例

415

续表

序号	项目编码	项目名称	项目特征描述	计量单位	工程量	综合单价（元）	合价（元）	其中			备注
								人工费（元）	机械费（元）	管理费（元）	
12	04020500306	电子警察立杆	电子警察摄像机L杆，材料品种：无缝钢管；规格：八角杆，横挑长6m基础：1 1100×1800×1100mm，C25砼黑色亚光碳氟烤漆具体做法详见施工图土方开挖、回填、余土清运；模板制作、基础浇捣；接地；预埋筋；标杆制作、运输；防锈处理；标杆安装；接线；系统调试	套	7	9658.71	67610.97	4525.78	3550.4	1376.13	
13	03050400101	网络智能终端设备	终端服务器（嵌入式结构，Intel Core 2 Duo P8400 2.26GHz/CM 575 2.0GHz处理器，2.0G DDR3 SO-DIMM内存，1T硬盘以上配置；具有通行记录存储、图片存储、视频存储、分析、抓拍、数据上传、视频流转发、前端设备管理等）	台	2	5103.91	10207.82	159.84		27.24	
14	04020501502	抱杆机箱	抱杆机箱按需配置	台	7	2644.89	18514.23	1760.57	603.96	402.92	
15	04020501001	环形检测线圈	红灯信号检测器本体安装；单体调试；试运行	个	1	2729.52	2729.52	726.3	218.11	160.93	

续表

序号	项目编码	项目名称	项目特征描述	计量单位	工程量	综合单价（元）	合价（元）	其中			备注
								人工费（元）	机械费（元）	管理费（元）	
16	040205015007	设备控制机箱	室外机箱采用智能机箱（含报警主机嵌入式Linux系统，实现远程电子控制，配针孔摄像头，报警及抓拍，支持开门振动，报警及抓拍；不锈钢材质，带稳压电源、风扇、防雷器、强弱电模块及附件，壁厚σ=1.5mm，防护等级IP65），包括设备基础施工及接地	台	1	8079.97	8079.97	330.75	480.67	138.27	
17	030501010001	光纤收发器	工业级	套	2	1392.41	2784.82	356.4	512.1	148	
18	030501012003	交换机	工业级8口，千兆	台	2	3123.21	6246.42	310.5	451	129.76	
19	040801023001	限位开关	空气开关	个	1	107.25	107.25	43.74	3.18	8	
20	030414007001	稳压电源	稳压电源1KVA	台	2	476.65	953.3	143.1	5.26	25.28	
21	040801018003	避雷器	电源防雷器	组	1	1971.81	1971.81	83.7	1.31	14.49	
22	040801018001	避雷器	网络信号防雷器	组	8	737.97	5903.76	453.6	10.48	79.04	

续表

序号	项目编码	项目名称	项目特征描述	计量单位	工程量	综合单价（元）	合价（元）	人工费（元）	机械费（元）	管理费（元）	备注
		三、交通监视系统					99781.6	3633.2	2774.38	1091.86	
23	04205020002	400万高清球型网络摄像机	球型网络摄像机：视频输出支持2048×1536@30fps，1920×1080@30fps，分辨力不小于1100TVL；20倍光学变焦和16倍数字变焦；支持最低照度可达彩色0.0001Lux，黑白0.0001Lux，信噪比≥57dB；水平旋转范围为360°连续旋转，垂直旋转范围为-30°~90°；具备本地存储功能，支持SD卡热插拔，最大支持128GB，支持断网续传功能，确保取证数据不丢失；支持违章停车、掉头、压线抓拍、违章变道、逆行等功能，当规则触发时，设备可支持自动抓拍，取证图片模式符合GA/T832-2009的相关规定；具备较好防护性能，支持IP67，TVS 6000V防雷，防浪涌、防突波；工作温度范围可达-45℃~70℃	台	2	7601.1	15202.2	302.4	310.88	104.5	
24	040801018004	避雷器	电源避雷器	组	2	1971.81	3943.62	167.4	2.62	28.98	
25	040801018005	避雷器	信号避雷器	组	2	737.97	1475.94	113.4	2.62	19.76	

第9章 安防工程清单计价编制实例

续表

序号	项目编码	项目名称	项目特征描述	计量单位	工程量	综合单价（元）	合价（元）	其中			备注
								人工费（元）	机械费（元）	管理费（元）	
26	030507013002	网络存储设备	24盘位磁盘阵列；1024Mbps接入带宽，2个千兆网口（可扩展至6个千兆或2个万兆以太网口）；流媒体模式：2Mbps视频可以同时支持256路接入，256路录像，256路转发；支持视频流和图片进行混合直写存储；支持SMART IPC接入，支持存储智能信息，实现智能事件检索功能，精确定位重点事件，并可通过平台进行智能浓缩播放，有效节省客户时间 4U机架式24盘位，冗余电源，支持SATA硬盘；支持外接SAS扩展柜；64位多核处理器，4GB（标配，可扩展至32G）；RAID级别：RAID0、1、3、5、6、10、50、VRAID、JBOD、Hot-Spare网络协议：RTSP/ONVIF/PSIA/SIP（GB/T28181）/iSCSI/NFS/CIFS/FTP/HTTP/AFP	台	2	25698.9	51397.8	842.4	404.22	212.42	
27	030501012004	交换机	带网管功能的8口交换机，工业级	台	2	3123.21	6246.42	310.5	451	129.76	

419

续表

序号	项目编码	项目名称	项目特征描述	计量单位	工程量	综合单价（元）	合价（元）	人工费（元）	其中 机械费（元）	管理费（元）	备注
28	040205003007	监控立杆	球型网络摄像机：1.视频输出支持2048×1536@30fps, 1920×1080@30fps, 分辨力不小于1100TVL。2.支持20倍光学变焦和16倍数字变焦。3.支持最低照度可达彩色0.0001Lux, 黑白0.0001Lux, 信噪比≥57dB。4.支持水平旋转范围为360°连续旋转, 垂直旋转范围为-30°~90°。5.具备本地存储功能, 支持SD卡热插拔, 最大支持128GB, 支持断网续传功能, 确保取证数据不丢失。6.支持违章停车、掉头、压线抓拍、违章变道、逆行等功能, 当视频触发时, 设备可支持自动抓拍, 取证图片模式符合GA/T832-2009的相关规定。7.具备较好防护性能, 支持IP67, TVS 6000V防雷, 防浪涌, 防突波。8.工作温度范围可达-45℃~70℃。室外机箱（不锈钢材质, 带隐压电源、风扇、防雷器, 强弱电模块及附件, 防护等级IP65）, 包括设备基础施工及接地	套	2	6570.59	13141.18	1148.12	635.34	303.9	
29	040205015008	设备控制机箱	厚σ=1.5mm, 备基础施工及接地	台	2	4079.97	8159.94	661.5	961.34	276.54	
30	040801023002	限位开关	空气开关	个	2	107.25	214.5	87.48	6.36	16	
			合计				492217.71	23695.56	12903.47	6236.4	

(四)措施项目费

见表9-28、表9-29、表9-30。

表9-28 组织措施项目(整体)清单及计价表

工程名称:某某道路智能交通设施工程　　　　　　　　　　　第1页 共1页

序号	项目名称	单位	数量	金额(元)	备注
一	安全文明施工措施项目	项	1	8250	提供分析清单(表9-29)
二	其他组织措施项目	项	1		
1	提前竣工增加费	项	1		
2	二次搬运费	项	1		
3	冬雨季施工增加费	项	1		
4	行车、行人干扰增加费	项	1		
	合计			8250	

表9-29 安全文明施工措施项目清单及计价表

工程名称:某某道路智能交通设施工程

序号	措施项目名称	单位	数量	单价(元)	合价(元)	备注
一	安全施工措施项目				7750	
(一)	基本安全防护					
1	安全网					
(1)	安全平网	m²				平面面积
(2)	密目式立网	m²				垂直立面
2	防护栏杆					按栏杆长度
(1)	高处作业临边防护栏杆	m				
(2)	深基坑(槽)临边护栏	m				
(3)	其他防护栏杆	m				
3	防护门	m²				
4	防护棚					按防护面积
(1)	通道防护棚	m²				
(2)	井架防护棚	m²				
(3)	升降机防护棚	m²				含人货两用升降机、货用升降机
5	断头路阻挡墙	m³				

续表

序号	措施项目名称	单位	数量	单价（元）	合价（元）	备注
6	安全隔离网	m²				爆破工程
7	对讲机	套				
（二）	高处作业					
1	洞口水平隔离防护	m²				按洞口水平面积
2	高压线安全措施	元				
3	起重设备防护措施	元				
4	楼层呼唤器	套				
5	其他高处作业安全防护					
（三）	深基坑（槽）					
1	上下专用通道	m²				含安全爬梯
2	基坑支护变形监测	元				
3	其他深基坑安全防护					
（四）	脚手架				5750	
1	水平隔离封闭设施	m	50	75	3750	
2	其他脚手架安全防护		1	2000	2000	
（五）	井架					
1	架体围护	m²				
2	货用升降机操作室	m²				
3	其他井架防护					
（六）	消防器材、设施					
1	灭火器	只				
2	消防水泵	台				
3	水枪、水带	套				
4	消防箱	只				
5	消防立管	m				
6	危险品仓库搭建	m²				
7	防雷设施	元				
8	其他					
（七）	特殊工程安全措施					
1	特殊作业防护用品	元				
2	救生设施	元				含救生衣、救生圈等
3	防毒面具	副				

续表

序号	措施项目名称	单位	数量	单价（元）	合价（元）	备注
4	有毒气体检测仪器	套				
5	其他特殊安全防护					
（八）	安全标志				1000	
1	安全警示标牌、标识	元	1	1000	1000	
2	警示灯	处				
3	航标灯	处				通航要求
4	其他安全标志					
（九）	安全专项检测					
1	起重机械检测费	元				塔吊、升降机等
2	钢管、扣件检测费	元				
3	高处作业吊篮检测费	元				
4	防坠器专项检测费	元				
5	其他安全检测					
（十）	安全教育培训	元	1	1000	1000	
（十一）	现场安全保卫	元				
（十二）	其他安全施工措施					
二	文明施工措施项目					
1	围墙	m				按标准设置
2	大门、门楼	块				
3	标牌	块				
4	效果图	块				
5	彩钢板围挡	m		30		按标准设置
6	地坪硬化	m²				
7	其他文明施工措施					
三	环境保护措施项目				500	含扬尘污染防治措施
1	现场绿化	m²				
2	防尘网布	m²				
3	车辆冲洗设施	套				含冲洗槽、自动冲洗或其他冲洗设备等
4	喷淋设施					
（1）	塔吊喷淋	套				

续表

序号	措施项目名称	单位	数量	单价（元）	合价（元）	备注
（2）	外架喷淋	套				
（3）	场地喷淋	套				
5	防尘雾炮	台				
6	其他扬尘控制费用	元	1	500	500	
7	噪声控制费用	元				
8	污水处理费用	元				特殊工程要求
9	车辆密封费用	元				
10	工地食堂油烟净化设备	套				
11	其他环境保护措施		1			
四	临时设施措施项目					
（一）	办公用房	m²				
（二）	生活用房					
1	宿舍	m²				
2	食堂	m²				
3	厕所	m²				
4	浴室	m²				
5	其他生活设施					休息场所、文化娱乐设施等
（三）	生产用房（仓库）	m²				
（四）	临时用电设施					
1	总配电箱	只				
2	分配电箱	只				
3	开关箱	只				
4	临时用电线路	m				
5	用电保护装置	处				
6	发电机	台				
7	其他临时用电设施					附近外电线路防护设施等
（五）	临时供水	m				按管道长度
（六）	临时排水	m				按管道长度
（七）	其他临时设施					
	合计				8250	

表9-30 技术措施项目清单及计价表

工程名称：某某道路智能交通设施工程
单位工程及专业工程名称：某某道路智能交通设施工程-智能交通

第 1 页 共 1 页

序号	项目编码	项目名称	项目特征描述	计量单位	工程量	综合单价（元）	合价（元）	其中			备注
								人工费（元）	机械费（元）	管理费（元）	
		技术措施费					9707.89	4242.46	705.78	843.83	
1	041102002001	基础模板	基础混凝土基础模板	m²	194.43	49.93	9707.89	4242.46	705.78	843.83	
合计							9707.89	4242.46	705.78	843.83	

（五）其他项目费

见表9-31。

表9-31　其他项目清单及计价表

工程名称：某某道路智能交通设施工程　　　　　　　　　　第1页　共1页

序号	项目名称	金额（元）	备注
1	暂列金额	0	
2	计日工	3950	明细表详见9-32
3	总承包服务费	0	
4	标化工地增加费	0	
5	优质工程增加费	0	
	合计	3950	

表9-32　计日工表

工程名称：某某道路智能交通设施工程　　　　　　　　　　第1页　共1页

编号	项目名称	单位	数量	综合单价（元）	合价（元）
一	人工				2000
1	零星用工	工日	8	250	2000
2					
	人工小计				2000
二	材料				
1					
2					
	材料小计				
三	施工机械				1950
1	吊车 8t	台班	0.5	1500	750
2	挖机	台班	1	1200	1200
	施工机械小计				1950
	总计				3950
	合计				3950

（六）单位工程报价汇总

见表9-31。

表9-33 单位工程报价汇总表

工程名称：某某道路智能交通设施工程
单位工程名称：某某道路智能交通设施工程

序号	内容	报价合计（元）	（清单号）（智能交通）	（清单号）（ ）
一	分部分项工程量清单	492217.71	492217.71	
二	措施项目清单（1+2）	9707.89	9707.89	
1	组织措施项目清单			
2	技术措施项目清单	9707.89	9707.89	
三	其他项目清单		—	—
四	规费	7790.11	—	—
五	税金[（一+二+三+四）×费率]	45874.41	—	—
六	总报价（一+二+三+四+五）	555590.12	—	—
总报价（大写）：伍拾伍万伍仟伍佰玖拾壹角贰分整				

注：规费=（人工费+机械费）×费率=分部分项人工费+分部分项机械费+技术措施人工费+技术措施机械费=（23695.56+12903.47+4242.46+705.78）×18.75%=7790.11

（七）工程造价汇总

见表9-34。

表9-34 工程项目报价汇总表

工程名称：某某道路智能交通设施工程

序号	内容	报价（元）
一	单位工程费合计	555590.12
1	某某道路智能交通设施工程	555590.12
二	未纳入单位工程费的其他费用[（一）+（二）+（三）+（四）]	13298
（一）	整体措施项目清单（1+2）	8250
1	组织措施项目清单	8250
2	技术措施项目清单	0
（二）	整体其他项目清单	3950
（三）	整体措施项目规费	0
（四）	税金{[（一）+（二）+（三）]×费率}	1098
	总报价[一+二]	568888
总报价（大写）：伍拾陆万捌仟捌佰捌拾捌元整		

◎思考题（3-5题）

1.视频监控系统由哪些部分组成？

2.如何正确安装交换机？

3.若用400万高清网络摄像机，布置20个监控点位，需记录信息90天时间，需要10T硬盘多少个？

4.如何正确选择项目编码？举例说明。

5.简述交通信号违法监测系统工作原理。

附 录

附录一 安防工程工程量计算规则

安防工程工程量的计算应遵循《通用安装工程工程量计算规范》（GB 50856-2013）和工程所在地通用安装工程预算定额中工程量计算规则，如对于浙江省内的安防工程，工程量计算应遵循《通用安装工程工程量计算规范》（GB 50856-2013）和《浙江省通用安装工程预算定额》中相应规定。

一、《通用安装工程工程量计算规范》（GB 50856-2013）中工程量计算规则

1. 设备工程量按设计图示数量计算，显示设备按设计图示面积计算。
2. 控制盘、箱、柜的外部进出线预留长度按表附录1-1计算。

表附录1-1 控制盘、箱、柜的外出线预留长度表

单位：m/根

序号	项目	预留长度	说明
1	各种箱、柜、盘、板	高+宽	盘面尺寸
2	单独安装的铁壳开关、自动开关、刀开关、启动器、箱式电阻器、变阻器	0.5	从安装对象中心算起
3	继电器、控制开关、信号灯、按钮、熔断器等小电器	0.3	从安装对象中心算起
4	分支接头	0.2	分支线预留

3. 电缆敷设安装工程量按设计图示尺寸以长度计算，预留及附加长度按表附录1-2计算。

表附录1-2　电缆敷设预留及附加长度表

序号	项目	预留（附加）长度	说明
1	电缆敷设驰度、波形弯度、交叉	2.5%	按电缆全长计算
2	电缆进入建筑物	2.0m	规范规定最小值
3	电缆进入沟内或吊架时引上（下）预留	1.5m	规范规定最小值
4	变电所进线、出线	1.5m	规范规定最小值
5	电力电缆终端头	1.5m	规范规定最小值
6	电缆中间接头盒	两端各留2.0m	规范规定最小值
7	电缆进控制、保护屏及模拟盘、配电箱等	高+宽	按盘面尺寸
8	高压开关柜及低压配电盘、箱	2.0m	盘下进出线
9	电缆至电动机	0.5m	从电动机接线盒算起
10	厂用变压器	3.0m	从地坪算起
11	电缆绕过梁柱等增加长度	按实计算	按被绕五的断面情况计算
12	电梯电缆与电缆架固定点	每处0.5m	规范规定最小值

4.配管、线槽安装工程量按设计图示尺寸以长度计算，不扣除管路中间的接线箱（盒）、灯头盒、开关盒所占长度。配线进入箱、柜、板的预留长度按表附录1-3计算。

表附录1-3　配线进入箱、柜、板的预留长度表

单位：m/根

序号	项目	预留长度	说明
1	各种开关箱、柜、板	高+宽	盘面尺寸
2	单独安装（无箱、盘）的铁壳开关、闸刀开关、启动器、线槽进出线盒等	0.3	从安装对象中心算起
3	由地面管子出口引至动力接线箱	1.0	从管口计算
4	电源与管内导线连接（管内穿线与软、硬母线接点）	1.5	从管口计算
5	出户线	1.5	从管口计算

5.铁构件工程量按设计图尺寸以质量计算。

6.系统调试和试运行按设计内容计算工程量。

二、《浙江省通用安装工程预算定额》（2018版）中工程量计算规则

1. 安全防范系统工程设备安装定额中的工程量计算规则

入侵探测器设备安装以"个、台、套"为计量单位。

报警信号接收机安装、调试以"系统"为计量单位。

出入口控制设备安装、调试以"台"为计量单位。

巡更设备安装、调试以"套"为计量单位。

监控视频设备安装以"台"为计量单位。

防护罩安装以"套"为计量单位。

摄像机支架安装以"套"为计量单位。

安全检查设备安装以"台"或"套"为计量单位。

停车场管理设备安装以"台（套）"为计量单位。

安全防范分系统系统调试及系统工程试运行均以"系统"为计量单位。

2. 计算机网络系统工程设备安装定额中的工程量计算规则

机箱（柜）、网络传输设备、网络交换设备、网络控制设备、网络安全设备、存储设备安装及软件安装以"台"为计量单位。

互联网电缆制作、安装以"条"为计量单位。

计算机及网络系统联调及试运行以"系统"为计量单位。

3. 综合布线系统工程设备安装定额中的工程量计算规则

双绞线缆、光缆、同轴电缆敷设、穿放、明布放以"m"为计量单位。线缆敷设按单根延长米计算，预留长度按进入机柜（箱）2m计算，不另计附加长度。

制作跳线以"条"为计量单位，跳线架、配线架安装以"架"为计量单位。

安装各类信息插座、光缆终端盒和跳块打结以"个"为计量单位。

双绞线缆、光缆测试以"链路"为计量单位。双绞线以4对计8芯为1个"链路"计量单位。光缆、大对数电缆以1对计2芯为1个"链路"计量单位。

光纤连接以"芯"（磨制法以"端口"）为计量单位。

布放尾纤以"条"为计量单位。

系统调试、试运行以"系统"为计量单位。

4. 电器设备安装定额中的工程量计算规则

成套配电箱安装根据箱体半周长，按照设计安装数量以"台"为计量单位。

基础槽钢、角钢制作安装根据设备布置，按照设计图示数量分别以"kg"及"m"为计量单位。

5.蓄电池安装定额中的工程量计算规则

蓄电池防震支架安装根据设计布置形式,按照设计图示安装成品数量以"m"为计量单位。

碱性蓄电池和铅酸蓄电池安装根据蓄电池容量,按照设计图示安装数量以"个"为数量单位。

免维护铅酸蓄电池安装根据蓄电池容量,按照设计图示安装数量以"组件"为计量单位。

蓄电池充放电根据蓄电池容量,按照设计图示安装数量以"组"为计量单位。

UPS安装根据单台设备容量及输入与输出相数,按照设计图示安装数量以"台"为计量单位。

6.电缆敷设安装定额中的工程量计算规则

电缆保护管铺设根据电缆敷设路径,应区别不同的敷设方式、敷设位置、管材材质、规格,按照设计图示敷设数量以"m"为计量单位。计算电缆保护管长度时,设计无规定的,按照以下规定增加保护管长度:

横穿马路时,按照路基宽度两端,各增加2m;

保护管需要出地面时,弯头管口距地面增加2m;

穿过建(构)筑物外墙时,从基础外缘起增加1m;

穿过沟(隧)道时,从沟(隧)道壁外缘起增加1m。

电缆保护管地下敷设施工土石方量有设计图纸的,按照设计图纸计算;无设计图纸的,沟深按照0.9m计算,沟宽按照保护管边缘每边各增加0.3m工作面计算。未能达到上述标准的,则按实际开挖尺寸计算。

电缆桥架安装根据桥架材质与规格,安装设计图示安装数量以"m"为计量单位。组合式桥架安装按照设计图示安装数量以"片"为计量单位。

电缆敷设根据电缆材质与规格,按照设计图示单根敷设,以"m"为计量单位,不计算电缆敷设损耗量。

竖井通道内敷设电缆长度按照穿过竖井通道的长度计算工程量。

计算电缆长度时,应考虑因坡形敷设、驰度、电缆绕梁(柱)所增加的长度以及电缆与设备连接、电缆接头等必要的预留长度。预留长度按照设计规定计算,设计无规定时按照表附录1-4规定计算。

表附录1-4 电缆预留长度表

序号	项目	预留长度(附加)	说明
1	电缆敷设驰度、坡形弯度、交叉	2.5%	按电缆全长计算
2	电缆进入建筑物	2.0m	规范规定最小值

续表

序号	项目	预留长度（附加）	说明
3	电缆进入沟内或吊架时引上（下）预留	1.5m	规范规定最小值
4	变电所进（出）线	1.5m	规范规定最小值
5	电力电缆终端头	1.5m	规范规定最小值
6	电缆中间接头盒	两端各留2.0m	规范规定最小值
7	电缆进控制、保护屏及模拟盘、配电箱等	高+宽	按盘面尺寸
8	高压开关柜及低压配电盘、箱	2.0m	盘下进出线
9	电缆至电动机	0.5m	从电动机接线盒算起
10	厂用变压器	3.0m	从地坪算起
11	电缆绕过梁柱等增加长度	按实计算	按被绕五的断面情况计算增加长度
12	电梯电缆与电缆架固定点	每处0.5m	规范规定最小值

电缆头制作、安装根据电压等级与电缆头形成及电缆截面，按照设计图示单根电缆接头数量以"个"为计量单位。

电力电缆和控制电缆均按照一根电缆有两个终端头计算。

电力电缆中间头按照设计规定计算，设计没有规定的，按实际情况计算。

当电缆头制作、安装使用成套供应的电缆头套件时，定额内除其他材料费保留外，其余计价材料应全部扣除，电缆头套件按主材费计价。

7.防雷与接地装置安装定额中的工程量计算规则

均压环敷设长度按照设计需要，作为均压接地梁的中心线长度以"m"为计量单位。

接地极制作、安装根据材质与土质，按照设计图示安装数量以"根"为计量单位。接地极长度按照设计长度计算，设计无规定时，按照每根2.5m计算。

电子设备防雷接地装置安装根据需要避雷的设备，按照个数计算工程量。

8.配管安装定额中的工程量计算规则

配管敷设根据配管材质与直径，区别敷设位置、敷设方式，按照安装设计图示安装数量以"m"为计量单位。计算长度时，不扣除管路中间的接线箱、接线盒、开关盒、插座盒、管件等所占长度。

金属软管敷设根据金属管直径及每根长度，按照设计图示安装数量以"m"为计量单位。

线槽敷设根据线槽材质与规格，按照设计图示安装数量以"m"为计量单位。计算长度时，不扣除管路中间的接线箱、灯头盒、开关盒、插座盒、管件等所占长度。

9.配线安装定额中的工程量计算规则

管内配线根据导线材质与截面面积,区别照明线与动力线,按照设计图示安装数量以"m"为计量单位;管内穿多芯软导线根据软导线芯数与单芯软导线截面积,按照设计图示安装数量以"m"为计量单位。

线槽配线根据导线截面面积,按照设计图示安装数量以"m"为计量单位。

盘、柜、箱、板配线根据导线截面面积,按照设计图示配线数量以"m"为计量单位。配线进入盘、柜、箱、板时,每根线的预留长度按照设计规定计算,设计无规定时按照表附录1-5规定计算。

表附录1-5 配线预留长度表

序号	项目	预留长度	说明
1	各种开关箱、柜、板	高+宽	盘面尺寸
2	单独安装(无箱、盘)的铁壳开关、闸刀开关、启动器、线槽进出线盒等	0.3m	从安装对象中心算起
3	由地面管子出口引至动力接线箱	1.0m	从管口计算
4	电源与管内导线连接(管内穿线与软、硬母线接点)	1.5m	从管口计算
5	出户线	1.5m	从管口计算

10.线路工程施工安装定额中的工程量计算规则

铺设通信管道的长度均按图示管道段长计算。人(手)孔中心点为计算的端点。

11.分光、分线、配线设备安装定额中的工程量计算规则

交接箱、配线箱按设计图示数量以"个""台"为计量单位,箱内配线架跳线以"条"为计量单位。

光分路器按设计图示数量以"台"为计量单位,光分路器与光线路插接按设计图示数量以"端口"为计量单位。

12.光(电)缆接续与测试定额中的工程量计算规则

光缆接续(熔接法)以"头"为计量单位,光缆接续(机械法)以"芯"为计量单位。

光纤链路测试以"链路"为计量单位。

电缆接续以"100对"为计量单位。

附录二 实例中有关安防工程施工图纸与综合单价分析表等

一、有关安防工程施工图纸

见图附录2-1、图附录2-2、图附录2-3、图附录2-4、图附录2-5、图附录2-6、图附录2-7、图附录2-8、图附录2-9、图附录2-10、图附录2-11、图附录2-12、图附录2-13。

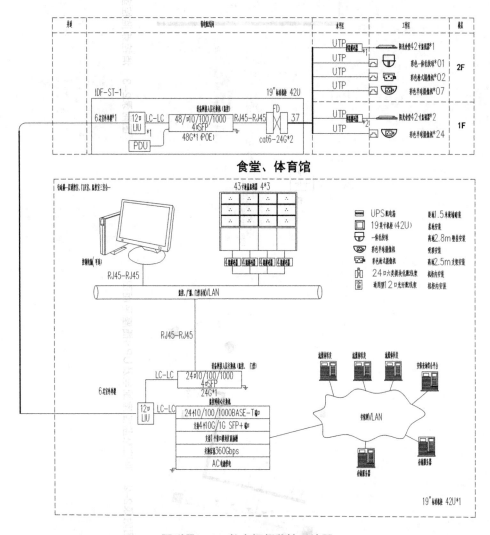

图附录2-1　数字视频监控系统图

…… ● 安防工程概预算

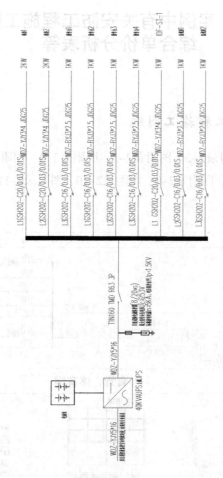

图附录2-3 消控兼监控室UPS配电柜系统图

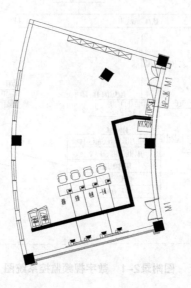

图附录2-2 消控兼监控室配电及UPS插座平面图

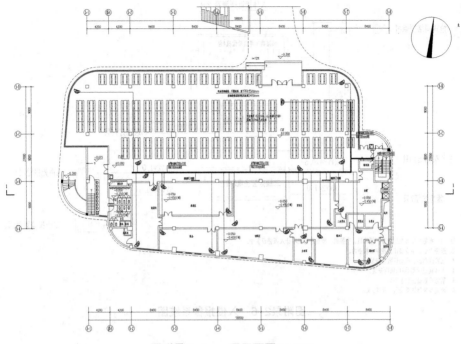

图附录2-4 一层平面图1:150

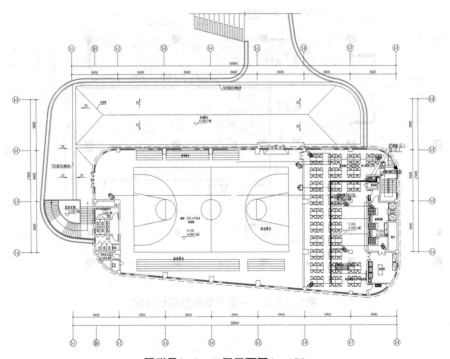

图附录2-5 二层平面图1:150

…… 安防工程概预算

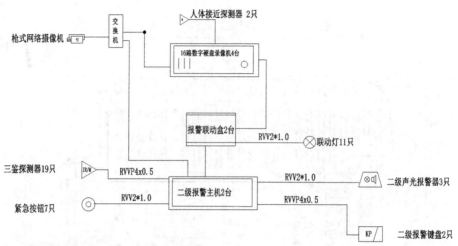

注：1、报警联动涉及的设备：摄像机、交换机、硬盘录像机不计入报警设备中。
2、报警中心设备安装在监控中心机柜内。
3、三鉴探测器、联动灯吸顶安装。
4、人体接近探测器ATM机内安装。
5、紧急按钮操作台上安装。
6、声光报警器墙面安装，距地2米。

图附录2-6 入侵报警系统图

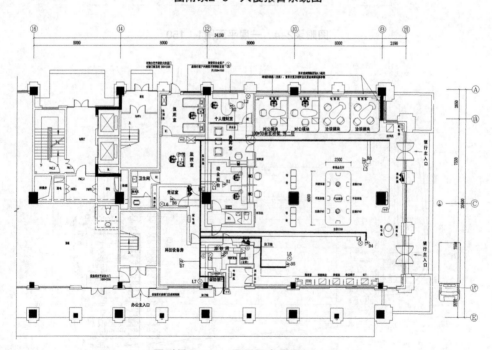

图附录2-7 一层平面布置图1∶100

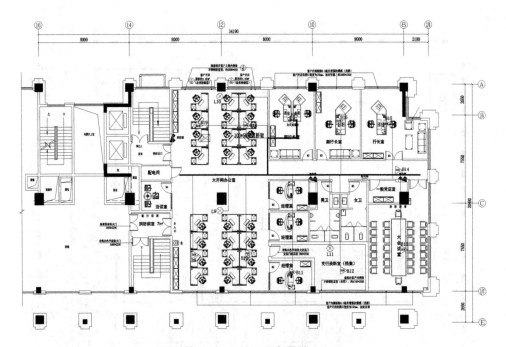

图附录2-8 二层平面布置图1:100

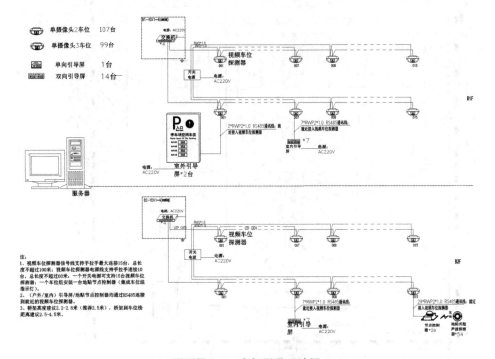

图附录2-9 车辆引导系统图

…… ● 安防工程概预算

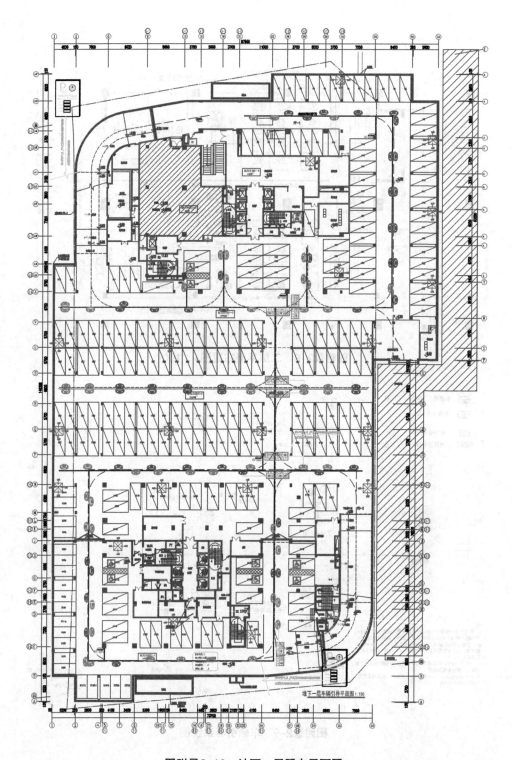

图附录2-10　地下一层弱电平面图

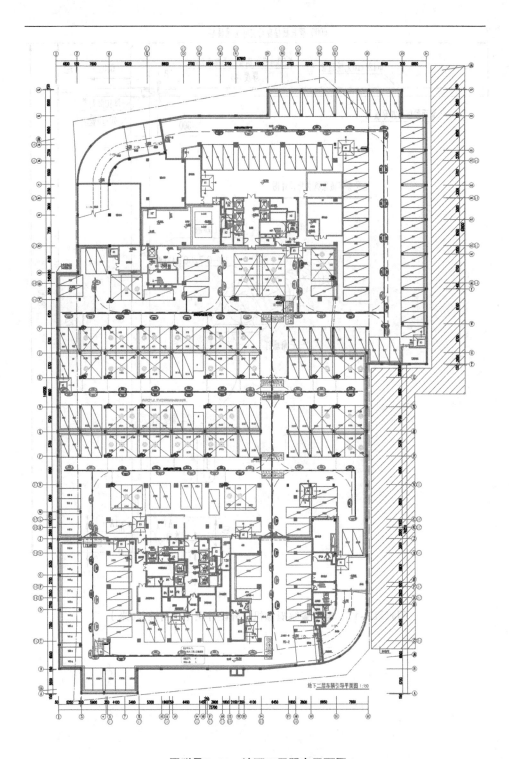

图附录2-11 地下二层弱电平面图

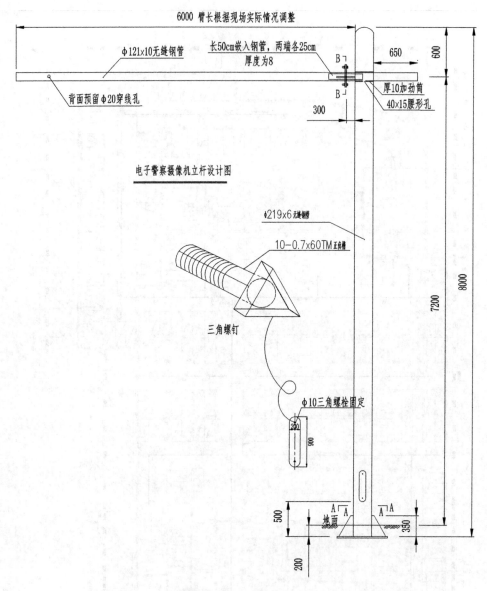

图附录2-11 电子警察摄像机立杆设计图（悬臂挑长6米）

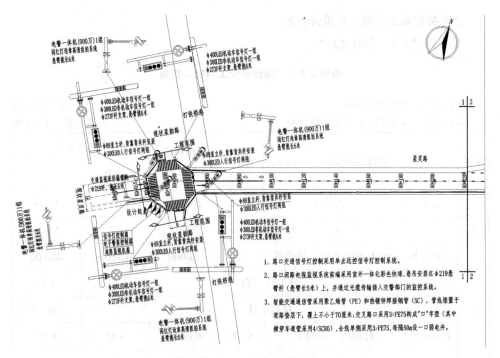

图附录2-12 智能交通图纸一

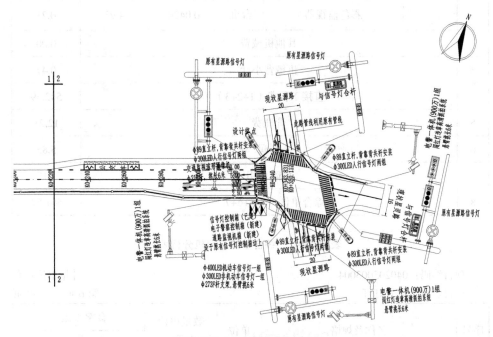

图附录2-12 智能交通图纸二

2. 有关安防工程综合单价分析表

见表附录2-1、表附录2-2。

表附录2-1 综合单价工料机分析表

项目编码：030507008001 　　　　　　　　　　　　　　计量单位：台
项目名称：400万网络半球型摄像机 　　　　　　　　　　第1页 共48页

序号	名称及规格		单位	数量单价（元）	金额（元）
					合价
	人工	二类人工	工日	0.4130	135.00	55.76
1	人工费小计					55.76
	主要材料	400万网络半球型摄像机	台	1.0000	480.00	480.00
		其他材料费				6.16
2	材料小计					486.16
	主要机械	对讲机（一对）	台班	0.0420	4.61	0.19
		数字万用表PS-56	台班	0.0170	4.16	0.07
		彩色监视器	台班	0.0420	4.93	0.21
		其他机械费				0.00
3	机械费小计					0.47
4	直接工程费（1+2+3）					542.39
5	管理费					12.21
6	利润					5.85
7	风险费用					1.12
8	综合单价（4+5+6+7）					561.57

表附录2-2 综合单价工料机分析表

项目编码：040205003004 　　　　　　　　　　　　　　计量单位：套
项目名称：信号灯杆 　　　　　　　　　　　　　　　　　第6页 共30页

序号	名称及规格		单位	数量单价（元）	金额（元）
					合价
	人工	二类人工	工日	3.1920	135.00	430.92

续表

序号	名称及规格		单位	数量单价（元）	金额（元）合价
		二类人工	工日	0.4941	135.00	66.70
1		人工费小计				497.62
	主要材料	标志杆F杆	t	1.5200	6947.00	10559.44
		螺纹钢Ⅱ级综合	t	0.0025	3780.00	9.32
		电焊条	kg	0.0212	4.90	0.10
		镀锌铁丝22#	kg	0.0071	4.80	0.03
		商品混凝土C25（20）	m^3	0.3654	317.00	115.83
		草袋	个	0.2077	2.54	0.53
		水	m^3	0.0598	2.95	0.18
		其他材料费				0.00
2		材料小计				10685.44
	主要机械	载货汽车4t	台班	0.3466	370.77	128.49
		汽车式起重机8t	台班	0.3466	653.15	226.36
		钢筋弯曲机φ40	台班	0.0005	20.55	0.01
		钢筋切断机φ40	台班	0.0003	38.36	0.01
		交流弧焊机32kV·A	台班	0.0012	90.03	0.11
		混凝土振捣器平板式BLL	台班	0.0101	17.00	0.17
		插入式混凝土振捣器	台班	0.0205	4.77	0.10
		其他机械费				0.00
3		机械费小计				355.25
4		直接工程费（1+2+3）				11538.31
5		管理费				145.33
6		利润				85.20
7		风险费用				17.06
8		综合单价（4+5+6+7）				11785.90

附录三 《建设工程工程量清单计价规范》（GB 50500-2013）

一、概述

工程量清单计价和报价是国际上通行的做法，是我国现行的工程造价计价方法和招投标中报价方法。《建设工程工程量清单计价规范》（GB50500-2013）是在"证书宏观调控、部门动态监管、企业自主报价、市场决定价格"的基础上，规定了合同价款约定、合同价款调整、合同价款中期支付、竣工结算支付以及合同解除的价款结算与支付、合同价款争议的解决方法，展现了加强市场监管的措施，强化了清单计价的执行力度。

二、主要内容介绍

（一）专业划分

《建设工程工程量清单计价规范》（GB 50500-2013）将建筑与装饰专业合并为一个专业，将仿古专业从园林专业中拆分出来成为一个新专业，新增了构筑物、城市轨道交通、爆破工程三个专业，形成九个专业：房屋建筑与装饰、仿古建筑工程、通用安装工程、市政工程、园林绿化工程、矿山工程、构筑物工程、城市轨道交通工程、爆破工程。

（二）强制要求

《建设工程工程量清单计价规范》（GB 50500-2013）以强制条款形式重点明确以下内容：

使用国有资金投资的建设工程发承包，必须采用工程量清单计价。

招标工程量清单必须作为招标文件的组成部分，其准确性和完整性由招标人负责。

分部分项工程量清单应包括项目编码、项目名称、项目特征、计量单位和工程量。

分部分项工程项目清单必须根据相关工程现象国家计量规范规定的项目编码、项目名称、项目特征、计量单位和工程量计算规则进行编制。

工程量清单应采用综合单价计价。

措施项目中的安全文明施工费必须按国家或省级、行业建设主管部门的规定计算，不得作为竞争性费用。

规费和税金必须按国家或省级、行业建设主管部门的规定计算，不得作为竞争性费用。

附录四 《浙江省建设工程计价规则》（2018版）

一、概述

《浙江省建设工程计价规则》（2018版）是根据《建筑工程工程量清单计价规范》以及《浙江省建设工程造价管理办法》（省政府令第296号），按照"政府宏观调控、企业自主报价、竞争形成价格、监管行之有效"的精神，结合浙江省的实际制定的。

《浙江省建设工程计价规则》（2018版）是指导投资估算、设计概算、施工图预算、招投标控制价、投标报价的编制以及工程合同价约定、竣工结算办理、工程计价纠纷调解处理、工程造价鉴定等的依据。

建设工程施工发承包活动统一实行综合单价计价方法。国有资金投资的建设工程必须实行工程量清单计价模式。

建设工程施工取费费率项目包括施工组织措施费、企业管理费、利润、其他项目费、规费和税金。企业管理费、利润、其他施工组织措施费率采用下限、中值、上限三档计算。其他项目费采用区间费率和固定费率，规费、税金根据不同专业工程和不同计税方法采用固定费率计算。

二、工程造价按照费用构成要素划分的组成及费用说明

工程造价组成按照费用构成要素划分，如表附录4-1所示。

表附录4-1　工程造价按费用的构成要素组成明细表

费用名称		费用（构成）明细	
建筑安装工程费	人工费	1.计时工资或计件工资 3.津贴、补贴 5.特殊情况下支付的工资 7.劳动保护费	2.奖金 4.加班加点工资 6.职工福利费
	材料费	1.材料原价 3.采购及保管费	2.运杂费
	机械费	1.施工机械使用费 （1）折旧费　（2）检修费 （3）维护费　（4）安拆费及场外运费 （5）人工费　（6）燃料动力费 （7）其他费用	
		2.仪器仪表使用费	
	企业管理费	1.管理人员工资 3.差旅交通费 5.工具用具使用费 7.检验试验费 9.已完工程及设备保护费 11.工会经费 13.财产保险费 15.税费	2.办公费 4.固定资产使用费 6.劳动保险费 8.夜间施工增加费 10.工程定位复测费 12.职工教育经费 14.财务费 16.其他
	利润		
	规费	1.社会保险费 （1）养老保险费　（2）失业保险费 （3）医疗保险费　（4）生育保险费 （5）工伤保险费	
		2.住房公积金	
	税金	增值税 （1）城市维护建设税　（2）教育费附加 （3）地方教育附加	

其中人工费、材料费、施工机具使用费、企业管理费和利润包含在分部分项工程费、措施项目费、其他项目费中。

（一）人工费

人工费是指按工资总额构成规定，支付给从事工程施工的生产工人和附属生产单位工人的各项费用（包括个人缴纳的社会保险费与住房公积金），具体包括：

1.计时工资或计件工资

计时工资或计件工资是指按计时工资标准和工作时间，或对已做工作按计件单价支付给个人的劳动报酬。

2.奖金

奖金是指为超额劳动和增收节支支付给个人的劳动报酬，如节约奖、劳动竞赛奖等。

3.津贴补贴

津贴补贴是指为了补偿职工特殊或额外的劳动消耗和因其他特殊原因支付给个人的津贴，以及为了保证职工工资水平不受物价影响而支付给个人的物价补贴，如流动施工津贴、特殊地区施工津贴、高温（寒）作业临时津贴、高空津贴等。

4.加班加点工资

加班加点工资是指按规定支付的在法定节假日工作的加班工资和在法定日工作时间外延时工作的加点工资。

5.特殊情况下支付的工资

特殊情况下支付的工资是指根据国家法律、法规和政策规定，因病、工伤、产假、计划生育假、婚丧假、事假、探亲假、定期休假、停工学习、执行国家或社会义务等原因按计时工资标准或计时工资标准的一定比例支付的工资。

6.职工福利费

职工福利费是指企业按规定标准支付给生产工人的集体福利费、夏季防暑降温费、冬季取暖补贴、上下班交通补贴等。

7.劳动保护费

劳动保护费是指企业按规定标准发放的生产工人劳动保护用品的支出，如工作服、手套、防暑降温饮料以及在有碍身体健康的环境中施工的保健费用等。

（二）材料费

材料费是指施工过程中耗费的原材料、辅助材料、构配件、零件、半成品或成品、工程设备的费用，内容包括：

1.材料及工程设备原价

材料及工程设备原价是指材料、工程设备的出厂价格或商家供应价格，原价包括为方便材料、工程设备的运输和保护而进行必要的包装所需要的费用。

2.运杂费

运杂费是指材料、工程设备自来源地运至工地仓库或指定堆放地点所发生的全部费用，包括装卸费、运输费、运输损耗及其他附加费等。

3.采购及保管费

采购及保管费是指在组织采购、供应和保管材料、工程设备的过程中所需要的各项费用，包括采购费、仓储费、工地保管费、仓储损耗等。

（三）机械费

机械费是指施工作业所发生的施工机械、仪器仪表使用费，包括施工机械使用费和仪器仪表使用费。

1.施工机械使用费

施工机械使用费是指施工机械作业所发生的机械使用费，以施工机械台班耗用量与施工机械台班单价的乘积表示。施工机械台班单价应由下列七项费用组成：

（1）折旧费：指施工机械在规定的使用年限内，陆续收回其原值的费用。

（2）检修费：指施工机械在规定的耐用总台班内，按规定的检修间隔进行必要的检修，以恢复其正常功能所需的费用。

（3）维护费：指施工机械在规定的耐用总台班内，按规定的维护间隔进行各级维护和临时故障排除所需的费用，包括为保障机械正常运转所需替换设备与随机配备工具附具的摊销、机械运转及日常维护所需润滑与擦拭的材料费用及机械停滞期间的维护费用等。

（4）安拆费及场外运费：安拆费指施工机械（大型机械除外）在现场进行安装与拆卸所需的人工、材料、机械和试运转费用以及机械辅助设施的折旧、搭设、拆除等费用；场外运费指施工机械整体或分体自停放地点运至施工现场或由一施工地点运至另一施工地点的运输、装卸、辅助材料等费用。

（5）人工费：指机上司机（司炉）和其他操作人员的人工费。

（6）燃料动力费：指施工机械在运转作业中所消耗的各种燃料及水、电等。

（7）其他费用：指施工机械按照国家和有关部门规定应缴纳的车船使用税、保险费及年检费等。

2.仪器仪表使用费

仪器仪表使用费是指工程施工所需仪器仪表的使用费，以引起仪表台班耗用量与仪器仪表台班单价的乘积表示。仪器仪表台班单价由折旧费、维护费、校验费和动力费组成。

（四）企业管理费

企业管理费是指建筑安装企业组织施工生产和经营管理所需的费用，内容包括：

1.管理人员工资

管理人员工资是指按规定支付给管理人员的计时工资、奖金、津贴补贴、加班加点工资、特殊情况下支付的工资及相应的职工福利费、劳动保护费等。

2.办公费

办公费是指企业管理办公用的文具、纸张、账表、印刷、邮电、书报、办公软件、现场监控、会议、水电、烧水和集体取暖降温（包括现场临时宿舍取暖降温）等费用。

3.差旅交通费

差旅交通费是指职工因公出差、调动工作的差旅费、住勤补助费，市内交通费和误餐补助费，职工探亲路费，劳动力招募费，职工退休、退职一次性路费，工伤人员就医路费，工地转移费以及管理部门使用的交通工具的油料、燃料费用等。

4.固定资产使用费

固定资产使用费是指管理和试验部门及附属生产单位使用的属于固定资产的房屋、设备、仪器（包括现场出入管理及考勤设备、仪器）等的折旧、大修、维修或租赁费。

5.工具用具使用费

工具用具使用费是指企业施工生产和管理使用的不属于固定资产的工具、器具、家具、交通工具和检验、试验、测绘、消防用具等的购置、维修和摊销费。

6.劳动保险费

劳动保险费是指由企业支付的职工退职金、按规定支付给离休干部的经费、集体福利费、夏季防暑降温费、冬季取暖补贴、上下班交通补贴等。

7.检验试验费

检验试验费是指施工企业按照有关标准规定，对建筑以及材料、构件和建筑安装物进行一般鉴定、检查所发生的费用，包括自设试验室进行试验所耗用的材料等费用，不包括新结构、新材料的试验费。对构件做破坏性试验及其他特殊要求检验试验的费用和建设单位委托检测机构进行检测的费用，由建设单位在工程建设其他费用中列支。但对施工企业提供的具有合格证明的材料检测不合格的，该检测费用由施工企业支付。

8.夜间施工增加费

夜间施工增加费是指因施工工艺要求必须持续作业而不可避免的夜间施工所增加的费用，包括夜班补助费、夜间施工降效、夜间施工照明设备摊销以及照明用电费用等。

9.已完工程及设备保护费

已完工程及设备保护费是指竣工验收前，对已完工程及工程设备采取的必要保护措施所产生的费用。

10.工程定位复测费

工程定位复测费是指工程施工过程中进行全部施工测量放线和复测工作的费用。

11. 工会经费

工会经费是指企业按照《中华人民共和国工会法》规定的全部职工工资总额比例计提的工会经费。

12. 职工教育经费

职工教育经费是指按职工工资总额的规定比例计提，企业为职工进行专业技术和职业技能培训，专业技术人员继续教育、职工职业技能鉴定、职业资格认定以及根据需要对职工进行各类文化教育所产生的费用。

13. 财产保险费

财产保险费是指施工管理用财产、车辆等的保险费用。

14. 财务费

财务费是指企业为施工生产筹集资金或提供预付款担保、履约担保、职工工资支付担保等所产生的各种费用。

15. 税费

税费是指企业根据国家税法规定应计入建筑安装工程造价内的城市维护建设税、教育费附加和地方教育附加，以及企业按规定缴纳的房产税、车船使用税、土地使用税、印花税、环保税等。

16. 其他

其他企业管理费包括技术转让费、技术开发费、投标费、业务招待费、绿化费、广告费、公证费、法律顾问费、审计费、咨询费、危险作业意外伤害保险费等。

（五）利润

利润是指施工企业完成所承包工程获得的盈利。

（六）规费

规费是指按国家法律、法规规定，由省级政府和省级有关权力部门规定必须缴纳或计取，应纳入建筑安装工程造价内的费用，包括社会保险费和住房公积金，其中社会保险费，由以下各类保险费用组成：

1. 养老保险费
2. 失业保险费
3. 医疗保险费
4. 生育保险费
5. 工伤保险费
6. 住房公积金

（七）税金

税金是指国家税法规定的应计入建筑安装工程造价内的建筑服务增值税。

三、工程造价按照造价形式划分的组成及费用说明

工程造价按照造价形式划分，其组成如表附录4-2所示。

表附录4-2　工程造价按造价形式划分组成明细表

费用名称		费用明细	
建筑安装工程费	分部分项工程费	1.房屋建筑与装饰工程 土石方工程 地基处理与边坡支护工程 桩基础工程 …… 2.通用安装工程 3.市政工程 4.城市轨道交通工程 5.园林绿化及仿古建筑工程 ……	
	措施项目费	1.施工技术措施费	（1）通用施工技术措施项目费 ①大型机械设备进出场及安拆费 ②脚手架工程费 （2）专业工程施工技术措施费 （3）其他施工技术措施项目费
		2.施工组织措施项目费	（1）安全文明施工费 ①环境保护费 ②文明施工费 ③安全施工费 ④临时设施费 （2）提前竣工增加费 （3）二次搬运费 （4）冬雨季施工增加费 （5）行车、行人干扰增加费 （6）其他施工组织措施费

续表

费用名称	费用明细	
其他项目费	1.暂列金额	2.暂估价
	3.计日工	4.施工总承包服务费
	5.专业工程结算价	6.索赔与现场签证费
	7.优质工程增加费	
规费	1.社会保险费	（1）养老保险费
		（2）失业保险费
		（3）医疗保险费
		（4）生育保险费
		（5）工伤保险费
	2.住房公积金	
税金	增值税	

其中分部分项工程费、措施项目费、其他项目费包含人工费、材料费、机械费、企业管理费和利润。

（一）分部分项工程费

分部分项工程费是指根据设计规定，按照施工验收规范、质量评定标准的要求，完成构成工程实体所耗费或产生的各项费用，包括人工费、材料费、机械费和企业管理费、利润。

（二）措施项目费

措施项目费是指为完成建筑安装工程施工，按照安全操作规程、文明施工规定的要求，产生于该工程施工前和施工过程中的技术、生活、安全、环境保护等方面的费用，由施工技术措施项目费和施工组织措施项目费构成，包括人工费、材料费、机械费和企业管理费、利润。

1.施工技术措施项目费

施工技术措施项目费包括下列费用：

（1）通用施工技术措施项目费

通用施工技术措施项目费包括大型机械设备进出场及安拆费和脚手架工程费。

大型机械设备进出场及安拆费是指机械整体或分体自停放场地运至施工现场或由一个施工地点运至另一个施工地点所产生的机械进出场运输、转移（含运输、装卸、辅助材料、架线等）费用及机械在施工现场进行安装、拆卸所需的人工费、材料费、机械费、试运转费和安装所需的辅助设施的费用。

脚手架工程费是指施工需要的各种脚手架搭、拆、运输费用以及脚手架购置费的摊销费用。

（2）专业工程施工技术措施项目

专业工程施工技术措施项目是指根据现行国家各专业工程工程量计算规范或浙江省各专业工程计价定额及有关规定，列入各专业工程措施项目的属于施工技术措施的费用。

（3）其他施工技术措施项目费

其他施工技术措施项目费是指根据各专业工程特点补充的施工技术措施项目的费用。

2.施工组织措施项目费

施工组织措施项目费包括下列费用：

（1）安全文明施工费：指按照国家现行的建筑施工安全、施工现场环境与卫生标准和大气污染防治及城市建筑工地、道路扬尘管理要求等有关规定，购置和更新施工安全防护用具及设施、改善安全生产条件和作业环境、防止并治理施工现场扬尘污染所需的费用，内容包括：

环境保护费：指施工现场为达到环保部门要求所需要的各项费用。

文明施工费：指施工现场文明施工所需要的各项费用。

安全施工费：指施工现场安全施工所需要的各项费用。

临时设施费：指施工企业为进行建设工程施工所必须搭设的生活和生产用的临时建筑物、构筑物和其他临时设施费用，包括临时设施的搭设、维修、拆除、清理费或摊销费等。

（2）提前竣工增加费：指因缩短工期要求发生的施工增加费，包括赶工所需的夜间施工增加费、周转材料加大投入量和资金、劳动力集中投入等所增加的费用。

（3）二次搬运费：指因施工场地条件限制而发生的材料、构配件、半成品等一次运输不能到达堆放地点，必须进行二次或多次搬运所发生的费用。

（4）冬雨季施工增加费：指在冬季或雨季施工需增加的临时设施、防滑、排除雨雪，人工及施工机械效率降低等费用。

（5）行车、行人干扰增加费：指边施工边维持行人与车辆通行的市政、城市轨道交通、园林绿化等市政基础设施工程及相应养护维修工程受行车、行人干扰影响而降低工效等所增加的费用。

（6）其他施工组织措施费：指根据各专业工程特点补充的施工组织措施项目的费用。

（三）其他项目费

其他项目费构成内容应视工程实际情况按照不同阶段的计价需要进行列项。其中，编制招标控制价和投标报价时，由暂列金额、暂估价、计日工、施工总承包服务费构成；编制竣工结算时，由专业工程结算价、计日工、施工总承包服务费、索赔与现场签证费以及优质工程增加费构成。

1. 暂列金额

暂列金额是招标人在工程量清单中暂定并包括在工程合同价款中的一笔款项。用于工程合同签订时尚未确定或者不可预见的所需材料、工程设备、服务的采购，施工中可能发生的工程变更、合同约定调整因素出现时的工程价款调整以及发生的索赔、现场签证确认等的费用和标化工地、优质工程等费用的追加，包括标化工地暂列金额、优质工程暂列金额和其他暂列金额。

2. 暂估价

暂估价是指招标人在工程量清单中提供的用于支付必然发生但暂时不能确定价格的材料、工程设备的单价以及施工技术专项措施项目、专业工程等的金额。

（1）材料及工程设备暂估价：指发包阶段已经确认的材料、工程设备，由于设计标准未明确等原因造成当时无法确定准确价格，或者设计标准虽已明确，但一时无法取得合理询价，由招标人在工程量清单中给定的若干暂估单价。

（2）专业工程暂估价：指发包阶段已经确认的专业工程，由于设计未详尽、标准未明确或需要有专业承包人完成等原因造成当时无法确定准确价格，由招标人在工程量清单中给定的一个暂估总价。

（3）施工技术专项措施项目暂估价：指发包阶段已经确认的施工技术措施项目，由于需要在签约后由承包人提出专项方案并经论证、批准方能实施等原因造成当时无法准确计价，由招标人在工程量清单中给定一个暂估总价。

3. 计日工

计日工是指在施工过程中，承包人完成发包人提出的工程合同以外的零星项目或工作所需的费用。

4. 施工总承包服务费

施工总承包服务费是指施工总承包人为配合、协调发包人进行专业工程发包，对发包人自行采购的材料、工程设备等进行保管以及施工现场管理、竣工资料汇总整理等服务所需的费用，包括发包人发包专业工程管理费和发包人提供材料及工程设备保管费。

5. 专业工程结算价

专业工程结算价是指发包阶段招标人在工程量清单中以暂估价给定的专业工程，竣工结算时发承包双方按照合同约定计算并确定的最终金额。

6. 索赔与现场签证费

（1）索赔费是指在工程合同履行过程中，合同当事人一方因非己方的原因遭受损失，按合同约定或法律法规规定应由对方承担责任，从而向对方提出赔偿要求，经双方共同确认需补偿的各项费用。

（2）现场签证费是指发包人现场代表（或其授权的监理人、工程造价咨询人）与承包人现场代表就施工过程涉及的责任事件所做的签认证明中的各项费用。

7.优质工程增加费

优质工程增加费是指建筑施工企业在生产合格建筑产品的基础上，为生产优质工程而增加的费用。

（四）规费

与本附录第二节中定义相同。

（五）税金

与本附录第二节中定义相同。

四、计价方法

（一）计价方式——综合单价法

建筑安装工程统一按照综合单价法进行计价，包括国标工程量清单计价和定额项目清单计价。

国标工程量清单计价和定额项目清单计价除分部分项工程费、施工技术措施项目费分别按照计量规范规定的清单项目和专业定额规定的定额项目列项计算外，其余费用的计算及方法应当一致。

（二）计税方法

建筑安装工程计价可采用一般计税法和简易法计税。如选择采用简易计税方法计税，应符合税务部门关于简易计税的适用条件，建筑安装工程概算应采用一般计税方法计税。

采用一般计税方法计税时，其税前工程造价（或税前概算费用，下同）的各费用项目均不包含增值税的进项税额，相应价格、费率及其取费基数均按"除税价格"计算或测定；采用简易计税方法计税时，其税前工程造价的各费用项目均包含增值税的进项税，相应价格、费率及其取费基数均按"含税价格"计算或测定。

（三）建筑安装工程概算费用计价

建筑安装工程概算费用由税前概算费用和税金（增值税销项税，下同）组成。计价内容包括概算分部分项工程（包含施工技术措施项目，下同）费、总价综合费用、概算其他费用和税金。

1. 概算分部分项工程费

概算分部分项工程费按概算分部分项工程数量乘综合单价，以其合价之和进行计算。

（1）工程数量

工程数量应根据概算"专业定额"中定额项目规定的工程量计算规则进行计算。

（2）综合单价

综合单价所含的人工费、材料费、机械费应按照概算"专业定额"中的人工、材料、施工机械（仪器仪表）台班消耗量以概算编制期对应月份省、市工程造价管理机构发布的市场信息价进行计算。遇未发布市场信息价的，可通过市场调查以询价方式确定价格。

综合单价所含企业管理费、利润应以概算"专业定额"中定额子目的"定额人工费+定额机械费"乘单价综合费用费率进行计算。单价综合费用费率由企业管理费费率和利润费率构成，按相应施工取费费率的中值取定。

2. 总价综合费用

总价综合费用按概算分部分项工程费中的"定额人工费+定额机械费"乘总价综合费用费率计算。总价综合费用费率由施工组织措施项目费相关费率和规费费率构成，所含施工组织措施项目费率只包括安全文明施工基本费、提前竣工增加费、二次搬运费、冬雨季施工增加费费率，不包括标化工地增加费和行车、行人干扰增加费费率。

（1）安全文明施工基本费费率按市区工程相应基准费率（及施工取费费率的中值）取定；

（2）提前竣工增加费费率按缩短工期比例为10%以内施工取费费率的中值取定；

（3）二次搬运增加费、冬雨季施工增加费费率按相应施工取费费率的中值取定；

（4）规费费率按相应施工取费费率取定。

3. 概算其他费用

概算其他费用按标化工地预留费、优质工程预留费、概算扩大费用之和进行计算。

（1）标化工地预留费

标化工地预留费是指因工程实施时可能发生的标化工地增加费而预留的费用。标化工地预留费应以概算分部分项工程费中的"定额人工费+定额机械费"乘标化工地预留费费率进行计算。

标化工地预留费费率按市区工程标化工地增加费相应标化等级的施工取费费率取定，设计概算编制时已明确创安全文明施工标准化工地目标的，按目标等级对相应费率进行计算。

（2）优质工程预留费

优质工程预留费是指为工程实施时可能发生的优质工程增加费而预留的费用。优质工程预留费应以"概算分部分项工程费+总价综合费用"乘优质工程预留费费率进行计算。

优质工程预留费费率按优质工程增加费相应优质等级的施工取费费率取定，设计概算编制时已明确创优工程目标的，按目标等级对应费率计算。

（3）概算扩大费用

概算扩大费用是指因概算定额与预算定额的水平幅度差、初步设计图纸与施工图纸的设计深度差异等因素，编制概算时应予以适当扩大考虑的费用。概算扩大费用应以"概算分部分项工程费+总价综合费用"乘扩大系数进行计算。

扩大系数按1%~3%进行取定，具体数值可根据工程的复杂程度和图纸的设计深度确定。其中，较简单工程或图纸设计深度达到要求的取1%，一般工程取2%，较复杂或设计图纸深度不够要求的取3%。

4.税前概算费用

税前概算费用按概算分部分项工程费、总价综合费用、概算其他费用之和进行计算。

5.税金

税金按税前公司概算费用乘增值税销项税税率进行计算。

6.建筑安装工程概算费用

建筑安装工程概算费用按税前概算费用、税金之和进行计算。

（四）建筑安装工程施工费用计价

建筑安装工程施工费用（即工程造价）由税前工程造价和税金（增值税销项税或征收率，下同）组成。计价内容包括分部分项工程费、措施项目费、其他项目费、规费和税金。

1.分部分项工程费

分部分项工程费按分部分项工程数量乘综合单价以其合价之和进行计算。

（1）工程数量

采用"国标清单计价"的工程，分部分项工程数量应根据"计量规范"中清单项目规定的工程量计算规则和本省有关规定进行计算。

采用"定额清单计价"的工程，分部分项工程数量应根据预算"专业定额"中定额项目规定的工程量计算规则进行计算。

编制招标控制价和投标报价时，工程数量统一按照招标人在发承包计价前依据招标工程设计图纸和有关计价规定计算并提供的工程量确定；编制竣工结算时，工程数量应以承包人完成合同工程应予计量的工程量进行调整。

（2）综合单价

①工料机费用

编制招标控制价时，综合单价所含的人工费、材料费、机械费应按照预算"专业定额"中的人工、材料、施工机械（仪器仪表）台班消耗量以相应"基准价格"进行计算。遇未发布"基准价格"的，可通过市场调查以询价方式确定价格。因设计标准未明确等原因造成无法当时确定准确价格，或者设计标准虽已明确但一时无法取得合理询价的材料的，应以"暂估单价"计入综合单价。

编制投标报价时，综合单价所含的人工费、材料费、机械费可按照企业定额或参照预算"专业定额"中的人工、材料、施工机械（仪器仪表）台班消耗量以当时当地相应市场价格由企业自主确定。其中，材料的"暂估单价"应与招标控制价保持一致。

编制竣工结算时，综合单价所含的人工费、材料费、机械费除"暂估单价"直接以相应"确定单价"替换计算外，应根据已标价清单综合单价中的人工、材料、施工机械（仪器仪表）台班消耗量，按照合同约定计算因价格波动所引起的价差。计补价差时，应以分部分项工程所列项目的全部差价汇总计算，或直接计入相应综合单价。

②管理费和利润

编制招标控制价时，采用"国标清单计价"的工程，综合单价所含企业管理费、利润应以清单项目中的"定额人工费+定额机械费"乘企业管理费、利润相应费率分别计算。采用"定额清单计价"的工程，综合单价所含企业管理费、利润应以定额项目中的"定额人工费+定额机械费"乘企业管理费、利润相应费率分别计算。其中，企业管理费费率、利润费率应按相应施工取费费率的中值取定。

编制投标报价时，采用"国标清单计价"的工程，综合单价所含企业管理费、利润应以清单项目中的"定额人工费+定额机械费"乘企业管理费、利润相应费率分别计算。采用"定额清单计价"的工程，综合单价所含企业管理费、利润应以定额项目中的"定额人工费+定额机械费"乘企业管理费、利润相应费率分别计算。其中，企业管理费费率、利润费率可参考相应施工取费费率由企业自主确定。

编制竣工结算时，采用"国标清单计价"的工程，综合单价所含企业管理费、利润应以清单项目中依据已标价清单综合单价确定的"人工费+机械费"乘企业管理费、利润相应费率分别计算。采用"定额清单计价"的工程，综合单价所含企业管理费、利润应以定额项目中依据已标价清单综合单价确定的"人工费+机械费"乘企业管理费、利润相应费率分别计算。其中，企业管理费费率、利润费率按投标报价时的相应费率保持不变。

③风险费用

综合单价应包括风险费用。风险费用是指隐含于综合单价之中用于化解发承包双方在工程合同中约定风险内容和范围（幅度）内人工、材料、施工机械（仪器仪表）台班的市场价格波动风险的费用。对以"暂估单价"计入综合单价的材料不考虑风险费用。

2.措施项目费

措施项目费应按施工技术措施费、施工组织措施费之和进行计算。

（1）施工技术措施费

施工技术措施费应以施工技术措施项目工程量乘综合单价，以前合价之和进行计算。施工技术措施项目工程数量及综合单价的计算原则参照分部分项工程费相关内容。

（2）施工组织措施项目费

施工组织措施项目费分为安全文明施工基本费，标化工地增加费，提前竣工增加费，二次搬运费，冬雨季施工增加费费率和行车、行人干扰增加费费率，除安全文明施工基本费属于必须计算的施工组织措施费项目外，其余施工组织措施费项目可根据工程实际需要进行列项，对工程实际不发生的项目不应计取费用。

编制招标控制价时，施工组织措施项目费应以分部分项工程费与施工技术措施项目费中的"定额人工费+定额机械费"乘各施工组织措施项目相应费率，以其合价之和进行计算。其中，安全文明施工基本费费率应按相应基准费率（即施工取费费率的中值）计取，其余施工组织措施项目费（"标化工地增加费"除外）费率均按相应施工取费费率的中值确定。

编制投标报价时，施工组织措施项目费应以分部分项工程费与施工技术措施项目费中的"定额人工费+定额机械费"乘各施工组织措施项目相应费率，以其合价之和进行计算。其中，安全文明施工基本费费率应以不低于相应基准费率的90%（即施工取费费率的下限）计取，其余施工组织措施项目费（"标化工地增加费"除外）可参考相应施工取费费率由企业自主确定。

编制竣工结算时，施工组织措施项目费应以分部分项工程费与施工技术措施项目费中依据已标价清单综合单价确定的"人工费+机械费"乘各施工组织措施项目相应费率以其合价之和进行计算。其中，除法律、法规等政策性调整外，各施工组织措施项目的费率均按投标报价时的相应费率保持不变。

安全文明施工基本费按非市区工程和市区工程分类。其中，市区工程是指城区、城镇等人流、车流集聚区的工程；非市区工程是指乡村等人流、车流非集聚区的工程。

对于工程规模变化较大的房屋建筑与装饰工程，应根据其取费基数额度（合同标段分部分项工程费与施工技术措施项目费所含"人工费+机械费"）大小采用分档累进方式计算费用。

对于安全防护、文明施工有特殊要求和危险性较大的工程，需增加安全防护、文明施工措施所产生的费用可另列项目计算或要求投标报价的施工企业在费率中考虑。

安全文明措施基本费费率不包括市政、城市轨道交通高架桥（高架区间）及道路绿化等工程在施工区域沿线搭设临时围挡（护栏）费用，发生时应按施工技术措施项目费另列项目进行计算。

施工现场与城市道路之间的连接道路硬化是发包人向承包人提供正常施工所需的交通条件，属工程建设其他费用中的"场地准备及临时设施费"的包含内容。如由承包人负责实施，其费用应按实并经现场签证后另行计算。

标化工地增加费的基本内容已在安全文明施工基本费中被综合考虑，但获得国家、省、设区市、县市区级安全文明施工标准化工地的，应计算标化工地增加费。

由于标化工地一般在工程竣工后进行评定，且不一定达到要求的等级，因此编制招标控制价和投标报价时，变化工地增加费可按其他项目费的暂列金额计列；编制竣工结算时，标化工地增加费应以施工组织措施项目费计算。其中，合同约定创安全文明标准化工地要求而实际未创建的，不计算标准化工地增加费；实际创建等级与合同约定不符或合同无约定而实际创建的，按实际创建等级相应费率的75%~100%计算标化工地增加费（实际创建等级高于合同约定等级的，不应低于合同约定等级原有费率标准）并签订补充协议。标化工地增加费按非市区工程和市区工程划分，划分方法同安全文明施工基本费。

提前竣工增加费以工期缩短的比例计取，工期缩短比例按以下公式确定：

工期缩短比例=［（定额工期-合同工期）/定额工期］×100%

缩短工期比例在30%以内者，应按审定的措施方案计算相应的提前竣工增加费。实际工期比合同工期提前的，应根据合同约定另行计算。

二次搬运增加费适用于由于施工场地小等特殊情况，一次到不了施工现场，需要再次搬运的情况，不适用于上山及过河发生的费用。上山及过河所发生的费用应另列项目以现场签证进行计算。

冬雨季施工增加费不包括暴雪、强台风、暴雨、高温等异常恶劣气候所引起的费用，发生时应另列项目以现场签证进行计算。

行车、行人干扰增加费已综合考虑按要求进行交通疏导，设置导行标志产生的费用。行车、行人干扰增加费适用对象主要包括边施工边维持路面通车的市政道路、桥梁、隧道及给排水（含污水、给水、燃气、供热、电力、通信等的管道和开挖施工的综合管廊及相应构筑物）、路灯、交通设施等的改造和养护工程；占用交通道路进行施工的城市轨道交通高架桥工程及相应轨道工程；道路绿化（含景观）的改造与养护工程。

3. 其他项目费

其他项目费按照不同计价阶段结合工程实际确定计价内容。其中编制招标控制价和投标报价时，按暂列金额、暂估价、计日工和施工总承包服务费中实际发生项的合价之和进行计算；编制竣工结算时，按专业工程结算价、计日工、施工总承包服务费、索赔与现场签证费和优质工程增加费中实际发生项的合价之和进行计算。

（1）暂列金额

暂列金额按标化工地暂列金额、优质工程暂列金额、其他暂列金额之和进行计算。招标控制价与投标报价的暂列金额应保持一致，竣工结算时，暂列金额应予以取消，另根据工程实际发生项目增加相应费用。

标化工地暂列金额应以招标控制价分部分项工程费与施工技术措施项目费中的"定额人工费+定额机械费"乘标化工地增加费相应费率进行计算。其中，招标文件有创安全文明施工标准化工地要求的，按要求等级对应费率计算。

优质工程暂列金额应以招标控制价中除暂列金额外的税前工程造价乘优质工程增加费相应费率进行计算。其中，招标文件有创优质工程要求的，按要求等级对应费率计算。

其他暂列金额应以招标控制价除暂列金额外的税前工程造价乘以相应估算比例进行计算，估算比例一般不高于5%。

（2）暂估价

暂估价按专业工程暂估价和专项措施暂估价之和进行计算。招标控制价与投标报价的暂估价应保持一致，竣工结算时，专业工程暂估价以专业工程结算价取代，专项措施暂估价以专项措施结算价取代并计入施工技术措施项目费及相关费用。材料及工程设备暂估价按其暂估单价列入分部分项工程项目的综合单价计算。

专业工程暂估价按各专业工程的暂估价之和进行计算，包括各专业工程的暂估价（以下简称"专业发包工程暂估价"）和按规定无须招标属于施工总承包人自行承包内容的专业工程暂估价。

专项措施暂估价按各专项措施的暂估价之和进行计算。各专项措施的暂估金额应由招标人在发承包计价前,根据各专项措施的具体情况和有关计价规定,对除税金以外的全部费用分别进行估算。

(3) 计日工

计日工按计日工数量乘计日工综合单价,以其合价之和进行计算。

编制招标控制价和投标报价时,计日工数量应统一以招标人在发承包计价前提供的"暂估数量"进行计算;编制竣工结算时,计日工数量应按实际发生并经发承包双方签证认可的"确认数量"进行调整。

计日工综合单价应以除税金以外的全部费用进行计算。编制招标控制价时,应按有关计价规定并充分考虑市场价格波动因素计算;编制投标报价时,可由企业自主确定;编制竣工结算时,除计日工特征内容发生变化应予以调整外,其余按投标报价时的相应价格保持不变。

(4) 施工总承包服务费

施工总承包服务费按专业发包工程管理费和甲供材料设备保管费之和进行计算。

①专业发包工程管理费

发包人对其发包过程中的相关专业工程是进行单独发包的,施工总承包人可向发包人计取专业发包工程管理费。专业发包工程管理费按各专业发包工程金额乘专业发包工程管理费相应费率,以其合价之和进行计算。

编制招标控制价和投标报价时,各专业发包工程金额应统一按专业工程暂估价内相应专业发包工程暂估价金额取定;编制竣工结算时,各专业发包工程金额应以专业工程结算价内相应专业发包工程的结算金额进行调整。

编制招标控制价时,专业发包工程管理费费率应根据要求提供的服务内容,按相应区间费率的中值计算;编制投标报价时,各专业发包工程管理费费率可参考相应区间费率由企业自主确定;编制竣工决算时,除服务内容和要求发生变化应予以调整外,其余按投标报价时的相应费率保持不变。

发包人仅要求施工总承包人对其单独发包的专业工程提供现场堆放场地、现场供水供电管线(水电费用可另行按实计收)、施工现场管理、竣工资料汇总等服务而进行的施工总承包管理和协调时,施工总承包人可按专业发包工程金额的1%~2%向发包人计取专业发包工程管理费。施工总承包人在其自行承包工程范围内所搭建的临时道路、施工围挡(围墙)、脚手架等措施项目,在合理的施工进度计划期间应无偿提供给专业发包工程分包人使用,专业工程分包人不得重复计算相应费用。

发包人要求施工总承包人对其单独发包的专业工程进行施工总承包管理和协调,并同时要求提供垂直运输等配合服务时,施工总承包人可按专业发包工程金额的2%~4%向发包人计取专业发包工程管理费,专业工程分包人不得重复计算相应费用。

发包人未对其单独发包的专业工程要求施工总承包人提供垂直运输等配合服务的,专业承包人应在投标报价时,考虑其垂直运输等相关费用。如施工时仍由总承包人提供垂直运输等配合服务的,其费用由总包、分包人根据实际发生情况自行商定。

当专业发包工程经招标实际由施工总承包人承包时,专业发包工程管理费不计。

②甲供材料设备保管费

发包人自行提供材料、工程设备的,对其所提供的材料、工程设备进行管理、服务的单位(施工总承包人或专业工程分包人)可向发包人计取甲供材料设备保管费。甲供材料设备保管费按甲供材料金额、甲供设备金额分别乘各自的保管费费率,以其合价之和进行计算。

编制招标控制价和投标报价时,甲供材料金额和甲供设备金额应统一以招标人在发承包计价前按暂定数量和暂估单价(含税价)确定并提供的暂估金额取定;编制竣工结算时,甲供材料和甲供设备应按发承包双方确定的金额进行调整。

编制招标控制价时,甲供材料和甲供设备保管费费率应按相应区间费率的中值计算;编制投标报价时,甲供材料和甲供设备保管费费率可参考相应区间费率由企业自主确定;编制竣工结算时,除服务内容和要求发生变化应予以调整外,其余按投标报价时的相应费率保持不变。

(5)专业工程结算价

专业工程结算价按各专业工程的结算价之和进行计算。各专业工程的结算金额应根据合同约定,按不包括税金在内的全部费用分别进行计价,计价方法和原则参照单位工程相应内容。

专业工程结算价分为按规定必须招标并纳入施工总承包管理范围的发包人发包专业工程结算价(以下简称"专业发包工程结算价")和按规定无须招标属于施工总承包人自行承包内容的专业工程结算价。其中,施工总承包人自行承包内容的专业工程结算价可按工程变更直接列入分部分项工程费、措施项目费及相关费用进行计算。

(6)索赔与现场签证费

编制竣工结算时,其他项目费按专业工程结算价、暂估价、计日工和施工组总承包服务费、索赔与现场签证费和优质工程增加费中实际发生项的合价之和计算。

①索赔费用

索赔费用按各索赔事件的索赔金额之和进行计算。各索赔事件的索赔金额应根据合同约定和相关计价规定，参照索赔事件发生当期的市场信息价格，以除税金以外的全部费用进行计价。涉及分部分项工程、施工技术措施项目的数量、价格确认及其项目改变的索赔内容，相关费用可分别列入分部分项工程费和施工技术措施项目费进行计算。

②签证费用

签证费用按各签证事项的签证金额之和进行计算。各签证事项的签证金额应根据合同约定和相关计价规定，参照签证事项发生当期的市场信息价格，以除税金以外的全部费用进行计价。遇签证事项的内容列有计日工的，可直接并入计日工计算；涉及分部分项工程、施工技术措施项目的数量、价格确认及其项目改变的签证内容，相应费用可分别列入分部分项工程费和施工技术措施项目费进行计算。

（7）优质工程增加费

获得国家、省、设区市、县市区级优质工程的，应计算优质工程增加费。优质工程增加费以获奖工程除本费用之外的税前工程造价乘优质工程增加费相应费率进行计算。

由于优质工程是在工程竣工后进行评定，且不一定达到预期要求的等级，遇发包人有优质工程要求的，编制招标控制价和投标报价时，优质工程增加费可按暂列金额方式列项计算。

合同约定有工程获奖目标等级要求而实际未获奖的，不计算优质工程增加费；实际获奖等级与合同约定不符或合同无约定而实际获奖的，按实际获奖等级相应费率标准的75%~100%计算优质工程增加费（实际获奖等级高于合同约定等级的，不应低于合同约定等级原有费率标准），并签订补充协议。

4.规费

规费应按照本规则依据国家法律、法规所测定的费率计取。

本规则规费费率包括养老保险费、失业保险费、医疗保险费、生育保险费、工伤保险费和住房公积金，即"五险一金"。

编制招标控制价时，规费应以分部分项工程费与施工技术措施项目费中的"定额人工费+定额机械费"乘规费相应费率计算；编制投标报价时，规费应以分部分项工程费与施工技术措施项目费中的"人工费+机械费"乘规费相应费率计算；编制竣工结算时，规费应以分部分项工程费与施工技术措施项目费中依据已标价清单综合单价确定的"人工费+机械费"乘规费相应费率计算。

5.税前工程造价

税前工程造价按分部分项工程费、措施项目费、其他项目费、规费之和计算。

6.税金

税金应根据本规则,依据国家税法规定的计税基数和税率计取,不得作为竞争性费用。

税金按税前工程造价乘增值税相应税率进行计算。遇税前工程造价包含甲供材料、甲供设备金额的,应在计税基数中予以扣除;增值税税率应根据计价工程,按规定选择的适用计税方法,分别以增值税销项税或增值税征收率取定。

7.工程造价

工程造价按税前工程造价、税金之和计算。

(五)其他相关计价规定

1.建筑安装工程计价缩成"人工费"是指按照建筑安装工程费用构成要素划分的人工费,不包括属于机械费组成内容的机上人工费;大型机械设备进出场及安拆费不能直接作为"机械费"计算,应根据其费用组成分别计入人工费、材料费、机械费等相关费用,其中人工费和机械费可用作取费基数。

2.本规则以"人工费+机械费"为取费基数的费率标准,是以2018版"专业定额"所取定的基期价格为基础进行测算的,适用于按基期价格确定的取费技术计价。因设计变更等原因引起增加且无适用综合单价的工程项目,其施工取费费率若按本规则费率标准执行,取费基数的计算口径应与编制招标控制价相同。

3.本规则施工取费费率是按单位工程综合测定的,除本规则已列有的分部项目(即专业工程)外,不适用于分部分项工程计价。

4.本规则凡规定乘系数进行调整的费率,其小数保留位数应与原费率小数位数保持一致。

五、主要特点

1.突出基础地位

《浙江省建设工程计价规则》(2018版)将原《浙江省建设工程施工费用定额》(2010版)、《浙江省建设工程计价规则》(2010版)合并,不另单独编制费用定额。

2.规范费用划分

《浙江省建设工程计价规则》(2018版)将建筑安装工程费用按"费用构成要素"和"造价形成内容"分别进行划分。其中,在"造价形成内容"中,将原来的直接费(含直接工程费、措施费)、间接费(含企业管理费、规费)、利润和税金调整为分部分项工程费、措施项目费、其他项目费、规费和税金,满足"综合单价法"的计价要求。

3.调整费用组成

《浙江省建设工程计价规则》（2018版）根据国家相关规定文件，结合浙江省实际，对人工费、材料费、机械费、企业管理费、规费、税金等"费用构成要素"的组成内容及其构成，以及措施项目费、其他项目费等"造价形成内容"的归类划分与列项内容作相应调整与修改，合理划分费用结构，简化费用计算程序。

将检验试验费和费用额度较小的夜间施工增加费、已完工程及设备保护费、工程定位复测费等原施工组织措施费项目调整为企业管理费的组成内容。

将优质工程增加费，由原施工组织措施费列项调整为其他项目费列项内容。

按照安全规范、文明施工实施标准，将原安全文明施工费划分为安全文明施工基本费和创建安全文明施工标准化工地增加费（简称"标化工地增加费"）。其中，原安全文明施工费更名为安全文明施工基本费，调整后的安全文明施工基本费包括施工扬尘污染防治增加费等内容。

按照施工技术措施项目实施要求，增加关于施工技术常规措施项目和施工技术专项措施项目的划分。其中，施工技术专项措施项目是指根据设计或建设主管部门的规定，需由承包人提出专项方案并经论证、批准后方能实施的施工技术措施项目，如深基坑支护、高支模承重架、大型施工机械设备基础等。

明确不同计价阶段其他项目费的列项内容。其中，编制招标控制价和投标报价时，包括暂列金额、暂估价、计日工和施工总承包服务费；编制竣工结算时，包括专业工程结算价、计日工、施工总承包服务费、索赔与现场签证费以及优质工程增加费。

细分暂列金额的费用组成，增加并单列标化工地暂列金额、优质工程暂列金额；在暂估价原列项内容材料及工程设备暂估价、专业工程暂估价的基础上，增加施工技术专项措施项目暂估价（简称"专项措施暂估价"）的内容；为区别工程总承包，将原总承包服务费更名为施工总承包服务费；强调专业工程结算价与暂估价内专业工程暂估价的对应关系。

取消原规费中的工程排污费组成内容，将其以环保税形式移至企业管理费中的税费进行计算；取消原规费中属于商业保险范畴的危险作业以外伤害保险费，将其作为企业管理费中其他费用的构成内容；将原根据各市规定单独列项计算的民工工伤保险费调整为按照全省统一标准与其余规费内容并项计算，并更名为工伤保险费。本规则费用定额的规费组成为养老保险费、失业保险费、医疗保险费、生育保险费、工伤保险费等社会保险费和住房公积金，简称"五险一金"。

将原营业税调整为增值税，并取消原水利建设投资（基）金；将城市维护建设税、教育费附加及地方教育附加等附加税，不分计税方法，统一移至企业管理费中的税费进行计算。本规则费用定额的税金税率分别指统一计税方法的"增值税销项税税率"和简易计税方法的"增值税征收税率"。

4.统一计价模式

取消原定额计价模式的"工料单价"计价方法，将建筑安装工程计价方法统一为清单计价模式下的"综合单价"计价方法，包括国际工程量清单计价（简称"国标清单计价"）和定额项目清单计价（简称"定额清单计价"）两种，供市场自主选择使用。

5.优化计算程序

针对招标控制价、投标报价和竣工计算计价内容的变化和计价方法的差异，将"建筑安装工程施工费用计算程序"以招投标阶段和竣工结算阶段分别设置，并细化其他项目费的计算，满足不同阶段的计价需求。

6.简化费项设置

将企业管理费、利润、规费等费率标准相对接近的专业工程费项进行了合理归并，使之一一对应；将安全文明施工基本费、创标化工地增加费分别设置为市区工程和非市区工程，不再区分市区一般工程与市区临街工程，避免界定时出现分歧。

7.取消工程类别

取消工程类别划分标准，将企业管理费与工程类别脱钩，淡化费率标准与建设规模、设计标准之间的关系。

8.完善取费费率

根据计价内容，增设施工总承包服务费（专业发包工程管理费、甲供材料设备保管费）等其他项目费和标化工地、优质工程预留费等概算其他费用的费用标准。

9.顺应税制改革

除其他项目费费率外，将企业管理费、利润、施工组织措施项目费、规费和税金等施工取费费（税）率的标准以一般计税法和简单计税法分别进行测算、编制，以适应不同计税方法的计价要求。

10.合理费率标准

根据浙江省养老保险费、失业保险费、医疗保险费、生育保险费、工伤保险费和住房公积金等"五险一金"的实际缴纳标准，本规则费用定额的规费费率已完全调整到位，确保设备统筹体制改革的顺利进行；并针对工程规模变化较大的房屋建筑和装饰工程，创新采用分档递减累加的方式确定安全文明施工基本费的费率标准，解决因工程规模变化导致计算不合理的问题。

11. 倡导分段结算

积极推行分阶段或按月确定工程造价、按月支付工程价款的结算模式，发承包双方在合同中约定多个期中结算的形象进度节点，工程完工后再汇总各部分结算文件即为竣工结算文件。

12. 深化动态管理

增设了建设工程计价要素动态管理章节，对价格风险分担、动态调整办法、工期延误处理等方法做进一步规范，明确了招标风险警戒值的作用和招标控制价可根据当地建设市场情况做合理浮动，细化了合同价款调整、结算及支付的规定。

13. 强化合同条款

在综合单价计价方式下，明确合同条款约定的重要性，工程实施过程中明确了对综合单价调整的一系列的规则及方法，对合同的签订及履行给出了指导性依据。

14. 拓展调解渠道

充分响应国家关于多渠道化解纠纷的精神，引入了协会，充分发挥造价工程师的作用，双方当事人可自愿聘请造价工程师为自己的主张提供技术支持或成为其专家辅助人。

15. 梳理各类表式

针对工程各阶段计价过程中所涉及的有关表式进行了整理与调整，指导企业规范使用。

参考文献

[1] 张国珍,编.建筑安装工程概预算(第二版)[M].北京:化学工业出版社,2012年03月.

[2] 刘富勤,等,著.建筑工程概预算(第二版)[M].武汉:武汉理工大学出版社,2014年08月.

[3] 吴秋瑞,编.电气工程概预算[M].北京:中国电力出版社,2011年06月.

[4] 吴贤国,编.建筑工程概预算(第三版)[M].北京:中国建筑工业出版社,2017年07月.

[5] 肖玉锋,编.建筑工程概预算[M].北京:金盾出版社,2015年11月.

[6] 张国栋,等,编.建筑工程概预算与清单报价实例详解[M].上海:上海交通大学出版社,2015年01月.

[7] 张晓华,编.建筑工程概预算[M].成都:西南交通大学出版社,2017年10月.

[8] 蒋红焰,编.建筑工程概预算工程量清单计价(第三版)[M].北京:化学工业出版社,2015年10月.

[9] 赵三青,等,编.建筑工程概预算[M].南京:东南大学出版社,2017年09月.

[10] 于正永,编.通信工程设计及概预算[M].大连:大连理工大学出版社,2013年01月.

[11] 刘功民,等,编.通信工程制图与概预算编制[M].北京:中国铁道出版社,2019年01月.

[12] 解相吾,等,编.通信工程概预算与项目管理[M].北京:电子工业出版社,2014年03月.

[13] 梁华,等,著.智能建筑弱地工程设计与安装[M].北京:中国建筑工业出版社,2011年11月.

[14] 张国栋, 编.电气设备安装工程概预算手册（第二版）[M].北京：中国建筑工业出版社, 2014年08月.

[15] 朱溢镕, 等, 编.建筑工程计量与计价[M].北京：化学工业出版社, 2016年05月.

[16] 李鑫, 编.建筑电气工程概预算[M].北京：清华大学出版社, 2015年12月.

[17] 浙江省通用安装工程预算定额[M].北京：中国计划出版社, 2018年12月.

[18] 岳井峰, 编.安装工程计量与计价[M].北京：中国电力出版社, 2017年11月.

[19] 柳涌, 编.建筑安装工程施工图集[M].北京：中国建筑工业出版社, 2015年9月.

[20] 建设工程工程量清单计价规范（GB50500-2013）[M].北京：中国计划出版社, 2013年7月.

[21] 通用安装工程工程量计算规范（GB50856-2013）[M].北京：中国计划出版社, 2013年4月.

[22] 浙江省建设工程计价规则[M].北京：中国计划出版社, 2018年12月.

[23] 王广月, 等, 主编.工程概预算[M].北京：中国水利水电出版社, 2010年9月.

[24] 岳春芳, 等, 主编.水利水电工程概预算[M].北京：中国计划出版社, 2013年10月.

[25]《建设工程工程量清单计价规范》（GB50500-2013）.

[26]《通用安装工程工程量计算规范》（GB50856-2013）.

[27]《浙江省建设工程计价规则》（2018版）.

[28]《浙江省通用安装工程预算定额》（2018版）.

[29]《建设工程经济》.全国一级建造师执业资格考试用书编写委员会编写.北京：中国建筑工业出版社, 2019年4月.

[30]《建设工程计价》.全国造价工程师执业资格考试培训教材编审委员会编.北京：中国计划出版社, 2017年5月.

[31]《建设工程造价管理》.全国造价工程师执业资格考试培训教材编审委员会编.北京：中国计划出版社, 2017年5月.

[32]《建设工程工程量清单计价规范》（GB50500-2013）.

[33]《浙江省建设工程计价规则》（2018版）.

[34]《建设工程经济》.全国一级建造师执业资格考试用书编写委员会编写.北京：中国建筑工业出版社，2019年4月.

[35]《建设工程计价》.全国造价工程师执业资格考试培训教材编审委员会编.北京：中国计划出版社，2017年5月.

[36]《建设工程造价管理》.全国造价工程师执业资格考试培训教材编审委员会编.北京：中国计划出版社，2017年5月.

[37]《浙江省通用安装工程预算定额》.北京：中国计划出版社，2018年.

[38]《浙江省安全技术防范行业培训教材》.杭州：浙江省安全技术防范行业协会，2018.

[39]《安装工程计量与计价》.北京：中国电力出版社，2017年10月.

[40] 柳涌.《建筑安装工程施工图集》.北京：中国建筑工业出版社，2007年.

参考文献

[4]「可持续性报告指南」G4版,全球报告倡议组织官方网站,2019年4月.

[5]「深圳证券交易所上市公司信息披露工作考核办法」,深圳证券交易所官方网站,2019年4月.

[6]「股票上市规则（2018年修订）」,上海证券交易所网站,上海证券交易所,2018年.

[7]「上市公司信息披露管理办法」,中国证监会网站,中国证监会,2007年.

[8]「碳排放权交易技术标准及应用」,邱凡,高艳丽,中国林业出版社,2017年10月.

[9]「国有企业社会责任论」,李伟阳,经济科学出版社,2007年.

[10]徐刚著,「碳达峰、碳中和100问」,人民日报出版社,2021年.